Ausgewählte Kapitel aus der Physik

Nach Vorlesungen an der Technischen Hochschule
in Graz

Von

K. W. Fritz Kohlrausch

In fünf Teilen

IV. Teil: Elektrizität

Mit 115 Textabbildungen

Wien

Springer-Verlag

1948

ISBN-13: 978-3-211-80056-0   e-ISBN-13: 978-3-7091-7713-6
DOI: 10.1007/978-3-7091-7713-6

Vorwort.

Ähnlich wie in den Jahren nach 1918 ist auch jetzt wieder der Zustrom der Hörer zu den Hochschulen vervielfacht. Viel weniger noch als schon in normalen Zeiten ist es selbst an kleinen Hochschulen möglich, sich mit der Ausbildung dem Einzelnen anzupassen. Wieder sind die Hörer durch die Ungunst der äußeren Umstände nur zu häufig behindert, die Vorlesungen regelmäßig zu besuchen und sich lückenlose Unterlagen zum Studium für die vorgeschriebenen Prüfungen selbst zu beschaffen. Als besonders erschwerender Umstand tritt aber diesmal der empfindliche Mangel hinzu, der an greifbaren Lehrbüchern und sonstigen Studienbehelfen herrscht.

Diese Verhältnisse bewogen mich, meinen langjährigen grundsätzlichen Widerstand aufzugeben und mich zur Herausgabe von „Skripten" zu entschließen. Sie entstanden durch die in Zeitnot ausgeführte Bearbeitung der Notizen zu meinen an der Technischen Hochschule in Graz gehaltenen Vorlesungen, die ein zweisemestriges, je vierstündiges allgemeines Kolleg für Maschinenbauer, Elektrotechniker, Bauingenieure und Chemiker, sowie ein einsemestriges dreistündiges Kolleg für Chemiker (im 7. Semester) über „Aufbau der Materie" umfassen.

· Es gibt zahlreiche gute Lehrbücher für Physik, die als Studienbehelf in Betracht kommen, derzeit aber nicht käuflich sind; ich erwähne nur beispielhaft jene von POHL, GRIMSEHL-TOMASCHEK, BERGMANN - SCHÄFER, FÜRTH und insbesondere das Buch von WESTPHAL, das nach meinem Dafürhalten bezüglich Auswahl und Darstellung des Stoffes den durchschnittlichen Bedürfnissen der studierenden Techniker am besten gerecht wird. Die vorliegenden Skripten beanspruchen nun keineswegs als nennenswerte Bereicherung des schon vorhandenen Schrifttums gewertet zu werden, zumal sie in ihrer ganzen Anlage nur allzu deutlich persönlichen und lokalen Charakter tragen und zum Gebrauch n e b e n der Vorlesung mit ihrer lebendigeren und ausführlicheren Darstellung gedacht sind. Vielmehr handelt es sich um eine Notstandsmaßnahme, für die das Wort bestimmend ist: Doppelt gibt, wer schnell gibt.

Geplant sind 5 Hefte in einfachster Ausführung: I. Mechanik, II. Optik, III. Wärme, IV. Elektrizität, V. Aufbau der Materie.

Bei Verweisungen, z. B. I, 12 (6), bedeutet die römische Ziffer den Band, die arabische Ziffer das Kapitel und die in Klammer stehende arabische Ziffer die Gleichung, auf die verwiesen wird.

Dem Springer-Verlag in Wien bin ich für sein verständnisvolles Entgegenkommen zu aufrichtigem Dank verpflichtet.

Frühjahr 1947.

K. W. Fritz Kohlrausch.

IV. Elektrizität.

Inhaltsverzeichnis.

Überblick über den Mittelschul-Lehrstoff.

(Vgl. z. B. ROSENBERGS Lehrbuch der Physik.)

Der Lehrstoff der Mittelschule wird als im wesentlichen bekannt vorausgesetzt. Das Gewicht der Hochschulvorlesung liegt nicht auf der Wiederholung und Auffrischung von bereits Bekanntem, da sich dies jeder Hörer notfalls selbst erarbeiten kann oder muß; sondern vielmehr auf der Vertiefung und Erweiterung der Erkenntnis dort, wo dies notwendig und möglich erscheint. Dementsprechend wird mancher Gegenstand des elementaren Unterrichts überhaupt nicht oder nur mehr beispielhaft besprochen, während andere Teile, aufbauend auf den vorhandenen Grundlagen, einer wesentlich eingehenderen Behandlung unterzogen werden.

A. *Magnetismus* (Magnetostatik).

1. Grundtatsachen: Natürliche, künstliche Magnete; Nord- und Südpole; vergleichende *Bestimmung von Art* ($\pm$) *und „Stärke m" der Pole mit Kompaßnadel*; magnetisches Moment $\mathfrak{M} = m \cdot l$; Influenz; Kraftwirkungen auf dia- und paramagnetische Stoffe, Permeabilität μ.

2. Das magnetische Feld: COULOMBS Gesetz $K = m_1 m_2 / r^2$; Feldstärke $\mathfrak{H} = K/m$; Feldbeschreibung durch Kraftlinien; Erdmagnetismus.

B. *Ruhende Elektrizität* (Elektrostatik).

3. Grundtatsachen: Trennung von $\pm$-Elektrizität durch Reibung und Influenz; Leiter und Isolatoren; *Vergleichende Bestimmung von Vorzeichen und „Menge Q" durch Elektroskop.* Ladungsausgleich und Begriff der „Spannung U". Elektrisier- und Influenzmaschinen.

4. Das elektrische Feld: COULOMBS Gesetz $K = Q_1 Q_2 / r^2$; Feldstärke $\mathfrak{E} = K/Q$. Feldbeschreibung durch Kraftlinien; Arbeit zur Verschiebung von Q um $\varDelta s$ im Feld $\mathfrak{E}$: $A = Q \, \mathfrak{E} \, \varDelta s$; $\mathfrak{E} \, \varDelta s =$ Spannung U oder Potentialdifferenz $\varDelta \varPsi$; $\mathfrak{E} = -\varDelta \varPsi / \varDelta s =$ Potentialgefälle.

5. Kapazität $C = Q/U$ als Fassungsvermögen für Q; Kondensator, Dielektrizitätskonstante ε. Die praktischen Einheiten: Coulomb für Q, Volt für U und $\varPsi$, Farad für C.

C. *Gleichförmig strömende Elektrizität.*

6. Gleichstrom: OHMSsches Gesetz $I = U/R$; Widerstand $R = \varrho \cdot l / F$.

$\varrho =$ spezifischer Widerstand, $\varkappa = 1/\varrho$ spezifische Leitfähigkeit. Stromverzweigung. Wirkungen des Stromes: a) Wärmewirkung: JOULES Gesetz $A = I^2 R\,t$. Praktische Einheiten: Ampere für I, Ohm für R, Joule für Arbeit A, Watt für Leistung A/t. *Strommessung mit Hitzdraht-Amperemeter.* b) Magnetische Wirkung: ÖRSTEDS Grundversuch; *Messung von Strom und Spannung mit Galvanometer, Drehspuleninstrument, Weicheiseninstrument.* c) Elektrolytische Wirkungen: FARADAYS Gesetze der Elektrolyse. *Strommessung mit Coulombmeter.* Galvanische Elemente, Akkumulator.

7. Das Magnetfeld des Gleichstromes: Elementargesetz von BIOT-SAVART; der Kreisstrom als Elementarmagnet; Feldbeschreibung durch magnetische, in sich geschlossene Kraftlinien. Elektromagnete und sonstige Anwendungen. Magnetische Eigenschaften der Stoffe als Folge von Molekularströmen.

D. *Ungleichförmig strömende Elektrizität.*

8. Grundtatsachen der Induktion: Das zeitlich veränderliche elektromagnetische Feld induziert elektromotorische Kraft. Induktionsgesetz, Induktivität L, Wechselstromgesetze. Praktische Anwendungen (Elektromotor, Dynamomaschine, Drehstrom, Transformator, Telephon usw.).

A. Einführender Überblick.

1. Die Entwicklung der Elektrizitätslehre von COULOMB bis MAXWELL.

In der Zeit *vor* COULOMB waren nur einige wenige Grundtatsachen bekannt: Daß geriebener Bernstein (griechisch: „Elektron") leichte Teilchen anziehen kann und daß die aus Magnesien stammenden Eisenerze Anziehungskräfte auf Eisenspäne ausüben, wußte man schon im Altertum; der Magnetkompaß war in Europa etwa im 12. Jahrhundert, in China wahrscheinlich schon viel früher in Verwendung. Im 16. und 17. Jahrhundert wurde entdeckt, daß es außer elektrischer Anziehung auch Abstoßung gebe (OTTO V. GUERICKE); man führte zur Unterscheidung zwischen „Glas-" und „Harz-Elektrizität" die Bezeichnungen „positiv" und „negativ" ein, man lernte zwischen Leitern und Isolatoren zu unterscheiden und erfand die Elektrisiermaschine (GUERICKE), den Kondensator („Leidener Flasche", FRANKLINsche Tafel) und den Blitzableiter (BENJAMIN FRANKLIN).

Die Verarbeitung dieser Erfahrungen beschränkte sich auf die qualitative Beschreibung. Erst das messende Experiment ließ die quantitativen Zusammenhänge erkennen; die Grundlagen für die Theorienbildung und für den Aufstieg der deskriptiven zur exakten Naturwissenschaft wurden bereitgestellt. Wenn in der einsetzenden Entwicklung auch so manches vom heutigen Standpunkt des Wissens als Umweg zu bewerten ist, so sind doch so viele Merkmale desselben erhalten geblieben, daß ein Verständnis der derzeit verwendeten Begriffe kaum zu erzielen sein dürfte ohne Kenntnis des historischen Werdeganges, der mit der Pioniertätigkeit Coulombs beginnt und in der Maxwellschen Theorie und deren Erweiterung zur Elektronentheorie (insbesondere durch Lorentz) gipfelt.

Eine Anzahl der hiebei meist beteiligten Forscher des 18. und 19. Jahrhunderts sei im folgenden namentlich aufgezählt:

Charles A. Coulomb (Paris)	1736—1806
Luigi Galvani (Bologna)	1737—1798
Alessandro Volta (Pavia)	1745—1827
Jean B. Biot (Paris)	1774—1862
André M. Ampère (Paris)	1775—1836
Hans Chr. Örsted (Kopenhagen)	1777—1851
Karl Fr. Gauss (Göttingen)	1777—1855
Georg S. Ohm (München)	1787—1854
Felix Savart (Paris)	1791—1841
Michael Faraday (London)	1791—1867
Wilhelm Weber (Göttingen)	1804—1891
James Pr. Joule (Manchester)	1818—1889
J. Clerk Maxwell (Cambridge)	1831—1879
Heinrich Hertz (Bonn)	1857—1894

Coulomb war der erste, der quantitative Beziehungen (die Coulombschen Gesetze) für die elektro- und magnetostatischen Kräfte mit Hilfe der von ihm konstruierten Drehwaage ableitete; er schuf damit die Grundlagen zur Entwicklung der Potentialtheorie (IV, 6 β) und der Maßeinheiten und Maßsysteme (IV, 4).

In das Jahr 1786 fallen die bekannten Beobachtungen Galvanis über die Froschschenkelzuckungen; hieran anknüpfend, untersuchte Volta unter zweckmäßiger Vereinfachung der Versuchsbedingungen die entstehenden Spannungen beim Kontakt zwischen festen und (zersetzbaren) flüssigen Leitern sowie zwischen festen Leitern untereinander. Damit war der Ausgangspunkt gewonnen einerseits für die Herstellung stromgebender Systeme (sog. „Galvanische Elemente"), anderseits für die Erforschung der Elektrolyse.

1820 wurde von Örsted zum zweiten Male — die Erstbeobachtung von Schweigger (1808) fand keine Beachtung — die ablenkende Wirkung des Stromes auf die Magnetnadel entdeckt. Die nähere Untersuchung dieser Erscheinung durch Biot-Savart, Ampère und andere ließ die Grundgesetze des Elektromagnetismus erkennen. Gleichzeitig war die Basis für die Entwicklung der auf magnetischer Wirkung beruhenden Strommessung geschaffen, die es nun Ohm ermöglichte, die Abhängigkeit der Stromstärke von den maßgebenden Begleitumständen quantitativ zu erfassen. Das OHMsche Gesetz, die KIRCHHOFFschen Stromverzweigungsregeln und das JOULEsche Gesetz über Wärmeentwicklung des Stromes (vgl. mechanisches Wärmeäquivalent, III, 6 d) haben außerordentlichen praktischen und erkenntnistheoretischen Wert. Die erste der die Materie in elektrischer Hinsicht charakterisierenden Eigenschaften, die spezifische Leitfähigkeit, wurde durch OHM, der Anschluß der elektrischen Stromarbeit an die mechanische Arbeit durch JOULE erkannt und quantitativ verankert.

Und nun setzte die bahnbrechende Arbeit des genialen Experimentators FARADAY ein. Er war der erste, der die Erscheinungen der Elektrolyse quantitativ untersuchte, aufklärte und in den nach ihm benannten „FARADAYschen Gesetzen" der Elektrolyse zusammenfaßte. Er erkannte die ausschlaggebende Rolle des Elektrolyten zum Unterschied von jener der Elektroden; die heute gebräuchliche Nomenklatur „Elektroden, Kathode, Anode, Ion, Kation, Anion, Ionenwanderung" stammt von ihm; mit seiner Ionentheorie war er Wegbereiter zum Begriff der Elementarladung (H. v. HELMHOLTZ).

So bedeutungsvoll auch diese Forschungsergebnisse waren, so lag FARADAYs Lebenswerk, das eine Umwälzung in den bisherigen Anschauungen einleitete, doch auf dem Gebiet des „Feldes". Die Vorstellung, die bis dahin dem COULOMBschen oder BIOT-SAVARTschen Gesetz zugrunde lag, war die der „Fernwirkung". Die reagierenden Körper üben aufeinander eine die gegenseitige Entfernung überspringende Kraft aus; wie dies zustande kommt, darum kümmerte man sich nicht, da die Formulierung der Kraftgesetze zur Beschreibung der damals bekannten Erscheinungen genügte. FARADAY führte Untersuchungen über die elektrische Influenz aus, bei denen er den Einfluß des bis dahin unbeachteten Zwischenmediums entdeckte und zur Ansicht gelangte, daß es gerade dieses Medium sei, das für die elektrostatischen und ebenso für die magnetostatischen Wirkungen verantwortlich sei. In Verfolg dieses Gedankens, der als „Nahwirkungstheorie" bezeichnet werden kann, da die Kraftwirkung von Punkt zu Punkt des Mediums mit offenbar nur endlicher Geschwindigkeit weitergereicht wird, erarbeitete sich FARADAY die Erkenntnis von der elektrischen bzw. magnetischen Polarisierbarkeit der Materie; auf ihn geht die Einführung der beiden andern neben dem spezifischen Leitvermögen maßgeblichen makroskopischen elektrisch-magnetischen Materialeigenschaften, der Dielektrizitätskonstante ε und der Permeabilität μ, in die

Coulombschen Grundgesetze zurück. Er lehrte zu unterscheiden zwischen dia- und paramagnetischen Stoffen. Er entdeckte die magnetische Drehung der Polarisationsebene des Lichtes und damit den ersten experimentellen Hinweis auf die Wesensverwandtschaft zwischen Elektrizität und Licht. Und schließlich (1831) erfolgte die praktisch wirkungsvollste seiner Entdeckungen: Die Erscheinung der „Induktion“ von elektrischen Strömen bei Relativbewegung zwischen Stromleiter und Magnetfeld. Dies war der Ausgangspunkt für die stürmische Entwicklung der Elektrotechnik (Werner v. Siemens, 1816—1892; Dynamomaschine 1867).

Die Faradayschen Grundvorstellungen von der primären Rolle des Zwischenmediums bei der Entstehung und Ausbreitung von elektrischen und elektromagnetischen Kräften wurden schließlich von Maxwell bzw. Hertz in jene präzise mathematische Form gekleidet, die auch heute noch — mit einigen elektronentheoretischen Erweiterungen (IV, 2) — die Grundlage der theoretischen Behandlung dieses Erscheinungsgebietes bildet. Die mathematische Erfassung der Annahme, daß es sich bei der Lichtwelle um Transversalwellen der dielektrischen und magnetischen Polarisation im übertragenden Medium handelt, führt zu dem Ergebnis, daß die Vakuumgeschwindigkeit dieser Wellen gleich dem Verhältnis der elektrostatischen zur elektromagnetischen Einheit der Stromstärke (IV, 4ε) ist; führt also zu eben jenem Ergebnis, das vorher schon (1856) von Rudolf Kohlrausch und Wilhelm Weber auf experimentellem Wege gefunden worden war (vgl. auch II, 1 c). Kein geringerer als der „Theoretiker“ L. Boltzmann war es, der als weiteren Beweis für die Richtigkeit der Theorie den vorausgesagten Zusammenhang („Maxwellsche Beziehung“)

$$n = c_0/c = \sqrt{\varepsilon\mu} \simeq \sqrt{\varepsilon} \quad (\text{mit } \mu \simeq 1)$$

zwischen der optischen Materialkonstante „Brechungsexponent n“ und der elektrischen Materialkonstante „Dielektrizitätskonstante ε“ experimentell für Gase bestätigte. — Den endgültigen Nachweis über das Zutreffen der von der Maxwellschen Theorie geforderten Wesensgleichheit zwischen Licht- und elektromagnetischen Wellen erbrachten die berühmten Versuche von H. Hertz, bei denen für elektrische 60-cm-Wellen die auch für Lichtstrahlen gültigen Gesetze der Reflexion, Brechung, Beugung, stehenden Wellen erwiesen wurden. Der Beweiskraft dieser Versuche gegenüber schwand auch der letzte Zweifel an der Zweckmäßigkeit der Maxwellschen Theorie (IV, 17).

2. Das Elektron.

a) Feldtheorie und Elektronentheorie.

In der Mechanik der *diskreten Massenpunkte* oder der starren Körper besteht die mathematische Behandlung der Probleme darin, die Raumkoordinaten der betreffenden Systeme als Funktion der Zeit zu bestimmen, was zu gewöhnlichen Differentialgleichungen führt. In der „Feldphysik" bzw. der Mechanik des nichtdiskreten *Kontinuums* sind dagegen die Kontinuumsoder Feldeigenschaften (etwa die Spannungsverteilung in einem deformierten elastischen Körper, oder die Stärke des elektrischen Feldes) als Funktion der Raumkoordinaten darzustellen, die nun die unabhängigen Variablen sind; man gelangt zu partiellen Differentialgleichungen und deren Randwertproblemen (I, 34). Charakteristisch für die FARADAY-MAXWELLschen Vorstellungen ist also einerseits der Standpunkt der Nahwirkungstheorie, in der das Primäre beim elektrischen Geschehen die Veränderung des Feldes ist, anderseits die zugehörige mathematische Beschreibung des Feldes mit Hilfe von partiellen Differentialgleichungen, wobei die Raumkoordinaten und die Zeit derart als unabhängige Variable auftreten, daß die Ausbreitungsgeschwindigkeit der Feldstörung endlich bleibt. In dieser Anschauung werden die elektrischen Ladungen, die in der Fernwirkungstheorie das Primäre sind, lediglich zu Konvergenzstellen des Feldes. Die Materie selbst, der Träger dieser Ladungen, tritt in der MAXWELLschen Theorie nur als ein Kontinuum auf, in dem das Feld, bezogen auf jenes des leeren Raumes, geänderte Eigenschaften aufweist, beschrieben durch die entsprechend geänderte Dielektrizitätskonstante bzw. Permeabilität.

Die auf diese Art erzielte Einfachheit der MAXWELLschen Theorie ist aber offenbar durch eine zu weitgehende Schematisierung erkauft. Die Materie ist *kein* Kontinuum, alle bekannten Erscheinungen führen zwangsläufig zur Annahme einer diskreten, molekularen Struktur. Auch die elektrischen Ladungen sind *keine* Kontinua, sondern — und dies war schon FARADAY aus seinen elektrochemischen Untersuchungen klar geworden — in bestimmten kleinen Mengen an die diskontinuierliche Materie gebunden. Der heutige Standpunkt ist der, daß sich jede Elektrizitätsmenge als Vielfaches aus kleinsten Mengen, den unter sich gleich großen „*Elementarquanten*", zusammensetzt. Der Träger dieses Elementarquantums ist das universelle *Elektron* (vgl. weiter unten).

Dieser Erkenntnis mußte Rechnung getragen werden durch entsprechende Abänderungen der MAXWELLschen Theorie (vgl. z. B. II, 1c und IV, 9γ). Sie wurden hauptsächlich durch den holländischen Physiker HENDRIK A. LORENTZ (1853—1928, Leyden) vorgenommen und bezweckten die Erfassung der *Vorgänge im Innern der Materie*. Soweit sich die elektromagnetischen Vorgänge nicht im materiefreien Raum, sondern im Innern der Materie abspielen, sollen sie von der Zahl, Lage, Bewegungsfähigkeit dieser Elektronen bestimmt sein. Im Leiter sind die Elektronen frei beweglich, im Isolator elastisch an Ruhelagen gebunden; im Leiter werden sie durch den Einfluß einer elektrischen Kraft zum Wandern gezwungen („Konvektions"-Strom), im Isolator nur aus der Ruhelage verschoben („Polarisation des Dielektrikums"). Die magnetischen Eigenschaften hängen mit der Umlaufsbewegung der Elektronen im Atom zusammen (IV, 15). Einer exakten Erfassung aller Einzelheiten stehen dabei begreiflicherweise unüberwindliche mathematische Schwierigkeiten gegenüber, und man muß sich mit der Lösung von Spezialproblemen und mit Näherungen bescheiden. Eine solche Spezialaufgabe wurde schon in der Optik (II, 21) anläßlich der

Erklärung der Abhängigkeit der Brechungsexponenten von der Farbe behandelt; eines jener Phänomene, die in der ursprünglichen MAXWELLschen Theorie keinen Platz finden.

Die Elektronentheorie übernimmt also in bezug auf die Beschreibung der Wechselwirkung zwischen Feld und Ladung die MAXWELLsche Darstellung. Sie verwendet sie dann unter Voraussetzungen über die Art des Einbaues der Elektronen in der Materie zur Berechnung von Feld-*Mittelwerten* und zur Ableitung von Beziehungen zu den makroskopisch beobachteten Feldern. Insbesondere gelangt man so zu einem Verständnis dafür, warum und wie die Felder in der Materie verändert werden; oder mit anderen Worten, warum Dielektrizitätskonstante und Permeabilität in der Materie andere Werte haben als im leeren Raum.

b) Die Elektronen in der Materie.

Zum besseren Verständnis der Rolle der Elektronen bei den makroskopischen elektrischen Erscheinungen wird vorgreifend schon hier ein schematisierender Überblick über die derzeitigen Anschauungen betreffend den Aufbau der Atome und Moleküle gegeben, zu denen man auf Grund der bis in die jüngste Zeit reichenden experimentellen Feststellungen gelangt ist.

α) *Das Planetenmodell des Atoms.* Jedes Atom — es gibt bekanntlich 92 durch ihr chemisches Verhalten unterscheidbare Arten (vgl. weiter unten die Tabelle der Elemente) — besteht aus *Kern* und *Hülle*, die zusammen ein Planetensystem im kleinen bilden. Der positiv geladene Kern stellt die Sonne dar, um die die negativ geladenen Elektronen der Hülle kreisen. Die elektrischen COULOMBschen Kräfte sind gegenüber den Gravitationskräften so groß, daß letztere ganz vernachlässigt werden können und der Zusammenhalt rein elektrischer Natur ist. Bedeutet e das elektrische Elementarquantum, dann beträgt die Kernladung:

$$Q = + Z \cdot e,$$

worin Z, die „Kernladungszahl", gleich der „Atomnummer" ist. Ordnet man nämlich die Atomarten nach ihrem relativen Gewicht, so erhält man nach einigen hier unwesentlichen Umstellungen eine Reihe, die mit Nr. 1 beim Wasserstoff beginnt und mit Nr. 92 beim Uran endet; die Stellung des betreffenden Atoms in dieser Reihe gibt die Atomnummer und damit Z, die Zahl der im Kern vereinigten positiven Elementarquanten. Da das Atom als Ganzes, also einschließlich der Hülle, elektrisch neutral ist, und da jedes Elektron der Hülle ein negatives Elementarquantum $(-e)$ trägt, so befinden sich Z Elektronen in der Hülle.

Die Masse der Elektronen ist rund 1840mal geringer als die Masse des leichtesten Kernes, nämlich jene des H-Atoms. Daher ist der Atomkern Träger nahezu der ganzen Atommasse, der gegenüber die Hüllenmasse im allgemeinen vernachlässigbar ist. Der Atomradius ist von der Größenordnung 10^{-8} cm, jener von Kern und Elektron jedoch nur 10^{-13} cm. Würde man somit das atomare System soweit vergrößern, bis der Kern etwa Stecknadelkopfgröße ($\simeq$ 1 mm) erhält, dann würde die Hülle, deren Radius nach obigem 10^5-mal größer ist, einen Radius von etwa 10^5 mm = 100 m bekommen. In diesem Raum von rund $4 \cdot 10^6$ m³ Inhalt wären nur einige wenige stecknadelkopfgroße materielle Gebilde verteilt; der übrige Raum wäre materiefrei, aber der Sitz von enormen elektrischen Feldern. Die

Stärke dieser Felder ist es, die die sog. „Undurchdringlichkeit der Materie" bedingt, nicht etwa die Raumerfüllung bzw. der Platzmangel.

Die Frage, warum sich Kern und Hülle nicht, der COULOMBschen Anziehungskraft folgend, vereinigen, wird in dem anschaulichen RUTHERFORD-BOHRschen Atommodell dahin gelöst, daß die Elektronen den Kern in Ellipsenbahnen so umkreisen, daß die Fliehkraft der Anziehungskraft das Gleichgewicht hält. Dazu müssen die leichten Elektronen Peripheriegeschwindigkeiten bis zu vielen tausend Kilometer/Sekunde entwickeln. Die Mechanik dieser atomaren Planetenbewegung ist nicht mehr die klassische. Hier ist die Wellenmechanik zuständig, in der die möglichen Energiewerte des Systems nicht mehr stetig, sondern nur in Stufen variierbar sind; hier herrscht die „Quantenphysik" (vgl. I, 36/37; II, 27c).

β) *Der Aufbau der Atomkerne* soll hier nur ganz kurz gestreift werden. Die Elementarteilchen, aus denen die Kerne sich zusammensetzen, sind die *Protonen* und *Neutronen*; erstere entsprechen dem einfach positiv geladenen Kern des Wasserstoffatoms, letztere einem elektrisch neutralen Proton. Somit wird ein Kern vom Atomgewicht A und der Kernladungszahl Z aus Z Protonen und $(A - Z)$ Neutronen gebildet. Zur selben, den chemischen Charakter des Atoms definierenden Kernladungszahl Z können verschiedene Atomsorten gehören, je nach dem Atomgewicht A, d. h. je nach der Zahl der $(A - Z)$ Neutronen, die zu den Z Protonen hinzutreten. Solche Atomsorten mit gleichem Z, aber verschiedenem A werden „*Isotope*" („am gleichen Platz", nämlich des periodischen Systems der Elemente befindlich) genannt; sie sind, da die chemischen Eigenschaften durch Z bzw. die Atomnummer bestimmt sind (vgl. weiter oben), nicht mehr chemisch, wohl aber physikalisch, z. B. durch eine Massenbestimmung im „Massenspektrographen", unterscheidbar. Das Vorhandensein solcher Isotopen ist der Hauptgrund für die Abweichung des (mittleren) Atomgewichtes von der Ganzzahligkeit.

Über den Zusammenhalt dieser Kerne hat die Erfahrung zweierlei gelehrt. Erstens, daß diese Kerne im allgemeinen außerordentlich stabil sind, daß man also sehr viel Energie zuführen muß, um sie zu zerschlagen; oder, mit anderen Worten, daß beim Zusammensetzen des Kerns aus seinen Bestandteilen das System gewissermaßen in eine tiefe Energieschlucht fällt, aus der es nur durch Wiederzufuhr großer Energiemengen heraufgeholt und sodann in die Bestandteile zerlegt werden kann. Zweitens, daß bei verschiedenen Atomarten auch der *Unterschied* dieser Energiemulden ein ganz gewaltiger ist. Wenn es daher gelingt, eine Atomart in eine andere überzuführen, deren Energiemulde tiefer liegt (deren „Kernbindungsenergie" dementsprechend größer ist), können große Energiemengen frei werden. Gleichzeitig muß wegen der Äquivalenz zwischen Energie und Masse (I, 6) entsprechend der freigewordenen Energie ΔE eine Massenabnahme um $\Delta m = \Delta E/c^2$ eintreten. Derartige Prozesse spielen sich in den natürlich-radioaktiven Substanzen von selbst ab, wobei Atomkernbestandteile mit großer Gewalt ausgeschleudert werden (α- und β-Strahlung der radioaktiven Stoffe). Bei der technischen Verwertung der „Atomenergie" werden solche Spaltprozesse künstlich eingeleitet. Überschlagsweise kann man rechnen, daß, bezogen auf die gleiche umgesetzte Stoffmenge, bei der „Verbrennung der Atomkerne" (d. i. Überführung einer Atomart in eine andere) rund eine Million mal mehr Energie frei wird als bei der „Verbrennung von Kohle" (d. i. Überführung von Kohle in Kohlendioxyd).

Die folgende kleine Tabelle 1 gibt einen Überblick über die Elementarteilchen der Materie und deren Eigenschaften.

Tabelle 1. Die Elementarteilchen.

Symbol	Name	Ladung	Relativ-Masse	Absolut-Masse	Teilchenradius
n	Neutron	0	$1{,}0089$	$1{,}674 \cdot 10^{-24}$ g	$1{,}43 \cdot 10^{-13}$ cm
p	Proton	$+\,e$	$1{,}0081$	$1{,}672 \cdot 10^{-24}$ g	$1{,}43 \cdot 10^{-13}$ cm
ε^-	Elektron	$-\,e$	$1/1840$	$0{,}00091 \cdot 10^{-24}$ g	$1{,}43 \cdot 10^{-13}$ cm
ε^+	Positron	$+\,e$	$1/1840$	$0{,}00091 \cdot 10^{-24}$ g	$1{,}43 \cdot 10^{-13}$ cm
α	α-Teilchen	$+\,2\,e$	$4{,}0039$	$6{,}645 \cdot 10^{-24}$ g	$1{,}6 \cdot 10^{-13}$ cm

$$\text{Elementarquantum: } e = 4{,}8 \cdot 10^{-10} \text{ Ces} = 1{,}60 \cdot 10^{-20}$$
$$\text{Cem} = 1{,}60 \cdot 10^{-19} \text{ Coulomb.}$$

Unter relativer Masse ist das Atomgewicht, bezogen auf A Sauerstoff $= 16$ verstanden. Neutron und Proton sind als primäre Kernelemente anzusehen, das Elektron als primäres Hüllenelement. Obwohl sowohl Elektronen (β-Strahlen) als Positronen bei natürlichen und künstlichen Kernumwandlungen frei werden, so liegen doch gewichtige Gründe vor, sie nicht als im Kern vorgebildete, sondern als die Umwandlung einleitende und begleitende, also fallweise sich erst bildende Teilchen anzusehen. Das α-Teilchen, d. i. der aus zwei Protonen und zwei Neutronen zusammengesetzte Kern des Heliumatoms, ist zwar ein Bestandteil höherer Kerne, aber kein primärer. Positron und Elektron unterscheiden sich noch insofern beträchtlich, als ersteres frei von Materie nur so selten und so kurze Zeit auftritt, daß mit dem *freien* Positron praktisch nicht gerechnet zu werden braucht; das positive Elementarquantum tritt somit praktisch nur gebunden an Materie, im einfachsten Fall als Proton auf.

γ) Der Aufbau der Atomhülle. Abgesehen von den im Kern vereinigten Eigenschaften, wie etwa Atomgewicht und Radioaktivität, sind alle physikalisch-chemischen Unterschiede der Atome (Atomvolumen, Atomspektren, Atommagnetismus, chemisches Verhalten und vieles andere mehr) auf die Verschiedenheiten des Hüllenbaues zurückzuführen; ebenso beruhen alle bei diesen Eigenschaften erkannten Gesetzmäßigkeiten (man denke etwa an die Periodizität vieler physikalischer und chemischer Eigenschaften, an die Seriengesetze der Spektren usw.) auf Gesetzmäßigkeiten im Bau der Hülle. Dieses Hauptthema des nachfolgenden V. Teiles (Aufbau der Materie) dieser Skripten kann hier nur skizziert werden.

Beim Übergang von einer Atomart zur nächst höheren, von H nach He, Li, Be, B usw. nimmt nach Abschnitt β zugleich mit der Atomnummer die Kernladung je um ein positives Elementarquantum zu. Zur Neutralisierung muß somit bei jedem dieser Schritte ein Elektron in der Hülle angesetzt werden. Mit den *sehr* vielen quantitativen Erfahrungen über die physikalisch-chemischen Eigenschaften einerseits, mit den Ergebnissen wellenmechanischer Behandlung der einfacheren Probleme anderseits kommt man in Übereinstimmung, wenn der schrittweise Aufbau der Hülle nach folgenden Grundsätzen durchgeführt wird:

Erstens: Ähnlich den Jahresringen eines Baumes hat die Hülle einen *schalenartigen Aufbau.* Diese Schalen werden von innen nach außen der Reihe nach mit den Großbuchstaben $K, L, M \ldots$ oder mit den in der wellenmechanischen Behandlung solcher Aufgaben auftretenden „Hauptquantenzahlen" $n = 1, 2, 3 \ldots$ bezeichnet.

Zweitens: In jeder dieser Schalen hat nur eine bestimmte (durch weitere Quantenvorschriften festgelegte) Zahl von Elektronen Platz, die sich in ein und derselben Schale durch die **Exzentrizität** ihrer Ellipsenbahn (danach unterscheidet man s-, p-, d-, f-Elektronen), durch die Art der Eigenrotation des Elektrons („Elektronenspin", entsprechend etwa der Rotation der Erde um ihre eigene Achse in 24 Stunden) und durch ihr Verhalten in einem übergelagerten äußeren Magnetfeld unterscheiden. Diese *Zahl* (oder „Mannigfaltigkeit" M) *der erlaubten Elektronenzustände ist gegeben durch* $M = 2\,n^2$; somit ist:

für die Schale	K	L	M	N	O
mit der Hauptquantenzahl ...	1	2	3	4	5
die mögliche Besetzungszahl ...	2	8	18	32	50
bestehend aus den Elektronen ...	s^2	$s^2 + p^6$	$s^2 + p^6 + d^{10}$	$s^2 + p^6 + d^{10} + f^{14}$	$s^2 + \ldots$

s^2, p^6 usw. bedeutet, daß bei voller Besetzung der Schale zwei s-, sechs p- usw. Elektronen vorhanden sind.

Drittens: Nur in diesen Zuständen, denen mehr oder weniger definierte Umlaufsbahnen entsprechen, können sich die Elektronen befinden, nur in diesen Bahnen sind die Zustände stabil und existenzfähig. Je nachdem, welche Zustände besetzt sind, ist die Energie des ganzen Systems verschieden. Am stabilsten ist stets jene Besetzung, die die Systemenergie zu einem Minimum macht. *Diese* Besetzung wird sich beim Aufbau der Hülle jeweils *freiwillig* einstellen.

Könnte man daher die zu den möglichen Besetzungskonfigurationen gehörigen Systemenergien exakt berechnen, dann wäre die Reihenfolge der Schalenauffüllung bestimmt. Doch ist diese Rechnung, da es sich um ein Vielkörperproblem (1 Kern $+$ Z Elektronen) handelt, nur in den einfachsten Fällen durchführbar, wie z. B. beim Zweikörperproblem entsprechend Kern $+$ 1 Elektron (Wasserstoffatom, Helium-Ion). Bei höheren Atomen weiß man nur, daß im allgemeinen — Ausnahmen von dieser Regel treten in den „langen" Perioden des Elementensystems auf — die Elektronen die freien Plätze der jeweils kernnächsten Schale besetzen werden, da in bezug auf die Hauptquantenzahl n die Energie des Systems proportional mit $-(1/n^2)$ ist, das jeweilige Energieminimum also bei möglichst kleinem n erreicht wird.

Viertens: Da die exakte Berechnung nicht möglich ist, muß man sich bei der Bestimmung der zu jedem Atom gehörigen Elektronenkonfiguration durch die Erfahrung leiten lassen. Die Elektronen der inneren Schalen sind verhältnismäßig fest, die der äußersten locker gebunden; letztere werden als „Valenzelektronen" bezeichnet, da ihre Zahl in jenen Fällen, bei denen die chemische Wertigkeit wohl definiert ist, für diese maßgeblich ist. Sie werden auch „Leuchtelektronen" genannt, da von ihnen die sichtbaren und ultravioletten Spektren stammen (II, 20a). Die fester gebundenen Elektronen der jeweils inneren Schalen liefern oder absorbieren die Röntgenstrahlen. Aus den Röntgenspektren der Elemente läßt sich dementsprechend entnehmen, welche inneren Schalen vorliegen. Ohne hier auf die vielen weiteren Einzelheiten (Röntgenspektren, Ionisierungsarbeit, magnetische Eigenschaften, Leuchtspektren, Atomvolumen usw.) einzugehen, aus denen diesbezügliche Schlüsse gezogen werden können, sei nur bemerkt, daß in der überwiegenden Zahl der Fälle kaum ein Zweifel über die Elektronenkonfiguration der Hülle besteht.

δ) *Das periodische System der Elemente* (1869; D. I. Mendelejeff, Petersburg, und L. Meyer, Tübingen). Ordnet man die Elemente nach ihrem Atomgewicht, dann zeigt sich nach einigen schon oben erwähnten unwesentlichen Umstellungen (bei A Nr. 18 und K Nr. 19, bei Co Nr. 27 und Ni Nr. 28, bei Te Nr. 52 und J Nr. 53), daß sich in bestimmten Intervallen ausgesprochene Ähnlichkeit im physikalischen und chemischen Verhalten einstellt. Zum Beispiel:

Halogene		H,	1	F,	9	Cl,	17	Br,	35	J,	53	
Edelgase	n,	0	He,	2	Ne,	10	A,	18	Kr,	36	X,	54	Em 86
Alkalimetalle		H,	1	Li,	3	Na,	11	K,	19	Rb,	37	Cs,	55
Intervall ΔZ		2		8		8		18		18		32

Die Intervalle ΔZ zwischen den homologen Elementen weisen somit dieselbe Zahlenbeziehung $\Delta Z = 2\,n^2$, mit $n = 1, 2, 3, 4$ auf, die im vorherigen Abschnitt (γ) als Folge von Quantengesetzen bei den Besetzungszahlen der Elektronenschalen angetroffen wurde. Ordnet man die Folge der 92 Elemente in untereinanderstehenden Zeilen so an, daß die Homologen in gleiche Spalten zu stehen kommen, dann erhalten die Zeilen „Periodenlänge", indem die erste 2 Elemente (H, He), die zweite 8 (Li bis Ne), die dritte 8 (Na bis A), die vierte 18 (K bis Kr), die fünfte 18 (Rb bis X), die sechste 32 (Cs bis Em) aufnehmen muß. Man erhält die Anordnung der beigefügten Elemententabelle 2, in der aber zur besseren Raumausnützung die „langen" 18er-Perioden gebrochen und in je einer Doppelzeile untergebracht wurden. Auch die 32er-Periode fügt sich dieser Anordnung, in der jetzt zweckmäßigerweise innerhalb ein und derselben Spalte (Gruppe) die homologen „a"- und „b"-Elemente unterschieden werden, wenn man die in die Gruppe III der „Erden" gehörigen „seltenen Erden" gesondert anschreibt (am Fuß der Tabelle). In Tabelle 2 bedeuten die zu jedem Element angeführten Zeichen, z. B.

$$\boxed{21}\quad \text{Sc, } 45{,}10,\quad 4\,s^2 \quad 3\,d^1:$$

Die Atomnummer oder Kernladungszahl des Elementes Scandium (Symbol Sc) beträgt $Z = 21$, das (meist einem Isotopengemisch entsprechende mittlere) Atomgewicht beträgt 45,10 bezogen auf Sauerstoff = = 16,000. Die *einfache* Umrahmung von Z deutet an, daß es sich um eines jener Elemente handelt, bei denen das neu hinzutretende Elektron nicht in die äußerste Schale eintritt, sondern eine vorhandene Lücke einer inneren ausfüllt. Im herangezogenen Beispiel sind von den drei Valenzelektronen des Scandiums zwei s-Elektronen in der N-Schale mit $n = 4$ (also $4\,s^2$) und ein d-Elektron in der M-Schale mit $n = 3$ (also $3\,d^1$) entsprechend der symbolischen Bezeichnung der Elektronenverteilung: $4\,s^2$, $3\,d^1$. — *Zweifache* Umrahmung von Z (bei den seltenen Erden) bedeutet, daß sich die Valenzelektronen auf 3 Schalen, und zwar die P, O, N-Schale verteilen. Man beachte die vollständige Analogie in der Konfiguration der Valenzelektronen homologer Elemente.

Die Gruppenziffer 0, I bis VII entspricht im Wesentlichen der Sauerstoffwertigkeit des Elements, also (da der Sauerstoff selbst zweiwertig ist):

Gruppe	I	II	III	IV	V	VI	VII
Beispiel	Na_2O	MgO	Al_2O_3	SiO_2	P_2O_5	SO_3	Cl_2O_7
O-Wertigkeit	1	2	3	4	5	6	7

Die Wertigkeit gegenüber dem einwertigen Wasserstoff ergibt sich aus der Zahl 8 vermindert um die Gruppenziffer; daher:

$$SiH_4 \quad PH_3 \quad SH_2 \quad ClH$$

Tabelle 2. Das periodische

Gruppe / Schale	I a	I b	II a	II b	III a	III b	IV a	IV b
(n) K (1)	**1** H 1,0080 1 s^1							
L (2)	**3** Li 6,940 2 s^1		**4** Be 9,02 2 s^2		**5** B 10,82 2 $s^2 p^1$			**6** C 12,010 2 $s^2 p^2$
M (3)	**11** Na 22,997 3 s^1		**12** Mg 24,32 3 s^2		**13** Al 26,97 3 $s^2 p^1$			**14** Si 28,06 3 $s^2 p^2$
N (4) [M] (3)	**19** K 39,096 4 s^1	**29** Cu 63,57 $(3 d^{10}) 4 s^1$	**20** Ca 40,08 4 s^2	**30** Zn 65,38 $(3 d^{10}) 4 s^2$	[21] Sc 45,10 4 s^2 3 d^1	**31** Ga 69,72 4 $s^2 p^1$	[22] Ti 47,90 4 s^2 3 d^2	**32** Ge 72,60 4 $s^2 p^2$
O (5) [N] (4)	**37** Rb 85,48 5 s^1	**47** Ag 107,88 $(4 d^{10}) 5 s^1$	**38** Sr 87,63 5 s^2	**48** Cd 112,41 $(4 d^{10}) 5 s^2$	[39] Y 88,92 5 s^2 4 d^1	**49** In 114,76 5 $s^2 p^1$	[40] Zr 91,22 5 s^2 4 d^2	**50** Sn 118,70 5 $s^2 p^2$
P (6) [O] (5) [N] (4)	**55** Cs 132,91 6 s^1	**79** Au 197,2 $(5 d^{10}) 6 s^1$	**56** Ba 137,36 6 s^2	**80** Hg 200,61 $(5 d^{10}) 6 s^2$	[57] La 138,92 6 s^2 5 d^1	[*] **81** Tl 204,39 6 $s^2 p^1$	[72] Hf 178,6 6 s^2 5 d^2	**82** Pb 207,21 6 $s^2 p^2$
Q (7) [P] (6)	**87** — 7 s^1		**88** Ra 226,05 7 s^2		[89] Ac 227,04 7 s^2 6 d^1		[90] Th 232,12 7 s^2 6 d^2	

Alkalimetalle   Erdalkalimetalle   Erden

* Die „seltenen Erden".

[58] Ce	[59] Pr	[60] Nd	[61] —	[62] Sm	[63] Eu	[64] Gd
140,13 6 s^2 5 d^1 4 f^1	140,92 6 s^2 5 d^1 4 f^2	144,27 6 s^2 5 d^1 4 f^3	— 6 s^2 5 d^1 4 f^4	150,43 6 s^2 4 f^6	152,0 6 s^2 4 f^7	156,9 6 s^2 5 d^1 4 f^7

System der Elemente.

V		VI		VII		VIII	o
a	b	a	b	a	b	a	b
					1 H 1,0080 $1\,s^1$		**2** He 4,003 $1\,s^2$
	7 N 14,008 $2\,s^2\,p^3$		**8** O 16,000 $2\,s^2\,p^4$		**9** F 19,00 $2\,s^2\,p^5$		**10** Ne 20,183 $2\,s^2\,p^6$
	15 P 30,974 $3\,s^2\,p^3$		**16** S 32,06 $3\,s^2\,p^4$		**17** Cl 35,457 $3\,s^2\,p^5$		**18** A 39,944 $3\,s^2\,p^6$
23 V 50,95 $4\,s^2\,4d^3$		**24** Cr 52,01 $4\,s^1\,3d^5$		**25** Mn 54,93 $4\,s^2\,3d^5$		**26** Fe **27** Co **28** Ni 55,85 58,94 58,69 $4\,s^2\,3d^6$ $4\,s^2\,3d^7$ $4\,s^2\,3d^8$	
	33 As 71,91 $4\,s^2\,p^3$		**34** Se 78,96 $4\,s^2\,p^4$		**35** Br 79,916 $4\,s^2\,p^5$		**36** Kr 83,7 $4\,s^2\,p^6$
41 Nb 92,91 $5\,s^1\,4d^4$		**42** Mo 95,95 $5\,s^1\,4d^5$		**43** Ma $5\,s^2\,4d^5$		**44** Ru **45** Rh **46** Pd 101,7 102,91 106,7 $5\,s^1\,4d^7$ $5\,s^1\,4d^8$ $4d^{10}$	
	51 Sb 121,76 $5\,s^2\,p^3$		**52** Te 127,61 $5\,s^2\,p^4$		**53** J 126,92 $5\,s^2\,p^5$		**54** X 131,3 $5\,s^2\,p^6$
73 Ta 180,88 $6\,s^2\,5d^3$		**74** W 183,92 $6\,s^2\,5d^4$		**75** Re 186,31 $6\,s^2\,5d^5$		**76** Os **77** Ir **78** Pt 190,2 193,1 195,23 $6\,s^2\,5d^6$ $6\,s^2\,5d^7$ $6\,s^1\,5d^9$	
	83 Bi 209 $6\,s^2\,p^3$		**84** Po 210 $6\,s^2\,p^4$		**85** — — $6\,s^2\,p^5$		**86** Em 222 $6\,s^2\,p^6$
91 Pa 231 $7\,s^2\,6d^3$		**92** U 238,07 $7\,s^1\,6d^5$					

         Chalkogene   Halogene   Edelgase

65 Tb	**66** Dy	**67** Ho	**68** Er	**69** Tm	**70** Yb	**71** Cp
159,2 $6\,s^2\,5d^1\,4f^8$	162,46 $6\,s^2\,5d^1\,4f^9$	163,5 $6\,s^2\,5d^1\,4f^{10}$	167,2 $6\,s^2\,5d^1\,4f^{11}$	169,4 $6\,s^2\,4f^{13}$	173,04 $6\,s^2\,4f^{14}$	174,99 $6\,s^2\,5d^1\,4f^{14}$

Die „elektropositiven" (elektronenabgebenden) Elemente stehen am Anfang (Metalle), die elektronegativen (elektronenaufnehmenden) Elemente (Metalloide) am Ende vor der nullten Gruppe jeder Periode; zwischen ihnen befinden sich die „amphoteren" Elemente, die sich sowohl elektronegativ als auch elektropositiv betätigen können. Zu den Nichtmetallen rechnet man außer den Edelgasen und Halogenen noch B, C, N, O, Si, P, S, As, Se, Te.

Die Atomvolumina haben in Gruppe I ihr jeweiliges Maximum (infolge Ansetzens eines Elektrons in einer neuen Schale), nehmen innerhalb jeder Periode von links nach rechts zuerst ab (Minima bei B, Al, Fe—Co—Ni, Ru—Rh—Pd, Os—Ir—Pt) und dann wieder zu; von oben nach unten, also von der 1. zur 6. Periode, nehmen die Maxima stark, die Minima schwach zu.

ε) *Der Aufbau der Moleküle.* Von allen 92 Elementen ist es nur die Gruppe der Edelgase, die bei normaler oder sogar tiefer Temperatur im einatomigen Zustand gasförmig existieren kann. Alle anderen Elemente vereinigen sich entweder mit ihresgleichen zum gasförmigen elementaren Molekül (z. B. N_2, O_2, Cl_2 usw.) oder zum kondensierten flüssigen (z. B. Hg) bzw. festen Zustand (z. B. die Metalle oder Kohle in Form von Graphit oder Diamant), oder sie vereinigen sich mit passenden anderen Elementen zum nichtelementaren gasförmigen oder kondensierten Molekül (z. B. CH_4, H_2O, NaCl). Da jede solche freiwillige Vereinigung die Folge bestehender Kraftfelder ist und den Übergang von einem weniger stabilen Anfangs- zu einem stabileren Endzustand bedeutet, so müssen offenbar die Edelgase im Verhältnis zu den anderen Elementen ein sehr geringes äußeres Kraftfeld entwickeln — ganz verschwunden ist es nicht, da auch Edelgase bei sehr tiefen Temperaturen zur Kondensation gebracht werden können — und die Elektronenkonfiguration ihrer äußersten Schale, die ja für das chemisch-physikalische Verhalten maßgeblich ist, muß eine besondere Stabilität gewährleisten. Diese Konfiguration ist nun bei He ... s^2, in den übrigen Fällen $s^2 p^6$, also eine „Zweier-" bzw. eine „Achterschale".

Von G. N. Lewis einerseits, von W. Kossel anderseits wurde, wenn auch in verschiedener Weise, der Gedanke entwickelt, daß bei der eigentlichen *Molekülbildung die Tendenz der weniger stabilen Elemente zum Ausdruck käme, die offenbar bevorzugte Konfiguration der Edelgasschale und damit die zugehörige größere Stabilität zu erreichen.* Dies kann — unter der hier gebotenen Beschränkung auf das Hauptsächlichste — auf zunächst zwei Arten geschen:

1. Durch Bildung eines *Ionenmoleküls* (heteropolare oder elektrovalente Verbindung), kenntlich daran, daß die Verbindung in *geladene* Atome (Ionen) aufspaltet. Zwei oder mehr Atome bilden ein Ionenmolekül dann, wenn die elektronegativen Partner imstande sind, *alle* Valenzelektronen des elektropositiven Partners aufzunehmen und mit ihnen ihre Valenzschalen auf Edelgasschalen aufzufüllen. In den folgenden Beispielen bedeuten die Punkte die Elektronen der äußersten Schale:

$$\text{Na} \cdot + \cdot \overset{..}{\underset{..}{\text{Cl}}} : \rightarrow [\text{Na}]^+ \, [: \overset{..}{\underset{..}{\text{Cl}}} :]^-$$

Nach Abgabe des einzigen Valenzelektrons besitzt $[\text{Na}]^+$ nur mehr die zum nächst niedrigeren Edelgas Ne gehörige Elektronenkonfiguration, ist aber zu $+ e$ geladen; nach Aufnahme dieses abgegebenen Elektrons besitzt $[\text{Cl}]^-$ als äußerste Schale jene des Edelgases A, ist aber zu $- e$ geladen. Beide Ionen $[\text{Na}]^+$ und $[\text{Cl}]^-$ sind nun „inert" (chemisch träge wegen des Edelgascharakters), ziehen sich aber kraft ihrer Ladung elektrostatisch an. Zerfällt das Molekül, z. B. in wäßriger Lösung infolge der Temperaturstöße, in seine Bestandteile, so entstehen inerte Ionen, die ihrer Ladung gemäß im elektrischen Felde wandern (elektrolytischer Konvektionsstrom), die aber wegen ihrer chemischen Trägheit nicht so, wie z. B. das neutrale Na-Atom, in heftige Wechselwirkung mit dem Wasser treten. Ionenmoleküle sind ausgezeichnet durch starke elektrostatische Streufelder (vgl. Abb. 2 in IV, 6), daher durch große Schmelz- und Verdampfungswärmen, hohe Schmelz- und Siedepunkte, geringe Löslichkeit, außer in Lösungsmitteln mit hoher Dielektrizitätskonstante. Es handelt sich um ausgesprochen „polare" Moleküle, mit räumlich getrenntem Schwerpunkt von $+$- und $-$ -Ladung; daher im allgemeinen hohes Dipolmoment.

2. Durch Bildung eines *Atom-Moleküls* (homöopolare oder kovalente Bindung), kenntlich daran, daß die Verbindung in *ungeladene* Atome aufspaltet. Die beteiligten Atome erreichen dabei die Edelgasschale nicht durch Abgabe bzw. Aufnahme ihrer Elektronen, sondern durch passende Zusammenlegung derselben derart, daß „anteilige" Elektronenpaare je zwei Atomen gemeinsam angehören. Beispiel:

$$:\ddot{\text{Cl}}\cdot \;+\; \cdot\ddot{\text{Cl}}: \;\longrightarrow\; :\ddot{\text{Cl}}:\ddot{\text{Cl}}: \quad\text{oder}\quad \cdot\dot{\text{C}}\cdot \;+\; \ddot{\text{O}}: \;\longrightarrow\; :\text{C}\;\vdots\;\text{O}:$$

In den so entstandenen Molekülen Cl_2 bzw. Cl—Cl und CO bzw. C $\equiv$ O sind die *zwischen* den Atomen befindlichen „anteilig" gewordenen sog. „Bindungselektronen" der Elektronenschale sowohl des einen als auch des andern Partners zuzuzählen. Jeder besitzt dann Edelgasschale, wobei aber im allgemeinen keine Ladung auftritt. Bei Cl_2 kann schon aus Symmetriegründen keines der Atome im Molekül sich vom andern unterscheiden; bei CO allerdings oder auch bei andern nichtsymmetrischen Bindungen können die anteiligen Elektronenpaare näher dem einen der Partner liegen, wodurch eine geringe Unsymmetrie in der Ladungsverteilung und mit ihr ein Dipolmoment auftritt.

Während der Zusammenhalt der Ionenmoleküle durch COULOMBsche Kräfte auf klassischer Basis ohneweiters qualitativ und quantitativ verständlich ist, bedarf es zum Verständnis des Zusammenhaltes der Atommoleküle bzw. der bindenden Kraft der anteiligen Elektronenpaare wellenmechanischer Hilfsmittel. Ähnlich ist es bei einer dritten Bindungsart, die im vorliegenden Zusammenhang eine wesentliche Rolle spielt, bei der „*metallischen Bindung*". Wie schon am Schlusse von Abschnitt (δ) bemerkt wurde, ist es nur ein geringer Bruchteil der Elemente, rund 20 von 92, die zu den Nichtmetallen zu zählen sind. Alle anderen Atome gehen, sich selbst überlassen, mit ihresgleichen metallische Bindung ein. Der metallische Zustand ist optisch ausgezeichnet durch Undurchsichtigkeit und hohes Reflexionsvermögen (vgl. II, 22), in thermischer Hinsicht durch hohes Wärmeleitvermögen (vgl. III, 5) und dessen Zusammenhang (WIEDEMANN-FRANZsches Gesetz) mit dem in elektrischer Hinsicht charakteristischen elektrischen Leitvermögen, endlich durch die mechanischen Eigenschaften der großen Dehnbarkeit und Festigkeit. Isoliert man die Atome voneinander durch Verdampfen des Metalles, dann gehen alle diese Eigenschaften verloren; sie sind somit nicht dem Atom, sondern dem Bindungszustand eigentümlich. Man gelangt zu einem Verständnis für das besondere physikalische Verhalten der Metalle, wenn man annimmt, daß freie oder doch sehr leicht bewegliche, von den Atomen abgegebene Elektronen vorhanden sind, die sich als „Elektronengas" (dessen Zustand aber noch näher zu definieren sein wird, vgl. IV, 10 c) zwischen den positiv geladenen Atomrümpfen aufhalten. Wie oben erwähnt, ist das Bindevermögen auf klassischer Grundlage nicht zu erfassen. Was die Zahl der freien Elektronen anbelangt, so rechnet man gewöhnlich damit, daß mehr oder weniger jedes Atom je ein Elektron abgibt.

Der Unterschied zwischen Metall und Isolator besteht in elektrischer Hinsicht somit darin, daß im Metall frei bewegliche, nicht einem bestimmten Atom oder Atompaar angehörige Elektronen vorhanden sind, die in jedem elektrischen Feld eine ihrer ungeordneten Wärmebewegung überlagerte geordnete Bewegung ausführen, während im Isolator die vorhandenen Elektronen an das Molekül gebunden sind und durch ein Feld nur ein wenig aus ihrer Gleichgewichtslage verschoben werden. Dieser erzwungenen Verschiebung der Elektronen ist im Leiter durch die Leiterbegrenzung, im Nichtleiter durch die auf die Elektronen wirkenden Bindungskräfte eine Grenze gesetzt.

3. Das Ätherproblem.

Der Raum ist per definitionem der Inbegriff aller Orte, in denen man das, was man „greifbare Materie" zu nennen pflegt, vorfinden kann. Man empfindet keinerlei Hemmung, vom „leeren Raum" zu sprechen, als von einem Etwas, das von Materie besetzt werden könnte.

Über diese geometrische Eigenschaft hinaus besitzt der leere Raum aber zweifellos noch andere „physikalische" Eigenschaften, die gleichfalls der Erfahrung entnommen werden müssen. Er vermag Licht von den Fixsternen sowie noch weit größere Energiemengen von der Sonne zur Erde zu leiten, er ist der Träger der elektrischen, magnetischen, elektromagnetischen „Felder" und der diesen innewohnenden Energien. Wenn aber in der Volumseinheit eines solchen Feldes eine bestimmte Energiemenge $E' = E/V$ vorhanden ist, so entspricht dem nach dem Satz von der Äquivalenz zwischen Energie und Masse (I, 6, 32 d) eine Massendichte.

Somit wäre der „leere" Raum, falls er Träger von Feldern ist, von einer Art massenbehafteter „Feldmaterie" erfüllt; ein Begriff, der sich aber *fundamental* von dem gewohnten Materiebegriff der „Teilchenmaterie" unterscheidet. So sehr unterscheidet, daß es wahrscheinlich schon unzweckmäßig ist, die durch den gemeinsamen Begriff „Masse" nahegelegte Bezeichnung „Materie" in beiden Fällen zu verwenden. — Die „Teilchenmaterie" ist diskontinuierlich und undurchdringlich; die Einzelteilchen befinden sich *nebeneinander*. Innerhalb der Erfahrung gilt ja der Satz: „In einem bestimmten Raumpunkt kann sich zu einem gegebenen Zeitpunkt nur ein einziger Massenpunkt befinden." Die „Feldmaterie" dagegen ist, da das Feld ein Kontinuum ist, kontinuierlich; da sich weiter die Felder und deren Energieinhalt einfach überlagern (Superpositionsprinzip), liegt die Feldmaterie nicht neben-, sondern *ineinander*, und der Begriff der Undurchdringlichkeit wird für sie sinnlos: Ist ein Feld mit seiner „Feldmaterie" in einem bestimmten Raumteil vorhanden, so kann man andere Felder einfach überlagern und die Feldmateriendichte vergrößern, obwohl der Raumteil schon von der ersten Feldmaterie kontinuierlich, also ohne die kleinste Lücke erfüllt war. — Die Teilchenmaterie ist unserer Sinneswahrnehmung zugänglich, sie ist „greifbar", die Feldmaterie ist es nicht, sie ist eine Abstraktion, eine Rechengröße. Mit dieser Beobachtbarkeit hängt zusammen der Umstand, daß bei der Teilchenmaterie die Änderung *einer* Eigenschaft im allgemeinen hinreicht, um mehr oder weniger auch alle andern Eigenschaften zu ändern; diese sind ausgesprochen „zustandsbedingt", und zwar in außerordentlich verwickelter Art, der man mit mathematischer Beschreibung nur im Groben gerecht werden kann. Die Feldmaterie, für die bisher als „Materialkonstanten" die Diclektrizitätskonstante ε_0, Permeabilität μ_0, Lichtgeschwindigkeit c_0 des Vakuums bekannt sind, kennt den Begriff „Zustand" nicht, weil er nicht variiert werden kann; die Konstanten sin [1] gänzlich unabhängig von allen Einflüssen. Die mathematische Beschreibung ist daher sehr einfach und, soweit wir wissen, durch dic MAXWELLschen Gleichungen erschöpfend erfolgt.

Vorstellbar ist dies alles an sich nicht: Ebensowenig wie der Begriff „leerer Raum" an sich, d. h. ohne Bezugnahme auf die greifbare Materie, vorstellbar ist, ebensowenig ist es der mit „Feldmaterie erfüllte leere Raum". Man kann diesen, um eine kürzere Bezeichnung zu erhalten, „Weltäther" oder „Lichtäther" oder schlechtweg „Äther" benennen. Sachlich gewonnen ist damit nichts. Wohl aber besteht eine gewisse Gefahr, daß die Gewöhnung an ein solches Wort mit der Zeit vergessen läßt, daß es sich um eine Etikettierung von Unbegreiflichkeiten handelt.

Die Nichtbeobachtbarkeit (I, 5) eines „Ätherwindes", also das negative Ergebnis des MICHELSON-Versuches betreffend die Wirkung der Erdbewegung auf die Lichtgeschwindigkeit, wird allgemein als starkes Argument gegen die Existenz eines solchen Äthers gewertet. Dem Verfasser will das nicht einleuchten, da das negative Versuchsergebnis weder mit noch ohne Einführung des Wortes „Äther" verständlich ist, wenn man auf dem Boden der klassischen Relativität bleibt.

Wenn dagegen in der wellenmechanischen Optik der Photonen (II, 27 c) die MAXWELLsche Welle ersetzt wird durch den Begriff der Führungswelle, die Wahrscheinlichkeitsaussagen über den Ort macht, an dem das Photon anzutreffen ist, dann wird so offenkundig die Beschreibung eines Wellenmechanismus durch eine bloße Rechenvorschrift ersetzt, daß dann wohl der abstrakte

Begriff „leerer Raum" besser am Platze ist als jede Bezeichnung, die auch nur im entferntesten an Modelle erinnert.

4. Die Entwicklung der elektrischen Maßsysteme.

In der Elektrizitätslehre werden verschiedene Maßsysteme nebeneinander angewendet. Der Techniker benützt, seinen und den Bedürfnissen des täglichen Lebens entsprechend, ein anderes als der rechnende Theoretiker. Mit dieser historisch bedingten Tatsache muß man sich abfinden. Übrigens ist die entstehende Verwirrung nicht *so* groß, als dies in einigen sonst ausgezeichneten Lehrbüchern dargestellt wird. Mit ein wenig Mehrarbeit erreicht man jenen Einblick, der genügt, um nicht nur das Werk der Vorfahren, auf dem alles Wissen aufgebaut ist, zu verstehen und zu würdigen, sondern auch die moderne Literatur zu verfolgen, in der nach wie vor mit diesen Systemen gearbeitet wird.

α) *Allgemeines.* Das elektrische Messen geht zurück auf die für die heutigen Anforderungen zwar wenig genauen, aber nichtsdestoweniger bahnbrechenden quantitativen Untersuchungen einerseits von COULOMB über die Größe der mechanischen Kraftwirkung zwischen *ruhenden* elektrischen (Q) oder magnetischen Mengen (m), anderseits von BIOT-SAVART über jene zwischen *bewegter* Elektrizitätsmenge (Strom I) und magnetischen Mengen (m). In jener Pionierzeit, als man noch der Meinung war, alles werde sich auf mechanischer Grundlage erklären lassen, war nichts näherliegend als die Zurückführung der neuen Erfahrung auf die wohlvertrauten alten Begriffe, zumal überdies schon in rein meßtechnischer Hinsicht damals die mechanischen Methoden den elektrischen überlegen waren. So wurden die elektrischen Größen Elektrizitätsmenge, Strom, Spannung usf. auf die mechanischen Grundeinheiten cm, g, sec, dyn bezogen und es entstanden die „absoluten" CGS-Systeme. Nur war dieses begreifliche Verfahren nicht eindeutig; denn je nachdem, ob von der Kraftwirkung der ruhenden oder von jener der bewegten Elektrizität ausgegangen wird, kommt man zu *verschiedenen* Maßsystemen, zum „absoluten elektrostatischen" oder zum „absoluten elektromagnetischen".

Daß dies so sein muß, ist leicht zu zeigen. Die COULOMBschen Gesetze (1) und (3) der Elektro- bzw. Magnetostatik (vgl. IV, 5 bzw. IV, 13 b) besagen: Die mechanische Kraft zwischen zwei ruhenden elektrischen $(Q_1 Q_2)$ bzw. magnetischen $(m_1 m_2)$ Mengen ist dem Produkt derselben direkt, ihrem Abstandsquadrat ver-

kehrt proportional, wobei nach FARADAY der Proportionalitätsfaktor noch von der Art des Zwischenmediums, beurteilt nach dem
Wert der absoluten Dielektrizitätskonstanten $\hat{\varepsilon}$ bzw. Permeabilität $\hat{\mu}$, abhängt. Anderseits besteht zwischen gleichförmig bewegter
Elektrizitätsmenge, das ist ein durch $I = Q/t$ (Menge der Elektrizität, die je Zeiteinheit den Querschnitt durchströmt) defi-
nierter Strom I, und der Magnetmenge m eine wechselseitige
Kraft, die nach dem BIOT-SAVARTschen Elementargesetz (2)
(vgl. IV, 13 c) dem Produkt aus $I \cdot m$ und (klein gedachter)
Länge l des stromdurchflossenen Leiterelements direkt, dem Abstandsquadrat verkehrt proportional ist. Die Kraftwirkung ist
vom Zwischenmedium unabhängig. In (2) ist $r \perp l$ angenommen;
ein Sonderfall, der jedoch die Allgemeingültigkeit der Ausführungen nicht einschränkt. Die Kraft wirkt nicht wie bei (1)
und (3) in der Richtung r, sondern $\perp$ zur Ebene, die r und l
enthält. Somit gilt:

$$\text{1.} \quad K = \frac{k_1}{\hat{\varepsilon}} \frac{Q_1 Q_2}{r^2} \qquad \text{2.} \quad K = k_2 \frac{I\,m\,l}{r^2} = k_2 \frac{Q\,m}{r^2} \cdot \frac{l}{t}$$

$$\text{3.} \quad K = \frac{k_1}{\hat{\mu}} \frac{m_1 m_2}{r^2} \qquad\qquad (1,\ 2,\ 3)$$

Darin sind k_1 und k_2 dimensionslose, beliebig wählbare Zahlenfaktoren.

In diesen *drei* Beziehungen stehen den mechanisch definierten
Größen Kraft K, Länge l, Zeit t, *vier* Größen unbekannter
Qualität, nämlich Q, $\hat{\varepsilon}$, m, $\hat{\mu}$ gegenüber. Daraus folgt, daß erstens (β)
mit Hilfe obiger Gleichungen eine Dimensionsbeziehung zwischen
irgend einem Paar der neuen Größen — man wird hierzu die
Materialkonstanten $\hat{\varepsilon}$, μ wählen — ableitbar sein muß. Und daß
zweitens (γ, δ) eine Rückführung der elektrischen auf die mechanischen Größen nicht ohne eine völlig willkürliche Annahme über
die Dimension mindestens einer der ersteren möglich ist. Dann
ist es aber wegen des die Symmetrie des Gleichungstripels störenden Faktors l/t in (2) *nicht* gleichgültig, über welche dieser Größen
man verfügt.

β) *Die Dimension des Produkts $\hat{\varepsilon} \cdot \hat{\mu}$*. Aus (1) und (3) folgt
zunächst für die Dimensionen von Q und m (unter Mitanschreibung
der Zahlenfaktoren k_1, k_2):

$$[Q] = \frac{1}{\sqrt{k_1}} \left[l \sqrt{\hat{\varepsilon}\,K} \right] \quad (1\,\beta) \qquad\qquad [m] = \frac{1}{\sqrt{k_1}} \left[l \sqrt{\hat{\mu}\,K} \right] \quad (3\,\beta)$$

($1\,\beta$) und ($3\,\beta$) eingesetzt in (2) gibt als dimensionelle Verknüpfung
zwischen $\hat{\varepsilon}$ und $\hat{\mu}$:

$$[K] = \frac{k_2}{k_1}\left[\frac{l\,\sqrt{\hat{\varepsilon}\,K}\cdot l\,\sqrt{\hat{\mu}\,K}}{l^2}\cdot\frac{l}{t}\right] = \frac{k_2}{k_1}\left[K\,\sqrt{\hat{\varepsilon}\,\hat{\mu}}\cdot v\right] \qquad (2\,\beta)$$

woraus nach Kürzen durch $[K]$ die grundlegende Beziehung folgt:

$$\left[\sqrt{\hat{\varepsilon}\cdot\hat{\mu}}\,\right] = \frac{k_1}{k_2}\left[\frac{1}{v}\right]. \tag{4}$$

Die gesuchte Dimension für $\hat{\varepsilon}\cdot\hat{\mu}$ ist die eines reziproken Geschwindigkeitsquadrates. Für das Vakuum mit $\hat{\varepsilon} = \varepsilon_0$ und $\hat{\mu} = \mu_0$ wird die betreffende Geschwindigkeit (nach Verfügung über die Zahlenwerte k_1, k_2) einen bestimmten ausgezeichneten Wert v_0 annehmen, der in der Literatur häufig als „*kritische Geschwindigkeit*" bezeichnet wird. (Über ihren Wert vgl. Abschnitt ε.)

γ) *Das absolute elektrostatische Maßsystem.* Bei der Rückführung der elektrischen auf die mechanischen Größen wird von (1) ausgegangen; dabei wird, was freisteht, zahlenmäßig $k_1 = k_2 = 1$ sowie $\varepsilon_0 = 1$ gesetzt. Darüber hinaus wird aber willkürlich über die unbekannte Qualität von ε_0 bzw. $\hat{\varepsilon}$ verfügt, und zwar wird diese Größe *dimensionslos* angenommen. Das COULOMBsche Gesetz (1) lautet dann für das Vakuum mit $\hat{\varepsilon} = \varepsilon_0 = 1$:

$$K = \frac{Q_1\,Q_2}{r^2}$$

und erhält die Form, die ihm ursprünglich COULOMB ohne Kenntnis des Mediumeinflusses gegeben hat. Es treten dann neben Q nur bekannte mechanische Größen auf. Man kann somit als „elektrostatische Einheit Ces" (vgl. Tab. 3) der Elektrizitätsmenge $[Q]_s$ jene Menge definieren, die auf eine gleich große in der Entfernung $r = 1$ cm die Kraft 1 dyn ausübt. Die elektrostatische Einheit Aes der Stromstärke hat dann jener Strom, bei dem je Sekunde 1 Ces durch den Leiterquerschnitt fließt. Mit den getroffenen Festsetzungen ($k_2 = k_1 = 1$, $\varepsilon_0 = 1$) folgt

aus (1 β)	aus (4)	somit aus (3 β)
$[Q]_s = [l\,\sqrt{K}\,]$	$[\sqrt{\hat{\mu}}\,]_s = \left[\frac{1}{v}\right]$	$[m]_s = \left[\frac{l}{v}\,\sqrt{K}\,\right] \doteq [t\,\sqrt{K}\,].$

Ebenso wie die Dimension von $[m]_s$ leitet man aus $[Q]_s$ auch die Dimensionen der andern elektrischen Größen ab. Z. B.

$$[I]_s = \left[\frac{Q}{t}\right]_s = [v\,\sqrt{K}\,].$$

δ) *Das absolute elektromagnetische Maßsystem.* Bei diesem ist (3) die Ausgangsgleichung. Wieder wird $k_1 = k_2 = 1$ und dem Zahlenwert nach $\mu_0 = 1$ gesetzt. Darüber hinaus aber μ_0 bzw. $\hat{\mu}$

als dimensionslos angenommen. Das COULOMBsche Gesetz nimmt für das Vakuum die einfache Form

$$K = \frac{m_1 m_2}{r^2}$$

an und erlaubt es dadurch, sowohl die Dimension als auch die Einheit für $[m]_m$ festzulegen. Jene magnetische Menge wird 1 gesetzt, die auf eine gleich große in der Entfernung $r = 1$ cm die Kraft 1 dyn ausübt. Dimensionell ergibt sich weiter:

aus (3 β)　　　　aus (4)　　　　somit aus (1 β)

$$[m]_m = [l\,\sqrt{K}\,]　　　[\sqrt{\bar{\varepsilon}}\,]_m = \left[\frac{1}{v}\right]　　　[Q]_m = \left[\frac{l}{v}\sqrt{K}\,\right] = [t\,\sqrt{K}\,].$$

Analog leitet man die Dimensionen der andern Größen ab, z. B.

$$[I]_m = \left[\frac{Q}{t}\right]_m = [\sqrt{K}\,].$$

Die Einheit Aem der elektromagnetisch definierten Stromstärke $[I]_m$ wird nach (2) jener Strom aufweisen, der die (zu einem Kreisbogen vom Halbmesser 1 cm zusammengebogene) Länge $l = 1$ durchfließend auf einen Pol $m = 1$ in der Entfernung $r = 1$ die (transversale) Kraft 1 dyn ausübt.

　　ε) *Die „kritische Geschwindigkeit v_0"*. Der Vergleich der in (γ) und (δ) abgeleiteten Dimensionen z. B. für die elektromagnetisch bzw. elektrostatisch definierte Stromstärke $[I]_m$ bzw. $[I]_s$ gibt für deren Verhältnis:

$$\frac{[I]_m}{[I]_s} = \left[\frac{1}{v}\right].$$

Der Sinn dieser Beziehung, in der sich der Umstand wiederspiegelt, daß $[I]_m$ auf bewegte, $[I]_s$ auf ruhende Elektrizitätsmengen bezogen wurde, ist leicht ersichtlich zu machen: Man denke sich einen sehr langen leitenden Draht, der mit $[Q]_s$ geladen ist, so daß auf die Längeneinheit Q_s/l an Ladungsmenge entfällt. Will man damit einen Konvektionsstrom erzeugen, so muß man den Draht samt seiner Ladung in der Längsrichtung verschieben. Geschieht dies im Vakuum mit der Geschwindigkeit u, so werden je Sekunde u cm des Drahtes einen gedachten Querschnitt passieren und dabei die Ladung $\frac{Q_s}{l} \cdot u = I_s$ hindurchtragen. Hat nun Q_s/l den Zahlenwert 1, so wird zahlenmäßig $I_s = u$. Frägt man, wie groß u sein muß, damit unter diesen Umständen derselbe Effekt erzielt wird wie von der elektromagnetisch bestimmten Stromstärke $I_m = 1$ Aem, dann folgt aus obigem:

$$I_m/I_s = 1/u = 1/v_0 \quad \text{oder} \quad u = v_0.$$

Somit ist die kritische Geschwindigkeit jene, mit der ein zu 1 Ces je Längeneinheit geladener Leiter verschoben werden muß, damit seine magnetische Wirkung im Vakuum $= 1$ Aem wird.

Wegen des durch (4) gegebenen Zusammenhanges zwischen der kritischen Geschwindigkeit v_0 und den das elektrisch-magnetische Verhalten des Vakuums charakterisierenden Konstanten ε_0 und μ_0 kommt der schon erwähnten Erstbestimmung von v_0 durch WEBER-KOHLRAUSCH (1856) fundamentale Bedeutung zu. Sie maßen zunächst elektrostatisch die Ladung Q_s einer Leidener Flasche, entluden die Flasche durch die Windungen einer Tangentenbussole und erhielten so die Wirkung der nun bewegten Elektrizitätsmenge Q_s auf die Magnetnadel, die eine stoßartige Ablenkung erfährt (ballistische Methode), in elektromagnetischem Maß. Aus I_m/I_s ergab sich $v_0 = 3{,}111 \cdot 10^{10}$ cm/sec. Spätere verbesserte Wiederholungen solcher Beobachtungen lieferten den exakten Wert $v_0 = 2{,}997 \cdot 10^{10} = c_0$ *der Vakuumlichtgeschwindigkeit.*

Wäre es also möglich, die Längeneinheit des Drahtes in obigem Gedankenexperiment auf $3 \cdot 10^9$ Ces $= 1$ Coulomb aufzuladen, dann brauchte er nur mit der Geschwindigkeit $u = 10$ cm/s verschoben zu werden.

ζ) *Die praktischen Einheiten.* Für die im täglichen Gebrauch am häufigsten verwendeten Größen Strom, Spannung, Widerstand sind die elektromagnetischen Einheiten unbequem, da man unhandliche Zehnerpotenzen mitzuschleppen hätte. Jeder Wissenszweig legt sich ja seine Einheiten so zurecht, daß die normalerweise vorkommenden Maßzahlen in der Beziehung

$$\text{„Größe"} = \text{„Maßzahl" mal „Maßeinheit",} \tag{5}$$

womöglich Werte zwischen etwa 10^{-3} und 10^{+3} annehmen. Der Spektroskopiker z. B. mißt die Wellenlänge des sichtbaren Lichtes nicht in cm, sondern in Angström-Einheiten [1 Å $= 10^{-8}$ cm]. Im Erscheinungsgebiet der strömenden Elektrizität — jenes Teilgebiet, dem einerseits im Alltag die Hauptrolle zukommt und in dem anderseits elektromagnetische Meßmethoden am bequemsten sind — wurden die Einheiten den Bedürfnissen in folgender Weise angepaßt: Als Arbeitseinheit wird statt des Erg das Joule $= 10^7$ erg gewählt und als Stromstärkeneinheit das Ampere, d. i. der 10. Teil der elektromagnetisch definierten Einheit 1 Aem (vgl. δ). Alle andern „praktischen" Einheiten folgen aus dieser Festsetzung. Es ergibt sich dann die Zusammenstellung der Tab. 3, in der diese praktischen mit den absoluten Einheiten verglichen sind. Dabei wurden einem in Graz üblichen und von H. BENNDORF eingeführten Brauche folgend, für die im allgemeinen nicht benannten $(CGS)_m$- und $(CGS)_s$-Einheiten zur Erleichterung der Schreibweise und gegenseitigen Verständigung leicht zu merkende Bezeichnungen verwendet.

Tabelle 3. Einheitsbeziehungen.

Bezeichnung der Maßeinheit im	praktischen System	elektromagnetischen System	elektrostatischen System
Für die Elektrizitätsmenge Q ..	Coulomb **C**;	$1\,\mathbf{C} = 10^{-1}\,\mathbf{Cem}$	$= 3\cdot 10^9\,\mathbf{Ces}$
„ den Strom I	Ampere **A**;	$1\,\mathbf{A} = 10^{-1}\,\mathbf{Aem}$	$= 3\cdot 10^9\,\mathbf{Aes}$
„ die Spannung U	Volt **V**;	$1\,\mathbf{V} = 10^8\,\mathbf{Vem}$	$= \dfrac{1}{3}\cdot 10^{-2}\,\mathbf{Ves}$
„ den Widerstand R	Ohm Ω;	$1\,\Omega = 10^9\,\Omega\mathbf{em}$	$= \dfrac{1}{9}\cdot 10^{-11}\Omega\mathbf{es}$
„ die Kapazität C	Farad **F**;	$1\,\mathbf{F} = 10^{-9}\,\mathbf{Fem}$	$= 9\cdot 10^{11}\,\mathbf{Fes}$
„ die Induktivität L	Henry **H**;	$1\,\mathbf{H} = 10^9\,\mathbf{Hem}$	$= \dfrac{1}{9}\cdot 10^{-11}\mathbf{Hes}$
„ die Arbeit A	Joule **J**;	$1\,\mathbf{J} = 10^7\,\mathrm{erg}$	$= 10^7\,\mathrm{erg}$

Wie ersichtlich, unterscheiden sich die elektromagnetischen von den elektrostatischen Einheiten um Potenzen der kritischen Geschwindigkeit $v_0 = c_0$. Der Grund dafür ist aus den früheren Ausführungen zu entnehmen. Nach (5) unterscheiden sich dementsprechend die Maßzahlen, da ja die „Größe“ die gleiche bleiben muß, um die entsprechenden Kehrwerte. Also z. B.

$$\mathbf{A}\mathrm{em}/\mathbf{A}\mathrm{es} = 3\cdot 10^{10} = v_0 \quad \text{aber} \quad I_m/I_s = v_0^{-1}.$$

Bei Präzisionsmessungen wäre zu beachten, daß bei Herstellung der Maßeinheiten die Verwirklichung ihrer Definition nur innerhalb der Versuchsgenauigkeit möglich ist. Ebensowenig wie das Urprototyp des Kilogramms exakt der Masse von einem Liter Normalwasser entspricht, ebensowenig liefert z. B. die international angenommene Gesetzesbestimmung: „Ein Ampere wird durch jenen Strom dargestellt, der 1,1180 mg Silber je Sekunde aus dem Silbervoltameter ausscheidet“ exakt den Wert von 0,1 Aem. Ähnlich ist es beim international anerkannten Prototyp des Ohm („Widerstand einer Hg-Säule von 0° C 1 mm² Querschnitt und 106,3 cm Länge“) oder beim internationalen Ur-Volt, das als der 1,0183. Teil der elektromotorischen Kraft eines Cadmium-Normalelements bei 20° C vorgeschrieben wird. Doch sind die dadurch bedingten Abweichungen in der Eichung der Meßinstrumente so gering, daß sie in der normalen Meßpraxis vernachlässigbar sind. Z. B. geben die Prototype von Ampere und Volt, miteinander multipliziert, nicht den Sollwert 1 Joule, sondern 1,0003 Joule.

η) *Das* GAUSS*sche Maßsystem der Theoretiker.* In der theoretischen Literatur wird nun im allgemeinen weder das elektrostatische noch das elektromagnetische System konsequent verwendet, sondern ersteres nur für elektrische Größen (Dielektrizitätskonstante $\hat{\varepsilon}$, Elektrizitätsmenge Q, elektrische Feldstärke $\mathfrak{E}$, Potential Ψ bzw. Spannung U, Stromstärke I, Widerstand R, Kapazität C usw.), letzteres für magnetische Größen (Permeabilität $\hat{\mu}$, magnetische Menge m, magnetische Feldstärke $\mathfrak{H}$, Induktivität L usw.). So entsteht das „gemischte" GAUSSsche System, in dem außer $k_1 = 1$, $\mu_0 = 1$, $\varepsilon_0 = 1$ überdies sowohl μ_0 bzw. $\hat{\mu}$ als ε_0 bzw. $\hat{\varepsilon}$ dimensionslos gesetzt werden. Dies hat aber nun zur Folge, daß in allen Beziehungen, in denen elektrische und magnetische Größen zugleich auftreten, ein Ausgleichsfaktor angebracht werden muß: In der grundlegenden Verknüpfungsgleichung (2) und allen aus ihr abgeleiteten Folgerungen erhält der ursprünglich dimensionslose Zahlenfaktor k_2 die Dimension und den Wert der reziproken kritischen Geschwindigkeit, also $k_2 = 1/c_0$. Denn mit k_1, μ_0, ε_0 gleich 1 und dimensionslos kann (4) ohne Dimensionswiderspruch nur bestehen, wenn $k_2 = 1/c_0$ gesetzt wird.

ϑ) *Das technische Maßsystem des Praktikers*, das sich allmählich einzubürgern scheint, schließt sich im wesentlichen dem elektromagnetischen an, jedoch mit zwei Abänderungen:

Erstens: Als *Einheiten* werden die praktischen verwendet, und zwar Länge (cm oder m), Zeit (sec), Volt, Ampere. Die Arbeitseinheit ist 1 Joule = Voltamperesekunde = 10^7 erg. Die Masseneinheit ist im „praktischen Zentimeter-Sekunden-System" gleich 10^7 g, im „praktischen Meter-Sekunden-System" gleich 1 kg. Im weiteren werden die ersteren Einheiten benützt.

Zweitens: Als *Schreibweise* wird aus Zweckmäßigkeitsgründen die sog. „rationale" verwendet, bei der die Zahlenfaktoren k_1 und k_2 gleich $1/4\pi$ gesetzt werden. Dann tritt zwar der Faktor $\dfrac{1}{4\pi}$ in den Grundgleichungen (1), (2), (3) auf, jedoch hier insofern sinnvoll, als er der Wirkungsausbreitung auf die Kugeloberfläche $4\pi r^2$ entspricht. Dafür verschwindet dieser Faktor in einer großen Zahl abgeleiteter Größengleichungen, in denen er sachlich nicht gerechtfertigt ist. In ε_0 und μ_0 bleibt er jedoch erhalten.

Die Zahlenwerte, die die Konstanten ε_0 und μ_0 in diesem System annehmen müssen, lassen sich bei Kenntnis der kritischen

Geschwindigkeit angeben:

$$\text{Aus (1) folgt } \varepsilon_0 = k_1 \frac{Q^2}{r^2 K}; \quad \text{aus (4) folgt } \varepsilon_0 \mu_0 = \frac{k_1^2}{k_2^2} \frac{1}{c_0^2}.$$

Berücksichtigt man, daß $Q = I \cdot t$ und $Q \cdot U = \text{Arbeit} = r\,K$ ist, dann sieht man leicht, daß sich ε_0 durch $I\,t/U\,l$, μ_0 infolgedessen durch $U\,t/I\,l$ ausdrücken läßt. Im elektromagnetischen System wird I_m in **Aem**, U_m in **Vem** gemessen. Aus dem Abschnitt δ weiß man, daß in diesen Einheiten gilt:

$$[\varepsilon_0]_m = \frac{1}{c_0^2} \frac{\textbf{Aem} \cdot \sec}{\textbf{Vem} \cdot \text{cm}}, \qquad [\mu_0]_m = 1 \frac{\textbf{Vem} \cdot \sec}{\textbf{Aem} \cdot \text{cm}}.$$

Dabei war $k_1 = k_2 = 1$ gesetzt worden. Geht man über zum praktischen System mit $k_1 = 1/4\,\pi$; $k_2 = 1/4\,\pi$, dann ergibt sich unter Berücksichtigung von Tabelle 3

$$[\varepsilon_0]_{pr} = \frac{1}{4\,\pi\,c_0^2} \frac{10}{10^{-8}} \text{ oder } \frac{10^9}{4\,\pi\,c_0^2} \text{ oder } 0{,}886 \cdot 10^{-13} \frac{\text{Ampere} \cdot \sec}{\text{Volt} \cdot \text{cm}}.$$

Somit nach (4)

$$[\mu_0]_{pr} = 4\,\pi \cdot 10^{-9} \text{ oder } 1{,}256 \cdot 10^{-8} \frac{\text{Volt} \cdot \sec}{\text{Ampere} \cdot \text{cm}}.$$

Ebenso kann man von $[\mu_0]_m$ ausgehen; nur ist zu beachten, daß bei der Rückführung von $[\mu_0]_m$ auf die Meßgröße I_{pr} der Faktor $k_1/k_2^2 = 4\,\pi$ auftritt.

$\varkappa$) *Zusammenfassung*. Die einzelnen Maßsysteme lassen sich also charakterisieren durch bestimmte Werte für $k_1\,k_2\,\varepsilon_0\,\mu_0$ sowie die Wahl der Krafteinheit. Die beiden wichtigsten sind das gemischte Zentimeter-Gramm-Sekunden-System (GAUSS) des Theoretikers und das Zentimeter-Sekunden-Ampere-Volt-System des Experimentators. Überdies das sog. LORENTZsche System, d. i. die rational geschriebene Abart ($k_1 = 1/4\,\pi$; $k_2 = 1/4\,\pi\,c_0$) des GAUSSschen sowie das elektrostatische und elektromagnetische System. Die charakteristischen Werte von $k_1\,k_2\,\varepsilon_0\,\mu_0$ sind zunächst in Tabelle 4 zusammengestellt.

Tabelle 4. Charakteristik der Maßsysteme.

	k_1	k_2	ε_0	μ_0	Kraft
Elektrostatisch	1	1	1	$1/c_0^2$	Dyn
Elektromagnetisch .	1	1	$1/c_0^2$	1	Dyn
Gauß	1	$1/c_0$	1	1	Dyn
Lorentz	$1/4\,\pi$	$1/4\,\pi\,c_0$	1	1	Dyn
Technisch	$1/4\,\pi$	$1/4\,\pi$	$10^9/4\,\pi\,c_0^2$	$4\,\pi/10^9$	10^7 Dyn $=$ $= 10{,}2$ kg*

Tabelle 5. *Umrechnung der*

Physikalische „Größe"	1 praktische Einheit	= Lorentz-Einheiten
1 Arbeit $A = Q\,U = I\,U\,t$	Joule **J**	10^7 erg
2 Stromstärke I	Ampere **A**	$3 \cdot 10^9 \sqrt{4\,\pi}$ **A**es
3 Spannung U	Volt **V**	$\dfrac{1}{300\,\sqrt{4\,\pi}}$ **V**es
4 Elektrizitätsmenge $Q = I \cdot t$ ..	Coulomb **C**	$3 \cdot 10^9 \sqrt{4\,\pi}$ **C**es
5 Feldstärke $\mathfrak{E} = \mathfrak{K}/Q = U/l$ ...	Volt/cm	$\dfrac{1}{300\,\sqrt{4\,\pi}} \dfrac{\text{V}es}{\text{cm}}$
6 Dielektrische Erregung $\mathfrak{D} = \hat{\varepsilon}\mathfrak{E}$	Coulomb/cm²	$3 \cdot 10^9 \sqrt{4\,\pi}\, \dfrac{\text{C}es}{\text{cm}^2}$
7 Dielektrizitätskonstante $\hat{\varepsilon} = \varepsilon \cdot \varepsilon_0$	Ampere·sec/Volt·cm	$9 \cdot 10^{11} \cdot 4\,\pi$ —
8 Kapazität $C = Q/U$	Farad **F**	$9 \cdot 10^{11} \cdot 4\,\pi$ **F**es
9 Widerstand $R = U/I$	Ohm Ω	$\dfrac{1}{9 \cdot 10^{11} \cdot 4\,\pi} \Omega\text{es}$
10 Magnetische Feldstärke $\mathfrak{H}$	Ampere Windungen/cm	$0{,}1 \cdot \sqrt{4\,\pi}$ Örsted
11 Magnetische Induktion $\mathfrak{B} = \hat{\mu} \cdot \mathfrak{H}$	Volt sec/cm² = 1 Weber	$\dfrac{10^8}{\sqrt{4\,\pi}}$ Gauß
12 Induktivität $L = U \Big/ \dfrac{dI}{dt}$	Henry **H**	$\dfrac{10^9}{4\,\pi}$ Hem
13 Permeabilität $\hat{\mu} = \mu \cdot \mu_0$	Volt·sec/Ampere·cm	$\dfrac{10^9}{4\,\pi}$ —

„Kritische Geschwindigkeit" $v_0 = c_0 = 3 \cdot 10^{10}$ cm/sec.

In der Beziehung $x\,[E]_m = y\,[E]_s$ ist $\dfrac{y}{x}$ zahlenmäßig gleich dem Kehrwert des in der letzten Spalte angegebenen Dimensionsverhältnisses.

Einheiten und Dimensionsangaben.

= elektromagnetische Einheiten	= elektrostatische Einheiten	= Gauß-Einheiten	Dimensionen der Einheiten		E_m/E_s
			E_m elektromagnetisch	E_s elektrostatisch	
10^7 erg	10^7 erg	10^7 erg	cm² g sec⁻²	cm² g sec⁻²	1
0,1 Aem	$3 \cdot 10^9$ Aes	$3 \cdot 10^9$ Aes	$cm^{1/2} g^{1/2} sec^{-1}$	$cm^{3/2} g^{1/2} sec^{-2}$	$1/c_0$
10^8 Vem	$\frac{1}{300}$ Ves	$\frac{1}{300}$ Ves	$cm^{3/2} g^{1/2} sec^{-2}$	$cm^{1/2} g^{1/2} sec^{-1}$	c_0
0,1 Cem	$3 \cdot 10^9$ Ces	$3 \cdot 10^9$ Ces	$cm^{1/2} g^{1/2} sec^{0}$	$cm^{3/2} g^{1/2} sec^{-1}$	$1/c_0$
$10^8 \frac{Vcm}{cm}$	$\frac{1}{300} \frac{Ves}{cm}$	$\frac{1}{300} \frac{Ves}{cm}$	$cm^{1/2} g^{1/2} sec^{-2}$	$cm^{-1/2} g^{1/2} sec^{-1}$	c_0
$0,1 \cdot 4\pi \frac{Cem}{cm^2}$	$3 \cdot 10^9 \cdot 4\pi \frac{Ces}{cm^2}$	$3 \cdot 10^9 \cdot 4\pi \frac{Ces}{cm^2}$	$cm^{-3/2} g^{1/2} sec^{0}$	$cm^{-1/2} g^{1/2} sec^{-1}$	$1/c_0$
$4\pi \cdot 10^{0} \frac{sec^2}{cm^2}$	$9 \cdot 10^{11} \cdot 4\pi$ —	$9 \cdot 10^{11} \cdot 4\pi$ —	cm⁻² g⁰ sec²	cm⁰ g⁰ sec⁰	$1/c_0^2$
10^{-9} Fem	$9 \cdot 10^{11}$ Fes	$9 \cdot 10^{11}$ Fes	cm⁻¹ g⁰ sec²	cm⁺¹ g⁰ sec⁰	$1/c_0^2$
10^9 Ωem	$\frac{1}{9 \cdot 10^{11}}$ Ωes	$\frac{1}{9 \cdot 10^{11}}$ Ωes	cm⁺¹ g⁰ sec⁻¹	cm⁻¹ g⁰ sec⁺¹	c_0^2
$0,1 \cdot 4\pi$ Örsted	$3 \cdot 10^9 \cdot 4\pi \frac{Aes}{cm}$	$0,1 \cdot 4\pi$ Örsted	$cm^{-1/2} g^{1/2} sec^{-1}$	$cm^{1/2} g^{1/2} sec^{-2}$	$1/c_0$
10^8 Gauß	$\frac{1}{300} \frac{Ves\ sec}{cm^2}$	10^8 Gauß	$cm^{-1/2} g^{1/2} sec^{-1}$	$cm^{-3/2} g^{1/2} sec^{0}$	c_0
10^9 Hem	$\frac{1}{9 \cdot 10^{11}}$ Hes	10^9 Hem	cm⁺¹ g⁰ sec⁰	cm⁻¹ g⁰ sec²	c_0^2
$\frac{10^9}{4\pi}$ —	$\frac{1}{9 \cdot 10^{11} \cdot 4\pi} \frac{sec^2}{cm^2}$	$\frac{10^9}{4\pi}$ —	cm⁰ g⁰ sec⁰	cm⁻² g⁰ sec⁺²	c_0^2

In Tabelle 5 ist für Nachschlagzwecke unter Erweiterung der Tabelle 3 nochmals die Umrechnung der praktischen Einheiten in jene der andern Systeme angegeben. Die Größen 1—9 fallen im GAUSSschen „gemischten" System mit jenen des elektrostatischen, die Größen 10—13 mit jenen des elektromagnetischen Systems zusammen. Auf Einzelheiten wird später noch eingegangen werden.

Um den Anschluß an die meist verwendeten Studienbehelfe (z. B. ältere Auflagen von WESTPHALS Lehrbuch) zu wahren, wird auch in dem vorliegenden Lehrbehelf im allgemeinen die GAUSSsche Darstellungsweise der formalen Zusammenhänge verwendet. Um aber den Übergang in jedes beliebige andere System zu ermöglichen, sind in der anschließenden Formelsammlung (zum Teil auch im Text) die wichtigsten Beziehungen in jener Form zusammengestellt, wie man sie erhält, *bevor eine Verfügung über* $k_1 k_2 \varepsilon_0 \mu_0$ getroffen wurde. Nach Anweisung von Tabelle 4 lassen sich dann sofort die Formen anschreiben die die Ausdrücke in den einzelnen Systemen annehmen.

λ) *Formelsammlung.*

Um für die nachstehend zusammengestellten wichtigsten Beziehungen der Elektrik den Übergang von der angegebenen allgemeinen Formulierung, in der noch keine Verfügung über k_1, k_2, μ_0, ε_0 getroffen wurde, zu der speziellen Formulierung der einzelnen Maßsysteme zu vollziehen, hat man wie folgt zu verfahren:

Elektrostatisches Maßsystem: Alle Größen sind in elektrostatischen Einheiten (Ces, Aes, Ves, Ωes, Fes, Hes, cm, g, sec, dyn, erg, vgl. Tab. 3 und 4) zu messen; ferner ist zu setzen: $k_1 = k_2 = 1$; $\hat{\varepsilon} = \varepsilon$; $\hat{\mu} = \mu/c^2$, also $\varepsilon_0 = 1$, $\mu_0 = 1/c^2$.

Elektromagnetisches Maßsystem: Alle Größen sind in elektromagnetischen Einheiten (Cem, Aem, Vem, Ωem, Fem, Hem, Örsted, Gauß, cm, g, sec, dyn, erg) zu messen; ferner ist zu setzen: $k_1 = k_2 = 1$; $\hat{\varepsilon} = \varepsilon/c^2$, $\hat{\mu} = 1$, also $\varepsilon_0 = 1/c^2$, $\mu_0 = 1$.

GAUSS*sches gemischtes System:* Alle elektrischen Größen sind in elektrostatischen Einheiten (Ces, Aes, Ves, Ωes, Fes, cm, g, sec, dyn, erg), alle magnetischen Größen sind in elektromagnetischen Einheiten (Hem, Örsted, Gauß) zu messen; ferner ist zu setzen: $k_1 = 1$; $k_2 = 1/c$; $\hat{\varepsilon} = \varepsilon$; $\hat{\mu} = \mu$; also $\varepsilon_0 = 1$; $\mu_0 = 1$.

LORENTZ*sches „rationales" Mischsystem:* Alle Größen sind wie im GAUSSschen System zu messen, jedoch ist zu setzen: $k_1 = 1/4\pi$; $k_2 = 1/4\pi c$; $\hat{\varepsilon} = \varepsilon$; $\hat{\mu} = \mu$; also $\varepsilon_0 = 1$; $\mu_0 = 1$.

Technisches „rationales" System. Alle Größen sind in praktischen Einheiten (Coulomb, Ampere, Volt, Ohm, Farad, Henry, Amp·Windg./cm, Volt sec/cm² = Weber, cm, 10^7 g, sec, 10^7 dyn, Joule = 10^7 erg) zu messen; ferner ist zu setzen: $k_1 = k_2 = 1/4\pi$; $\hat{\varepsilon} = \varepsilon_0 \varepsilon$; $\hat{\mu} = \mu_0 \mu$; $\varepsilon_0 = 0{,}886 \cdot 10^{-13}$ Amp sec/Volt cm $\simeq 1/4\pi \cdot 9 \cdot 10^{11}$ sec²/cm²; $\mu_0 = 1{,}256 \cdot 10^{-8}$ Volt sec/Amp cm $\simeq 4\pi \cdot 10^{-9}$.

1. COULOMBsches Gesetz der Elektrizität; (1) IV, 5 γ:

$$\Re = \pm \frac{k_1}{\hat{\varepsilon}} \frac{Q_1 Q_2}{r^2} \text{ mit } \hat{\varepsilon} = \varepsilon_0\, \varepsilon.$$

2. Definition der elektrischen Feldstärke; (2) IV, 6 α:

$$\mathfrak{E} = \frac{\Re}{Q} = \frac{k_1}{\hat{\varepsilon}} \frac{Q}{r^2}.$$

3. Zahl Z der von Q ausgehenden Kraftlinien; (3) IV, 6 α:

$$Z = 4\,\pi\,k_1\,Q.$$

4. Kraftliniendichte D als Betrag des Verschiebungsvektors $\mathfrak{D}$; (4) IV, 6 α:

$$D = \frac{Z}{4\,\pi\,r^2} = k_1 \frac{Q}{r^2} = |\mathfrak{D}| = |\hat{\varepsilon}\,\mathfrak{E}|.$$

5. Energiedichte $E'_e \equiv \dfrac{\text{Energie}}{\text{Volumen}}$ im elektrostatischen Feld; (8) IV, 6 α; (7) IV, 8:

$$E'_e = \frac{\hat{\varepsilon}}{k_1} \frac{\mathfrak{E}^2}{8\,\pi} = \frac{1}{k_1} \frac{\mathfrak{E}\,\mathfrak{D}}{8\,\pi}.$$

6. Satz von Gauß (Hüllenintegral $\sim$ Volumintegral); (10) IV, 6 α:

$$\int \mathfrak{D}_n\, df = 4\,\pi\,k_1\,Q = 4\,\pi\,k_1 \int \varrho\, dv.$$

Derselbe Satz, formuliert als differentielles Feldgesetz betreffend das Verhalten der Vektoren $\mathfrak{D}$ und $\mathfrak{E}$ bzw. des Skalars Ψ (Potential) an Stellen mit der Raumladung ϱ:

a) „Divergenz" $\equiv \dfrac{\partial}{\partial x} + \dfrac{\partial}{\partial y} + \dfrac{\partial}{\partial z}$; (12) IV, 6 α:

$$\operatorname{div} \mathfrak{D} = \hat{\varepsilon} \operatorname{div} \mathfrak{E} = 4\,\pi\,k_1\,\varrho.$$

b) Satz von POISSON; „LAPLACEscher Operator" $\Delta \equiv \dfrac{\partial^2}{\partial x^2} + \dfrac{\partial^2}{\partial y^2} + \dfrac{\partial^2}{\partial z^2}$; (23) IV, 6 β:

$$\Delta \Psi = -\,4\,\pi\, \frac{k_1}{\hat{\varepsilon}}\, \varrho.$$

7. Verhalten der Größen $\mathfrak{D}$, $\mathfrak{E}$, Ψ an der Stelle einer Flächenladung σ ($n \ldots$ Normalkomponente):

a) (14) IV, 6 α (homogenes Dielektrikum):

$$\mathfrak{D}_{n1} - \mathfrak{D}_{n2} = \hat{\varepsilon}\,(\mathfrak{E}_{n1} - \mathfrak{E}_{n2}) = 4\,\pi\,k_1\,\sigma.$$

b) (24) IV, 6 β (homogenes Dielektrikum):

$$\left(\frac{\partial \Psi}{\partial n}\right)_1 - \left(\frac{\partial \Psi}{\partial n}\right)_2 = -\,4\,\pi\, \frac{k_1}{\hat{\varepsilon}}\, \sigma.$$

8. Verhalten der Größen $\mathfrak{D}$, $\mathfrak{E}$, Ψ an der Oberfläche eines geladenen Leiters:

a) (6, 7) IV, 6 α:

$$\mathfrak{D}_n = \hat{\varepsilon}\,\mathfrak{E}_n = 4\,\pi\,k_1\,\sigma.$$

b) (25) IV, $6\,\beta$:

$$\frac{\partial \Psi}{\partial n} = -\,4\,\pi\,\frac{k_1}{\hat{\varepsilon}}\,\sigma.$$

9. Arbeit zur Bewegung von Q entlang Spannung U; (15) IV, $6\,\beta$:

$$A = Q\,U.$$

10. Spannung $U =$ Arbeit an $Q = 1$; (16) IV, $6\,\beta$:

$$U_{1,2} = \int_1^2 \mathfrak{E}_s\,ds.$$

11. Wirbelfreiheit des elektrostatischen Quellenfeldes; (17, 18, 21, 22) IV, $6\,\beta$:

a) „Umlaufspannung"

$$U_{1,1} = \oint \mathfrak{E}_s\,ds = 0.$$

b) „Rotation von $\mathfrak{E}$"

$$\mathrm{rot}\ \mathfrak{E} = 0.$$

c) Potential Ψ

$$d\Psi = \text{exakt}.$$

12. Kapazität des idealen Kondensators; (1) IV, 7, (2) IV, 8:

$$C = \frac{Q}{U} = \frac{1}{k_1}\frac{\hat{\varepsilon}\,F}{4\,\pi\,\delta}.$$

13. Arbeit zur Aufladung eines Kondensators; (5, 6) IV, 8:

$$A = \frac{1}{2}\,Q\,U = \frac{1}{2}\,\frac{Q^2}{C} = \frac{1}{2}\,C\,U^2.$$

14. Kraft zwischen den Kondensatorplatten; (8) IV, 8:

$$K = \frac{1}{k_1}\,\frac{\hat{\varepsilon}\,F}{8\,\pi}\,U^2/\delta^2 = \frac{1}{k_1}\,\frac{\hat{\varepsilon}\,F}{8\,\pi}\,\mathfrak{E}^2.$$

15. Die dielektrische Polarisation (Vektor $\mathfrak{P}$); (1, 2) IV, $9\,\alpha$:

$$\mathfrak{D} = \varepsilon_0\,\mathfrak{E} + 4\,\pi\,k_1\,\mathfrak{P}; \quad \mathfrak{P} = \mathfrak{M}/\text{Volumen}.$$

16. Elektrische Suszeptibilität $\chi = \mathfrak{P}/\varepsilon_0\,\mathfrak{E}$; (2) IV, $9\,\alpha$:

$$\varepsilon = 1 + 4\,\pi\,k_1\,\chi.$$

17. Relaxationszeit T bei Kondensatorentladung; (9, 10) IV, $9\,\beta$:

$$Q_t = Q_0\,e^{-\,t/T}; \quad T = \frac{1}{4\,\pi\,k_1}\,\frac{\hat{\varepsilon}}{\varkappa}.$$

18. Elektrische Molekularpolarisation P; $DK = \varepsilon$; Polarisierbarkeit α:

$$P = \frac{\varepsilon - 1}{\varepsilon + 2}\,\frac{M}{\varrho} = \frac{4\,\pi\,k_1}{3\,\varepsilon_0}\left(L\,\alpha + L\,\frac{\mu_e^2}{3\,k\,T}\right).$$

permanentes elektrisches Dipolmoment μ_e, (21) IV, $9\,\gamma$;
($L \ldots$ LOSCHMIDTS Zahl; $T \ldots$ abs. Temperatur; $k \ldots$ BOLTZMANN-Konstante; $M \ldots$ Molekulargewicht; $\varrho \ldots$ Dichte.)

19. Wärmeleitfähigkeit λ und spez. elektrische Leitfähigkeit $\varkappa$ der Metalle; (WIEDEMANN-FRANZ); (11, 11a) IV, 10 c:

$$\frac{\lambda}{\varkappa} = \text{konst. } T.$$

20. Metallische Leitfähigkeit $\varkappa$; (7, 7a) IV, 10 c; (2) IV, 11; IV, 12 a:

$$\varkappa = N\, e^2\, \mathfrak{L}/2\, m\, \bar{v}.$$

(N ... Zahl der freien Elektronen im cm³; $\mathfrak{L}, m, \bar{v}$ ... freie Weglänge, Masse, thermische Geschwindigkeit.)

21. Gesetz von OHM; (6) IV, 10 c; (7) IV, 11 b:

$$U = I \cdot R; \quad R = \frac{l}{f}\, \varrho; \quad \varrho = 1/\varkappa.$$

22. Gesetz von JOULE; (6, 7) IV, 10 c; (8) IV, 11 b:

$$A = Q\, U = I^2\, R\, t = I\, U\, t = U^2 t/R.$$

23. FARADAYS Gesetz der Elektrolyse; (25) IV, 10 d/α, IV, 12 b:

$$G = I\, t \cdot \frac{M}{w} \cdot \frac{1}{L\, e} = I\, t \cdot \ddot{A} \cdot \frac{1}{F}.$$

(M ... Molekulargewicht; w ... Wertigkeit; $\ddot{A} = M/w$ ... Äquivalentgewicht; $F = L\, e = 96.500$ Cb ... FARADAY-Konstante.)

24. EMK einer chemischen Reaktion; (29a) IV, 10 d/α:

$$E = \frac{u/w}{23.063} + T \left(\frac{dE}{dT}\right)_v \text{ je Mol.}$$

25. Mechanismus des Konvektionsstromes; (5, 6, 7) IV, 11 b; IV, 12 a, b/β, c:

$$I = \frac{dQ}{dt} = N\, (w\, e)\, (\mathfrak{u}^+ + \mathfrak{u}^-)\, \mathfrak{E}.$$

26. EMK und Klemmenspannung U; (23) IV, 10 d/α; (17) IV, 11 e:

$$E = I\, R_i + U; \quad U = I\, R_a.$$

27. COULOMBS Gesetz des Magnetismus; (1) IV, 13 b:

$$\mathfrak{K} = \pm \frac{k_1}{\hat{\mu}} \frac{m_1\, m_2}{r^2} \text{ mit } \hat{\mu} = \mu_0\, \mu.$$

28. Definition der magnetischen Feldstärke $\mathfrak{H}$; (2) IV, 13 b:

$$\mathfrak{H} = \frac{\mathfrak{K}}{m} = \frac{k_1}{\hat{\mu}} \frac{m}{r^2}.$$

29. Zahl Z der von m ausgehenden Kraftlinien; (3) IV, 13 b:

$$Z = 4\, \pi\, k_1\, m.$$

30. Kraftliniendichte B als Betrag des Induktionsvektors $\mathfrak{B}$; (6, 7) IV, 13 b:

$$B = \frac{Z}{4\, \pi\, r^2} = k_1 \frac{m}{r^2} = |\mathfrak{B}| = |\hat{\mu}\, \mathfrak{H}|.$$

31. Energiedichte $E_m' = \dfrac{\text{Energie}}{\text{Volumen}}$ im magnetostatischen Feld; (8) IV, 13 b:

$$E_m' = \frac{\hat{\mu}}{k_1} \frac{\mathfrak{H}^2}{8\, \pi} = \frac{1}{k_1} \frac{\mathfrak{H}\, \mathfrak{B}}{8\, \pi}.$$

32. Der magnetische Kraftfluß Φ; (9) IV, 13 b:

$$d\Phi = \mathfrak{B}\, df; \quad \Phi = \int \mathfrak{B}\, df.$$

33. Feld eines magnetischen Momentes $\mathfrak{M} = m \cdot l\ (r \gg l)$; (22) IV, 13 b:

$$\mathfrak{H} = \frac{k_1}{\hat{\mu}}\,\frac{\mathfrak{M}}{r^3}\,\sqrt{1 + 3\cos^2\varphi}.$$

34. Die magnetische Polarisation (Magnetisierungsvektor J); (32a) IV, 13 b:

$$\mathfrak{B} = \mu_0\,\mathfrak{H} + 4\,\pi\,k_1\,\mathfrak{J}; \quad \mathfrak{J} = \mathfrak{M}/\text{Volumen}.$$

35. Magnetische Suszeptibilität $\varkappa = \mathfrak{J}/\mu_0\,\mathfrak{H}$; (32 b) IV, 13 b:

$$\mu = 1 + 4\,\pi\,k_1\,\varkappa.$$

36. Magnetische Molekularpolarisation Q, diamagnetische Polarisierbarkeit, magnetisches permanentes Dipolmoment $\mathfrak{m}_p$; (14) IV, 15:

$$Q = \mu_0\,(\mu - 1)\,\frac{M}{\varrho} = 4\,\pi\,k_1\left[-\frac{k_2{}^2}{k_1}\,L\,\mu_0{}^2 - \frac{e^2}{6\,m}\sum r^2 + L\,\frac{\mathfrak{m}_p{}^2}{3\,k\,T}\right],$$

37. Elementargesetz von BIOT-SAVART; (36) IV, 13 c:

$$d\mathfrak{K} = k_2\,\frac{I\,dl\,m}{r^2}\,\sin\varphi.$$

38. Magnetisches Feld um ∞ langen Stromleiter; (37) IV, 13 c:

$$\mathfrak{H} = k_2\frac{2\,I}{r}.$$

39. Magnetische Umlaufspannung (Durchflutungsgesetz); (38) IV, 13 c:

$$V_{1,1} = \oint \mathfrak{H}_s\,ds = 4\,\pi\,k_2\,I.$$

40. Magnetisches Feld eines Kreisstromes (Radius R); im Mittelpunkt (40 a) IV, 13 c:

$$\mathfrak{H} = k_2\,\frac{2\,\pi\,I}{R}.$$

in der Symmetrieachse $(a \gg R)$:

$$\mathfrak{H}_a = k_2\,\frac{2\,\pi\,R^2\,I}{a^3}.$$

41. Magnetisches Moment eines Kreisstromes $(F = \pi\,R^2)$; (41) IV, 13 c:

$$\mathfrak{M} = \frac{k_2}{k_1}\,\hat{\mu}\,F\,I.$$

42. Magnetische Feldstärke im Spuleninneren; (42) IV, 13 c:

$$\mathfrak{H} = k_2 \cdot 4\,\pi\,\frac{w}{l}\,I.$$

43. Kraft auf Stromleiter in homogenem $\mathfrak{H}$-Feld; (43) IV, 13 c:

$$\mathfrak{K} = \frac{k_2}{k_1}\,\hat{\mu}\,\mathfrak{H}\,I\,l \begin{cases} \mathfrak{H} \perp l \\ \mathfrak{K} \perp l \text{ und } \mathfrak{H}. \end{cases}$$

44. Drehmoment auf Stromfläche $F\,I$ in homogenem $\mathfrak{H}$-Feld; (44) IV, 13 c:

$$M = \frac{k_2}{k_1}\,\hat{\mu}\,\mathfrak{H}\,I\,F\sin\varphi.$$

45. Kraft eines ∞ Stromleiters auf paralleles Leiterstück; (45) IV, 13 c:

$$K = \frac{k_2^2}{k_1}\,\hat{\mu}\;2\,I_1\,I_2\,\frac{l_1}{r_{1,2}}.$$

46. FARADAYS Induktionsgesetz; (1) IV, 14:

$$E_i = -\,\frac{k_2}{k_1}\,\frac{d\Phi}{dt}; \quad \Phi = \hat{\mu}\,\mathfrak{H}\,F.$$

47. Drehung der Leiterschleife $w\,F$ im homogenen $\mathfrak{H}$-Feld; induzierte EMK; (5) IV, 14:

$$e = e_m \sin\omega\,t; \quad e_m = \frac{k_2}{k_1}\,w\,F\,\mathfrak{B}\,\omega.$$

48. Gegenseitige Induktion zweier Spulen; (6) IV, 14:

$$E_i = -\,\frac{k_2^2}{k_1}\,4\,\pi\,\hat{\mu}\,\frac{w_p\,w_s}{l_p}\,F_p\,\frac{dI_p}{dt}.$$

49. Selbstinduktion einer Spule; (7) IV, 14:

$$E_i = -\,\frac{k_2^2}{k_1}\,4\,\pi\,\mu\,\frac{w^2}{l}\,F\,\frac{dI}{dt}.$$

50. Selbstinduktivität L; definiert man $L = \dfrac{k_2^2}{k_1}\,4\,\pi\,\hat{\mu}\,\dfrac{w^2\,F}{l}$, dann gilt

$$E_i = -\,L\,\frac{dI}{dt}.$$

Im GAUSSschen bzw. LORENTZschen System wird aber für L die gleiche Einheit verwendet wie im elektromagnetischen System $\left(L = 4\,\pi\,\mu\,\dfrac{w^2\,F}{l}\right)$; daher ist in ersterem zu schreiben $E_i = -\,\dfrac{L}{c^2}\,\dfrac{dI}{dt}$, in letzterem $E_i = -\,\dfrac{L}{4\,\pi\,c^2}\,\dfrac{dI}{dt}$.

51. Magnetische Arbeit des Stromes; (8) IV, 14:

$$A = \frac{1}{2}\,L\,I^2 \left(\text{GAUSS}: \frac{1}{2\,c^2}\,L\,I^2\right).$$

52. Wechselstrombeziehungen im technischen System; IV, 16:

$$i = i_m \sin\omega\,t; \quad e = e_m \sin(\omega\,t + \varphi).$$

Scheitelwerte $\qquad\qquad\qquad e_m = i_m\,R_s.$

Wechselstromwiderstand R_s

$$R_s = \sqrt{R^2 + (\omega\,L - 1/\omega\,C)^2}.$$

Phasenverschiebung φ

$$\mathrm{tg}\,\varphi = (\omega\,L - 1/\omega\,C)/R.$$

Leistung N

$$N = \frac{i_m \, e_m}{2} \cos \varphi = I \, E \cos \varphi.$$

Effektivwerte I, E; $\quad I^2 = \frac{\mathrm{I}}{\tau} \int_0^\tau i^2 \, dt$

$$I = \frac{i_m}{\sqrt{2}}; \qquad E = \frac{e_m}{\sqrt{2}}.$$

[Im Gaussschen System ist statt $L \ldots L/c^2$ zu schreiben; L elektromagnetisch nach (50) definiert.]

53. Magnetisches Moment eines kreisenden Elektrons; (9) IV, 15:

$$\mathfrak{m}_K = \frac{k_2}{k_1} \mu_0 \, \frac{e \, \omega \, r^2}{2}.$$

54. Magnetisches Moment eines Bohrschen Magnetons; (16) IV, 15:

$$\mathfrak{m}_B = \frac{k_2}{k_1} \mu_0 \, \frac{e \, h}{4 \, \pi \, m}.$$

55. Erstes Maxwellsches Tripel; (50) IV, 13 d; IV, 17:

$$V_{1,1} \equiv \oint \mathfrak{H} \, dl = \int \left(4 \, \pi \, k_2 \, j + \frac{k_2}{k_1} \frac{\partial \mathfrak{D}}{\partial t} \right) df \ \text{oder rot} \ \mathfrak{H} = 4 \, \pi \, k_2 \, j + \frac{k_2}{k_1} \frac{\partial \mathfrak{D}}{\partial t}.$$

56. Zweites Maxwellsches Tripel; (10) IV, 14 c; IV, 17:

$$U_{1,1} \equiv \oint \mathfrak{E} \, dl = - \int \frac{k_2}{k_1} \frac{\partial \mathfrak{B}}{\partial t} \, df \qquad \text{oder} \qquad \text{rot} \ \mathfrak{E} = - \frac{k_2}{k_1} \frac{\partial \mathfrak{B}}{\partial t}.$$

57. Zusätze zu 55 und 56:

$$\mathfrak{D} = \hat{\varepsilon} \, \mathfrak{E}; \quad \mathfrak{B} = \hat{\mu} \, \mathfrak{H}; \quad j = \varkappa \, \mathfrak{E}.$$

58. Poyntingscher Vektor ((Energieströmung); IV, 17:

$$\mathfrak{S} = \frac{\mathrm{I}}{k_2} \frac{\mathfrak{E} \, \mathfrak{H}}{4 \, \pi}.$$

59. Maxwellsche Beziehung; IV, 17.

$$c = \frac{k_1}{k_2} \frac{\mathrm{I}}{\sqrt{\hat{\varepsilon} \, \hat{\mu}}} = \frac{c_0}{\sqrt{\varepsilon \, \mu}}.$$

60. Schwingungsdauer τ der elektrischen Schwingung:

$$\tau = 2 \, \pi \, \sqrt{L \cdot C} \quad \left(\text{Gauss:} \ \frac{2 \, \pi}{c} \, \sqrt{L \, C} \right).$$

B. Elektrostatik.
(Ruhende Elektrizität und ihr Feld.)
5. Grundlagen.

α) *Grundtatsachen*.

Bezüglich der im folgenden kurz wiederholten Erfahrungsgrundlagen wird auf die elementaren Lehrbücher verwiesen:

1. Der elektrische Zustand der Körper wird beurteilt an den Kraftwirkungen, die von ihnen ausgehen.

2. Fast zu jedem Körper findet man einen andern derart, daß bei mehr oder weniger inniger Berührung (Reibung) und nachfolgender räumlicher Trennung in beiden ein elektrischer Zustand hervorgerufen wird, der in quantitativer Hinsicht für beide gleich, in qualitativer Hinsicht verschieden ist. Zur Charakterisierung quantitativer Unterschiede führte man den Begriff Elektrizitäts-„Menge" (Q) ein, zur Charakterisierung der qualitativen die Bezeichnung „Glas"- und „Harz"- bzw. (willkürlich) positive $(+)$ und negative $(-)$ Elektrizität: $\pm Q$ gilt als Träger des elektrischen Zustandes (duale Fluidumtheorie).

3. Körper mit gleichartiger Elektrizität (Glas-Glas, Harz-Harz) stoßen einander ab, solche mit ungleichartiger (Glas Harz) ziehen einander an.

4. Ungeladene Körper werden von geladenen in Luft stets angezogen. In die Nähe einer Ladung $\pm Q$ gebracht, werden ungeladene Körper „influenziert", das heißt, sie zeigen auf der der influenzierenden Ladung $\pm Q$ zugewandten Seite eine ungleichartige Influenzladung $\mp Q'$, auf der abgewandten eine gleich große gleichnamige $\pm Q'$. Es ist also im elektrisch neutralen Körper eine *Ladungsverteilung* eingetreten. Sie ist die Ursache für die Anziehung und verschwindet bei Entfernung von Q.

5. Es gibt Leiter und Nichtleiter (Konduktoren und Isolatoren) für die Elektrizität. Wird ein elektrisierter Körper der ersten Gruppe auch nur an einer einzigen Stelle mit einem zweiten, unelektrischen Leiter berührt, so wird der elektrische Zustand am *ganzen* Körper geändert: Es tritt Teilung der *Gesamt*ladung ein; ist der zweite Körper die Erde, dann erfolgt praktisch völlige „Entladung durch Erdung". Beim Nichtleiter tritt dieselbe Erscheinung *nur* an der Berührungsstelle selbst auf.

6. Die Metalle sind Leiter. Die Erfahrung zeigt, daß bei ihnen *ruhende* Elektrizität sich nur auf der Leiteroberfläche, *nicht* im Inneren vorfindet. Führt man demnach einen geladenen Leiter in das Innere eines metallischen Hohlgefäßes ein, dann geht bei Berührung seine ganze Ladung auf die Gefäßoberfläche über.

7. Die Kraftwirkung des elektrischen Zustandes bleibt auch im Vakuum bestehen, bedarf somit keines materiellen Überträgers. Der leere Raum wird zum Träger des „elektrischen Feldes".

β) *Nichtleiter und Leiter*.

Vom Standpunkt der Elektronentheorie sind unter teilweiser Wiederholung der Ausführungen von IV, 2 als grundlegende weitere Erkenntnisse hinzuzufügen:

8. Jede Elektrizitätsmenge ist ein ganzzahliges Vielfaches eines nicht weiter unterteilbaren *Elementarquantums*. Dessen Träger ist das negativ geladene Elektron. Negative Ladung kommt durch einen Überschuß (Zuwandern) von Elektronen zustande, positive durch einen Unterschuß (Abwandern). Der neutrale Körper enthält gleich viel praktisch unbe-

wegliche positive Elementarquanten (in den Kernen) und bewegliche negative Elektronen.

9. *Isolatoren* sind solche Stoffe, in denen die Elektronen zufolge der besonderen Eigenart des Atom- oder Molekülbaues nur unter Arbeitsaufwand aus dem Molekülverband herausgerissen werden können. Diese Stoffe unterscheiden sich untereinander durch die Kräfte, die *innerhalb* des Moleküls auf die Elektronen wirken. Da sie keine Elektronen freier Beweglichkeit zur Verfügung stellen, ist ein Elektrizitätstransport durch Konvektion nicht möglich: Sie sind „Nichtleiter". Dagegen sind sie „polarisierbar" (IV, 9). Unter dem Einfluß elektrischer Kräfte werden die Elektronen aus ihrer Ruhelage ein wenig in der Feldrichtung verschoben, bis die dabei beanspruchten innermolekularen Kräfte einer weiteren Verschiebung Einhalt tun; dadurch wird im Isolator eine Richtung ausgezeichnet und an den Endflächen müssen Ladungsüberschüsse auftreten: „Polarisation durch Influenz". Bei der Aufladung durch Reibung werden entweder Elektronen zugeführt (Harz) oder entzogen (Glas). Ob das eine oder das andere der Fall ist, hängt von der Natur der miteinander in Berührung gebrachten Stoffe ab; jener, bei dem die Abwanderung der Elektronen unter geringerem Arbeitsaufwand erfolgt, wird positiv.

10. *Leiter* (Metalle) sind solche Stoffe, die freie, nicht im Atomverband festgehaltene Elektronen aufweisen. Zufolge ihrer Beweglichkeit werden diese jeder aufgedrückten Feldkraft sofort folgen. Sie werden im Felde so lange verschoben, bis der an den Endflächen sich ausbildende Überschuß an negativer Ladung (Elektronen) bzw. positiver Ladung (Elektronenmangel) durch das entstehende Gegenfeld das Innere des Leiters feldfrei macht. Im statischen Zustand kann sich im Leiter kein Feld halten, in sein Inneres kein Feld eindringen (Schirmwirkung metallischer Hüllen, „FARADAY-Käfig"). Auch Leiter können, wenn das Abfließen der auftretenden Ladung durch Isolation verhindert wird, durch Reiben bzw. bloße Berührung elektrisch werden, also Elektronen aufnehmen oder abgeben. Aber auch in diesem Fall muß die Feldkraft im Leiter Null werden, wenn der Zustand stationär sein soll. Damit das Feld verschwindet, muß die ganze frei bewegliche Ladung an die Oberfläche wandern; dies ist eine Folge des Umstandes, daß die Kraftwirkung mit dem Quadrat der Entfernung abnimmt (vgl. IV, 6 β), was seinerseits wieder eine Folge der Dreidimensionalität des Raumes ist.

γ) *Das* COULOMB*sche Gesetz* (1785).

Mit Hilfe seiner „Drehwaage", bei der eine isolierte Leiterkugel einer zweiten genähert werden kann, die am Ende eines um seine Aufhängung drehbaren horizontalen Schellackstabes befestigt ist, hat COULOMB die ersten quantitativen *Messungen* durchgeführt. Die Kugeln wurden zu Q_1 bzw. Q_2 aufgeladen; ihr Mittelpunktsabstand sei r. Da damals absolute Mengenmessungen noch nicht bekannt waren, wurden die Elektrizitätsmengen nach dem Prinzip der Ladungsteilung (durch mehrfache Berührung mit gleich großen ungeladenen Kugeln) relativ meßbar variiert. Das Ergebnis seiner in Luft durchgeführten Versuche war, daß bei Variation von Q_1, Q_2, r das Verhältnis der Produkte (Kraft mal Entfernungsquadrat) und (Q_1 mal Q_2) sich innerhalb der (nicht sehr großen) Versuchsgenauigkeit als konstant erwies:

$$\frac{K\,r^2}{Q_1\,Q_2} = \text{konst.}$$

FARADAY zeigte später, daß auf den Wert der Konstante unter sonst gleichen Umständen auch noch das Medium Einfluß hat, in dem solche Versuche ausgeführt werden. Ist also $\hat{\varepsilon}$ eine *nur* vom Material des Mediums abhängige und dieses charakterisierende Größe, die sog. „absolute" Dielektrizitätskonstante" (abgekürzt abs. D. K.), so erhält man unter Berücksichtigung des Mediumeinflusses und Beibehaltung eines dimensionslosen, noch verfügbaren Zahlenfaktors k_1 als

$$\text{COULOMBS Gesetz:}\quad K = \pm \frac{k_1}{\varepsilon}\,\frac{Q_1\,Q_0}{r^2}; \qquad \hat{\varepsilon} \equiv \text{abs. D. K.} \tag{1}$$

K ist der Betrag eines Vektors $\mathfrak{K}$, der die Richtung von r hat. In der Literatur werden üblicherweise nicht die Zahlenwerte für $\hat{\varepsilon}$, sondern jene für die *relative* D. K. angegeben, die aussagt, um wieviel $\hat{\varepsilon}$ größer ist als ε_0, die D. K. des Vakuums. Mit

$$\varepsilon = \hat{\varepsilon}/\varepsilon_0 \tag{2}$$

geht (1) über in

$$K = \pm \frac{k_1}{\varepsilon_0}\,\frac{Q_1\,Q_2}{\varepsilon\,r^2}. \tag{1a}$$

Das COULOMBsche Gesetz hat den gleichen Typus wie das NEWTONsche Gravitationsgesetz und ist dementsprechend analog zu interpretieren (I, 14). Die Formel ist symmetrisch in bezug auf Q, d. h. Q_1 und Q_2 sind entsprechend dem Prinzip „actio = = reactio" vertauschbar; die mechanische Kraft K wirkt mit gleicher Stärke auf Q_1 wie auf Q_2. Im Nenner steht als Entfernungsexponent $+2$, da die Kraftwirkung sich im *drei*dimensionalen nicht merklich gekrümmten Raum ausbreitet; daher hat es einen guten Sinn, wenn in der „rationalen Schreibweise" (vgl. IV, 4 sowie weiter unten) $k_1 = 1/4\,\pi$ gesetzt wird: Die Wirkung einer punktförmigen Kraftquelle zerstreut sich bei der Ausbreitung im isotropen Raum auf Kugelflächen $4\,\pi\,r^2$.

Wesentliche *Unterschiede* gegenüber dem Gravitationsgesetz bestehen jedoch in folgendem: Erstens kann die zwischen Elektrizitätsmengen wirkende Kraft positiv (r-vergrößernd bei der Abstoßung gleichnamiger Ladungen) *oder* negativ (r-verkleinernd bei der Anziehung ungleichnamiger) sein, während die Gravitation nur Anziehung zwischen „gleichnamigen" Massen kennt; negative Massen gibt es nicht. Zweitens macht sich in (1) ein durch den

Faktor $1/\hat{\varepsilon}$ berücksichtigter Einfluß des Mediums geltend, der bei der Gravitation fehlt. Damit hängt es letzten Endes zusammen, daß die Ausbreitungsgeschwindigkeit der elektrischen Kraft endlich ist und sich diese Kräfte „abschirmen" lassen. Beides trifft für die Gravitation *nicht* zu.

Im leeren Raum mit $\varepsilon = 1$, $\hat{\varepsilon} = \varepsilon_0$ lautet (1):

$$K = \frac{k_1}{\varepsilon_0} \frac{Q_1 Q_2}{r^2}. \tag{1 b}$$

In dieser Form ist das COULOMBsche Gesetz der Ausgangspunkt für die Entwicklung des „absoluten elektrostatischen" Maßsystems (GAUSS-WEBER, vgl. dazu IV, 4,) in welchem der neue Begriff „Elektrizitätsmenge" auf die „absoluten" CGS-Einheiten mit Hilfe mechanischer Meßmethoden zurückgeführt, eine Einheit geschaffen und der quantitativen Erfassung und Beschreibung des elektrischen Erscheinungsgebietes das Tor geöffnet wurde. Mag auch heute vom Standpunkt der vertieften Einsicht und vor allem der außerordentlich vervollkommten experimentellen Hilfsmittel das damalige Vorgehen als teuer erkauft erscheinen, so bleibt es doch eine Großtat ersten Ranges, die eine wesentliche Grundlage des weiteren Fortschrittes bildete. Und daß das so geschaffene Maßsystem nicht so ganz abwegig sein kann, dafür spricht doch wohl der Umstand, daß es mindestens in der Theorie das vorherrschende geblieben ist.

Möglich ist die Rückführung von Q auf CGS-Einheiten, da in (1 b) *zwei* neue Größen unbekannter Qualität (Q und ε_0) auftreten, *nur*, wenn über die Dimension von ε_0 eine *willkürliche* Verfügung getroffen wird. ε_0 wird dimensionslos und, was allerdings freisteht, dem Zahlenwert nach ebenso wie k_1 gleich Eins gesetzt. Damit geht die Vakuumbeziehung (1 b) über in

$$K = \frac{Q_1 Q_2}{r^2},$$

woraus als Dimension für Q folgt: $[Q]_s = [l \sqrt{K}] = \mathrm{cm}^{3/2}\,\mathrm{g}^{1/2}\,\mathrm{sec}^{-1}$

und als „elektrostatische Einheit Ces" der Elektrizitätsmenge Q_s jene, die auf eine gleich große in der Entfernung $r = 1$ cm die Kraft 1 dyn ausübt.

Für die Bedürfnisse des täglichen Lebens — *nicht* aber für jene des elektrostatischen Erscheinungsgebietes — sind die absoluten Einheiten Dyn und Ces unbequem klein. Fließen doch schon durch den Glühdraht der Zimmerbeleuchtungskörper je sec Elektrizitätsmengen von der Größenordnung 10^9 Ces. An Stelle der elektrostatischen Einheiten verwendet man daher die

„praktischen", das Joule/cm $= 10^7$ dyn und das Coulomb $=$ $= 3 \cdot 10^9$ Ces. In diesen Einheiten ausgedrückt, nimmt ε_0 natürlich einen von 1 verschiedenen Wert an. Darüber hinaus ist es nicht mehr dimensionslos, da im praktischen „Maßsystem" über die Dimension von ε_0 keine Verfügung getroffen, vielmehr Q als neue selbständige, nicht mechanisch definierbare Größe eingeführt wird; außerdem wird die rationale Schreibweise verwendet.

Berücksichtigt man (vgl. IV, 4 ϑ), daß beim Übergang vom elektrostatischen zum praktischen Maßsystem demnach die Beziehungen gelten:

$$k_1 = \frac{1}{4\pi} \; ; \; 1 \, \text{Ces} = \frac{1}{3} \cdot 10^{-9} \, \text{Coulomb}; \; 1 \, \text{dyn} = 10^{-7} \, \text{Joule/cm}$$

und daß die Lichtgeschwindigkeit im Vakuum $c_0 = 3 \cdot 10^{10}$ cm/sec ist, dann gilt, weil im elektrostatischen System nach (1 b)

$$[\varepsilon_0]_s = 1 \text{ in } \frac{\text{Ces}^2}{\text{cm}^2 \cdot \text{dyn}} \, ,$$

$$[\varepsilon_0]_{pr} = 1 \cdot \frac{1}{4\pi} \frac{\dfrac{1}{9} \, 10^{-18}}{1^2 \cdot \dfrac{1}{10^7}} \quad \text{oder} \quad \frac{1}{4\pi} \frac{10^9}{c_0^{\,2}}$$

oder
$$0{,}886 \cdot 10^{-13} \text{ in } \frac{\text{Coulomb}^2}{\text{cm} \cdot \text{Joule}} .$$

Die beiden Formen des Coulombschen Gesetzes sind demnach

Im elektrostatischen System	Im praktischen System
$(k_1 = 1; \; \varepsilon_0 = 1)$	$k_1 = \dfrac{1}{4\pi};$ $\varepsilon_{0\,pr}$ wie oben
(1 c) $K = \dfrac{1}{\varepsilon} \dfrac{Q_1 Q_2}{r^2}$ in Dyn	$K = \dfrac{1}{4\pi\varepsilon_0} \cdot \dfrac{1}{\varepsilon} \dfrac{Q_1 Q_2}{r^2}$ (1 c')

Um von der einen zur andern Form zu kommen, hat man außer dem Wechsel der Einheiten

$$\varepsilon \text{ zu ersetzen durch } 4\pi\varepsilon_0\varepsilon \qquad \varepsilon_0 \text{ zu ersetzen durch } \frac{1}{4\pi}.$$

Im weiteren wird, den Gepflogenheiten der theoretischen Physik entsprechend, das elektrostatische (bzw. Gausssche) Maßsystem verwendet. In Ziffer IV, 4 λ, findet man die allgemeine Darstellung der Zusammenhänge, bei der die Verfügung über die Zahlenfaktoren k_1, k_2 und über die Materialkonstanten ε_0, μ_0 noch nicht getroffen ist.

6. Das elektrostatische Feld.

In der Mechanik führt man mit Erfolg den vereinfachenden, wenn auch nicht realisierbaren Begriff „Massenpunkt" ein. Ähnlich spricht man in der Elektrostatik von einer „*Punktladung*", obwohl selbst das Elektron räumliche Ausdehnung besitzt. Praktisch hat man es fast stets mit flächenhaft oder räumlich verteilten Elementarquanten zu tun. Versteht man unter *Raumladungsdichte* ϱ bzw. *Flächenladungsdichte* σ die Elektrizitätsmenge je cm³ bzw. je cm², so werden an kleinen Raumstellen (Volumelementen dv, Flächenelementen df) angehäufte Elektrizitätsmengen dQ:

$$dQ = \varrho \, dv \qquad\qquad dQ = \sigma \, df \qquad (\text{1})$$

Ladungszentren bilden, die aus hinreichender Entfernung als Punktladungen angesehen werden können.

Der Raum in der Umgebung einer Ladung Q ist verändert: Bringt man eine zweite Ladung an irgend eine Raumstelle, so erfährt sie eine Kraftwirkung. Die Annahme, daß der Raum auch in Abwesenheit einer solchen sog. „Probeladung" Sitz eines „Kraftfeldes" sei, daß also der Raum sich in einer Art Spannungszustand befindet, der vom feldfreien Zustand abweicht und der sich an jeder hingeschafften Probeladung durch Kraftwirkungen bemerkbar macht, ist der Grundgedanke der FARADAYschen „Nahwirkungstheorie". Deren theoretischer Ausbau erfolgt in der MAXWELLschen Theorie, die die Struktur des Feldes durch partielle Differentialgleichungen als Funktion der Raumkoordinaten und der Zeit darstellt.

α) *Feldbeschreibung durch Kraftlinien.*

Die Eigenschaften des elektrostatischen Feldes sind bekannt, wenn für jede Raumstelle Betrag *und* Richtung der „*Feldstärke*" $\mathfrak{E}$ angegeben werden kann. Da $\mathfrak{E}$ ein Vektor ist, spricht man von einem „Vektorfeld". Als Feldstärke definiert man die Kraft auf die Ladungseinheit („Probepol Eins"). Sie ist mit so kleinen punktförmigen Ladungen zu bestimmen, daß deren Anwesenheit das zu bestimmende Feld nicht merklich verändert. Aus dem COULOMBschen Gesetz (1 c) folgt dann:

$$\text{Feldstärke } \mathfrak{E} \equiv \frac{\mathfrak{K}}{Q} = \frac{1}{\varepsilon}\frac{Q}{r^2}. \qquad (2)$$

Die elektrostatische *Einheit* der Feldstärke ist jene, die auf die Probeladung 1 Ces die Kraft 1 dyn ausübt. Die praktische Einheit „1 Volt/cm" ist 300mal kleiner (vgl. β).

Die zeichnerische Darstellung des Feldverlaufes erfolgt mit

Hilfe der „*Kraftlinien*". Dies sind Kurven, deren Tangente an jeder Raumstelle die Feld*richtung* angibt, also jene Richtung, in der der positive Probepol getrieben wird. Um außer der Richtung auch die *Stärke* des Feldes zum Ausdruck zu bringen, trifft man eine zweckentsprechende Vereinbarung über die *Zahl Z* der von einer Punktladung Q insgesamt ausgehenden Kraftlinien. Sie soll so getroffen werden, daß durch jeden senkrecht zu den Kraftlinien gedachten cm² so viel Kraftlinien hindurchtreten, als der Betrag von $\varepsilon\,\mathfrak{E}$ anzeigt. Es soll also die Kraftliniendichte D an jeder Raumstelle gleich $|\varepsilon.\mathfrak{E}|$ sein. Da die Dichte D in der Entfernung r von einer Punktladung gegeben ist durch $D = Z/4\,\pi\,r^2$, wenn insgesamt Z Kraftlinien die Ladung Q verlassen, so folgt aus (2):

$$D = \frac{Z}{4\,\pi\,r^2} = |\varepsilon\,\mathfrak{E}| = \frac{Q}{r^2},$$

somit

$$\underline{\text{Kraftlinienzahl } Z = 4\,\pi\,Q,} \tag{3}$$

weil

$$\underline{\text{Kraftliniendichte } D = |\varepsilon\,\mathfrak{E}|.} \tag{4}$$

In Worten: *Wenn* von Q insgesamt $Z = 4\,\pi\,Q$ Kraftlinien ausgehen, gibt ihre maximale Dichte (nämlich bezogen auf einen zur Kraftrichtung senkrechten Schnitt) den ε-fachen Wert der Feldkraft $\mathfrak{E}$ an.

Wird die Kraftliniendichte nicht auf einen senkrechten Querschnitt bezogen, sondern auf einen solchen, dessen Normale mit der Kraftlinienrichtung den $\sphericalangle\,\alpha$ einschließt, dann ist in bezug auf diese schiefe Fläche die Dichte D_α entsprechend geringer:

$$D_\alpha = D \cos \alpha = |\varepsilon \cdot \mathfrak{E} \cos \alpha| = |\varepsilon \cdot \mathfrak{E}_n|. \tag{4a}$$

D_α gibt dann den ε-fachen Betrag jener Kraftkomponente $\mathfrak{E}_n = \mathfrak{E} \cos \alpha$ an, deren Richtung mit der Normalen der durchstoßenen Fläche zusammenfällt.

Hat man im Raum mehrere Punktladungen, dann setzen sich die zu den einzelnen derselben gehörigen punktsymmetrischen Kraftlinienbilder zu einem resultierenden Bild ebenso zusammen, wie sich die Feldkräfte im Raum superponieren. Derartige Kraftlinienbilder lassen sich bekanntlich mit Hilfe von Eisenfeilspänen bei magnetischen, mit Hilfe von Gips- oder Rutilpulver bei elektrischen Feldern im ebenen Schnitt demonstrieren.

Verlaufen die Kraftlinien parallel, dann ist ihre Dichte D und mit ihr die Feldstärke $\mathfrak{E}$ (Konstanz von ε vorausgesetzt) räumlich konstant; ein solches Feld, bei dem $\mathfrak{E}$ weder in der x-, noch y-, noch z-Richtung variiert, heißt „*homogen*".

In Abb. 1 sind durch feine Linien die Teilfelder zweier gleich
großer Ladungen, durch starke Linien das durch Überlagerung
resultierende Kraftlinienbild dargestellt, und zwar in der oberen
Hälfte für ungleich-, in der unteren für gleichnamige Ladungen;
im oberen Teil tritt Anziehung, im unteren Abstoßung ein.

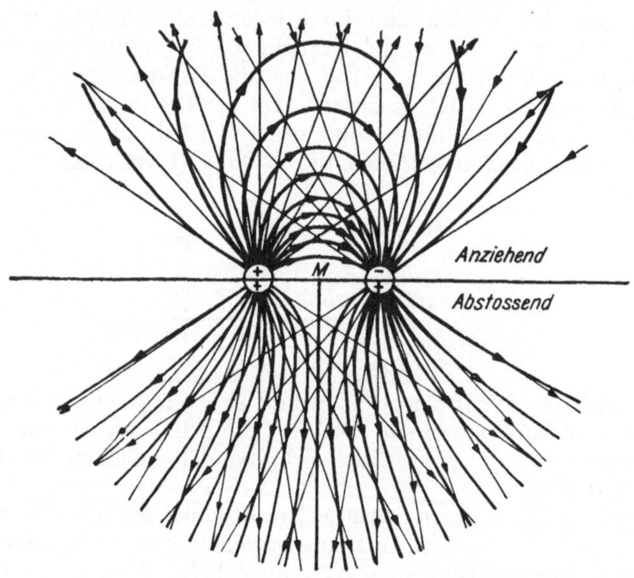

Abb. 1. Kraftlinienverlauf zwischen zwei ungleichnamigen (obere Hälfte) bzw. zwei gleichnamigen
(untere Hälfte) gleich großen Ladungen.

Derartige Bilder legen die anschauliche Vorstellung FARADAYS
nahe, daß im Feld *entlang* den Kraftlinien eine Zug-, *senkrecht*
zu ihnen eine Druckspannung vorhanden ist, auf deren Auswirkung
Anziehung bzw. Abstoßung von Ladungen beruht. Um mit den
Aussagen des COULOMBschen Gesetzes in Übereinstimmung zu
kommen, muß man nach MAXWELL den von den Kraftlinien auf
die Flächeneinheit senkrecht bzw. parallel zu ihrer Richtung aus-
geübten Zug bzw. Druck ansetzen zu:

$$\text{MAXWELLscher Kraftlinienzug: } |p| = \frac{\varepsilon \, \mathfrak{E}^2}{8\,\pi}. \tag{5}$$

Dies ist dem Betrag nach nichts anderes als die Energiedichte,
also die im elektrostatischen Feld je Volumseinheit aufgespeicherte
Energie (vgl. weiter unten).

Rücken die entgegengesetzten Ladungen $\pm Q$ immer näher zusammen, bis ihr Abstand l klein wird selbst gegen geringe Entfernungen r im Außenfeld, dann ergibt sich die in Abb. 2 dargestellte Feldverteilung. Das wäre also das Feld in der Umgebung eines „Dipols" mit dem

$$\text{„Dipolmoment" } \mathfrak{m} = l \cdot Q.$$

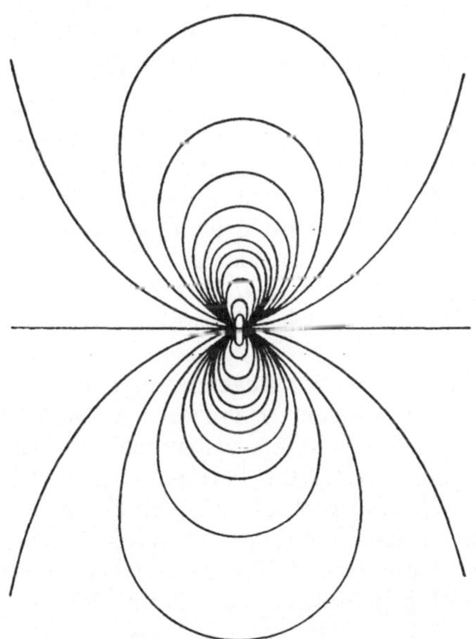

Abb. 2. Kraftlinienverlauf im Felde eines Dipols.

Etwa eines Dipols, wie im Ionenmolekül $[Li]^{+}\,[F]^{-}$. Man erkennt, wie das in IV, 2 b, ε erwähnte „Streufeld" zustande kommt, das für den festen Zusammenhalt der Ionenmoleküle und damit für den hohen Schmelzpunkt dieser Stoffe verantwortlich ist.

Hat man eine einseitig mit Q belegte Fläche, etwa die Oberfläche eines geladenen Leiters, und beträgt an irgend einer Stelle die Flächendichte σ, dann gehen vom Oberflächenelement df nach (1) und (3) $dZ = 4\,\pi\,dQ = 4\,\pi\,\sigma\,df$ Kraftlinien senkrecht zu df nach außen ab. In unmittelbarer Nähe von df, also für $r \simeq 0$, beträgt die Kraftliniendichte

$$D_{r=0} = (dZ/df)_{r=0} = 4\,\pi\,\sigma. \qquad (6)$$

Daraus folgt nach (4) für den Betrag der

$$\text{Feldkraft an der Leiteroberfläche:}\quad |\mathfrak{E}|_{r\,=\,0}=\frac{4\,\pi\,\sigma}{\varepsilon}. \qquad (7)$$

Die Richtung der Kraft muß senkrecht zu df deshalb stehen, weil andernfalls eine endliche Komponente parallel zur Fläche vorhanden und dann kein Elektronengleichgewicht möglich wäre. Ist das zu einer geladenen Fläche gehörige Feld homogen — z. B. bei einer unendlichen Ebene —, dann entfällt die in (6) und (7) durch den Index $r = 0$ gemachte Einschränkung; dann gelten (6) und (7) an jeder Stelle des Feldes.

Auch die *Feldenergie* läßt sich jetzt bestimmen. Man denke sich im Feld einen Zylinder von so kleinem Volumen $dv = df \cdot dl$ abgegrenzt, daß in seinem Inneren das Feld als homogen angesehen werden kann: df läge senkrecht, dl parallel zur Feldrichtung. Dann kann man sich das Feld $\mathfrak{E}$ im Zylinder dadurch entstanden denken, daß auf der einen Endfläche eine Ladung $+ dQ = + \sigma df$, auf der andern $-dQ = - \sigma\, df$ sitzt, wobei σ nach (7) durch $\sigma = \varepsilon\,\mathfrak{E}/4\,\pi$ bestimmt wird. Um die Feldenergie zu erhalten, überlege man, welche Arbeit zu leisten ist, um diese fiktiven Flächenbelegungen aus der gegenseitigen Entfernung Null auf den Abstand dl zu bringen. Denn dies ist offenbar jene Arbeit, die nötig ist, um das Feld auszuspannen und die somit dessen Energieinhalt darstellt. Nun beträgt wegen der Homogenität an jeder Feldstelle die wechselseitige Kraft $\mathfrak{E} \cdot dQ$. Werden also beide Belegungen nach entgegengesetzten Seiten um $dl/2$ verschoben, so muß die Arbeit $\mathfrak{E}\,\sigma\,df \cdot dl/2$ geleistet werden. Setzt man für σ den obigen Sollwert ein, dann erhält man:

$$\text{Volumsenergie}\ dE = \frac{\varepsilon\,\mathfrak{E}^2}{8\,\pi} \cdot df\,dl;$$

$$\text{Energiedichte}\ E' = \frac{dE}{df\cdot dl} = \frac{\varepsilon\,\mathfrak{E}^2}{8\,\pi}. \qquad (8)$$

Da ferner dE/dl die Kraft auf die Endfläche df ist, so erhält man den Zug, d. i. die auf die Flächeneinheit bezogene Kraft, so wie in (5) angegeben, numerisch gleich E'.

Wegen des völligen Parallelismus zwischen der Beschreibung des elektrostatischen Feldes und des Strömungsfeldes einer inkompressiblen Flüssigkeit werden die im *hydrodynamischen Analogon* verwendeten anschaulichen Begriffe auf das elektrische Feld übertragen. Der Richtung der Kraftlinien entspricht die Richtung der Strömungslinien; der Kraftliniendichte entspricht der Betrag der Strömungsgeschwindigkeit. In diesem hydro-

dynamischen Bild entspringen die Kraftlinien, gewissermaßen
aus einer 4. Dimension kommend, aus der die „Quelle" bildenden
positiven Ladung und verschwinden in der „Senke", der negativen
Ladung. Quelle und Senke werden als „Quellpunkte" zusammengefaßt. In diesem Sinn ist das elektrostatische Feld ein „Quellenfeld" zum Unterschied von quellenfreien magnetischen Feldern.
Die „Ergiebigkeit" der Quellpunkte wird nach (3) durch die
Menge von Q bestimmt. Die Zahl dZ der Kraftlinien, die eine
Fläche df durchsetzen, wird der „Kraftfluß" genannt:

$$Kraftfluß:\ dZ = D\,df = \varepsilon\,\mathfrak{E}\cdot df. \tag{9}$$

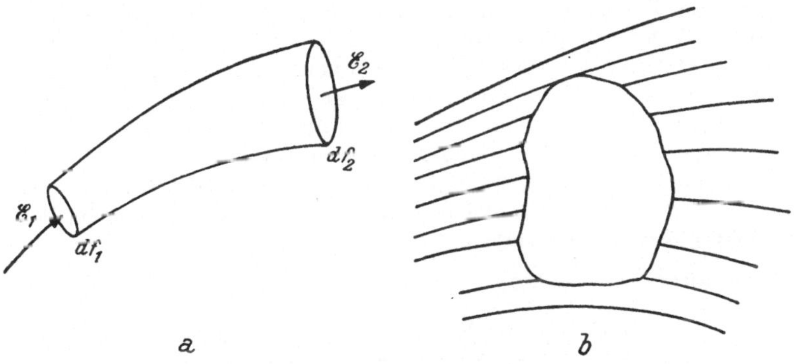

Abb. 3. Zum Integralsatz von GAUSS.

Unter einer „*Kraftröhre*" wird ein schlauchartiges Gebilde verstanden, dessen Mantel aus Kraftlinien besteht und daher, weil
sich Kraftlinien nicht schneiden — täten sie es, dann wäre die
Kraftrichtung im Schnittpunkt nicht eindeutig —, nicht von
andern durchstoßen wird. Daher bleibt die innerhalb des Man-
tels eingeschlossene Zahl dZ der Kraftlinien und mit ihr der
Kraftfluß entlang der Kraftröhre unverändert, wie immer sich
D bei variierendem Querschnitt ändern mag. Dabei ist fest-
zuhalten, daß diese Aussage über die Konstanz von dZ gilt, wie
immer man die Fläche df legen mag; liegt sie nicht senkrecht
zur Röhrenachse, dann ist eben nach (4a) und (9) unter $\mathfrak{E}$ die zu df
senkrechte Feldkomponente $\mathfrak{E}_n$ zu verstehen. Mit was für Endflächen df man daher auch ein Röhrenstück, so wie etwa in Abb. 3a,
abschließt, immer gilt die Aussage: Der Gesamtkraftfluß · (= Zahl
der eintretenden weniger Zahl der austretenden Kraftlinien) ist
Null.

In dem von **Kraftröhren** durchzogenen Feld werde nun ein Raumteil durch eine geschlossene Fläche abgegrenzt wie dies in Abb. 3 b in ebener Darstellung angedeutet ist. Der Kraftfluß durch diese Fläche sei zu bestimmen: Insoweit es sich um Ladungen handelt, die *außerhalb* des abgegrenzten Volumens liegen, muß nach obigem der Fluß für jede einzelne Röhre und somit auch für ihre Gesamtheit Null sein; denn aus jeder Röhre schneidet die betreffende Oberfläche ein Stück nach Art von Abb. 3 a heraus und die Endflächen aller dieser Stücke summieren sich zur Gesamtoberfläche, durch die ebenso viel Kraftlinien ein- als austreten. Die jeweilige Dichte bezieht sich auf D_α (4 a), also auf die zu jedem Oberflächenelement senkrecht, *nach außen* weisende Feldkraft $\mathfrak{E}_n$ (n ... normal zu df). Insoweit jedoch *innerhalb* des abgegrenzten Raumes sich Ladungen vom Gesamtbetrag Q befinden, müssen die zu ihnen gehörigen $4\pi Q$ Kraftlinien die Oberfläche durchstoßen, gleichgültig, wie Q verteilt sein mag, ob auf eine oder mehrere Punktladungen konzentriert oder aus Raum- oder Flächenladungen bestehend.

Somit besagt der Satz von GAUSS: „Der Kraftfluß durch eine geschlossene Fläche ist gleich dem 4π-fachen der Summe Q aller eingeschlossenen Ladungen." Mathematisch formuliert:

Integralsatz von GAUSS:

$$\int D\, df = \int \varepsilon\, \mathfrak{E}_n\, df = 4\,\pi \int \varrho\, dv = 4\,\pi\, Q. \tag{10}$$

Die beiden ersten Integrale sind über die einhüllende Fläche zu erstrecken, das dritte über den eingehüllten Raum (Übergang vom Hüllen- zum Volumsintegral). $\mathfrak{E}_n$ steht senkrecht auf df und weist bei positivem Q stets nach außen.

Mit Hilfe dieses Satzes läßt sich zunächst eine ihm äquivalente und häufig verwendete Differentialbeziehung ableiten, indem man ihn auf ein Elementarparallelepiped mit dem Volumen $dv = dx\, dy\, dz$ anwendet, das in einem mit der Raumdichte ϱ besetzten Feld abgegrenzt wird. Man wählt es so klein, daß in seinem Inneren ϱ als konstant angesehen werden kann. Der Gesamtkraftfluß setzt sich dabei zusammen aus der Summe der durch die 6 Begrenzungsflächen gehenden Flüsse. In gekürzter Darstellung der Ableitung läßt sich derselbe für die Komponenten des Flusses wie folgt ermitteln: In der x-Richtung treten ein $D_x\, dy\, dz$ Kraftlinien an der Stelle x, während $D_x'\, dy\, dz$ an der Stelle $x + dx$ austreten. D_x' ist gegenüber D_x wegen der Raumladung etwas vergrößert. Der positiv anzusetzende Überschuß $D_x' - D_x$ läßt sich wegen der Kleinheit von dx als lineare Funktion von x darstellen: $D_x' = D_x + \dfrac{\partial D_x}{\partial x}\, dx$. Analoges gilt für die in der y- und z-Richtung verlaufenden Flußkomponenten. Der Gesamtfluß ist dann

$$(D_x' - D_x)\, dy\, dz + (D_y' - D_y)\, dz\, dx + (D_z' - D_z)\cdot dx\, dy =$$
$$= \left(\frac{\partial D_x}{\partial x} + \frac{\partial D_y}{\partial y} + \frac{\partial D_z}{\partial z}\right) dx\, dy\, dz$$

und muß nach (10) gleich $4\,\pi\,\varrho \cdot dx\, dy\, dz$ sein. Somit erhält man

$$\frac{\partial D_x}{\partial x} + \frac{\partial D_y}{\partial y} + \frac{\partial D_z}{\partial z} = 4\,\pi\,\varrho. \tag{11}$$

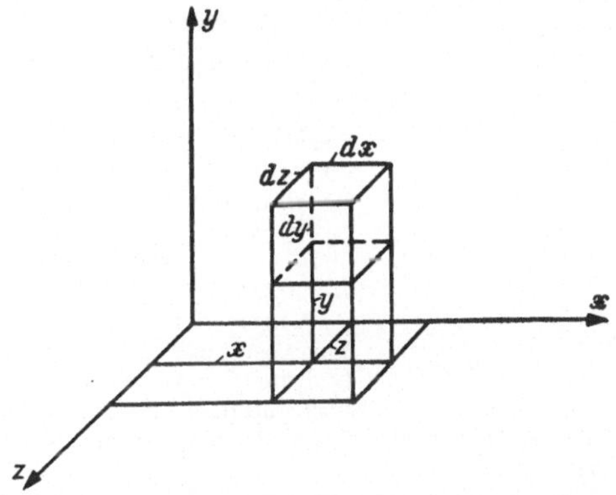

Abb. 4. Zur Ableitung von div $\mathfrak{E}$.

Setzt man nach (4) $D_x = \varepsilon\, \mathfrak{E}_x$ usw. ein, so geht (11) über in:

$$\operatorname{div} \mathfrak{E} = \frac{\partial \mathfrak{E}_x}{\partial x} + \frac{\partial \mathfrak{E}_y}{\partial y} + \frac{\partial \mathfrak{E}_z}{\partial z} = \frac{4\,\pi\,\varrho}{\varepsilon}. \tag{12}$$

Die Summe der drei partiellen Differentialquotienten wird in der Vektorsymbolik als „Divergenz $\mathfrak{E}$" bezeichnet und entsprechend abgekürzt. So wie das GAUSSsche Hüllenintegral (10) mit dem beliebig verteilten Ladungsinhalt Q eines beliebigen Volumens, so ist $\operatorname{div} \mathfrak{E}\cdot dv$ mit dem gleichmäßig verteilten Ladungsinhalt $\varrho \cdot dv$ eines Volumenelements dv und $\operatorname{div} \mathfrak{E}$ selbst mit der Raumdichte ϱ an einem bestimmten Punkt gekoppelt.

Für $\varrho = 0$ wird auch $\operatorname{div} \mathfrak{E} = 0$, ein für Zentralkräfte allgemeingültiges Feldgesetz. Zusammenziehen von (10) und (12) liefert eine für jeden Vektor gültige Beziehung:

$$\int \varepsilon\, \mathfrak{E}\, df = \int \operatorname{div} \varepsilon\, \mathfrak{E}\cdot dv. \tag{13}$$

Als *Anwendungsbeispiele* für den GAUSSschen Satz seien die beiden folgenden Fälle betrachtet.

1. *Beispiel*: Eine metallische Vollkugel (Abb. 5) mit dem Radius R sei auf $+ Q$ aufgeladen. Man grenzt durch eine konzentrische Kugelfläche (r) ein Volumen ab und wendet auf dieses den Satz (10) an. Aus Symmetriegründen muß $\mathfrak{E}_n$ senkrecht zur Grenzfläche, also in der Richtung r liegen und entlang der ganzen Fläche ebenso wie D den gleichen Wert haben. Daher wird

$$\int \varepsilon\, \mathfrak{E} \cdot df = \varepsilon\, \mathfrak{E} \int df = \varepsilon\, \mathfrak{E} \cdot 4\,\pi\,r^2 = 4\,\pi\,Q \quad \text{oder} \quad \mathfrak{E} = \frac{Q}{\varepsilon\,r^2}$$

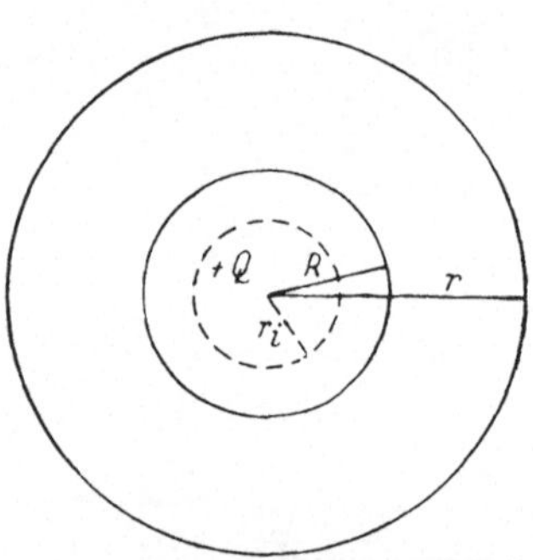

Abb. 5. Zur Bestimmung des Feldes einer geladenen metallischen Vollkugel.

identisch mit (2). Da die Definition (2) für $\mathfrak{E}$ zunächst für eine Punktladung aufgestellt war, gilt der Satz: *Solange $r >$ R verhält sich die geladene Vollkugel in ihrer Wirkung nach außen so, wie wenn die ganze Ladung Q im Zentrum vereinigt wäre.*

Für die Grenzstelle der Gültigkeit dieses Satzes, für $r = R$, erhält man als Feldstärke unmittelbar außerhalb der Oberfläche

$$\mathfrak{E}_R = \frac{Q}{\varepsilon\,R^2}.$$

Unter der sogleich zu beweisenden Voraussetzung (IV, 5 β), daß die ganze Ladung Q *nur* auf der Metalloberfläche sitzt und dort eine aus Symmetriegründen gleichmäßige Flächendichte $\sigma = Q/4\,\pi\,R^2$ hervorruft, wird $\mathfrak{E}_R = 4\,\pi\,\sigma/\varepsilon$ identisch mit (7).

Wird nun r kleiner als R, dann ist für die dort herrschende Kraftliniendichte D_i bzw. Feldstärke $\mathfrak{E}_i$ maßgeblich, wieviel von der Ladung Q sich noch innerhalb der GAUSSschen Kugel mit $r_i < R$ befindet. $\mathfrak{E}_i$ kann *nur* Null sein nach (10), wenn das Innere ladungsfrei ist; da aber, damit die Elektronen nicht in Bewegung geraten, $\mathfrak{E}_i$ Null sein *muß*, so *muß* die Ladungsdichte im Inneren Null, die ganze Ladung daher auf der Oberfläche sein. Der GAUSSsche Satz, der diesen zwingenden Schluß gestattet, beruht auf dem COULOMBschen Gesetz; daher ist umgekehrt der experimentell sehr exakt zu führende Nachweis (*Cavendish*) der Ladungsfreiheit des metallischen Inneren ein indirekter Beweis für die Richtigkeit des auf direktem Wege (z. B. mit COULOMBs Drehwaage) nur wenig genau nachprüfbaren Gesetzes von COULOMB. Derartige Versuche ergaben, daß die Abweichung von der Ganzzahligkeit des Entfernungsexponenten 2 in Gl. (2) geringer als $1/22\,000$ sein muß.

An der metallischen Oberfläche beträgt nach obigem die nach außen gerichtete radiale Feldstärke $\mathfrak{E}_R = 4\,\pi\,\sigma/\varepsilon$, die nach innen gerichtete dagegen Null; daher findet *beim Durchtritt durch die geladene Oberfläche ein Feldstärkensprung um* $4\,\pi\,\sigma/\varepsilon$ statt. Dies gilt allgemein, wie noch das 2. Beispiel zeigen soll.

2. *Beispiel* (Abb. 6): Auf einer mit Q geladenen Fläche betrage die Flächendichte σ. In hinreichender Nähe der Fläche kann man die Kraftröhren als parallelgerichtet ansehen. Eine derselben mit dem Querschnitt df ist in Abb. 6 gezeichnet. Der bei der oberen und unteren Begrenzungs-

fläche austretende Kraftfluß, der mit den symmetrischen und daher gleich großen Normalkräften $\mathfrak{E}_{n1}$ und $\mathfrak{E}_{n2}$ in der $+$ und $-$ y-Richtung in Beziehung zu setzen ist, beträgt:

$$\mathfrak{D}\cdot 2\,df = \varepsilon\,(\mathfrak{E}_{n1} - \mathfrak{E}_{n2})\,df = 4\,\pi\,\sigma\,df \text{ oder: } \mathfrak{D} = 2\,\pi\,\sigma = \varepsilon\,\mathfrak{E}_{n1} = -\,\varepsilon\,\mathfrak{E}_{n2}. \quad (14)$$

β) *Feldbeschreibung durch Spannung U bzw. Potential Ψ.* Mit der Veranschaulichung und Beschreibung der Eigenschaften des „Feldes" durch Kraftlinien (Richtung, Dichte, Zug- und Druckspannungen, Energiedichte) gleichwertig, aber in mancher Hinsicht für die praktische Handhabung bequemer ist die Feldbeschreibung durch die Arbeitsbegriffe „*Spannung*" bzw. „*Potential*".

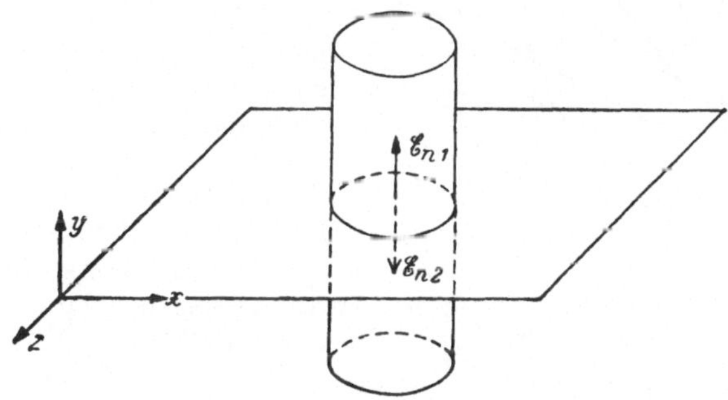

Abb. 6. Zur Bestimmung des Feldes einer geladenen Fläche.

Die Arbeit, die zu leisten ist, um eine Elektrizitätsmenge Q im Feld $\mathfrak{E}$ von der Stelle 1 nach der Stelle 2 zu schaffen, ist entsprechend „Arbeit gleich Kraft ($\mathfrak{E}\cdot Q$) mal Weg (ds)" dann, wenn dabei das Feld nicht gestört wird (Q hinreichend klein), gegeben durch:

Arbeit = Wegintegral der Kraft (I, 11):

$$A = Q \int_1^2 \mathfrak{E}\cos(\mathfrak{E}, ds)\,ds \equiv Q\,U_{1,2}, \quad (15)$$

wobei $\mathfrak{E}\cos(\mathfrak{E}, ds) = \mathfrak{E}_s$ die Projektion des Vektors $\mathfrak{E}$ auf die jeweilige Wegrichtung, also die in dieser Richtung auf Q wirkende Kraftkomponente darstellt. Das „Linienintegral" $U_{1,2}$ erhält die Bezeichnung

$$\text{„Spannung" } U_{1,2} = \int_1^2 \mathfrak{E}\cos(\mathfrak{E}, ds)\,ds \quad (16)$$

zwischen den Punkten 1 und 2 und bedeutet den für $Q = 1$ auf diesem Weg auftretenden Arbeitsumsatz.

Angenommen, es sei der Punkt 2 von 1 aus auf dem Wege I (Abb. 7) erreicht und dabei A_I gewonnen (A sei positiv, wenn die Bewegung von Q freiwillig erfolgt, $+Q$ sich also von einer positiven Ladung entfernt oder einer negativen Ladung nähert) oder geleistet worden (A negativ). Hierauf möge die gleiche Ladung auf dem gestrichelten Weg II unter Arbeitsumsatz A_{II} wieder in den Ausgangspunkt 1 zurück gebracht werden. Würde bei diesem Kreisprozeß z. B. Arbeit gewonnen oder verloren werden, dann ließen sich durch beliebige Wiederholung des Vorganges beliebige Energiemengen entweder dem Feld entnehmen oder zuführen, ohne daß dabei erfahrungsgemäß die das Feld verursachende Ladung eine Änderung erfährt. Das statische Feld würde einen unerschöpflichen Arbeitsspeicher darstellen. Da dies im Widerspruch mit dem Satz von der Erhaltung der Energie ist, folgt zwingend, daß $A_I + A_{II} = 0$ sein muß bzw. daß die an $Q = 1$ geleistete „Umlaufsarbeit", die

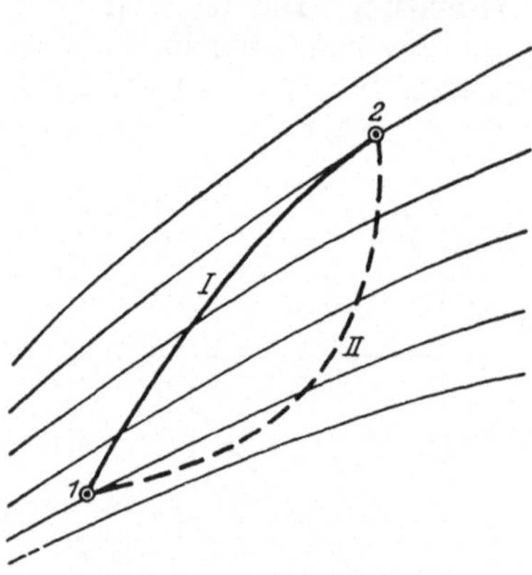

Abb. 7. Zur „Umlaufspannung".

$$\text{„Umlaufspannung": } U_{1,1} = \oint \mathfrak{E} \cos (\mathfrak{E},\, ds)\, ds = 0 \text{ ist.} \qquad (17)$$

Die in (17) formulierte Feststellung beinhaltet eine weitere Charakteristik des elektrostatischen Feldes, die in der Sprache des schon weiter oben herangezogenen hydrodynamischen Analogons ausgedrückt wird durch: Das elektrostatische Feld ist ein *„wirbelfreies Quellenfeld"*; später wird sich zeigen, daß zum Unterschied davon z. B. das Magnetfeld eines Stromes ein „quellenfreies Wirbelfeld" ist. Gemeint ist: Gäbe es, so wie in der Hydrodynamik in sich zurücklaufende Stromfäden als „Wirbel" auftreten, hier in sich selbst zurücklaufende, also geschlossene Kraftlinien, dann könnte (17) nicht zutreffen. Denn entlang einer solchen geschlossenen Kraftlinie wäre die Spannung stets von gleichem Vorzeichen, die Umlaufspannung somit von Null verschieden. Die Gültigkeit von (17) besagt somit, daß es keine solchen geschlossenen Kraftlinien gibt, oder mit anderen Worten, daß das statische Feld wirbelfrei ist.

Die Feststellung (17) führt außerdem zum *Potentialbegriff*: Besteht (17) für jeden beliebigen geschlossenen Weg im ganzen Felde zu Recht, dann ist offenbar der Wert des Integrals in (16), also die Spannung $U_{1,\,2}$ zwischen zwei Raumstellen, *nur* von den Integrationsgrenzen und *nicht* vom Wege abhängig; macht man, wie in $U_{1,\,1}$, die Grenzen gleich, dann wird das Integral Null (17). Dies heißt aber bekanntlich, daß in (16) und (17) das Differential unter dem Integral ein *vollständiges*, etwa $d\Psi$, sein muß. $U_{1,2}$ stellt sich dann als Differenz zweier die Raumpunkte 1 und 2 *eindeutig* charakterisierender Arbeitswerte der sog. Potentiale des statischen Feldes dar:

„Spannung $=$ Potentialdifferenz":

$$U_{1,\,2} = \int_{1}^{2} \mathfrak{E} \cos (\mathfrak{E},\, ds)\, ds = - \int_{1}^{2} d\Psi = \Psi_1 - \Psi_2 \qquad (18)$$

Soll die in (18) getroffene Vorzeichenfestsetzung zutreffen, dann muß, wenn $U_{1,\,2}$ z. B. eine an $Q = 1$ gewonnene, positiv gesetzte Arbeit ist, $\Psi_1 > \Psi_2$ sein. Da Arbeit gewonnen wird, wenn z. B. $Q = + 1$ sich im Feld einer positiven Ladung freiwillig entfernt, dann muß Ψ_1 zu einem dieser Ladung näher gelegenen Raumpunkt gehören; es muß also das Potential einer Punktladung mit zunehmender Entfernung abnehmen. Und dies ist in der Tat der Fall:

Denn als bemerkenswerteste Eigenschaft dieser Funktion Ψ folgt zunächst aus (18):

$$\mathfrak{E} \cos (\mathfrak{E},\, ds)\, ds = \mathfrak{E}_s\, ds = - d\Psi \quad \text{oder} \quad -\frac{\partial \Psi}{\partial s} = \mathfrak{E}_s. \qquad (19)$$

In Worten: *Die Feldstärke $\mathfrak{E}_s$ in irgend einer Richtung s ist gleich der negativen partiellen* (partiell, weil Ψ nicht *nur* in der Richtung s variiert) *Ableitung des Potentials nach dieser Richtung.* Oder: „Negative Feldstärke $=$ Potentialgefälle." Vgl. hierzu und zum Folgenden die völlig analogen Ausführungen in I, 14 betreffend das Potential im Gravitationsfeld. Dort ist das Potential eine Arbeit an der Masse 1, hier eine Arbeit an der Elektrizitätsmenge 1. Der Potentialbegriff ist allen Zentralkraftfeldern, bei denen die Kraft proportional mit einer Potenz der Entfernung vom Kraftzentrum abnimmt und in die Richtung r fällt, gemeinsam (I, 13). Da hier nach (2) $\mathfrak{E}_r = Q/\varepsilon\, r^2$ gilt, folgt aus (19) für den Fall einer Punktladung:

$$\text{Potential:} \quad \Psi = - \int \mathfrak{E}_r\, dr = - \frac{Q}{\varepsilon} \int \frac{dr}{r^2} = \frac{Q}{\varepsilon\, r} + \text{Const.} \qquad (20)$$

Danach ist Ψ eine eindeutige, stetige Funktion der Raumkoordinaten; daß Ψ für $r = 0$ unendlich wird, liegt an der Abstraktion, daß es *punkt*förmige Ladungen gäbe. Wie oben gefordert, nimmt Ψ ab mit zunehmendem r. Doch ist Ψ nur bis auf eine willkürliche additive Konstante definiert, da sowohl in (18) als (19) Aussagen nur über Differenzen, sei es $d\Psi$, sei es $\Psi_1 - \Psi_2$, gemacht werden. Man bedarf somit eines Bezugskörpers zur (willkürlichen) Festlegung des Nullpunktes für Ψ. Als solcher wird die Erde vereinbart und deren Potential Null gesetzt; dies deshalb, weil die Erde ein Leiter von so großen Abmessungen ist, daß in ihrer Umgebung auftretende Ladungen an ihrem Potential nichts Merkliches zu ändern vermögen. (Für eine sonst im leeren Raum gedachte Einzelladung pflegt man $\Psi = 0$ zu setzen für $r = \infty$). — Aber selbst wenn in dieser Art über den Nullpunkt verfügt wurde, ist das Potential *nur* eindeutig, wenn (18) gilt, also nur im wirbelfreien Feld. Denn damit $d\Psi$ ein *vollständiges* Differential sein kann, muß nach (19) gelten:

$$d\Psi = \frac{\partial \Psi}{\partial x}\, dx + \frac{\partial \Psi}{\partial y}\, dy + \frac{\partial \Psi}{\partial z}\, dz = - (\mathfrak{E}_x\, dx + \mathfrak{E}_y\, dy + \mathfrak{E}_z\, dz).$$

Damit aber der Klammerausdruck ein vollständiges Differential ist, muß, wie die Mathematik lehrt, die Bedingung erfüllt sein:

$$\frac{\partial \mathfrak{E}_x}{\partial y} - \frac{\partial \mathfrak{E}_y}{\partial x} = 0, \qquad \frac{\partial \mathfrak{E}_y}{\partial z} - \frac{\partial \mathfrak{E}_z}{\partial y} = 0, \qquad \frac{\partial \mathfrak{E}_z}{\partial x} - \frac{\partial \mathfrak{E}_x}{\partial z} = 0 \qquad (21)$$

oder, wie man in der Symbolik der Vektorrechnung kürzer schreibt (,,rot'', sprich Rotation bzw. Rotor):

$$\text{rot}_z\, \mathfrak{E} = 0, \quad \text{rot}_x\, \mathfrak{E} = 0, \quad \text{rot}_y\, \mathfrak{E} = 0; \quad \text{allgemein rot } \mathfrak{E} = 0. \qquad (21\,a)$$

Diese Bedingung bedeutet aber ihrerseits nichts anderes als die Forderung nach Wirbelfreiheit und ist nur eine andere, gleichwertige Schreibweise für (17), so wie (12) die gleichwertige differentielle Form von (10) ist. Projiziert man nämlich eine irgendwie im Feld gelegene rechteckige elementare Umlaufsfläche auf die 3 Koordinatenebenen, so erhält man z. B. in der $x\,y$-Ebene die in Abb. 8 gezeichnete Projektion des Umlaufsweges. Ganz analog der an Hand von Abb. 4 angestellten Überlegung kann man die Änderung der Feldkräfte $\mathfrak{E}_x$ bzw. $\mathfrak{E}_y$ beim Übergang von den Stellen y nach $y + dy$ bzw. x nach $x + dx$ als linear ansetzen und erhält dann die in der Abbildung eingetragenen an $Q = + 1$ geleisteten Arbeitswerte je Rechteckseite beim Umlauf um die Fläche $dx\,dy$, also $\perp$ zur z-Achse. Ihre Summe liefert nach (17) als ,,Linienintegral''

$$\left(\frac{\partial \mathfrak{E}_y}{\partial x} - \frac{\partial \mathfrak{E}_x}{\partial y}\right) dx\, dy = 0, \text{ bzw., da } dx\, dy \neq 0,$$

$$\text{entsprechend (21a) } \operatorname{rot}_z \mathfrak{E} = 0. \tag{22}$$

Wäre $\operatorname{rot}_z \mathfrak{E}$ oder allgemein $\operatorname{rot} \mathfrak{E}$ von Null verschieden (keine Wirbelfreiheit!), dann wäre dadurch ein neuer zur xy- oder allgemein zur Umlaufsebene senkrechter Vektor, etwa $\mathfrak{A}_z = \operatorname{rot}_z \mathfrak{E}$ oder allgemein $\mathfrak{A} = \operatorname{rot} \mathfrak{E}$ definiert, wie dies in der MAXWELLschen Fassung der „Durchflutungsgesetze" der Fall ist (vgl. IV, 13d, 14c, 17).

Nun kann man, die Potentialfunktion verwendend, auch (12) und (14) in anderer Form anschreiben und dadurch die Beziehung

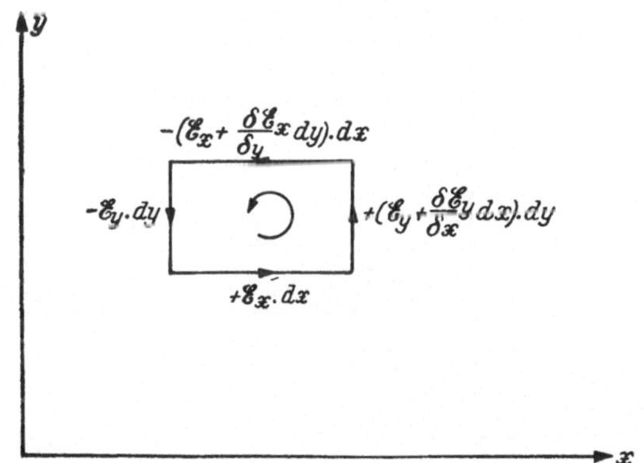

Abb. 8. Veranschaulichung der Beziehung $\operatorname{rot}_z \mathfrak{E} = 0$.

zwischen Ψ und Raum- bzw. Flächenladungen herstellen. Mit Hilfe von (19) schreibt man für (12):

„POISSONsche Gleichung":

$$\Delta\Psi \equiv \frac{\partial^2 \Psi}{\partial x^2} + \frac{\partial^2 \Psi}{\partial y^2} + \frac{\partial^2 \Psi}{\partial z^2} = -\frac{4\pi}{\varepsilon}\varrho. \tag{23}$$

und für (14)

$$\left(\frac{\partial\Psi}{\partial n}\right)_1 - \left(\frac{\partial\Psi}{\partial n}\right)_2 = -\frac{4\pi}{\varepsilon}\sigma \tag{24}$$

bzw. an der Leiteroberfläche an Stelle von (7):

$$\frac{\partial\Psi}{\partial n} = -\frac{4\pi}{\varepsilon}\sigma. \tag{25}$$

Das in (23) gebrauchte Symbol $\Delta \equiv \frac{\partial^2}{\partial x^2} + \frac{\partial^2}{\partial y^2} + \frac{\partial^2}{\partial z^2}$ wird

,,LAPLACEscher Operator'' genannt und gibt die Anweisung zur Summierung der zweiten Differentialquotienten, abgeleitet nach den drei Raumrichtungen.

Die bisherigen Ausführungen ergänzend sei noch gezeigt, wie der Potentialbegriff ohne Bezugnahme auf (17) abgeleitet und dann natürlich mit Hilfe der zu (21) führenden Überlegung daraus (17) gefolgert werden kann. Es sei folgende Aufgabe zu lösen: Gegeben sind n irgendwie im Raum verteilte Punktladungen $Q_1 (x_1\, y_1\, z_1) \ldots Q_i (x_i\, y_i\, z_i) \ldots Q_n (x_n\, y_n\, z_n)$; gesucht sei die Feldkraft $\mathfrak{E}$ nach Größe und Richtung im ,,Aufpunkt'', als welchen man, ohne die Allgemeinheit der Ableitung zu beschränken, den Koordinatenursprung wählen kann. Denn läge der Aufpunkt an der Stelle $\xi,\ \eta,\ \zeta$, dann könnte man den Ursprung wieder in ihn verlegen und würde dadurch alle

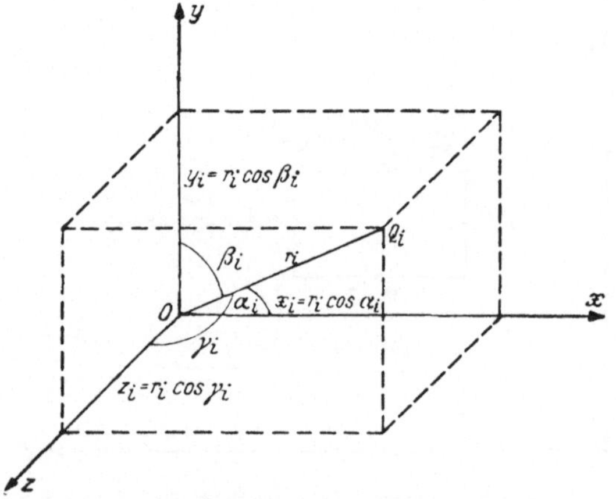

Abb. 9. Zur Ableitung der Potentialfunktion.

Koordinaten der Ladungspunkte um die additiven Größen $\xi,\ \eta,\ \zeta$ auf $x_i - \xi,\ y_i - \eta,\ z_i - \zeta$ ändern. Da nur Koordinatendifferenzen interessieren, spielt dies keine Rolle.

Um die Aufgabe, die im Aufpunkt auf $Q = 1$ wirkenden n Einzelkräfte $\mathfrak{E}_i$ vektoriell zu addieren, zu vereinfachen, zerlegt man jede Kraft $\mathfrak{E}_i$ in ihre Komponenten $\mathfrak{E}_{i\,x}$, $\mathfrak{E}_{i\,y}$, $\mathfrak{E}_{i\,z}$, addiert die in jeder Achse gleichgerichteten Komponenten algebraisch zur resultierenden Komponente $\mathfrak{E}_x = \varSigma\, \mathfrak{E}_{i\,x}$, $\mathfrak{E}_y = \varSigma\, \mathfrak{E}_{i\,y}$, $\mathfrak{E}_z = \varSigma\, \mathfrak{E}_{i\,z}$ und setzt erst diese durch $\mathfrak{E}^2 = \mathfrak{E}_x{}^2 + \mathfrak{E}_y{}^2 + \mathfrak{E}_z{}^2$ vektoriell zur gesuchten Kraft $\mathfrak{E}$ zusammen. Da keine der Ladungen Q_i und keine der Koordinatenrichtungen bevorzugt ist, genügt es, den Rechengang für *eine* Ladung Q_i und *eine* Koordinatenrichtung, z. B. x, durchzuführen. Unter Vertauschung von i mit $1, 2 \ldots n$ und von x mit y bzw. z ist das Ergebnis auf alle anderen Ladungen und Richtungen übertragbar:

Die Komponente von $\mathfrak{E}_i$ in der x-Richtung ist: $\mathfrak{E}_{i\,x} = \mathfrak{E}_i \cos \alpha_i$.

Weil die Kraft $\mathfrak{E}_i$ in der Richtung r_i wirkt und weil:

$$r_i{}^2 = x_i{}^2 + y_i{}^2 + z_i{}^2,$$

gilt die grundlegende Beziehung:

$$\frac{\partial r_i}{\partial x_i} = \frac{x_i}{r_i} = \cos \alpha_i.$$

Somit ist nach (2):

$$\mathfrak{E}_{i\,x} = \mathfrak{E}_i \frac{\partial r_i}{\partial x_i} = \frac{Q_i}{\varepsilon\, r_i^{\,2}} \frac{\partial r_i}{\partial x_i}.$$

Wie man sich durch Differenzieren überzeugt, ist:

$$\frac{1}{r^2} \frac{\partial r}{\partial x} = - \frac{\partial}{\partial x}\left(\frac{1}{r}\right).$$

Daher:

$$\mathfrak{E}_{i\,x} = - \frac{\partial}{\partial x_i}\left(\frac{Q_i}{\varepsilon\, r_i}\right).$$

Somit ist die Resultierende in der x-Richtung:

$$\mathfrak{E}_x = \sum^{n} \mathfrak{E}_{i\,x} = - \sum^{n}\left\{\frac{\partial}{\partial x_i}\left(\frac{Q_i}{\varepsilon\, r_i}\right)\right\} = - \frac{\partial}{\partial x} \sum \frac{Q_i}{\varepsilon r_i}.$$

Das Ergebnis übertragen auf die y-Richtung:

$$\mathfrak{E}_y = - \frac{\partial}{\partial y} \sum \frac{Q_i}{\varepsilon r_i}.$$

Das Ergebnis übertragen auf die z-Richtung:

$$\mathfrak{E}_z = - \frac{\partial}{\partial z} \sum \frac{Q_i}{\varepsilon\, r_i}.$$

$\mathfrak{E}_x$, $\mathfrak{E}_y$, $\mathfrak{E}_z$ sind nun vektoriell zu $\mathfrak{E}$ zusammenzusetzen:

$$\mathfrak{E}^2 = \mathfrak{E}_x^{\,2} + \mathfrak{E}_y^{\,2} + \mathfrak{E}_z^{\,2},$$

womit die Aufgabe gelöst ist. Man sieht: Es existiert eine Funktion, die Potentialfunktion oder

das Potential:
$$\Psi = \sum \frac{Q_i}{\varepsilon\, r_i} = \frac{1}{\varepsilon} \sum \frac{Q_i}{r_i}, \tag{26}$$

die, wie in (19) gefordert wurde, so beschaffen ist, daß ihre negative partielle Ableitung nach irgendeiner Richtung die Feldkraftkomponente in dieser Richtung ergibt. Das Rechnen mit dieser Funktion Ψ bietet gegenüber dem Rechnen mit der Feldkraft $\mathfrak{E}$ den großen Vorteil, daß Ψ ein Skalar ist und die Einzelpotentiale $\Psi_i = Q_i/\varepsilon\, r_i$ sich demnach algebraisch zum Gesamtpotential $\Psi = \Sigma \Psi_i$ addieren, während die Feldkräfte als Vektoren vektoriell addiert werden müssen.

Sind die Ladungen nicht diskrete Punktladungen, sondern kontinuierlich auf Flächen oder Räumen verteilt, dann tritt nach (1) an die Stelle von

$$\Psi = \sum \frac{Q_i}{\varepsilon\, r_i} \ \text{entweder} \int \frac{\sigma\, df}{\varepsilon\, r} \ \text{oder} \int \frac{\varrho\, dv}{\varepsilon\, r} \ \text{oder} \int \frac{\sigma\, df}{\varepsilon\, r} + \int \frac{\varrho\, dv}{\varepsilon\, r}. \tag{27}$$

Bei den normalen Bedingungen der elektrostatischen Probleme sitzen die Ladungen fast stets auf Leiter*flächen*. *Raumladungen* treten auf z. B. in der freien Atmosphäre oder in den Elektronenröhren usw.

Zusammenfassung: Es wird also das elektrostatische Feld mit Hilfe des Potentials Ψ in folgender Art beschrieben:

In der weiteren Umgebung von verteilten Ladungen ist

$$\Psi = \int \frac{\sigma\, df}{\varepsilon\, r} + \int \frac{\varrho\, dv}{\varepsilon\, r}. \tag{27}$$

An der Stelle der Raumladung ϱ selbst ist

$$\Delta\Psi = -\frac{4\,\pi}{\varepsilon}\,\varrho \tag{23}$$

An der Stelle der Flächenladung σ selbst

$$\left(\frac{\partial\Psi}{\partial n}\right)_1 - \left(\frac{\partial\Psi}{\partial n}\right)_2 = -\frac{4\,\pi}{\varepsilon}\,\sigma. \tag{24}$$

An der Stelle einer einseitigen Flächenbelegung

$$\frac{\partial\Psi}{\partial n} = -\frac{4\,\pi}{\varepsilon}\,\sigma. \tag{25}$$

Einheit des Potentials Ψ *bzw. der Spannung* U ist, da nach (15) $A = Q \cdot U = Q\,(\Psi_1 - \Psi_2)$ gilt, im elektrostatischen Maßsystem: 1 Ves = 1 erg/1 Ces; d. h., ein Raumpunkt hat das Potential 1 Ves, wenn die Arbeit 1 erg geleistet werden muß, um die elektrostatische Elektrizitätsmengeneinheit 1 Ces von der Erde an diese Stelle zu schaffen. Zwischen zwei Punkten besteht die Spannung 1 Ves, wenn beim Transport der Ladung 1 Ces von einem zum andern die Arbeit 1 erg umgesetzt wird. Die praktische Einheit 1 Volt ist 300mal kleiner; denn da als praktische Einheiten für Elektrizitätsmenge Q und Arbeit A das Coulomb $= 3 \cdot 10^9$ Ces und das Joule $= 10^7$ erg gewählt wurden, folgt aus $A = Q \cdot U$ als praktische Einheit für U: $10^7 = 3 \cdot 10^9 \cdot$ Volt, also 1 Volt $=$

$$= \frac{1}{300}\ \text{Ves.}$$

Um auch eine *zeichnerische Darstellung* des Feldes unter Verwendung des Potentialbegriffes zu ermöglichen, bedient man sich der *Niveau-* oder *Äquipotentialflächen*; darunter versteht man die geometrischen Orte gleichen Potentiales. Die Niveauflächen z. B. einer Punktladung sind Kugelflächen; denn nach (20) ist $\Psi_r = Q/\varepsilon\, r$, also $\Psi = $ konst. für $r = $ konst. Zeichnet man nur solche Niveauflächen ein, zwischen denen die Potentialdifferenz bzw. Spannung U einen bestimmten vereinbarten Wert, etwa stets 1 oder 10 oder 100 Volt usw. hat, dann ist wegen $\Delta\Psi = U = $ konst., $\mathfrak{E}$ nach (19) proportional zu $1/\Delta s$. So wie bei den Schichtenlinien einer kartographischen Darstellung der Linienabstand ein inverses Maß des Höhengefälles ist, so ist der Niveauflächenabstand ein inverses Maß des Potentialgefälles, also der

elektrischen Kraft, deren Richtung stets orthogonal zur Niveaufläche sein muß, da die Komponente parallel zur Fläche Ψ =konst.
definitionsgemäß Null sein muß. Derartige Felddarstellungen
werden in den Abbildungen der nächsten Ziffern verwendet.

7. Das Verhalten der Leiter.

α) *Allgemeines*. Als Leiter erweisen sich: Alle Metalle (im
festen oder flüssigen Zustand), metallisch glänzende Mineralien,
wie etwa Bleiglanz, Kohle in ihren leitenden Modifikationen,
z. B. Graphit, usw. — Unter Zusammenfassung und Ergänzung
der bisherigen Feststellungen kann das durch das Vorhandensein
frei beweglicher Elektronen bedingte allgemeine Verhalten der
Leiter im elektrostatischen Zustand in den folgenden vier Punkten
charakterisiert werden:

1. Im Inneren des Leiters muß die elektrische Kraft $\mathfrak{E}$ verschwinden, wenn die Elektronen in Ruhe sein sollen. Daher muß
Spannung U bzw. Potentialdifferenz $\Psi_1 - \Psi_2$ zwischen zwei
Leiterstellen gleichfalls Null sein. Somit ist sowohl Spannung
als Potential im ganzen Leiter konstant, seine Oberfläche also
eine Äquipotentialfläche. Die zugehörigen Werte seien mit dem
Index o (Oberfläche) bezeichnet, also U_o und Ψ_o.

2. Damit dies möglich ist, muß nach dem GAUSSschen Satz
(IV, 6α) das Innere des Leiters frei von Ladung sein; die ganze
Ladung sammelt sich an der Oberfläche an mit einer Verteilung
der Flächendichte σ, deren Abhängigkeit von den Begleitumständen
noch zu ermitteln ist.

3. Die vom geladenen Leiter ausgehenden oder auf ihm mündenden Kraftlinien stehen senkrecht auf der Oberfläche, die als
Niveaufläche für tangentielle Kraftkomponenten nur den Wert
Null zuläßt. Der Betrag der Feldkraft unmittelbar an der Ober-
fläche ist nach IV, 6α (7) bzw. IV, 6β (25) durch $\mathfrak{E}_n = -\partial\Psi/\partial n =$
$= 4\pi\sigma/\varepsilon$ gegeben.

4. Wird der Leiter aufgeladen, dann wächst seine Spannung U_o
gegen Erde proportional mit der Ladung Q; denn die Arbeit,
die an $Q = 1$ zu leisten ist, um sie auf den Leiter zu schaffen,
ist z. B. doppelt so groß, wenn die Leiterladung verdoppelt ist.
Der Proportionalitätsfaktor in $Q = C\,U_o$ wird als

$$\text{Kapazität } C = Q/U_o \tag{1}$$

des Leiters bezeichnet. C ist *nur* dann eindeutig durch U_o und Q
definiert, wenn der zusätzliche Einfluß aller andern in der Umgebung des Leiters etwa befindlichen Ladungen vernachlässigbar

ist. C ist das „Fassungsvermögen für Elektrizität bei vorgegebenem U_o. Die Dimension von C ist im elektrostatischen Maßsystem entsprechend der durch IV, 6 (20) gegebenen Dimension von U:

$$[C] = [Q/U_\sigma] = \left[Q\Big/\frac{Q}{r}\right] = \text{cm}.$$

Die elektrostatische *Einheit* $1\,\mathbf{F}$es $= 1$ cm $= 1\,\mathbf{C}$es$/1\,\mathbf{V}$es hat jener Leiter, der von $1\,\mathbf{C}$es auf die Spannung $1\,\mathbf{V}$es gegen Erde aufgeladen wird. Im praktischen Maßsystem hat C die Dimension $\mathbf{A}$ sec $\mathbf{V}^{-1}$, die Einheit ist das Farad. 1 Farad $= 1$ Coulomb$/1$ Volt $=$

$$= 3 \cdot 10^9\Big/\frac{1}{300} = 9 \cdot 10^{11}\,\mathbf{F}\text{es.}$$ Diese Einheit ist unbequem groß. Z. B. müßte eine Leiterkugel den Radius $9 \cdot 10^{11}$ cm $= 9 \cdot 10^6$ km, also einen rund 1500mal größeren Radius als die Erde haben, um die Kapazität 1 Farad aufzuweisen. Daher werden die Angaben meist in Mikrofarad $\mu\mathbf{F} = 10^{-6}$ Farad gemacht.

β) *Ladungsverteilung und Kapazität C einfacher Leiterformen.* Bei der Ermittlung des Zusammenhanges zwischen C und Gestalt der Leiter besteht entsprechend (1) die Aufgabe darin, das Verhältnis der beiden Größen

$$Q = \int \sigma\,df \quad \text{und} \quad U_o = \Psi_o = \frac{1}{\varepsilon}\int \frac{\sigma\,df}{r} \tag{2}$$

in Abhängigkeit von der Leiterform zu bestimmen. Dabei können σ und f irgendwelche Funktionen der Raumkoordinaten sein. Eine Erleichterung der Aufgabe besteht darin, daß man, da U_o (Spannung bzw. Potentialdifferenz gegen Erde) im Innern und an der Oberfläche des Leiters ein und denselben Wert haben muß, sich als „Aufpunkt", auf den sich der Abstand r bezieht, irgendeinen für die Rechnung günstig gelegenen Punkt des Leiters auswählen kann. Trotzdem bietet die Aufgabe im allgemeinen große, meist unüberwindliche Schwierigkeiten. In den wenigen einfachen Fällen, bei denen die Flächendichte σ als konstant entlang der ganzen Oberfläche angesehen werden kann, wird

$$Q = \sigma \int df = \sigma F; \quad U_o = \frac{\sigma}{\varepsilon}\int \frac{df}{r}; \quad C = \frac{Q}{U_o} = \frac{\varepsilon F}{\int df/r}. \tag{2a}$$

Die leitende Kugel: Wegen der hohen Symmetrie der Kugelfläche ist die Rechnung einfach und streng. σ ist aus Symmetriegründen konstant — vorausgesetzt, daß, wie schon oben einschränkend bemerkt wurde, keine Störung durch andere geladene Körper hinzukommt. Man kann (2a) anwenden. Wählt man als Aufpunkt das Zentrum der Kugel, dann ist auch $r = R =$ konst.; dann ergibt sich sofort:

$$Q = \sigma F; \quad U_o = \frac{\sigma F}{\varepsilon R}; \quad C = \frac{Q}{U_o} = \varepsilon R. \tag{3}$$

Der leitende Kreiszylinder (Abb. 10). Seine Länge L sei so groß, daß die an den Enden auftretenden „Randstörungen" (vergrößerte Dichte σ, vgl. weiter unten, geänderter Kraftlinienverlauf) vernachlässigbar und die Flächendichte σ als konstant angesetzt werden kann. Als Aufpunkt wählt man den Punkt höchster Symmetrie, d. i. O. Da alle Flächenelemente des in Abb. 10 gezeichneten „Kragens" mit der Fläche $df = 2\,\pi\,R\cdot dl$ den gleichen Abstand $r = \sqrt{R^2 + l^2}$ von O haben, so hat man, um U_0 zu erhalten, über die Beiträge aller Krägen zu summieren und erhält für:

$$\int \frac{df}{r} = 2\cdot 2\,\pi\,R \int_0^{L/2} \frac{d\,l}{\sqrt{R^2 + l^2}} =$$

$$= 4\,\pi\,R \int_0^{L/2} \frac{d\,(l + \sqrt{l^2 + R^2}\,)}{l + \sqrt{l^2 + R^2}} =$$

$$= 4\,\pi\,R\,\ln \frac{\dfrac{L}{2} + \sqrt{\dfrac{L^2}{4} + R^2}}{R}.$$

Unter der Voraussetzung $\dfrac{L^2}{4} \gg R^2$ ergibt sich mit $F = 2\,R\,\pi \cdot L$ nach (2 a):

$$C = \frac{\varepsilon\,L}{2} \frac{1}{\ln L/R}. \tag{4}$$

Die leitende Kreisscheibe. Würde man analog dem eben eingeschlagenen Verfahren auch bei einer geladenen Kreisscheibe $\sigma =$ konst ansetzen und, den Mittelpunkt als Aufpunkt wählend, aus

$$\int df/r = {}_0\!\int^R 2\,\pi\,r\,dr/r = 2\,\pi\,R$$

die Kapazität berechnen, dann erhielte man nach (2 a)

$$C = \frac{\varepsilon\,R}{2} \tag{5}$$

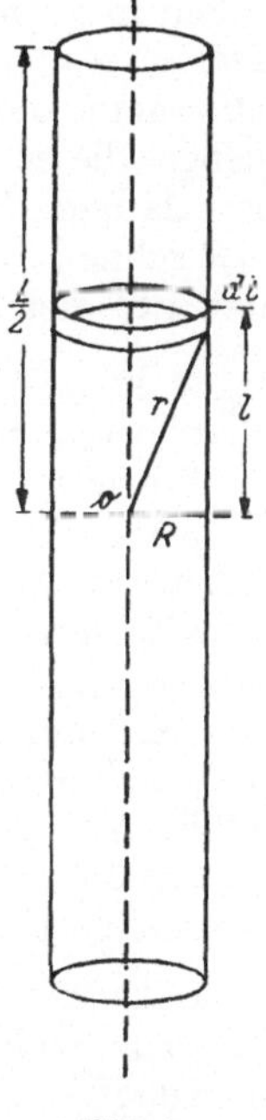

Abb. 10.
Zur Berechnung der Eigenspannung eines Kreiszylinders.

und käme damit in Widerspruch mit dem Experiment. Dieses ergibt nämlich für das Verhältnis der Kapazitäten einer Kugel und einer Scheibe, beide von gleichem Durchmesser, nicht entsprechend den Aussagen von (3) und (5) den Wert 2, sondern nur 1,51. Da (3) streng gilt, muß (5) eine unerlaubte Näherung darstellen. Die strengere Theorie behandelt die Kreisscheibe als sehr verflachtes Rotationsellipsoid mit *nicht* konstanter, sondern von der Mitte gegen den Rand gesetzmäßig zunehmender Dichte σ und erhält:

$$C = \varepsilon\,\frac{2\,R}{\pi}. \tag{6}$$

Jetzt wird das Kapazitätsverhältnis (3)/(6) gleich $\pi/2 = 1,57$, also in hinreichender Übereinstimmung mit der Erfahrung.

γ) *Flächendichte und Flächenkrümmung.* Gefragt wird, ob und wie sich die Flächendichte mit der Krümmung der Leiteroberfläche, die ja eine Niveaufläche sein muß, ändert. Durch ein Gedankenexperiment mit durchsichtigen Versuchsbedingungen läßt sich leicht die Antwort finden: Man bringt zwei isolierte, verschieden große Leiterkugeln — in hinreichender Entfernung voneinander, damit sie sich nicht gegenseitig stören — mit bekannter Kapazität, R_1 bzw. R_2 nach (3), auf gleiche Spannung U_o, indem man sie durch einen dünnen Draht miteinander verbindet und dieses gemeinsame Leitersystem auf Q aufladet. Hierauf läßt man den Verbindungsdraht abgleiten; die Elektrizitätsmenge, die er dabei aus dem System mitnimmt, ist vernachlässigbar, da nach (4) die Drahtkapazität mit zunehmendem Verhältnis L/R schnell abnimmt. Für die beiden nun voneinander isolierten, aber auf gleiches U_o gebrachten Kugeln gilt dann nach (3):

$$U_o = \frac{Q_1}{R_1} = \frac{Q_2}{R_2}; \quad \text{daher} \quad \frac{Q_1}{Q_2} = \frac{4\,\pi\,\sigma_1\,R_1^2}{4\,\pi\,\sigma_2\,R_2^2} = \frac{R_1}{R_2} \quad \text{oder} \quad \frac{\sigma_1}{\sigma_2} = \frac{R_2}{R_1}. \quad (7)$$

In Worten: *„Bei gleicher Spannung U_o verhalten sich die Flächendichten verkehrt wie die Krümmungsradien."* Oder anders ausgedrückt: *Damit eine Leiterfläche variabler Krümmung eine Äquipotentialfläche sein kann, muß die Flächendichte σ um so größer sein, je stärker die Krümmung, je kleiner der Krümmungsradius ist.* Mit der Flächendichte σ wächst aber nach $\mathfrak{E}_n = 4\,\pi\,\sigma/\varepsilon$ auch die nach außen gerichtete Feldkraft bzw. das Potentialgefälle an der betreffenden Stelle. Dieses kann bei besonders starker Flächenkrümmung (Spitze) durch hinreichende Ladung so gesteigert werden, daß „Spitzenentladung" eintritt.

δ) *Leiter im elektrostatischen Feld. Influenz. Erregung.* Einige Beispiele sollen mit den einschlägigen Verhältnissen vertraut machen:

1. *Beispiel: Geerdete Leiterebene im Feld der Ladung $+Q$* (Abb. 11). Einer mit $+Q$ geladenen Leiterkugel A wird eine ebene geerdete Leiterfläche genähert. Die vorher konzentrisch zu A verlaufenden kugelförmigen Äquipotentialflächen werden dadurch in der gleichen Art geändert, wie durch eine spiegelbildlich zur Ebene angebrachte zweite Leiterkugel mit der Ladung $-Q$; man vergleiche den Kraftlinienverlauf in Abb. 11 mit jenem der oberen Hälfte von Abb. 1. Die Niveauflächen werden im Raum zwischen der Ebene und A so zusammengedrängt, daß die Niveaufläche $\Psi = 0$ in die geerdete Ebene zu liegen kommt. Den auf ihr mündenden Kraftlinien müssen Senken entsprechen, deren Summe die „Influenzladung" ergibt; ohne diese könnte die Spannung der Ebene nicht Null bleiben.

2. *Beispiel: Influenzwirkung auf eine geerdete Leiterkugel*

(Abb. 12). Zufolge der leitenden Verbindung zwischen B und Erde bildet B einen Teil der Niveaufläche $\Psi = 0$. Dementsprechend muß eine Deformation der ursprünglich die Ladung $+Q$ und A konzentrisch umgebenden Niveauflächen eintreten von der Art, daß sie nahe bei A zunächst noch kugelförmig sind und sich dann der Nullfläche anschmiegen. Die zu den Niveauflächen orthogonal verlaufenden Kraftlinien münden auch senk-

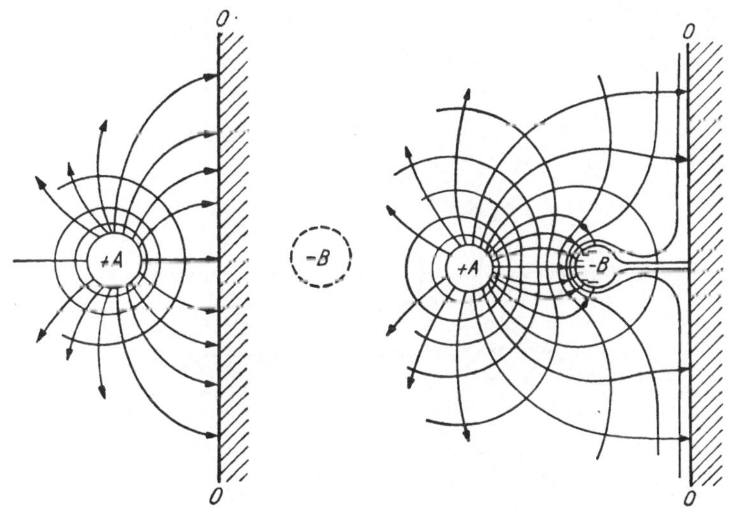

Abb. 11. Influenzwirkung einer geladenen Kugel auf eine geerdete Leiterebene.

Abb. 12. Influenzwirkung auf geerdete Leiterkugel.

recht auf allen Leiterflächen. Auf der Nullfläche und im besonderen auf B müssen sich Senken ausbilden. Wird B isoliert und hierauf aus dem Feld entfernt, dann zeigt sich negative Influenzladung.

3. *Beispiel*: *Influenzwirkung auf eine isolierte Leiterkugel* (Abb. 13). Zweifellos muß auch jetzt, analog zum Vorhergehenden, Influenz auftreten; da die isolierte Kugel jedoch keine Möglichkeit hat, Ladungen aufzunehmen oder abzugeben, kann die Influenz nur in einer *Ladungstrennung* durch Verschiebung von Elektronen bestehen; wobei die Forderung erfüllt sein muß, daß die Oberfläche von B eine Äquipotentialfläche von gleicher Spannung sein muß, wie sie im Inneren herrscht. Das Potential im Zentrum von B läßt sich aber mit hinreichender Näherung einfach berechnen: Der Beitrag zu Ψ, den die auf der B-Oberfläche influenzierten Ladungen liefern, muß verschwinden, da

in $\Sigma\, Q/R$ ebensoviel positive als negative Glieder (Ladungs-
trennung!) auftreten; es bleibt somit nur der von A herrührende
Potentialbeitrag und dieser ist Q/r, wenn Q die Ladung von A
und r den Mittelpunktsabstand AB bedeutet. Das heißt: Jene
(in Abb. 13 stärker ausgezogene) Niveaufläche, die bei Abwesenheit von B, also im ungestörten A-Feld, den Abstand r vom
A-Zentrum hatte und dem Wert $\Psi = Q/\varepsilon\, r$ entspricht, teilt sich
beim Auftreffen auf B, also bei der kreisförmigen „Neutral"-

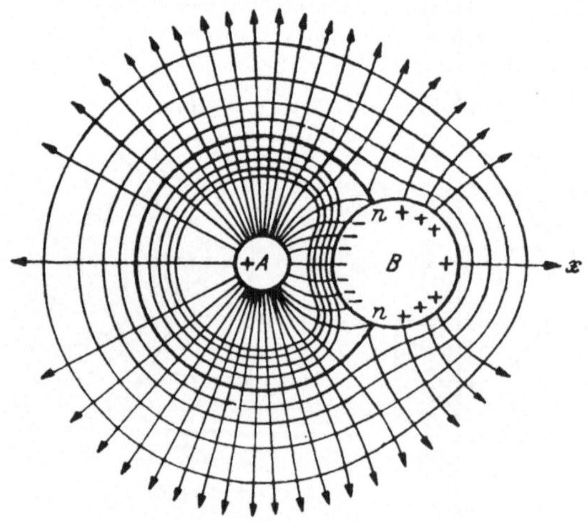

Abb. 13. Influenzwirkung auf eine isolierte Leiterkugel.

oder „Indifferenz"-Zone $n \ldots n$, und gehört dann einerseits zu
dem A zugewandten, negativ geladenen, anderseits zu dem von A
abgewandten, positiv geladenen Oberflächenteil von B. Alles
andere, Niveauflächenverlauf und Kraftlinienverteilung mit zugehöriger Verteilung der Influenzladung, ergibt sich dann zwang-
läufig und ist aus Abb. 13 abzulesen. Diese sowohl wie Abb. 11
und 12 muß man um die Symmetrieachse rotieren lassen, um
die räumliche Felddarstellung zu erhalten.

Wenn man in derartigen Niveauflächendarstellungen irgendeine Äquipotentialfläche zu einer Leiterfläche erstarrt und mit
der von ihr eingeschlossenen Elektrizitätsmenge Q belegt denkt in
einer Dichteverteilung, wie sie der Dichte der sie durchsetzenden
Kraftlinien entspricht, *dann ändert sich am Niveau- und Kraft-*
linienverlauf im Außenraum nichts. Wäre also z. B. die in Abb. 13
stärker gezeichnete Niveaufläche $\Psi = Q_A/r$ eine (aus zwei Kugel-

kalotten zusammengesetzte) Leiteroberfläche, auf der die eingeschlossene Ladung $Q +$ nach Maßgabe der Kraftliniendichte zu verteilen ist, so würde *außerhalb* genau die gleiche Feldkonfiguration bestehen bleiben, wie sie zum System „geladene Kugel $A +$ + influenzierter Kugel B" gehört.

Würde man die Kugel B durch einen in der x-Richtung gezogenen Draht erden, dann würde die influenzierte positive Ladung abwandern (bzw. es würden Elektronen zuwandern) und die Feldverteilung der Abb. 12 entstehen. Nach Aufhebung der Erdung kann B am isolierten Handgriff negativ geladen aus dem Feld genommen werden. Ein Vorgang, der sich unter Arbeitsleistung (die negative Kugel B wird von A angezogen) beliebig wiederholen läßt, ohne die Ladung Q auf A zu erschöpfen. Dies läßt sich in mannigfacher Art zur Elektrizitätsgewinnung ausnützen (Influenzmaschinen).

4. *Beispiel*: *Leiter-Doppelplättchen im homogenen Feld*; „*elektrische Verschiebung*" (Abb. 14). Besonders einfach liegen die Verhältnisse, wenn

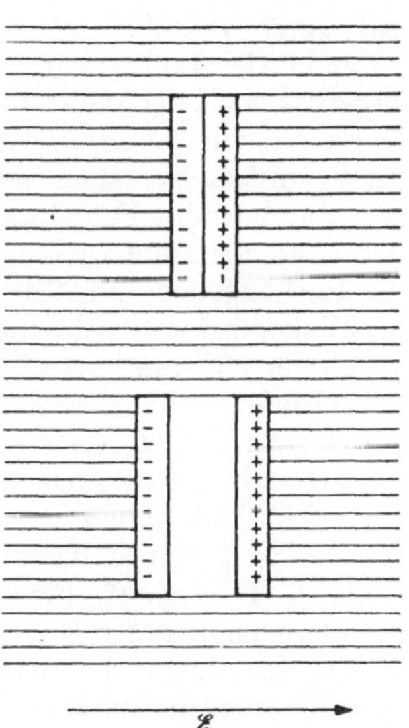
Abb. 14. Doppelplättchen im homogenen Feld.

die Gestalt des Leiters dem Felde so angepaßt wird, daß der Kraftlinienverlauf nahezu ungestört bleibt. Z. B. eine quergestellte Platte im homogenen Feld (Abb. 14 oben). Kann man diese Platte an isolierten Handgriffen in zwei Hälften trennen (Abb. 14 unten), dann lassen sich auch die Influenzladungen räumlich trennen. Da vor der Trennung das Metallinnere feldfrei war und somit nach (6) von IV, 6α die Flächendichten

$$\pm\, \sigma = \frac{1}{4\,\pi}\,\Big|\, \varepsilon\, \mathfrak{E}\, \Big| = \frac{1}{4\,\pi}\, D$$

influenziert wurden, so ist auch nach der Trennung das Feld *zwischen* den mit positivem und negativem σ geladenen Platten feldfrei. (Bringt man aber nun das äußere Feld zum Erlöschen, dann bildet sich im gleichen Raum zwischen den geladenen Platten ein Feld von gleicher Stärke und entgegengesetzter Richtung aus, wie sie vorher das äußere Feld hatte.)

Nimmt man eine der Platten aus dem Feld heraus, dann läßt sich durch Bestimmung der Flächenladung $\sigma = Q/F$ die Feldstärke $\mathfrak{E}$ bzw. die Kraftliniendichte D ermitteln. War das sog. „Miesche Doppelplättchen" senkrecht zur Feldrichtung, dann erhält man den Maximalwert, andernfalls nach $D_\alpha = D \cos \alpha$ nur einen zwischen D und Null gelegenen Wert [IV, 6 (4a)].

D ist der Betrag eines Vektors $\mathfrak{D}$, der den Namen „*Verschiebungsvektor*" oder Vektor der elektrischen Verschiebung erhält. Diese Namensgebung wird einerseits der Tatsache gerecht, daß durch obigen Versuch eine zweite experimentelle Möglichkeit gegeben ist, die Feldstärke außer an Kraftwirkungen auch an der Influenzierungswirkung, an der „Verschiebung", zu messen; die Rechengröße „Kraftliniendichte" wird experimentell erfaßbar und bekommt dadurch einen neuen physikalischen Inhalt. Anderseits dem Umstand gerecht, daß $\mathfrak{D}$ erstens mit $\mathfrak{E}$ nach Richtung und Größe nur dann übereinstimmt, wenn die Plättchen senkrecht zur Kraftrichtung standen und wenn $\varepsilon = 1$ ist (im Vakuum); zweitens aber, daß auch in diesem Fall $\mathfrak{D}$ und $\mathfrak{E}$ *nur* im elektrostatischen Maßsystem, wo ε_0 willkürlich dimensionslos und gleich 1 gesetzt wird, mit $\mathfrak{E}$ übereinstimmt. Im praktischen System gilt dagegen $\mathfrak{D} = \varepsilon_0 \varepsilon \mathfrak{E}$, für das Vakuum also $\mathfrak{D} = \varepsilon_0 \mathfrak{E}$, wobei ε_0 die Dimension **A** sec/**V** cm hat, $\mathfrak{D}$ also eine *andere Qualität besitzt als* $\mathfrak{E}$. Ist $\mathfrak{E}$, wie im homogenen Feld des Plattenkondensators vgl. IV, 8 δ) in praktischen Einheiten bekannt und wird der zugehörige Wert für $\mathfrak{D}$ in ebensolchen bestimmt, dann ergibt sich eine direkte experimentelle Messung der Dielektrizitätskonstanten ε_0 des Vakuums; man erhält, wie schon mehrfach ausgeführt wurde (IV, 4 δ, IV, 5 γ): $\varepsilon_0 = \left(\dfrac{\mathfrak{D}}{\mathfrak{E}}\right)_0 = 0{,}886 \cdot 10^{-13}$ $\dfrac{\text{Coulomb}^2}{\text{cm Joule}}$ oder $\dfrac{\text{Ampere sec}}{\text{Volt cm}}$ oder $\dfrac{\text{Farad}}{\text{cm}}$.

Für den Vektor $\mathfrak{D}$ gelten dieselben Sätze wie jene von IV, 6, für $\mathfrak{E}$; im elektrostatischen System:

Im Feld einer Ladung Q ist $\mathfrak{D} = Q/r^2$ und nach Gauss

$$\oint \mathfrak{D}_n \, df = 4\pi Q.$$

An der Stelle mit der Raumdichte ϱ ist $\qquad \operatorname{div} \mathfrak{D} = 4\pi\varrho.$

An der Stelle mit der Flächendichte σ ist $\mathfrak{D}_{n\,1} - \mathfrak{D}_{n\,2} = 4\pi\sigma.$

An der Leiteroberfläche mit der Dichte σ ist $\qquad \mathfrak{D}_n = 4\pi\sigma.$

Diese Beziehungen enthalten ε nicht, sind also vom Medium unabhängig.

Der Vektor $\mathfrak{D}$ übernimmt in der Maxwellschen Theorie eine tragende Rolle.

5. *Beispiel*: *Schirmwirkung* (Abb. 15). In den Abb. 13, 14 ist das Innere der in das Feld gebrachten Leiter, seien sie hohl oder nicht, feldfrei; diese „Schirmwirkung" („FARADAYscher Käfig") hat meist eine Verzerrung des Feldes zur Folge, die in Abb. 15 für einen metallischen Hohlzylinder im homogenen Feld dargestellt ist. Die Kraftlinien müssen immer senkrecht auf der Leiteroberfläche stehen; sie münden und entspringen in den influenzierten Senken und Quellen. In der „neutralen Zone" fallen diese örtlich zusammen.

6. *Beispiel*: *Elektrischer Dipol im Feld* (Abb. 16). Zwei gleich große ungleichnamige Ladungen $\pm Q$ an den Enden eines isolierenden Stäbchens von der Länge l bilden das makroskopische Modell eines „Dipols".[1] Im *homogenen* Feld (Abb. 16a) erfährt ein solcher nur ein Drehmoment, da zwei antiparallele gleich große mechanische Kräfte $\Re = \pm\, \mathfrak{E}\cdot Q$, an den Hebelarmen $\frac{1}{2}\, l \cos \alpha = \frac{1}{2}\, l \sin \varphi$ angreifend, das Drehmoment

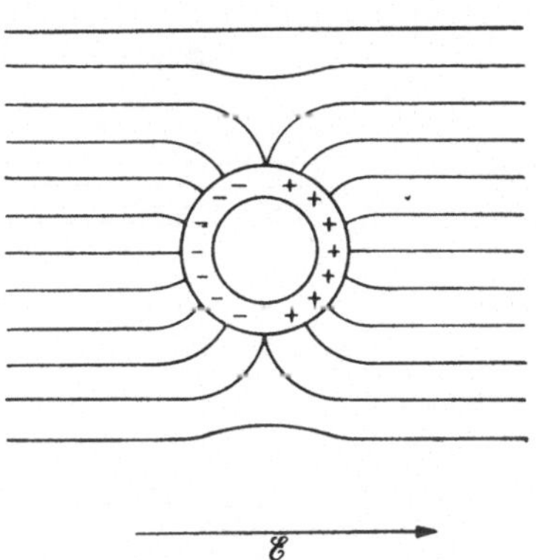

Abb. 15. Leitender Kreisring im homogenen Feld.

$$M = Q\, l \cdot \mathfrak{E} \cos \alpha = \mathfrak{M} \cdot \mathfrak{E} \cos \alpha = \mathfrak{M} \cdot \mathfrak{E} \sin \varphi$$

erzeugen. Für $\alpha = 90°$, wenn also die Längsachse des Dipols den Kraftlinien parallel liegt, verschwindet dieses Drehmoment, dessen Größe in bezug auf die Eigenschaften des Dipols vom „*Dipolmoment* $\mathfrak{M} = Q\, l$" abhängt. Mit der Parallelstellung ist im homogenen Feld der Gleichgewichtszustand erreicht.

Nicht so im *inhomogenen* Feld (Abb. 16b), da in diesem die mechanischen Kräfte $\Re_1$ und $\Re_2$ an den Stellen $-Q$ und $+Q$ verschieden groß sind. Dieser Verschiedenheit zufolge ergibt sich nach der Parallelstellung noch eine Schwerpunktsverschiebung in der Feldrichtung. Die resultierende Kraft auf den Schwerpunkt ist

$$\Re = \Re_1 - \Re_2 = Q\,(\mathfrak{E}_1 - \mathfrak{E}_2) = Q\, l\, \frac{\partial \mathfrak{E}}{\partial l} = \mathfrak{M}\, \frac{\partial \mathfrak{E}}{\partial l},$$

---

[1] Wegen der Analogie zum makroskopischen magnetischen Dipol („Magnet") als „Elektret" bezeichnet.

wobei l als so klein vorausgesetzt wurde, daß für beliebige Inhomogenität die Feldstärkenänderung als linear: $\mathfrak{E}_2 = \mathfrak{E}_1 - \dfrac{\partial \mathfrak{E}}{\partial l} \cdot l$ angesetzt werden kann. Auch diese translatorische Kraft $\mathfrak{K}$ hängt somit in bezug auf die Dipoleigenschaften vom Dipolmoment $\mathfrak{M}$ ab.

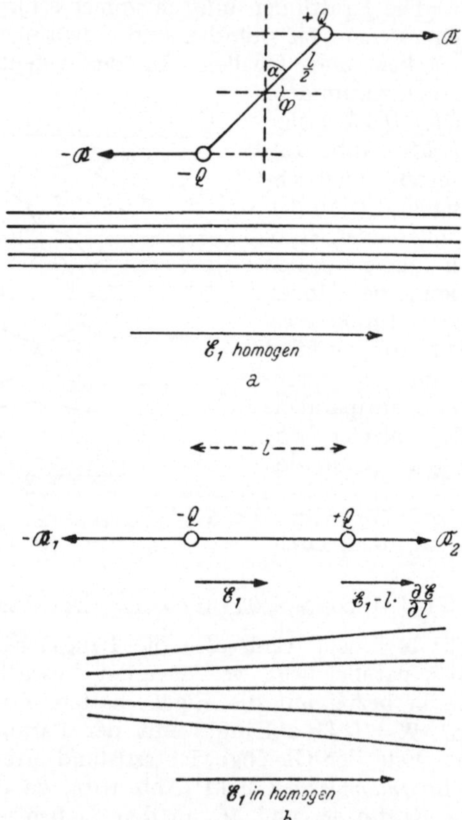

Abb. 16. Dipol $\mathfrak{M} = Q\,l$ im homogenen (a) und inhomogenen (b) Feld.

8. Der Kondensator.

Kondensatoren sind Vorrichtungen hoher Kapazität, die es ermöglichen, große Elektrizitätsmengen anzusammeln, ohne dabei unliebsam hohe Spannungen in Kauf nehmen zu müssen. Da die Kapazität eines Leiters nach IV, 7 (1) definiert ist durch

$$C = Q/U_0, \tag{1}$$

wird es sich darum handeln, die Eigenspannung U_0, also die Potentialdifferenz $\Psi_0 - \Psi$ gegen irgendeinen Bezugskörper (meist gegen Erde mit $\Psi = 0$) möglichst zu erniedrigen. Dies geschieht fast stets durch Verkürzung des Arbeitsweges (bei gleichbleibendem $\mathfrak{E}$), auf dem Q vom Bezugskörper nach dem Leiter gebracht werden muß. Z. B. stellt man einem isolierten

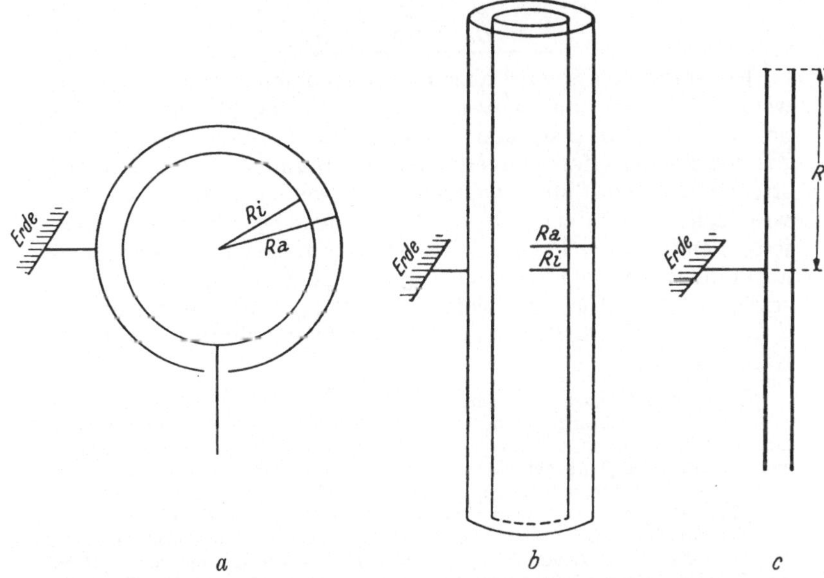

Abb. 17. Die Grundformen: Kugel-, Zylinder-, Plattenkondensator.

Leitergebilde (Kollektor) ein geerdetes oder sonst auf konstantem Potential Ψ gehaltenes Gebilde möglichst nahe gegenüber. Typische Grundformen der Ausführung sind der Kugel-, Zylinder-, Plattenkondensator; sie sind in Abb. 17 schematisch dargestellt. Gefragt wird in folgendem nach der Abhängigkeit der Kapazität von den Kondensatoreigenschaften.

α) *Der ideale Kondensator.* Soweit man berechtigt ist, die Kondensatorformen insofern zu idealisieren, daß bei ihnen das Feld zwischen den Metallflächen, deren Größe F, deren Abstand δ sei, als *homogen* (konstant sowohl in den Richtungen parallel zu F als in der Richtung δ) angesehen werden kann, kommt allen Grundformen die gleiche, sehr einfach erhältliche „Kondensatorformel" zu:

Aus der Voraussetzung $\mathfrak{E} = 4\,\pi\,\sigma/\varepsilon = $ konst. folgt

Erstens:

$$\sigma = \text{konst.}, \quad \text{daher} \quad Q = F \cdot \sigma.$$

Zweitens:

$$U_0 = \int_0^\delta \mathfrak{E}\, d\delta = \mathfrak{E} \int_0^\delta d\delta = \mathfrak{E} \cdot \delta.$$

Daher die Kondensatorformel:

$$C = \frac{Q}{U_0} = \frac{Q}{\mathfrak{E}\,\delta} = \frac{\varepsilon\,F}{4\,\pi\,\delta}. \tag{2}$$

Konstanz von $\mathfrak{E}$ wird aber nur angenommen werden können, wenn einerseits die unvermeidlichen Randstörungen (σ-Erhöhung, Kraftlinienstreuung), anderseits das beim Kugel- und Zylinderkondensator unvermeidliche räumliche Auseinanderstreben der Kraftlinien vernachlässigt werden kann. Das Feld wird daher um so eher als homogen angesehen werden können, je größer F und je kleiner δ ist. Die Verminderung des Flächenabstandes δ ist jedoch begrenzt durch die Zunahme der „Durchschlagsgefahr". Die „Kapazitätsformel" (2) wird daher nur eine erste für das Gedächtnis und für Überschlagsrechnungen bequeme Näherung darstellen.

β) *Der Kugelkondensator* (Abb. 17a).

Auf der Kollektorkugel mit dem Radius R_i sitze die Ladung $+Q$; mit wenig, auch in zweiter Näherung vernachlässigbaren Ausnahmen werden alle von Q ausgehenden Kraftlinien auf der Innenseite der umschließenden Kondensatorkugel (Radius R_a) enden und dort die Ladung $-Q$ influenzieren. Die Spannung der Innenkugel setzt sich dann aus zwei Teilen zusammen: Aus dem Anteil, der von $+Q$ herrührt, nämlich $U_1 = Q/\varepsilon\,R_i$ [nach (3) von IV, 7 β], und aus dem Anteil, der von $-Q$ auf der Innenseite der Außenkugel herrührt, nämlich $U_2 = -Q/\varepsilon\,R_a$. Man erhält somit:

$$U_0 = U_1 + U_2 = \frac{Q}{\varepsilon}\left(\frac{1}{R_i} - \frac{1}{R_a}\right) = \frac{Q}{\varepsilon}\,\frac{R_a - R_i}{R_a\,R_i};$$

daher

$$C = \frac{Q}{U_0} = \varepsilon\,\frac{R_a\,R_i}{R_a - R_i}. \tag{3}$$

Ist der Radienunterschied $R_a - R_i \equiv \delta$ klein gegen den „mittleren" Radius $R \equiv \frac{1}{2}(R_a + R_i)$, dann geht, weil

$$R_a \cdot R_i = R^2 - \frac{\delta^2}{4} \simeq R^2, \tag{3}$$

über in die Näherung (2):

$$C = \varepsilon\,\frac{R^2}{\delta} = \frac{\varepsilon\,F}{4\,\pi\,\delta}.$$

γ) *Der Zylinderkondensator* (Abb. 17b).

Wieder sei angenommen, daß alle vom Innenzylinder (R_i) ausgehenden Kraftlinien auf der Innenseite des Außenzylinders (R_a) enden und dort die der zentralen Ladung $(+\,Q)$ gleichgroße, also $-\,Q$, influenzieren; σ wird als näherungsweise konstant angesehen, so daß

$$Q = 2\,\pi\,L\,R_i\,\sigma_i = 2\,\pi\,L\,R_a\,\sigma_a.$$

Nach IV, 7 β, sind jetzt die beiden von $+\,Q$ und $-\,Q$ herrührenden Spannungsanteile U_1 und U_2:

$$U_1 = \frac{\sigma}{\varepsilon} \int \frac{df}{r} = \frac{4\,\pi\,R_i\,\sigma_i}{\varepsilon}\,\ln\,\frac{L}{R_i} = \frac{2\,Q}{\varepsilon\,L}\,\ln\,\frac{L}{R_i};$$

analog

$$U_2 = -\,\frac{2\,Q}{\varepsilon\,L}\,\ln\,\frac{L}{R_a}.$$

Somit

$$U_0 = U_1 + U_2 = \frac{2\,Q}{\varepsilon\,L}\,\ln\,\frac{R_a}{R_i}$$

und

$$C \equiv \frac{Q}{U_0} = \frac{\varepsilon\,L}{2}\,\frac{1}{\ln\,R_a/R_i}. \qquad (4)$$

Ist $\varkappa \equiv R_a/R_i$ nahe gleich 1, dann liefert die Entwicklung

$$\ln\,\varkappa = 2\left[\frac{\varkappa - 1}{\varkappa + 1} + \ldots\right] =$$
$$= 2\,\frac{R_a - R_i}{R_a + R_i}$$

mit

$$R_a - R_i \equiv \delta,\ \ R_a + R_i \equiv 2\,R$$

wieder die „Kapazitätsformel" (2).

$\delta)$ *Der Plattenkondensator* (Abb. 17c und 18).

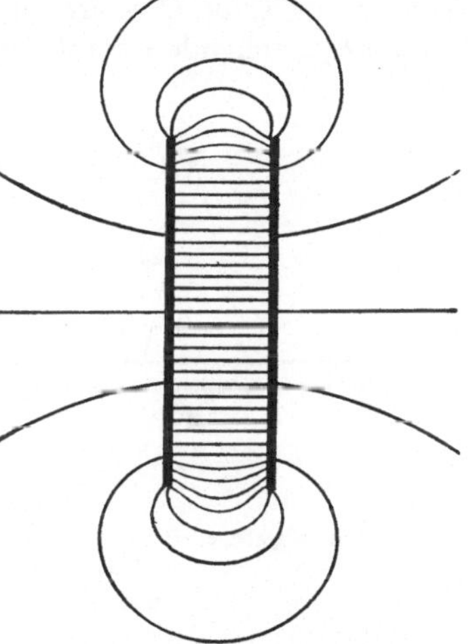

Abb. 18. Randstörungen beim Plattenkondensator.

Wie nach den Ausführungen von IV, 7 β, über Ladungsverteilung und Eigenspannung einer Kreisscheibe zu erwarten, liegen die Verhältnisse hier merklich verwickelter. Nur für große Platten und kleine Abstände, also für große Werte F/δ kann man näherungsweise (2) verwenden. Andernfalls sind Korrekturen wegen der Randstörungen anzubringen. Über den Feldverlauf nahe den Plattenrändern orientiert Abb. 18.

$\varepsilon)$ *Der Schutzring-Kondensator.* THOMSONS *elektrostatische Waage* (Abb. 19). Die beiden entgegengesetzten Ladungen, die influenzierende Ladung $+Q$ auf dem Kollektor und die influenzierte Ladung $-Q$ auf dem Kondensator eines idealen Plattenkondensators ziehen einander an. Wird eine davon — aus Zweckmäßigkeitsgründen die geerdete Kondensatorplatte — beweglich gemacht und an dem Arm einer Waage befestigt, so kann jenes Gewicht ermittelt werden, das dieser Kraft gerade das Gleichgewicht hält. Um möglichst homogene, randstörungsfreie Felder zu erhalten, verwendet man das „Schutzringprinzip": Nur der mittlere, dem homogenen Feld ausgesetzte Plattenteil, der vom Rest durch einen möglichst schmalen Ringspalt getrennt ist, wird beweglich gemacht. Der Plattenrand mit seinen unvermeidlichen Störungen kommt so bei der Messung nicht zur Geltung.

Zur Ermittlung des Zusammenhanges zwischen der Meßgröße „Anziehungskraft" und dem sie verursachenden elektrischen Zustand wird ganz gleichartig wie in IV, 6 α (5) und (8) von der Kondensatorenergie ausgegangen: Um die Ladung eines beliebigen Körpers von Q auf $Q + dQ$ zu erhöhen, muß gegen die zwischen Q und dQ bestehende Abstoßungskraft entsprechend der Definition

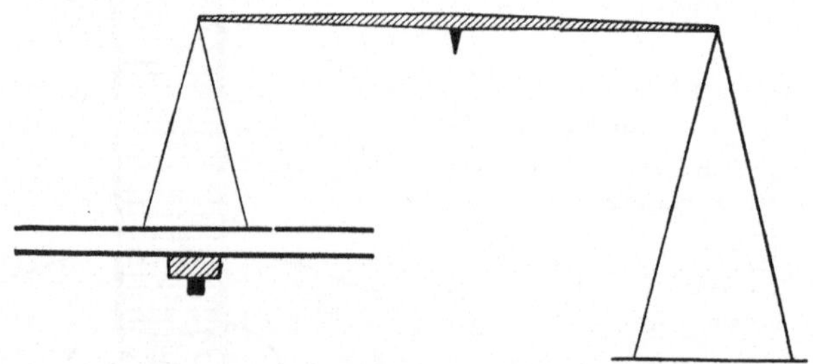

Abb. 19. Schutzringkondensator und Schema der „absoluten Spannungswaage" (W. Thomson = Lord Kelvin, 1824—1908).

der Spannung U_o die Arbeit dA geleistet und die Leiterenergie vermehrt werden um:

$$dE = U_o \, dQ.$$

Die gesamte Energievermehrung bei der Aufladung von Null auf Q beträgt somit ($C = Q/U_o$).
Aufladungsenergie

$$E = \int_o^Q U_o \, dQ = \frac{1}{C} \int_o^Q Q \, dQ = \frac{1}{2} \frac{Q^2}{C} = \frac{1}{2} U_o Q = \frac{1}{2} C U_o^2. \quad (5)$$

Hat man es mit einem idealen Kondensator (homogenes Feld!) zu tun, so wird mit $C = \varepsilon F / 4 \pi \delta$ die

$$\text{Kondensatorenergie: } E = \frac{\varepsilon F}{8 \pi \delta} U_o^2. \quad (6)$$

Nach den Anschauungen der Nahwirkungstheorie steckt diese Energie in dem zwischen den Platten liegenden Medium mit dem Volumen $F \cdot \delta$; auf die Volumseinheit entfällt (wegen $U_o = \mathfrak{E} \cdot \delta$) übereinstimmend mit IV, 6 (8) die

$$\text{Energiedichte:}\quad E' = \frac{E}{F\delta} = \frac{\varepsilon\,U_0^2}{8\pi\,\delta^2} = \frac{\varepsilon\,\mathfrak{E}^2}{8\pi} = \frac{\mathfrak{D}\,\mathfrak{E}}{8\pi}. \tag{7}$$

Den gesuchten Ausdruck für die zwischen den Platten wirksame Anziehungskraft erhält man aus (6) nach $\mathfrak{K} = \partial E/\partial \delta$ zu

$$\text{Anziehungskraft:}\quad \mathfrak{K} = -\frac{\varepsilon\,F}{8\pi\,\delta^2}\cdot U_0^2. \tag{8}$$

Somit ist die Kraft je Flächeneinheit $\mathfrak{K}/F$ (spez. Druck) zahlenmäßig gleich der Energiedichte E', wie schon in IV, 6 (5) (8) dargetan wurde.

Mit Hilfe von (8) läßt sich die Kondensatorspannung U_0 durch eine Wägung und durch Ausmessung von F und δ auf mechanischem Wege bestimmen. Wegen der geringen Empfindlichkeit ist die Methode erst für Spannungen über etwa 1000 Volt verwendbar.

ζ) *Schaltung von Kondensatoren* (Abb. 20). *Parallelschaltung*: Die leitend verbundenen Platten haben gleiche Spannung U_0. Additiv verhalten sich die den einzelnen Kondensatoren zuzuführenden Q-Mengen; daher:

$$Q = Q_1 + Q_2 + \cdots = U_0\,(C_1 + C_2 + \cdots) = C_p\,U_0$$

Gesamtkapazität $\qquad C_p = \Sigma\,C_i.$

Bei Parallelschaltung addieren sich die Einzelkapazitäten zur Gesamtkapazität.

Serienschaltung: Eine einzige, auf die erste Kollektorplatte gebrachte Q-Menge bewirkt durch Influenz die Aufladung der ganzen Kette abwechselnd zu $-Q$ und $+Q$ auf allen Kondensator- bzw. Kollektorplatten; in jedem Kettenglied wächst die Spannung zwischen den Platten von rechts nach links um $Q/C_i = U_{0\,i}$. Additiv verhalten sich in diesem Fall also die Spannungen; daher:

$$U_0 = U_{01} + U_{02} + \cdots = Q\left(\frac{1}{C_1} + \frac{1}{C_2} + \cdots\right) = Q\,\frac{1}{C_s};$$

somit:

$$\frac{1}{C_s} = \Sigma\,\frac{1}{C_i}.$$

Bei Serienschaltung addieren sich die reziproken Einzelkapazitäten zur reziproken Gesamtkapazität.

Gemischtschaltung: n Kondensatoren werden in s Gruppen von je p parallelgeschalteten geteilt so daß $p\,s = n$. Die s Gruppen (zu je p Gliedern) werden in Serie geschaltet: Jede dieser Gruppen hat die Kapazität $C_p = \overset{p}{\Sigma}\,C_i$; s solche hintereinandergeschalteten

Gruppen haben die Gesamtkapazität

$$\frac{1}{C} = \sum^{s}{}' \frac{1}{C_p} = \sum^{s} \frac{1}{\dfrac{p}{\Sigma\, C_i}}.$$

Haben die Einzelkondensatoren C_i untereinander die gleiche Kapazität C', dann wird $C_p = p\, C'$; $\sum^{s} \dfrac{1}{C_p} = \dfrac{s}{C_p}$, somit $C = \dfrac{p}{s}\, C'$. Hat man etwa 10 gleiche Kondensatoren C' zur Verfügung, so

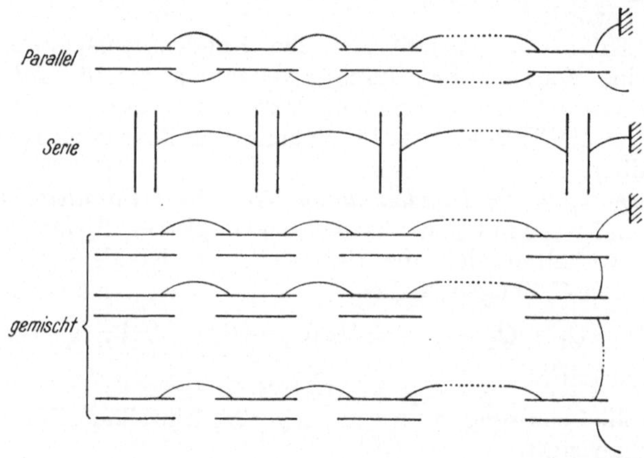

Abb. 20. Schaltung von Kondensatoren.

läßt sich die Gesamtkapazität zwischen $C_s = C'/\mathrm{10}$ und $C_p = \mathrm{10}\, C'$, also im Verhältnis $1 : 100$ variieren.

9. Das Verhalten der Isolatoren.

Die FARADAYsche Entdeckung des Einflusses, den das Zwischenmedium auf das elektrische Feld hat (vgl. IV, 1, 2 ε, 5 β), wurde in dieser Darstellung von Anfang an durch den Faktor $1/\varepsilon$ im COULOMBschen Gesetz und in der aus diesem abgeleiteten Feldbeschreibung berücksichtigt. Es sei daran erinnert, daß ε die relative Dielektrizitätskonstante (abgekürzt D. K.), definiert durch

$$\varepsilon = \hat{\varepsilon}/\varepsilon_0,$$

$\varepsilon_0 = $ D. K. des Vakuums, $\hat{\varepsilon} = $ abs. D. K., bedeutet. In den Tabellen der Nachschlagwerke wird ε angegeben und nicht $\hat{\varepsilon}$. Dies mit Recht; denn erstens interessiert im allgemeinen nur, um wievielmal $\hat{\varepsilon}$ in der Materie größer ist als ε_0 im Vakuum, und zweitens ist ε als dimensionslose Relativzahl unabhängig von der Wahl der Einheiten des Maßsystems und dessen Schreibweise. Speziell in dem hier verwendeten elektrostatischen Maßsystem in dem $\varepsilon_0 = 1$ gesetzt wird, ist ε der Zahl *und* der Dimension nach gleich mit $\hat{\varepsilon}$. In andern Maßsystemen ist ε_0 meist von 1 verschieden und besitzt Dimension (vgl. etwa Tabelle 4 in IV, 4), daher $\varepsilon \neq \hat{\varepsilon}$. Die D. K. für Vakuum und Luft ($\varepsilon = 1{,}0006$) sind so wenig verschieden, daß, abgesehen von Sonderfällen, die in Luft ausgeführten Versuche als im Vakuum durchgeführt angesehen werden können.

In den Tabellen 6 und 7 sind für einige ausgewählte gasförmige (Tabelle 6) bzw. flüssige und feste Stoffe (Tabelle 7) die Zahlenwerte für ε zusammengestellt. In Tabelle 6 ist zu den für Zimmertemperatur und Normaldruck gültigen Werten ε auch zwecks Vergleichsmöglichkeit $\sqrt{\varepsilon}$ und der Brechungsexponent n für gelbes Licht angegeben; nach der „MAXWELLschen Beziehung" (IV, 1 und 17) soll $n = \sqrt{\varepsilon}$ sein. Messungen von BOLTZMANN.

Tabelle 6. *Dielektrizitätskonstante* $\varepsilon = \hat{\varepsilon}/\varepsilon_0$.

für Gase	ε	$\sqrt{\varepsilon}$	n_{gelb}
Luft	1,000590	1,000295	1,000294
Kohlensäure ..	1,000946	1,000473	1,000449
Wasserstoff ...	1,000264	1,000132	1,000138
Kohlenoxyd ..	1,000690	1,000345	1,000346
Stickoxydul...	1,000994	1,000497	1,000503
Sumpfgas.....	1,000944	1,000472	1,000443

Tabelle 7. *Dielektrizitätskonstante* $\varepsilon = \hat{\varepsilon}/\varepsilon_0$.

für feste Stoffe	ε	für flüssige Stoffe	ε
Paraffin..............	2	Petroleum	2,0
Hartgummi	2—3	Paraffinöl	2,2
Bernstein	2,8	Terpentinöl.............	2,3
Schellack	2,8—3,7	Benzol...............	2,3
Quarzglas............	3,7	Schwefelkohlenstoff	2,6
Schwefel.............	3,5—4,6	Äthyläther	4,4
Porzellan............	4—6	Chloroform	5,1
Pertinax	5	Anilin	7,2
Glas, gewöhnliches	5—7	Aceton...............	21
Glimmer	5—8	Äthylalkohol	26
Glas, optisches	7—10	Nitrobenzol	36
Marmor..............	8,3	Wasser	81

Man beachte, daß ε *stets größer als* 1 *ist,* in festen Körpern selten 10 übersteigt (in gewissen keramischen Kunststoffen jedoch bis gegen 100 ansteigen kann!), in Flüssigkeiten dagegen häufig merklich größere Werte annimmt; letzteres ist dabei offenbar mit der Beweglichkeit der Moleküle in Zusammenhang zu bringen, da beim Übergang zum festen Zustand ε beträchtlich sinkt.

Beispiel: Wasser (18°), $\varepsilon = 81$; Eis (0°), $\varepsilon = 3{,}2$.

α) *Phänomenologische Beschreibung des Dielektrikums.* In der MAXWELLschen Theorie wird die Materie ebenso wie der leere Raum als Kontinuum aufgefaßt. Nur der Wert von ε unterscheidet sie und ändert sich sprunghaft beim Übergang von einem zum andern. Offenbar kann diese Auffassung, da Materie und Elektrizität atomistisch sind, nur zu einer näherungsweisen Beschreibung der Verhältnisse führen. Immerhin ist es eine, mindestens für das rein elektrische Erscheinungsgebiet erstaunlich gute Näherung.

Die makroskopische Erfahrung, daß auch Isolatoren influenzierbar sind und dabei scheinbar eine Oberflächenladung erlangen, obwohl sie zum Unterschied gegen die gleichfalls influenzierbaren Metalle Nichtleiter sind, führt zwangsläufig zur Annahme, daß die Influenzladung durch Verschiebung von im Volumelement vorhandenen, aber *nicht* beliebig beweglichen Ladungen etwa nach dem folgenden Schema entsteht:

$$\frac{+\quad +\quad +\quad +\quad +\quad +}{-\quad -\quad -\quad -\quad -\quad -} \quad \text{ohne Feldeinfluß}$$

$$\frac{-\quad -\quad -\quad -\quad -\quad -}{+\quad +\quad +\quad +\quad +\quad +} \quad \text{mit Feldeinfluß}$$

$$\cdots\cdots\cdots\cdots\longrightarrow \mathfrak{E}$$

Unter dem Einfluß des Feldes schiebt sich in jedem Volumelement positive Ladung nach rechts, negative Ladung nach links; im Inneren des Dielektrikums ist die Ladungsverteilung zwar ähnlich wie im feldlosen Zustand, doch handelt es sich um einen Zwangszustand mit Volumsenergie; an den Grenzen des Mediums sammelt sich je Flächeneinheit eine „Polarisationsladung σ_p" an. Verhält sich der Stoff isotrop bezüglich der Beweglichkeit der Ladungen, zeigt er also keinerlei diesbezügliche Richtungsbevorzugung, dann erfolgt die „Verschiebung" oder „Erregung" entlang von „Erregungs- oder Induktions"-Linien, deren Richtung mit jener der induzierenden Feldkraft zusammenfällt. Im homogenen Feld eines Plattenkondensators (vgl. etwa w. u. Abb. 22) würden sich den „*wahren*" Ladungen $\pm\,\sigma_0$ (des leeren Kondensators, Zeichen 0) gegenüber entgegengesetzt bezeichnete „*scheinbare*" Ladungen $\pm\,\sigma_p$ ausbilden. Dadurch geht die Feldstärke $\mathfrak{E}$ im Inneren des Mediums auf den ε-ten Teil von $\mathfrak{E}_0 = 4\,\pi\,\sigma_0$ herunter: $\mathfrak{E} = \mathfrak{E}_0/\varepsilon$. Für die Differenz $\mathfrak{E}_0 - \mathfrak{E} = \mathfrak{E}\,(\varepsilon - 1)$ ist das von $-\,\sigma_p$ herrührende Gegenfeld verantwortlich, das aus $-\,4\,\pi\,\sigma_p$ zu berechnen ist. Man hat somit:

$$-\,4\,\pi\,\sigma_p = \mathfrak{E}\,(\varepsilon - 1) \quad \text{bzw.} \quad = 4\,\pi\,\sigma_0\,(\varepsilon - 1)\,\frac{1}{\varepsilon}. \qquad (1)$$

Man definiert nun:

1. Als „Elektrisierung" oder „elektrische Polarisation" $\mathfrak{P}$ jenen Vektor, dessen Richtung (im isotropen Medium) durch die Erregerlinien, dessen Betrag durch $-\,\sigma_p$ gegeben ist:

$$|\mathfrak{P}| = -\,\sigma_p = \frac{1}{4\,\pi}\,\mathfrak{E}\,(\varepsilon - 1) = \frac{1}{4\,\pi}\,(\mathfrak{D} - \mathfrak{E}). \qquad (2\,\text{a})$$

2. Als „Elektrisierungszahl" oder „elektrische Suszeptibilität" χ das Verhältnis von Wirkung (Polarisation $\mathfrak{P}$ bzw. Influenzladung σ_p) zur Ursache (polarisierendes Feld $\mathfrak{E}$):

$$\chi = \frac{\mathfrak{P}}{\mathfrak{E}} = \frac{\varepsilon - 1}{4\,\pi} \quad \text{oder} \quad \varepsilon = 1 + 4\,\pi\,\chi \qquad (2\,\text{b})$$

Die Polarisation $\mathfrak{P}$ hat noch eine zweite wichtige Bedeutung: Ihr Betrag σ_p gibt mit der Fläche F multipliziert, die gesamte influenzierte Ladung $Q_p = F\,\sigma_p$; der Abstand der Oberflächenladungen $\pm\,Q_p$ sei d; dann ist $Q_p\,d = \sigma_p\,F \cdot d = \mathfrak{M}$ das Gesamtmoment $\mathfrak{M}$. Daraus folgt

$$\mathfrak{P} = \frac{1}{4\,\pi}\,\mathfrak{E}\,(\varepsilon - 1) = Q_p\,d/F\,d =$$
$$= \mathfrak{M}/\text{Volumen (induziertes spez. Moment) (3)}$$

Experimentell läßt sich ε am einfachsten mit dem Kondensator bestimmen, dessen Kapazität entsprechend der Kondensatorformel $C = Q/U = \varepsilon\,F/4\,\pi\,\delta$ von ε abhängt: Entweder, indem man ermittelt, um wieviel sich bei vorgegebenem Q die Spannung ändert ($\varepsilon = U_0/U$), oder wie bei festgehaltenem U die Elektrizitätsmenge geändert werden muß ($\varepsilon = Q/Q_0$), oder um wieviel bei festgehaltenem Q und U der Plattenabstand verkleinert werden muß ($\varepsilon = \delta_0/\delta$).

Es fragt sich nur noch, wie man vorzugehen hat, um z. B. im festen Dielektrikum die direkte Messung der Feldstärke durch die Probekugel oder der Verschiebung D durch das MIEsche Doppelplättchen so zu ermöglichen, daß Übereinstimmung mit der Definition $\varepsilon = \mathfrak{E}_0/\mathfrak{E}$ erzielt wird. Die Beantwortung dieser Frage führt zu der in der theoretischen Physik gerne verwendeten Definition:

$$\varepsilon = \frac{\mathfrak{E}_0}{\mathfrak{E}} = \frac{\text{Feldkraft im ,,Querspalt``}}{\text{Feldkraft im ,,Längsspalt``}}. \tag{4}$$

Auch in anderer Hinsicht ergeben sich dabei Gesichtspunkte von allgemeinem Interesse.

Die Begriffe ,,Längs- und Querspalt`` seien zunächst durch Abb. 21 veranschaulicht, in der das Feld eines allseitig in ein Dielektrikum eingebetteten Kondensators durch den Kraftlinienverlauf dargestellt ist; aus den langen und schmalen Spalten, von denen einer längs, der andere quer zu den Kraftlinien angeordnet ist, sei das Dielektrikum entfernt, so daß man ,,Vakuumspalte`` erhält.

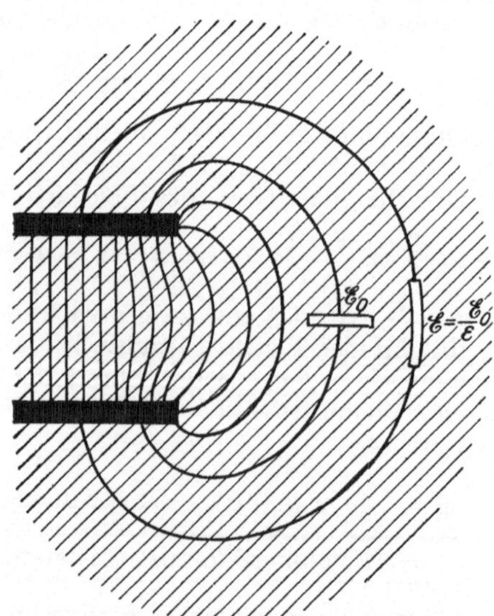

Abb. 21. Zum Begriff: Längs- und Querspalt.

Im *homogenen* Feld lassen sich die einschlägigen Verhältnisse mit einfachen Mitteln quantitativ erfassen.

In Abb. 22a ist eine Isolatorplatte in den Kondensator eingeführt, deren Dicke x kleiner als der Plattenabstand δ sei. An der ursprünglichen Flächendichte σ_0 des leeren Kondensators wird dadurch nichts geändert; immer noch durchziehen D Kraftlinien je cm² das homogene Feld. Im nichtbesetzten Teil entspricht ihnen eine Feldstärke $\mathfrak{E}_0$, in der Materie jedoch nur $\mathfrak{E} = \mathfrak{E}_0/\varepsilon$. Ursache hierfür ist, wie oben ausgeführt, die Ausbildung von Polarisationsladungen σ_p an den Grenzflächen. Die Kapazität nimmt zu von C_0 auf $C_0 \Big/ \left(1 - \dfrac{x}{\delta} \dfrac{\varepsilon - 1}{\varepsilon} \right)$, weil die Spannung (das Linienintegral) abgenommen hat von $\mathfrak{E}_0 \, \delta$ auf

$$\mathfrak{E}_0 \left(\delta - x\right) + \frac{\mathfrak{E}_0}{\varepsilon}\, x = \mathfrak{E}_0\, \delta \left(1 - \frac{x}{\delta}\, \frac{\varepsilon - 1}{\varepsilon}\right).$$

In Abb. 22b wurden nun, ganz analog dem in Abb. 14 dargestellten Verfahren, die zwei Hälften des Isolators räumlich getrennt. Auch dies hat keinerlei Einfluß auf Größe und Verteilung der wahren Ladungen σ_0 auf den Kondensatorplatten; nach wie vor bleibt Kraftlinienrichtung und Dichte, also der Vektor $\mathfrak{D}$ ungeändert. *In* der Materie zeigt er die Feldstärke $\mathfrak{E}_0/\varepsilon$, außerhalb $\mathfrak{E}_0$ an. Zum wesentlichen Unterschied gegen Abb. 14 ist daher der Raum *zwischen* den Isolatorplatten *nicht* feldfrei; auch dann

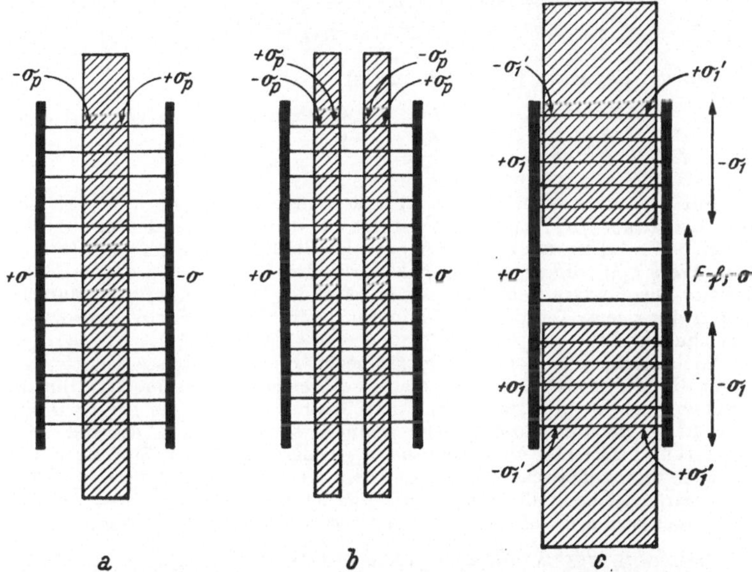

Abb. 22. Dielektrikum im Kondensator; die Rolle vom Quer- (*b*) und Längsspalt (*c*).

nicht, wenn etwa $\varepsilon = \infty$, σ_p also so wie bei einer Metallplatte gleich σ_0 würde. Dieser Unterschied rührt natürlich daher, daß die getrennten Metallplatten von Abb. 14 wahre Ladungen tragen, die getrennten Isolatorplatten der Abb. 22b nur scheinbare $\pm$ Influenzladungen, die schon ursprünglich vorhanden waren und bei der Zerschneidung der Materie als Oberflächenladung auch an den Innenseiten in Erscheinung treten.

Hieraus ergibt sich der erste Teil des zu Beweisenden: In einem Querspalt, so wie in Abb. 22b der Raum zwischen den Isolatorplatten, ist die Feldkraft so wie im leeren Kondensator $\mathfrak{E}_0$, also unabhängig von ε des umgebenden Mediums.

In Abb. 22c wird, wieder unter Aufrechterhaltung der Ladung Q_0, von beiden Seiten her ein den Abstand δ ganz ausfüllendes Dielektrikum eingeschoben, bis insgesamt die Fläche f bedeckt ist und nur $F - f$ unbedeckt bleibt. Wie immer die Dichteverteilung auf der Metallfläche F sein mag, jedenfalls muß F eine Fläche konstanter Spannung U sein, die aber von U_0 verschieden sein wird. Auf f möge sich die Flächendichte σ_1, auf $F - f$ die Dichte σ einstellen. Es muß dann, Homogenität des Feldes vorausgesetzt, gelten:

Wegen der Erhaltung von Q:

$$Q_0 = F\,\sigma_0 = f\,\sigma_1 + (F - f)\,\sigma.$$

Wegen Konstanz von U:

$$\text{konst} = U/\delta = \mathfrak{E} = 4\,\pi\,\sigma_1/\varepsilon = 4\,\pi\,\sigma;$$

daraus folgt:

$$\sigma_1 = \varepsilon\,\sigma; \quad \sigma = \sigma_0 \frac{1}{1 + \dfrac{f}{F}\,(\varepsilon - 1)}. \tag{5}$$

Für die Kapazität ergibt sich aus (5)

$$C \equiv \frac{Q_0}{U} = \frac{F\,\sigma\left\{1 + \dfrac{f}{F}\,(\varepsilon - 1)\right\}}{4\,\pi\,\sigma\,\delta} = C_0\left\{1 + \frac{f}{F}\,(\varepsilon - 1)\right\}.$$

Für den vorliegenden Zweck aber liest man aus (5) ab: Je mehr sich das Verhältnis f/F dem Wert 1 nähert, je schmäler also der unbedeckte Bereich $(F - f)$ ist, um so mehr nähert sich die Flächendichte σ auf $(F - f)$ dem Wert σ_0/ε, die zugehörige Feldstärke dem Wert $\mathfrak{E} = 4\,\pi\,\sigma_0/\varepsilon = \mathfrak{E}_0/\varepsilon$. Somit: Die Feldkraft im Längsspalt ist gleich der Feldkraft in Materie, womit der zweite Teil des zur Definition (4) führenden Sachverhaltes veranschaulicht ist.

So einfach, wie hier geschildert, liegen die Verhältnisse jedoch nur, wenn die ausgesparten Spalten keine Felddeformation (keine Kraftlinienbrechung) hervorrufen, wenn also diese Spalten das Feld der *ganzen* Breite bzw. Länge nach durchziehen oder wenn sie so schmal sind, daß die Feldverzerrung vernachlässigt werden kann. Andernfalls treten Störungen auf, die z. B. im magnetischen Feld unter dem Kennwort „Entmagnetisierung" eine beträchtliche Rolle spielen und dort auch näher besprochen werden. Aber auch schon im Abschnitt (γ) müssen sie berücksichtigt werden.

Brechung der Kraftlinien tritt ein beim Übergang der Feldkraft in ein zweites Medium mit zur Feldrichtung schiefer Grenzfläche. Es sei in Abb. 23a die x-Richtung die Projektion der Grenzfläche zwischen zwei Medien mit $\varepsilon_1 < \varepsilon_2$. Die Feldkraft im ersten Medium sei durch die Strecke $\overline{AO}$ nach Betrag und Richtung dargestellt. Beim Eindringen in das zweite Medium müssen sich Betrag und Richtung ändern. Denn bezüglich der Komponenten ist ersichtlich, daß die x-Komponente $\mathfrak{E}_{x\,1}$ keinerlei Grund hat, sich zu verändern, also $\mathfrak{E}_{x\,1} = \mathfrak{E}_{x\,2}$; während für den Betrag der Normalkomponente $\mathfrak{E}_{y\,1}$ wegen $D_y = \text{konst}$ — die Kraftliniendichte bleibt beim Durchgang durch die Grenzfläche, die keine wahren Ladungen trägt, konstant — gelten muß: $D_y = \varepsilon_1\,\mathfrak{E}_{y\,1} = \varepsilon_2\,\mathfrak{E}_{y\,2}$. Daraus folgt das

Brechungsgesetz:
$$\frac{\operatorname{tg}\alpha}{\operatorname{tg}\beta} = \frac{\mathfrak{E}_{x\,1}/\mathfrak{E}_{y\,1}}{\mathfrak{E}_{x\,2}/\mathfrak{E}_{y\,2}} = \frac{\mathfrak{E}_{y\,2}}{\mathfrak{E}_{y\,1}} = \frac{\varepsilon_1}{\varepsilon_2}. \tag{6}$$

Zum Unterschied gegen das sinus-Verhältnis des optischen Brechungsgesetzes kann hier die Erscheinung der Totalreflexion nicht auftreten. Während der Betrag von $\mathfrak{D}_y$ unverändert bleibt, nimmt jener von $\mathfrak{D}$ zugleich mit $\mathfrak{D}_x$ zu. Man erkennt dies (Abb 23b) augenfällig an dem Zusammendrängen der Kraftlinien, wenn eine Brechung vom Lot stattfindet

Eine Folge dieser Brechung ist z. B. die Verzerrung eines homogenen Feldes bei Einbringen einer Isolatorkugel. Ist deren D. K. kleiner als jene des Feldes, dann erleiden die Kraftlinien

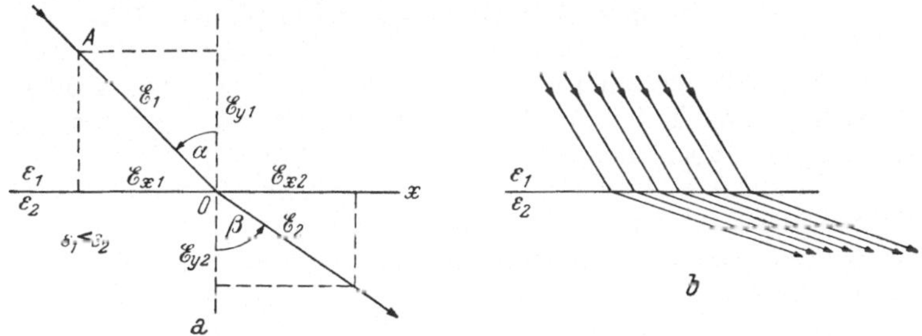

Abb. 23. Zur Brechung der Kraftlinien.

beim Eintritt in die gekrümmte Fläche eine Brechung zum Lot, weshalb die Kraftliniendichte im Inneren geringer ist als außen.

β) *Der unvollkommene Isolator.* Vollkommene Isolatoren herzustellen ist praktisch kaum möglich; immer wird sich eine geringere oder größere Zahl beweglicher Ladungsträger finden, die eine isolierte Ladung allmählich „ableiten". Die z. B. in einem Kondensator so eintretende sekundliche Ladungsabnahme $- dQ/dt$ kann man dem Querschnitt F und in erster Näherung der Feldstärke $\mathfrak{E}$ proportional ansetzen und durch:

$$\text{Isolatorstrom:} \qquad - \frac{dQ}{dt} = \varkappa\, F\, \mathfrak{E} \qquad\qquad (7)$$

eine experimentell bestimmbare „Leitfähigkeit $\varkappa$" als makroskopisches Charakteristikum des Isolators definieren. Da die Feldstärke im homogenen Kondensatorfeld bekanntlich durch

$$\mathfrak{E} = \frac{4\,\pi\,\sigma}{\varepsilon} = \frac{4\,\pi\,Q}{\varepsilon\,F}$$

gegeben ist, so folgt nach Einsetzen in (7):

$$\frac{dQ}{Q} = - \frac{4\,\pi\,\varkappa}{\varepsilon}\, dt. \qquad\qquad (8)$$

Setzt man hierin den Faktor von dt, der die Dimension einer reziproken Zeit haben muß:

$$\frac{4\pi\varkappa}{\varepsilon} = \frac{1}{T} \tag{9}$$

wobei T als „Relaxations"- (Verzögerungs-) Zeit bezeichnet wird, dann ergibt die Integration von (8):

$$Q = Q_0\, e^{-t/T}. \tag{10}$$

Die Relaxationszeit ist somit jene Zeit, nach der die Ladung auf den e-ten Teil ihres Anfangswertes gesunken ist. T kann je nach dem Material außerordentlich stark variieren: Für gute Isolatoren, wie Schwefel oder Bernstein, ist T von der Größenordnung einiger Tage, für destilliertes Wasser etwa 10^{-6} sec, für Metalle unmeßbar klein (Feld-„Zusammenbruch"); dies ist der Grund, warum es bisher noch nicht gelungen ist, die D. K. für Metalle, deren Atomionen im Sinn des folgenden Abschnittes fraglos ebenso polarisierbar sind wie die Moleküle eines Isolators, zu bestimmen.

Der *völlig homogene Isolator* scheint durch die Angabe von ε und $\varkappa$ charakterisiert zu sein. Verwickelter werden die Erscheinungen bei Vorhandensein von Inhomogenitäten, sei es im Innern des Isolators, sei es — wie fast unvermeidlich — an der Oberfläche infolge langsamer chemischer Veränderungen oder infolge der Ausbildung von Übergangsschichten bei unzulänglicher Berührung zwischen Metallbelegung und Isolatorfläche. Dann treten die sog. „Rückstands"- und „Nachwirkungs"-Erscheinungen auf; da sie, wie gesagt, im homogenen Isolator fehlen oder mindestens ihr Fehlen durch Anstreben der Homogenität approximiert werden kann, so sind sie *nicht* auf eine Verzögerung in der Ausbildung bzw. im Verschwinden der dielektrischen Polarisation zurückzuführen. In der Wechselstromtechnik spielen diese Verhältnisse eine wichtige Rolle und werden in der Theorie der „dielektrischen Verluste" behandelt.

γ) *Die Molekulartheorie der Polarisation.* Es ist nun nicht schwierig, die im Abschnitt (α) abgehandelte phänomenologische Beschreibung des Verhaltens der Materie auf den atomistischen Aufbau derselben zu übertragen und den Zusammenhang zwischen der makroskopischen Materialkonstante ε und den molekularen Eigenschaften zu ermitteln. An die Stelle des für alle Volumelemente *gleichartigen* durch σ_p (induziertes Moment der Volumeinheit) und ε (D. K.) beschriebenen Reagierens auf das elektrostatische aufgedrückte Feld hat das *Durchschnittsverhalten* der im Volumelement enthaltenen individuellen Moleküle zu treten. Bereits in II, 21, wurde von diesem Verfahren zur Erklärung der der MAXWELLschen Theorie fremden Erscheinung der Dispersion (Farbenempfindlichkeit) des Brechungsexponenten $n = \sqrt{\varepsilon}$ Gebrauch gemacht.

Das Molekül hat zunächst zwei Möglichkeiten, auf ein elektrostatisches homogenes Feld zu reagieren:

Erstens können im (wie etwa im Festkörper) fixiert gedachten Molekül die verschiedenen mehr oder weniger fest gebundenen Elektronen der Feldwirkung folgen und, ohne das Molekül zu verlassen, aus ihrer Ruhelage verschoben werden; dadurch entsteht ein Auseinanderschieben der ursprünglich zusammenfallenden elektrischen Schwerpunkte; dem Molekül wird ein Dipolmoment induziert, das beim isotropen Molekül in der Feldrichtung liegt: Das Molekül wird also durch Ladungsverschiebung polarisiert. Der Vorgang heißt dementsprechend „Verschiebungspolarisation". Die maßgebliche Molekulareigenschaft ist die Elektronen-„*Verschieblichkeit*" α.

Zweitens kann ein nichtfixiertes, drehbares Molekül dann, wenn es zufolge seines unsymmetrischen Aufbaues auch ohne Feld ein „permanentes Dipolmoment" μ_e besitzt, seine Momentachse dem Feld parallel zu stellen versuchen (vgl. IV, 7, δ_6) und durch diese Orientierung einen Beitrag zum Moment bzw. zur Polarisation der Volumseinheit liefern. Dieser Vorgang wird sinngemäß „Orientierungspolarisation" genannt. Der dabei angestrebten räumlichen Ordnung der Moleküle wird die nach Unordnung strebende Wärmebewegung ' entgegenwirken. Die Orientierungspolarisation wird daher temperaturabhängig sein, während die im Molekülinnern sich abspielende Verschiebungspolarisation keinen Temperatureffekt erwarten läßt. Die Orientierungspolarisation kann ferner nur beim beweglichen Molekül, also im allgemeinen nicht im festen Zustand, in Erscheinung treten und wird überdies wegen der mechanischen Trägheit auf ein hinreichend schnelles Wechselfeld *nicht* ansprechen können. Die maßgebliche molekulare Eigenschaft ist das *permanente Dipolmoment* μ_e.

Zur Ermittlung des Zusammenhanges zwischen der makroskopischen Charakteristik der Materie, der D. K. ε, und den molekularen Eigenschaften α und μ_e kann etwa von der Beziehung (2) ausgegangen werden, derzufolge [zusammen mit (3)] gilt:

$$\mathfrak{E}\,(\varepsilon - 1) = 4\,\pi\,\mathfrak{M}/\text{Volumen}, \tag{12}$$

worin $\mathfrak{E}$ die Feldkraft in Materie und $\mathfrak{M}$/Volumen das induzierte Moment der Volumseinheit bedeutet. Letzteres setzt sich zusammen aus den, sei

es durch Verschiebung, sei es durch Orientierung von jedem Molekül bei-
gesteuerten Anteilen $\mathfrak{m}$; da der cm³ $L\varrho/M$ Moleküle enthält ($L \ldots$ Lo-
SCHMIDTsche Zahl, $\varrho \ldots$ Dichte, $M \ldots$ Molekulargewicht) so gilt:

$$\mathfrak{M}/\text{Volumen} = \frac{L\varrho}{M}\,\mathfrak{m}. \tag{13}$$

Die Momentbeiträge $\mathfrak{m}$ werden der auf das einzelne Molekül wirkenden
elektrischen Kraft $\mathfrak{E}_w$ proportional gesetzt werden können, also etwa

$$\mathfrak{m} = \gamma\,\mathfrak{E}_w. \tag{14}$$

Insofern man es mit weit voneinander entfernten Molekülen des Gas-
zustandes zu tun hat, kann $\mathfrak{E}_w = \mathfrak{E}$ gesetzt werden. Für den kondensierten

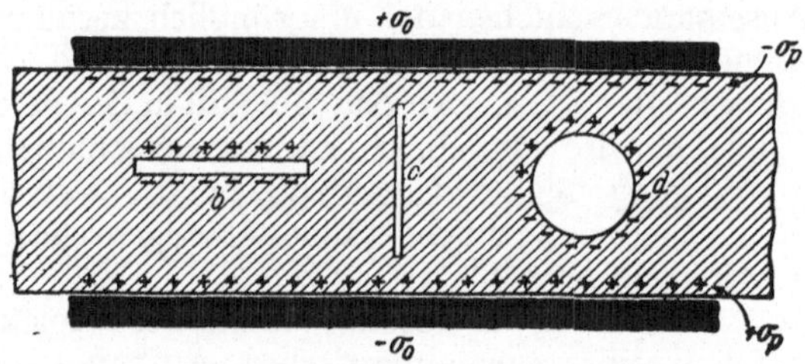

Abb. 24. Zum „wirkenden Feld" $\mathfrak{E}_w$.

Zustand ist dies jedoch nicht gestattet, da die tatsächlich am Einzelmolekül
angreifende Kraft $\mathfrak{E}_w$ nicht nur von $\mathfrak{E}$, sondern auch von den Auswirkungen
des elektrischen Zustandes der bereits polarisierten Nachbarmoleküle ab-
hängt. Die diesbezüglich zur Wirksamkeit kommenden „Nachbar"-Moleküle
werden in einem das betrachtete Molekül kugelförmig umgebenden Volumen
von nicht näher bekannten Radius enthalten sein; die außerhalb dieses
Volumens befindlichen Moleküle haben an dieser Nahwirkung $\mathfrak{E}^*$ keinen
Anteil mehr. $\mathfrak{E}_w$ setzt sich dann zusammen aus der Nahwirkung $\mathfrak{E}^*$ und aus
der Wirkung $\mathfrak{E}^\circ$, die das Molekül erfahren würde, wenn es sich allein im
Zentrum dieses nun materiefrei zu denkenden Hohlraumes befände: Also

$$\mathfrak{E}_w = \mathfrak{E}^* + \mathfrak{E}^\circ. \tag{15}$$

Über die Komponente $\mathfrak{E}^*$, deren Bestimmung großen rechnerischen
Aufwand erfordert, soweit eine strenge Berechnung überhaupt möglich
ist, läßt sich keine allgemeingültige Aussage machen. In den beiden besonderen Fällen aber, daß die Moleküle im Kugelraum entweder *völlig
ungeordnet* sind (Fall der nichtassoziierten verdichteten Gase und Flüssigkeiten) oder daß sie die *höchstmögliche Ordnung*, die eines kubischen Gitters
besitzen, in diesen beiden Sonderfällen — und nur für sie gilt das folgende —
ist $\mathfrak{E}^* = 0$. Somit verbleibt noch $\mathfrak{E}_w = \mathfrak{E}^\circ$ zu bestimmen.

Was $\mathfrak{E}^\circ$, die Feldkraft im Inneren eines aus der Materie ausgesparten
leeren Kugelraumes anbelangt, so sei im Anschluß an den Abschnitt (α)
nochmals an Hand von Abb. 24 daran erinnert, daß die Kraft in einem
solchen Hohlraum von dessen Gestalt abhängt. Im Querspalt b ist sie
nach den Ausführungen in (α) gleich $\mathfrak{E}_0$ (Feld im Vakuum), im Längsspalt c
ist sie gleich $\mathfrak{E}$ (Feld in der Materie = $\mathfrak{E}_0/\varepsilon$). Im kugelig begrenzten Hohl-

raum setzt sich das Feld zusammen: Aus der Kraftwirkung der wahren Ladung σ auf den Kondensatorplatten, aus jener der scheinbaren Ladung σ_p auf den Grenzflächen des Dielektrikums und endlich aus jener scheinbaren Ladung, die an der begrenzenden Kugeloberfläche sitzt (Abb. 24d).

Die Rechnung ergibt:

$$\mathfrak{E}_w = \mathfrak{E}^\circ = \mathfrak{E}\,\frac{\varepsilon + 2}{3}. \tag{16}$$

In diesem Ausdruck tritt der Kugelradius gar nicht auf. (16), (14) und (13) geben zusammen mit (12):

„Molekularpolarisation" $P \equiv \dfrac{\varepsilon - 1}{\varepsilon + 2}\,\dfrac{M}{\varrho} = \dfrac{4\,\pi}{3}\,L\,\gamma = P' + P''. \tag{17}$

Die durch $M\,(\varepsilon - 1)/\varrho\,(\varepsilon + 2)$ definierte „Molekularpolarisation" P setzt sich nun, da das induzierte und das permanente Moment (wenn vorhanden) zu P beitragen, aus zwei Teilen P' und P'' zusammen:

P', *die Verschiebungspolarisation*. Angenommen, es sei je Molekül nur ein einziges bewegliches Elektron vorhanden, das mit der Kraft $f\,x$ zurückgezogen wird, wenn es um die Strecke x aus seiner Ruhelage gezerrt wird. Dann wird zwischen der zerrenden Kraft $e\,\mathfrak{E}_w$ und der rücktreibenden Kraft $f \cdot x$ Gleichgewicht für $e\,\mathfrak{E}_w = f\,x$ bestehen; das heißt: Durch die Einwirkung von $\mathfrak{E}_w$ wird das Elektron um $x = e\,\mathfrak{E}_w/f$ verschoben und ein induziertes Moment entstehen:

$$\mathfrak{m} = e\,x = \frac{e^2}{f}\,\mathfrak{E}_w \equiv \alpha\,\mathfrak{E}_w. \tag{18}$$

$\alpha \equiv \mathfrak{m}/\mathfrak{E}_w$ das Verhältnis zwischen Wirkung $\mathfrak{m}$ und Ursache $\mathfrak{E}_w$, wird „Verschieblichkeit" oder „Polarisierbarkeit" des Moleküles genannt. Im allgemeinen wird man es jedoch nicht nur mit einem, sondern mit mehreren verschieden beweglichen Elektronen je Molekül zu tun haben; da sie alle nach der gleichen Richtung x verschoben werden, setzt sich das Gesamtmoment des Moleküls additiv aus den i Einzelmomenten zusammen:

$$\mathfrak{m} = \Sigma\,\alpha_i\,\mathfrak{E}_w = \mathfrak{E}_w\,\Sigma\,\alpha_i \equiv \mathfrak{E}_w\,\alpha \quad \text{mit} \quad \alpha = \Sigma\,\alpha_i. \tag{19}$$

P'', *die Orientierungspolarisation*. Unter der einwirkenden Feldstärke $\mathfrak{E}_w$ entsteht eine durch Temperaturstöße immer wieder gestörte Ordnung in der Regellosigkeit der räumlich orientierten Achsen der einzelnen molekularen Dipolmomente μ_e. Die auf der Anwendung des BOLTZMANNschen e-Satzes (III, 7 a) beruhende Berechnung des so entstehenden Beitrages zu γ in (17) muß die von Feldstärke $\mathfrak{E}_w$ und Temperatur T abhängige räumliche Richtungsverteilung der Dipolachsen in Rücksicht ziehen und hieraus die Summe der Momentprojektionen auf die Feldrichtung x bestimmen. Es ergibt sich:

$$\mathfrak{m} = \frac{\mu_e^2}{3\,k\,T}\cdot\mathfrak{E}_w; \quad k = \text{BOLTZMANNsche Konstante.} \tag{20}$$

(19) und (20) geben mit (14)

$$\gamma = \alpha + \frac{\mu_e^2}{3\,k\,T}$$

und somit nach (17)

$$P \equiv \frac{\varepsilon - 1}{\varepsilon + 2}\,\frac{M}{\varrho} = \frac{4\,\pi}{3}\,L \cdot \alpha + \frac{4\,\pi}{3}\,L \cdot \frac{\mu_e^2}{3\,k\,T} = P' + P''. \tag{21}$$

Das temperaturabhängige Glied P'' kommt nur zur Geltung, *wenn* im Molekül ein permanentes Dipolmoment vorhanden, *wenn* das Molekül beweglich ist und *wenn* nicht mit Wechselfeld höherer Frequenzen gearbeitet wird.

Damit ist ε auf α und μ_e zurückgeführt. Die Bedeutung der Beziehung (21), die es durch geeignete Kombination von Versuchsbedingungen gestattet, aus ε sowohl α als μ_e zu bestimmen, für die Erforschung der Struktur des Moleküls wird im Teilband 5, „Aufbau der Materie", gewürdigt werden.

10. Elektrizitätsquellen.

a) Die elektrische Doppelschicht.

Unter Elektrizitätsquellen sollen hier solche verstanden werden, bei denen die Trennung der in der Materie stets vorhandenen $\pm$ Ladungen durch sog. „*eingeprägte*", das sind der Materie selbst innewohnende Kräfte, besorgt wird. Das Interesse an diesem Gegenstand ist weniger ein technisches als vorwiegend ein naturwissenschaftliches; handelt es sich doch um ein Erscheinungsgebiet, von dem man annehmen kann, daß es im Mechanismus des pflanzlichen und tierischen Lebens eine bedeutsame Rolle spielt.

Von vornherein wird man erwarten, daß sich solche „eingeprägte Kräfte" im *Inneren homogener* Materie schon aus Symmetriegründen nicht bemerkbar machen, daß vielmehr Unstetigkeitsstellen, also im wesentlichen „*Grenzflächen*", die unter nichtsymmetrischen Bedingungen stehen, den „Sitz" dieser Kräfte bilden werden. Auch in der Molekulartheorie der Wärme sind es die Grenzflächen, in denen die zwischenmolekularen Kräfte in mannigfacher Weise (VAN DER WAALSscher Kohäsionsdruck, Sublimations-, Verdampfungsarbeit, Oberflächenspannung usw.) in Erscheinung treten. Da nun die zwischenmolekularen Kräfte derzeit als der Hauptsache nach elektrischen Ursprungs aufgefaßt und auf dieser Grundlage mit Erfolg beschrieben werden, so wird parallel mit der Besonderheit dieser Kräfte in der Grenzschicht eine Besonderheit der elektrischen Verhältnisse zu erwarten sein.

Von H. v. HELMHOLTZ wurde ein diesen ganzen Fragenkomplex beherrschender Hilfsbegriff eingeführt, die „*elektrische Doppelschicht*". Man denke sich zwei parallele Flächen derart mit $\pm$ Ladung belegt (Abb. 25), daß je zwei gegenüberliegende Flächenelemente df die gleiche Flächendichte σ aufweisen; der Abstand sei δ, das Zwischenmedium habe die D. K. ε. Das Gebilde ist somit wie ein Plattenkondensator zu beschreiben:

Feldkraft   Kapazität   Spannung

$$\mathfrak{E} = \frac{4\pi\sigma}{\varepsilon}, \quad C = \frac{\varepsilon F}{4\pi\delta}, \quad U = \Psi_1 - \Psi_2 = \mathfrak{E}\,\delta = \frac{4\pi\sigma\delta}{\varepsilon} = \frac{4\pi}{\varepsilon}\,\mathfrak{m},$$

Moment

$$\mathfrak{m} = \sigma\delta \tag{1}$$

Nun halte man das Moment $\mathfrak{m}$ konstant und verkleinere δ auf molekulare Dimension, also auf 10^{-7} bis 10^{-8} cm. Dann hat man das, was man sich unter einer „elektrischen Doppelschicht in der Grenzfläche" vorstellt. Ob die Beibehaltung der makroskopischen Mittelwertsgröße ε unter diesen Umständen gerechtfertigt werden kann, ist allerdings mehr als fraglich.

Gesicherte theoretische Anhaltspunkte über die eingeprägten Kräfte, die diese Doppelschicht hervorbringen, hat man — abgesehen vielleicht vom Fall der Metalloberfläche — im allgemeinen nicht. Der an sich wertvolle Hilfsbegriff bleibt also phänomenologisch. Im wesentlichen ist man angewiesen auf die Anpassung der Hilfsvorstellung an die Aussagen des Experiments; das Experiment wiederum ist, da es sich um Oberflächeneffekte und molekulare Dimensionen handelt, derart empfindlich gegen die geringsten Veränderungen der Oberflächenbeschaffenheit, daß die Herstellung reproduzierbarer Versuchsbedingungen in vielen Fällen fast unmöglich wird. Das ganze Problem ist daher trotz eifrigster Bearbeitung wenig geklärt.

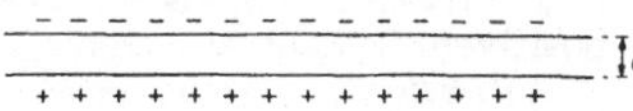

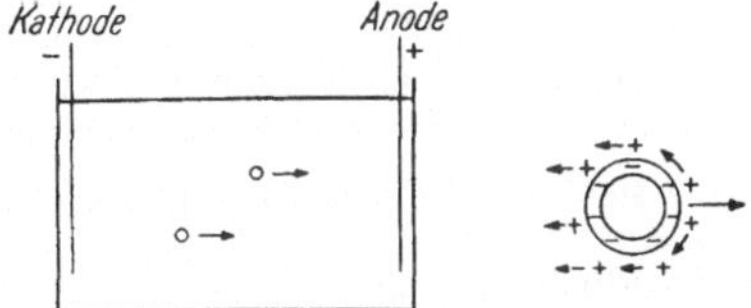

Abb. 25. Elektrische Doppelschicht.

Im folgenden werden zuerst die Grenzflächen (*b*) Isolator—Isolator, dann (*c*) Metall—Metall bzw. Metall—Isolator, dann (*d*) Metall—Elektrolyt besprochen.

b) Isolatoren.

α) *Reibungselektrizität.* Schon FARADAY hat eine Anzahl von Stoffen in eine „Spannungsreihe" eingeordnet derart, daß jeder derselben durch Reiben an einem der nachfolgenden positiv, an einem der vorhergehenden

Abb. 26. Luftblasen mit negativer Wasserhaut wandern zur Anode.

negativ geladen wird. Etwa in der folgenden Art: positiv: Tierfell, Elfenbein, Glas, Baumwolle, Seide, trockene Hand, Holz, Schellack, Ebonit, Schwefel: negativ.

Da der Stoff selbst in den meisten Fällen, sein Oberflächenzustand in allen Fällen schlecht definiert ist, ist die Sicherheit der Reihung gering. Unter in dieser Hinsicht günstigeren Bedingungen gilt aber ziemlich verläßlich die Regel von COEHN: *Der Stoff mit der höheren Dielektrizitätskonstanten lädt sich positiv auf.*

Bei bloßer Berührung, selbst bei innigster, wird nur ein Bruchteil der Ladung frei gemacht, die man schon bei schwächster Reibung erhält. Es hat danach den Anschein, als ob zwei Effekte überlagert wären: Ein „*Berührungs*"- und ein „*Abreißeffekt*". Für ersteren dürfte die COEHNsche Regel stets gelten; für letzteren nur bedingt. Z. B. lädt sich bei Abblasen von Staub von einer kompakten Unterlage *gleichen* Materials (Kohlenstaub von Kohle, Zuckerstaub von Zucker) ersterer *stets* negativ und läßt letztere positiv geladen zurück (Kohlenstaubexplosionen!).

β) *Wasserfallelektrizität* (LENARD). Große Ähnlichkeit mit dem letzterwähnten Befund hat die Erfahrung, daß beim Zerstäuben von Wassertropfen in der Umgebung eines Wasserfalles, beim Zerblasen eines Wasserstrahles oder bei fallenden Regentropfen der entstehende Wasserstaub stets negativ geladen ist und hohe atmosphärische Raumladungen bewirken kann. Die Bedeutung des Effekts für Gewitterelektrizität und Luftelektrizität ist vermutlich groß.

Beobachtet man an Stelle dieses etwas gewaltsamen Vorganges gewissermaßen seine Umkehrung, indem man Luftbläschen in Wasser in ein elektrisches Feld bringt, dann wandern diese (Abb. 26) gegen die positiv geladene Anode.[1] Es ergibt sich jedoch, daß die Bläschen selbst keine Ladung tragen. Vielmehr gleiten sie zusammen mit einer sie umschließenden negativen Wasserhaut entlang positiv geladener „innerer" Flüssigkeitsschichten. (Innere Reibung, keine äußere!)

Diese Versuchsergebnisse sprechen dafür, daß sich ebenso wie bei den festen Isolatoren in der Oberfläche der Flüssigkeit selbst eine Doppelschicht ausbildet, wobei negativ geladene Schichten außen zu liegen kommen und entweder abgerissen werden oder sich entlang der tiefer liegenden positiven Schicht verschieben können.

γ) Feste und flüssige Isolatoren. Taucht man Isolatoren in eine isolierende Flüssigkeit, so zeigen sie — vorausgesetzt, daß sie nicht benetzbar sind, das heißt, keine Flüssigkeitshaut mitnehmen — nach dem Herausziehen Ladung, deren Vorzeichen wieder der COEHNschen Regel entspricht: Sie ist negativ, wenn ε (Flüssigkeit) $> \varepsilon$ (Isolator); die Flüssigkeit bleibt positiv geladen zurück; diese Tatsache liegt den folgenden Erscheinungsformen zugrunde:

Elektrophorese. Ist pulverisiertes Isolatormaterial (z. B. kolloide Teilchen) im flüssigen Dielektrikum suspendiert, so wandert es beim Anlegen eines Feldes zur $\begin{cases}\text{Anode}\\\text{Kathode}\end{cases}$, je nachdem es sich in der Flüssigkeit mit $\begin{cases}\text{höherer}\\\text{niedrigerer}\end{cases}$ D. K. $\begin{cases}\text{negativ}\\\text{positiv}\end{cases}$ auflädt. Dieses durch Strom bewirkte Ausfällen von suspendierten Teilchen hat Bedeutung in technischen und kolloidchemischen Verfahren.

Elektroosmose (Abb. 27). Wird der Isolator fixiert, indem er z. B. als poröser Pfropfen den Flüssigkeitsquerschnitt erfüllt, dann wird die bei Anlegen eines Feldes eintretende Relativbewegung der beiden verschieden geladenen Dielektrika durch Bewegung der Flüssigkeit realisiert. So kann man z. B. Wasser durch Anlegen einer Spannung zum Passieren eines sonst undurchlässigen Tonfilters zwingen. Oder man kann es, wie in Abb. 27 auf beträchtliche Höhe heben.

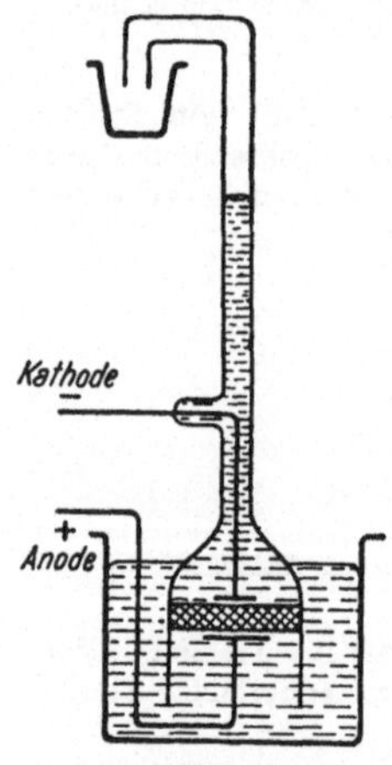

Abb. 27.
Heben von Wasser durch Elektroosmose.

---

[1] Es sei an folgende Bezeichnungsweise erinnert: Um den Übertritt des Stromes vom gut leitenden Metall zur schlecht leitenden Flüssigkeit zu erleichtern, arbeitet man meist mit großflächigen „Elektroden" (breiten „Wegen der Elektrizität"). Jene Elektrode, durch welche der positive Strom in die Flüssigkeit eintritt, heißt „Anode" (Eingang), die andere, durch welche er wieder austritt, „Kathode" (Ausgang). In dem so entstehenden Feld werden die in der Flüssigkeit vorhandenen beweglichen und geladenen Teilchen „Anionen" genannt, wenn sie zur Anode, „Kationen", wenn sie zur Kathode wandern. Anionen sind dementsprechend negativ, Kationen positiv geladene Teilchen. Bei der Elektrolyse ist in der Regel das Kation ein Metallion, das sich an der Kathode absetzt, während der Säurerest als Anion die Anode auflöst.

Eine quantitativ verwertbare Ausgestaltung erfährt die Elektroosmose, wenn man an Stelle der vielen Kapillaren eines Pfropfens eine einzige, z. B. eine Glaskapillare verwendet (Abb. 28). Anlegen eines Feldes treibt die bewegliche Flüssigkeit zur Kathode bzw. zur Anode, je nach den D. K. von Wand und Flüssigkeit. Coehn zeigte, daß diese Erscheinung zur Relativbestimmung von Dielektrizitätskonstanten verwendet werden kann. Gemessen wird der hydrostatische Druck (h), der dem Wandern ein Ende setzt. Wandert z. B. die Flüssigkeit zur Kathode, so muß sie positiven Ladungsüberschuß haben. Da zwischen Flüssigkeit und Wand Gleiten *nicht* eintritt, vielmehr an der Wand eine Flüssigkeitshaut haftet (*keine äußere Reibung!*), so muß diese offenbar negativ geladen sein. Ihr entlang gleitet mit innerer Reibung die nächst tiefer liegende positive Schicht und nimmt die ganze Flüssigkeitssäule mit.

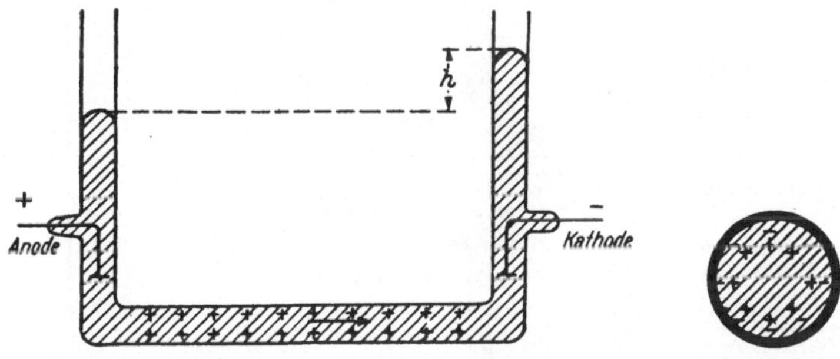

Abb. 28. In der Kapillare gleitet die bewegliche Schicht entlang der haftenden Schicht.

Strömungsströme. So, wie die angelegte Spannung eine Flüssigkeit durch ein Diaphragma drücken (Abb. 27) oder suspendierte Teilchen in Bewegung setzen kann, wenn die D. K. von Flüssigkeit und Isolator verschieden sind, so kann umgekehrt das mechanisch erzwungene Durchpressen einer Flüssigkeit durch ein Diaphragma, oder die mechanisch eingeleitete Bewegung eines Isolators gegen eine Flüssigkeit (z. B. Fallen von Quarzpulver im flüssigen Isolator) Spannung und damit elektrischen Strom erzeugen.

δ) Zusammenfassung. Nach diesen beispielhaft angeführten Versuchen verhalten sich die Isolatoren so, „wie wenn" sich in ihrer äußersten Oberflächenschicht eine elektrische Doppelschicht nach Art von Abb. 25 mit der negativen Ladung nach außen ausgebildet hätte. Bei *Berührung* geht ein kleiner Teil der negativen Ladung offenbar durch Elektronenübertritt vom Körper mit größerer D. K. zum Körper mit kleinerer D. K. über: sei es, weil bei großer D. K. die Elektronen im Molekül an sich beweglicher sind, sei es, weil sie von der positiven Ladung der tiefer gelegenen Schichten infolge der durch die Größe von ε bedingten Feldschwächung weniger fest gehalten werden. Beim *Zerreißen* der Oberfläche (Reibung, Zerstäubung) werden ganze Molekülhaufen samt ihrer negativen Ladung abgetrennt.

Man sieht, alle Erscheinungen werden damit auf den gemeinsamen Hilfsbegriff „elektrische Doppelschicht in der Oberfläche" zurückgeführt. Wie diese Schicht aber zustande kommt, welches die sie verursachenden „eingeprägten Kräfte" sind und wie diese mit den sonstigen Stoffeigenschaften zusammenhängen, darüber scheint man nichts zu wissen.

Wohl kann man sich sehr gut vorstellen — und viele Erfahrungen über die räumliche Anordnung der Moleküle in monomolekularen Schichten, etwa in auf Wasser schwimmenden Häutchen schwer löslicher organischer Stoffe, stützen dies —, daß z. B. Moleküle mit Dipolmoment μ_e in der Flüssigkeitsoberfläche geordnet, „ausgerichtet" sind und diese Ordnung auch beim Erstarren zum festen Körper beibehalten. Auch dies gibt eine monomolekulare Doppelschicht, die z. B. die negative „scheinbare" Ladung außen hat, wenn das negative, elektronenreiche Dipolende nach außen zeigt. Doch hilft *diese* Doppelschicht nicht weiter, da sie die „Zerreißeffekte" nicht erklären kann. Beim Zerreißen werden ja die relativ schwachen VAN DER WAALSschen Bindungen gesprengt und nicht die viel festeren

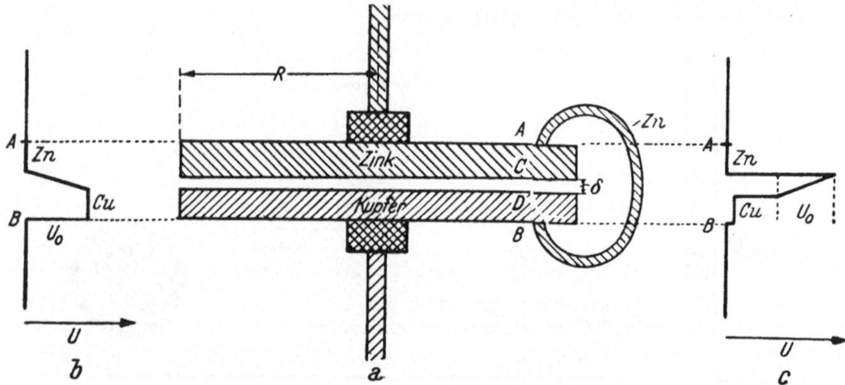

Abb. 29.　Zum VOLTAschen Fundamentalversuch.

innermolekularen; d. h. es werden stets ganze Moleküle abgerissen und nicht Molekülteile. Dann benötigt man aber noch Ursachen, die den äußeren Molekülschichten wahre negative Ladungen zuführen.

c) Metalle.

α) *Der* VOLTA-*Versuch* (Abb. 29). Zur Wahrung des historischen Zusammenhanges sei dieser Abschnitt c mit dem klassischen Versuch VOLTAS eingeleitet, der trotz oder wegen seiner zwar experimentellen Einfachheit, aber theoretischen Vieldeutigkeit die Probleme aufgeworfen hat, die im weiteren unter den Kennworten „Galvani- oder Berührungsspannung" „Voltaspannung" oder „Kontaktpotential", „elektrochemische Normalpotentiale" abgehandelt werden.

Eine der vielen Möglichkeiten für die Ausführung dieses Versuches ist in Abb. 29 dargestellt. Zwei Metallplatten (Fläche F, Radius R, Dicke vernachlässigbar) verschiedenen Materials, etwa Zn und Cu, werden einander bis auf eine möglichst kleine Distanz δ gegenübergestellt. Das Zwischenmedium kann Luft oder etwa ein gut isolierendes Glimmerblatt (D. K. ε) sein. Mit einem Draht aus dem Material einer der beiden Platten, etwa aus Zn, werden diese vorübergehend leitend verbunden und somit auf gleiche Spannung gebracht. Trotzdem zeigt nach Unterbrechung dieser Verbindung und Abheben der einen Platte diese an einem Spannungsmeßgerät Spannung nicht unbeträchtlichen Ausmaßes. Dies bedeutet, daß die Herstellung der Potentialgleichheit nur durch Ausbildung eines Ladungsunterschiedes zwischen Zn und Cu ermöglicht wurde; ähnlich wie etwa in Abb. 14 von IV, 7, das Doppelplättchen, ursprünglich auf gleichem Potential, beim Herausnehmen aus dem Feld Ladungsverschiedenheit zeigt. Diesem Ladungsunterschied entsprechen dort wie hier Potentialsprünge an den Unstetigkeitsstellen. Ihr Gesamtwert U_0 in der Ausgangsstellung läßt sich leicht bestimmen:

Nach (1) gilt für den Kondensator der Abb. 29

$$U_0 = Q/C_0 \quad \text{mit} \quad C_0 = \varepsilon\, F/4\,\pi\,\delta = \varepsilon\, R^2/4\delta.$$

Für die abgehobene und unter „Ausspannen des Feldes" genügend weit entfernte Platte gilt nach IV, 7 (6):

$$U = Q/C \quad \text{mit} \quad C = 2\,R/\pi.$$

Somit:

$$U_0/U = C/C_0; \quad U_0 = U \cdot C/C_0 = U \cdot 8\,\delta/\pi\,\varepsilon\,R, \tag{2}$$

z. B. wäre für $\delta \sim 0{,}1$ cm und $\varepsilon \sim 6$: $U_0 \sim U/200$. Die Beobachtung ergibt U_0 von der Größenordnung ~ 1 Volt und variabel mit der Metallkombination. Wieder kann man eine „Spannungsreihe" aufstellen derart, daß jeder Stoff mit dem nachfolgenden kombiniert sich beim Volta-Versuch positiv auflädt. Eine solche Reihe wäre etwa:

$+$ Ca, Mg, Al, Zn, Sn, Cd, Pb, Sb, Bi, Hg, Fe, Cu, Ag, Au, U, Te, Pt, Pd,
$$\text{MnO}_2, \text{PbO}_2 \; -.$$

Sie gilt nur für „Leiter erster Klasse", im wesentlichen Metalle; die sich nicht einordnenden Stoffe (Elektrolyte) werden als „Leiter zweiter Klasse" unterschieden.

Unabhängig von den weiter unten zu besprechenden Deutungsmöglichkeiten dieser Versuche gilt für Leiter I. Klasse das „Voltasche *Spannungsgesetz*": Die sich bei derartigen Versuchen einstellende Spannung ist die gleiche, ob sich die zwei Metalle direkt berühren oder beliebig viele andere Metalle dazwischengeschaltet werden. Sind also $A, B, C \ldots Y, Z$ verschiedene sich berührende Metalle, dann gilt (gleiche Temperatur aller Berührungsstellen vorausgesetzt):

$$U_0\,(A \longleftrightarrow B) + U_0\,(B \longleftrightarrow C) + \ldots + U_0\,(X \longleftrightarrow Y) + U_0\,(Y \longleftrightarrow Z) =$$
$$= U_0\,(A \longleftrightarrow Z). \tag{3}$$

Aus dem Spannungsgesetz folgt, daß man im Versuch Abb. 29 den Verbindungsdraht aus beliebigem Material wählen kann: dies würde nur die Verhältnisse weniger übersichtlich machen, am Ergebnis aber nichts ändern. Ebenso könnte man den Verbindungsdraht ganz entbehren, wenn man die Metallplatten sich direkt berühren (s. o.) ließe; dies ist zwar übersichtlicher, aber praktisch schwer durchzuführen, da beim Abheben alle Berührungsstellen *gleichzeitig* unterbrochen werden müßten. Anderfalls gäbe es infolge Ladungsausgleichs keine Verstärkung der Spannung von U_0 auf U entsprechend (2).

Was nun die Deutung des Versuches anbelangt, so war man mit Volta zuerst der Meinung, daß der Potentialsprung U_0 durch eingeprägte Kräfte an der Berührungsstelle B zwischen Zn und Cu verursacht werde („Kontakttheorie"); der Spannungsverlauf entspräche dann dem in Abb. 29b angedeuteten. Spätere Versuche zeigten, daß U_0 *wesentlich* geändert werden kann, wenn durch schärfste Trocknung und Entgasung dafür gesorgt wird, daß die verwendeten Platten sich nicht mit einer Feuchtigkeitshaut überziehen können. Die Voltasche Spannungsreihe bezieht sich, wie man heute weiß, abgesehen von einer vernachlässigenswert kleinen Berührungs-

oder Galvanispannung bei B auf die Differenz der Potentialsprünge $U_0 = U$ (Zn $\leftrightarrow$ H$_2$O) — U (Cu $\leftrightarrow$ H$_2$O) an den Stellen C und D; dieser elektrochemischen „Lösungstensionstheorie" — der Name findet seine Erklärung erst im Abschnitt d — entspricht der in Abb. 29c dargestellte Spannungsverlauf (mit übertrieben angedeuteter Berührungsspannung bei B). Macht man nämlich die entsprechenden Versuche unter Vermeidung von Feuchtigkeitsschichten im höchsten Vakuum, dann stellt sich ein anderer Effekt an den Grenzflächen Metall—Vakuum ein, dem ein Spannungsverlauf ganz ähnlich wie in Abb. 29c zukommt (vgl. Abb. 36), der aber auf anderen Ursachen beruht und als eigentliche „Voltaspannung" oder einigermaßen irreführend, als „Kontaktpotential" bezeichnet wird. Galvani- und Voltaspannung sind eigentliche Metalleffekte. Bei der in Abschnitt d besprochenen Lösungstension sind Metalle *und* Elektrolyte maßgeblich.

Die Besprechung der metallischen Effekte erheischt eine Erörterung des Zustandes des Elektronengases; diese hinwiederum wäre unvollständig, wenn nicht gleich die Auswirkungen auf eine Reihe typischer Metalleffekte wie thermische und elektrische Leitfähigkeit, glüh- und lichtelektrischer, Thermo-, Volta-, Galvanieffekt, herangezogen würden, wie dies in den folgenden Unterabschnitten β bis λ geschieht.

β) *Das Elektronengas im Metall (alte Theorie).*

Die Existenz freier, d. h. nicht in den Atomen festgehaltener Elektronen im Metall wurde durch Versuche von TOLMAN in überzeugender Weise dargetan. Daß man nicht etwa eine leere Zündholzschachtel einsteckt, dessen vergewissert man sich bekanntlich durch die zur Gewohnheit gewordene Schüttelbewegung und den dabei erwarteten Lärm: Die trägen Hölzchen schlagen links und rechts an die Schachtelwände. Vom Vorhandensein freier und träger Elektronen überzeugt man sich durch die bei einer Schüttelbewegung des Leiters an dessen Enden auftretende Anhäufung der Elektronen, die dort zwar keinen Lärm, aber periodische Ladungs- und Spannungszustände erzeugen. TOLMAN gelang es sogar auf diese Art, die sog. „spezifische Ladung" e/m (Verhältnis von Ladung zur Masse des Elektrons) richtig zu bestimmen.

Die *ursprüngliche Vorstellung vom Zustand dieser Elektronen war die eines idealen Gases mit* MAXWELL*scher Geschwindigkeitsverteilung* (vgl. dazu III, 7), eingebettet in den Zwischenräumen des festen Kristallgitters der metallischen positiven Atomionen und mit diesen im thermischen Gleichgewicht; die mittlere kinetische Energie dieses Elektronengases war dementsprechend je Elektron

$$\frac{m\,\bar{v}^2}{2} = \frac{3}{2}\,k\,T \tag{4}$$

(m ... Elektronenmasse, $k = \Re/L = 1{,}37 \cdot 10^{-16}$ erg/Grad BOLTZMANN-Konstante, $\Re$ ... allgemeine Gaskonstante, L ... LOSCHMIDTsche Zahl $= 6{,}02 \cdot 10^{23}$/Mol, T ... absolute Temperatur).

Bereits dieses einfache Modell gestattet es, die beiden für ein Metall so charakteristischen Eigenschaften, wie elektrisches und Wärmeleitvermögen, erfaßt in den makroskopischen Konstanten $\varkappa$ und λ, und deren Zusammenhang bemerkenswert richtig darzustellen:

Zwischen zwei Zusammenstößen mit den positiven Atomionen durchlaufe das Elektron durchschnittlich die „*freie Weglänge* $\mathfrak{L}$" mit der mittleren Geschwindigkeit $\bar{v}$; während der dazu nötigen Zeit $\tau = \mathfrak{L}/\bar{v}$ wird es im Falle eines *angelegten Feldes* $\mathfrak{E} = U/l$ (Spannung U an den Enden von l) in der

Feldrichtung eine Beschleunigung b erfahren, die sich der ungeordneten Temperaturbewegung überlagert. Elementare Überlegungen ergeben:

Elektronenbeschleunigung in Feldrichtung $b =$ Kraft/Masse

$$b = e\,\mathfrak{E}/m.$$

Geschwindigkeitszuwachs am Ende der Zeit τ

$$\Delta v = b\,\tau = e\,\mathfrak{E}\,\mathfrak{L}/m\,\bar v\,. \tag{5}$$

Mittlerer Geschwindigkeitszuwachs während τ

$$\overline{\Delta v} = \Delta v/2 = e\,\mathfrak{L}\,\mathfrak{E}/2\,m\,\bar v.$$

Mit dieser überlagerten mittleren Geschwindigkeit $\overline{\Delta v}$ verschiebt sich die ganze Elektronensäule in der Feldrichtung und transportiert durch den Querschnitt f des Drahtes je Zeiteinheit die Ladung $Q/t =$ Volumen $(f\cdot\overline{\Delta v})$ der Säule mal Ladung $(N\cdot e)$ des cm³, wenn N die Zahl der Elektronen/cm³ bedeutet. Somit wird die Stromstärke

$$I = \frac{N\,e^2}{2\,m}\frac{\mathfrak{L}}{\bar v}\frac{f}{l}\,U = \varkappa\,\frac{f}{l}\,U. \tag{6}$$

Mit „spezifischer Leitfähigkeit $\varkappa$", wobei

$$\varkappa = \mathfrak{L}\,N\,e^2/2\,m\,\bar v. \tag{7}$$

(6) ist das bekannte OHM*sche Gesetz*: $I = U/R$ mit Widerstand $R = \dfrac{l}{f}\cdot\dfrac{1}{\varkappa}$. Da $\bar v$ nach (4) mit der Temperatur wächst, während in der Gastheorie $\mathfrak{L}$ von T unabhängig ist, so müßte der metallische Widerstand R mit $\sqrt{T}$ wachsen, was, wenigstens qualitativ (vgl. dazu weiter unten), der Erfahrung entspricht.

Das *Gesetz von* JOULE über die vom Strom in der Zeiteinheit geleistete Arbeit $A/t = I^2\,R$ (Stromwärme) erhält man folgendermaßen: Bei jedem Zusammenstoß des beschleunigten Elektrons mit dem Atomion geht verloren:

Die kinetische Energie $m\,(\Delta v)^2/2$, also nach (5)

$$\frac{m}{2}\frac{e^2\,\mathfrak{L}}{m^2\,\bar v^2}\,\mathfrak{E}^2.$$

Zahl der Stöße je Elektron und Sekunde

$$\frac{1}{\tau} = \frac{\bar v}{\mathfrak{L}}.$$

Zahl der Elektronen im ganzen Draht

$$N\,f\,l.$$

Gesamtverlust an geordneter kinetischer Energie zugunsten ungeordneter:

$$A = N\,f\,l\cdot\frac{\bar v}{\mathfrak{L}}\cdot\frac{m}{2}\frac{e^2\,\mathfrak{L}^2}{m^2\,\bar v^2}\cdot\mathfrak{E}^2.$$

Das ist, wie man mit Hilfe von (6) und (7) leicht nachrechnet

$$A = R\,I^2.$$

Das *Wärmeleitvermögen* des idealen Elektronengases ist nach III, 7 (23, 24) zu rechnen:
Wärmeleitfähigkeit

$$\lambda = \frac{\mathfrak{L}\, m\, N\, \bar{v}}{3} \cdot c_v.$$

c_v (spez. Wärme bei konstantem Volumen) nach III, 7 (20)

$$c_v = \frac{3}{2}\, \frac{k}{m}, \tag{8}$$

wobei von der Umrechnung $\dfrac{\mathfrak{R}}{M} = \dfrac{k\, L}{M} = \dfrac{k}{M/L} = \dfrac{k}{m}$ Gebrauch gemacht wurde.

Somit die Wärmeleitfähigkeit

$$\lambda = \frac{\mathfrak{L}\, N\, \bar{v}}{2}\, k, \tag{9}$$

oder mit Hilfe von $\dfrac{m\, \bar{v}^2}{2} = \dfrac{3}{2}\, k\, T$

$$\lambda = 3\, \frac{\mathfrak{L}\, N\, k^2}{2\, m\, \bar{v}} \cdot T. \tag{10}$$

Somit für das Verhältnis $\dfrac{\lambda}{\varkappa}$ (WIEDEMANN-FRANZ)

$$\frac{\lambda}{\varkappa} = 3 \left(\frac{k}{e}\right)^2 \cdot T. \tag{11}$$

Das Verhältnis Wärmeleitfähigkeit zu elektrischer Leitfähigkeit ist nach (11) proportional mit T, wobei der Proportionalitätsfaktor universell, also vom Material unabhängig ist. Dies ist das WIEDEMANN-FRANZ-LORENZ-sche empirisch gefundene Gesetz (vgl. III, 5). Darüber hinaus wurde für $\lambda/\varkappa\, T$ der Wert (Mittel aus 17 Beispielen) $\sim 6{,}7 \cdot 10^{-6}$ Watt·Ohm·Grad^{-1} gefunden, während nach (11) $6{,}2 \cdot 10^{-6}$ zu erwarten wäre.

Dies sind bestechende Erfolge, die sich aus dem zugrunde gelegten Modell: „Elektronengas im idealen Zustand" in einfachster Weise herleiten. So sehr man aber auch geneigt sein wird, dieser Annahme einen gewissen „Wahrheitsgehalt" zuzubilligen, wirklich *entsprechend* kann das Modell *nicht* sein, da es zu den folgenden, zum Teil katastrophalen Widersprüchen führt:

Sind die Elektronen mit ihrer zu (4) und (8) führenden MAXWELLschen Geschwindigkeitsverteilung im thermischen Gleichgewicht mit den Atomionen, so müssen sie mit ihren drei Freiheitsgraden, die ja nach dem klassischen Gleichverteilungssatz (III, 7 b) „nur gezählt, nicht gewogen" werden, genau so wie ein Gasatom den Beitrag $3\,k/2$ zur Molwärme der Metalle beisteuern. Diese aber ist erfahrungsgemäß (III, 10 α) *keineswegs verschieden* von jener der Isolatoren, die keine *freien* Elektronen aufweisen. Isolatoren *und* Metalle folgen der Regel von DULONG-PETIT, derzufolge die Atomwärmen C der festen Stoffe bei Zimmertemperatur meist den Wert ~ 6 cal hat.

Um den Widerspruch zu beseitigen, bleibt nichts über als anzunehmen, daß die Zahl N der freien Elektronen gegenüber der Zahl der Atome im cm^3 so klein ist, etwa $^1/_{100}$, daß ihr Beitrag zur spez. Wärme experimentell unbemerkt bleibt. Aber abgesehen davon, daß verschiedene Methoden zur direkten Aussage führen, daß N eher ein wenig größer als die Atomzahl

ist, würde sich für kleine Werte von N noch folgende Schwierigkeit ergeben:
Das Produkt $N \cdot \mathfrak{L}$ tritt in $\varkappa$ (7) und λ (10) auf. Wird N hundertmal kleiner,
dann muß $\mathfrak{L}$ hundertmal größer werden, eine Forderung, die mit allen
gaskinetischen Erfahrungen im Widerspruch steht.

Endlich ist darauf zu verweisen: Die elektrische Leitfähigkeit $\varkappa$ ist
erfahrungsgemäß bei Normaltemperaturen proportional mit $1/T$. Die
Beziehung (7) kann jedoch, wie oben erwähnt, nur Proportionalität mit
$1/\sqrt{T}$ erklären, weil v nach (4) mit $\sqrt{T}$ zunimmt. $\mathfrak{L}$ ist temperaturunabhängig, also müßte N mit *steigender* Temperatur *abnehmen*, während doch,
wenn N überhaupt temperaturabhängig ist, erwartet werden muß, daß
die Atome desto mehr Elektronen freigeben, je stärker sie schwingen.

Den Ausweg aus diesen trotz aller Erfolge der klassischen Elektronentheorie höchst bedenklichen Schwierigkeiten scheinen Quantentheorie und
Wellenmechanik zu bringen. Der Rechenapparat derselben ist derzeit
noch so umständlich, daß hier nur das Grundsätzliche vorgebracht werden
kann. Glücklicherweise werden die obigen unter (6), (7), (10), (11) abgeleiteten Zusammenhänge in der Form kaum geändert; nur die Auslegung
wird anders.

γ) *Das entartete Elektronengas (neue Theorie:* SOMMERFELD).

Schon in III, 17 wurde darauf verwiesen, daß entsprechend dem NERNST-
schen Theorem ideale Gase bei Annäherung an den absoluten Nullpunkt
$(T \rightarrow 0)$ auch dann nicht mehr ideal bleiben und dem Gasgesetz gehorchen
können, wenn keine Kohäsionskräfte sich bemerkbar machten. Ein solcher
kohäsionskräftefreier und doch nicht-idealer Gaszustand wird „*entartet*"
genannt. Die Theorie gibt eine Temperaturgrenze T^* an, oberhalb der
der Zustand nicht entartet (es herrscht MAXWELLsche Geschwindigkeitsverteilung) ist, unterhalb der Entartung (es herrscht FERMIsche Geschwindigkeitsverteilung, vgl. weiter unten) eintritt:

$$kT^* = \frac{h^2}{2\,m}\left(\frac{3\,N}{4\,\pi\,G}\right)^{2/3} = \eta_0 \begin{cases} T \gg T^*, \text{ ideal, MAXWELL-Verteilung,} \\ T \ll T^*, \text{ entartet, FERMI-Verteilung.} \end{cases} \tag{12}$$

k ... BOLTZMANN-Konstante, h ... PLANCKsches Wirkungsquantum
$(6,6 \cdot 10^{-27}$ erg sec), m ... Teilchenmasse (z. B. für He ... $6,6 \cdot 10^{-24}$ g; für
Elektronen ... $0,9 \cdot 10^{-27}$ g) G ... „Gewichtsfaktor" (für Atome $G = 1$,
für Elektronen $G = 2$), N ... Teilchenzahl im cm^3 (z. B. für He bei großer
Verdichtung etwa $N \simeq 10^{22}$, für Elektronen im Metall etwa $N \sim 10^{23}$).
Nach (12) sind Teilchendichte N und Teilchenmasse m die für das Eintreten
der Entartung maßgeblichen Materieeigenschaften. Für He ergäbe sich
aus (12) $T^* \simeq 6°$ abs.: also eine Temperatur, bei der bereits die Wirkung
der Kohäsionskräfte die Wirkung der Entartung verschleiern würde. Für
das gegenüber He rund 7000mal leichtere Elektronengas, das überdies etwa
10mal mehr Teilchen im cm^3 aufweist, ergibt (12) $T^* \simeq 70000°$ abs.; das
bedeutet, daß selbst bei den höchsten erreichbaren Temperaturen (Ver-
dampfungstemperaturen) von einigen 1000° das Elektronengas, weil $T \ll T^*$,
fast vollkommen entartet zu erwarten ist. Für Halbleiter allerdings, bei
denen die Zahl der „freien" Elektronen je cm^3 um Größenordnungen geringer ist, braucht dies durchaus nicht der Fall zu sein.

Um den *entarteten Zustand* speziell des *Elektronengases*, dessen quantitative Beschreibung sehr schwieriger und keineswegs abgeschlossener
quantenstatistischer und wellenmechanischer Hilfsmittel bedarf, einigermaßen anschaulich zu machen, sei an das Verhalten der *Elektronen im Atom*
erinnert, das in IV, 2 b, γ, kurz geschildert wurde: Beim Aufbau der Hülle

eines Atoms mit der Kernladungszahl Z werden Z Elektronen in das Kernfeld gebracht; ihr Bewegungszustand bzw. ihre Energie ist dabei durch Quantenvorschriften bestimmt.

Abgesehen von dem zwar für das Verständnis des periodischen Systems wichtigen, hier aber belanglosen ,,Schalenaufbau'' (d. i. die Möglichkeit, die erlaubten Energiezustände in Gruppen zusammenzufassen), war das Wesentliche dieser Vorschrift (,,PAULIS Ausschließungsprinzip''), daß jeder durch eine bestimmte Kombination von Quantenzahlen (bestimmte ,,Eigenwerte'' des wellenmechanischen Randwertproblems, vgl. I, 34c und 37) definierte Energie*zustand* nur *einmal*, nur von *einem* Elektron besetzt werden kann; oder daß, wenn man Elektronen mit positivem bzw. negativem Eigendrall (,,Spin'') als energetisch gleichwertig ansieht, jeder Energie*wert* nur

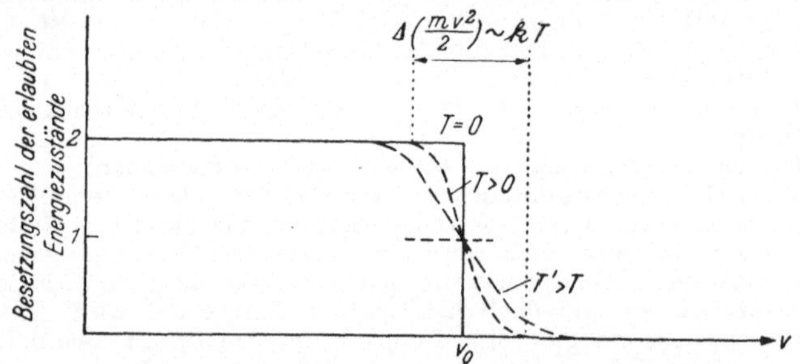

Abb. 30. Geschwindigkeitsverteilung des entarteten Elektronengases.

zweimal realisiert werden kann. Dies war die Grundlage des für das Atom wichtigen ,,Mannigfaltigkeitsgesetzes'' $M = 2\,n^2$ ($n \ldots$ Hauptquantenzahl).

SOMMERFELD hat dieses Ausschließungsprinzip, das auch der sog. ,,FERMI-Statistik'' (zum Unterschied von der ,,BOLTZMANN-Statistik'') zugrunde liegt, auf das Elektronengas im Metall übertragen. Das Gitter der positiven Metallatom-Ionen wird gewissermaßen als Riesenmolekül mit räumlich regelmäßig verteilten ,,Atomkernen'' aufgefaßt, in deren Feld die ,,freien'' Elektronen geworfen werden. Auch ihnen sind nur bestimmte Energiewerte gestattet; jedes Energieniveau kann von nicht mehr als zwei spin-verschiedenen Elektronen besetzt werden. Jedes hineingeworfene Elektron ,,fällt'' energetisch so tief als möglich (Aufsuchen des stabilen Zustandes); daher werden zuerst die tiefsten, dann der Reihe nach immer höhere und dichter liegende Niveaus besetzt, bis alle N Elektronen in $N/2$ Energiezuständen untergebracht sind. Es ist klar, daß die Höhe des zuletzt besetzten Niveaus — es ist dies jenes mit der durch (12) gegebenen Energie η_0 — um so größer sein wird, je mehr Elektronen unterzubringen sind; η_0 wächst mit N. Da nun N eine *sehr* große Zahl ist, ist selbst für $T = 0$ auch η_0 sehr groß und erreicht Werte von der Größenordnung $k\,T^*$, d. h. Werte, wie sie die mittlere kinetische Energie $m\,v^2/2$ eines nichtentarteten idealen Elektronengases bei $\sim 70\,000°$ hätte. Es ist unmittelbar verständlich, daß an dieser bei $T = 0$ vorhandenen Gesamtenergie die Temperaturstöße erst dann etwas Wesentliches ändern werden, wenn $T \simeq T^*$ wird.

Da alle überhaupt möglichen Energiezustände — sie liegen, abgesehen von den allertiefsten Niveaus bald so dicht aneinander, daß wenig Unterschied gegen eine kontinuierliche Verteilung besteht — gleich häufig (2 Elektronen, entsprechend „Gewichtsfaktor" $G = 2$) besetzt sind, gibt es jetzt keine „wahrscheinlichste" Geschwindigkeit wie bei der MAXWELL-Verteilung (III, 7); vielmehr erhält man die „Kasten"-Verteilung der Abb. 30. Für $T = 0$ eine schroffe Grenze zwischen besetzten und nichtbesetzten Zuständen, zwischen vorhandenen ($v < v_0$) und nicht vorhandenen ($v > v_0$) Geschwindigkeiten. Das Elektronengas hat somit auch für $T = 0$ eine beträchtliche „Nullpunktsenergie", die sich, wie die Theorie ergibt, aus η_0 zu

$$\text{(Energie je cm}^3\text{)} \qquad u'_0 = N \frac{3}{5} \eta_0 \tag{13}$$

berechnet. Setzt man N gleich der Zahl der Atome im cm³ (jedes Atom gibt 1 Elektron frei), dann erhält man z. B. für Silber mit $N = 5{,}9 \cdot 10^{22}$ bei $T = 0$:

Größte Elektronenenergie . . . . $\eta_0 = 5{,}3$ cVolt [1]

Größte Elektronengeschwindigkeit . . . . . $v_0 = 1{,}4 \cdot 10^8$ cm/sec

Energie des Elektronengases im cm³ . . . $u'_0 = 3 \cdot 10^5$ kg*cm/cm³

Nullpunktsdruck des Elektronengases . . $p_0 = 2\,u'_0/3 = 2 \cdot 10^5$ kg*/cm² $\biggr\}\cdot (14)$

Dieser Nullpunktsdruck, der die Elektronen aus dem Metall zu treiben sucht, wird kompensiert durch die elektrostatischen Kräfte der $+$-Ladungen, die den Austritt verwehren. Drückt man auch kT in eVolt aus, so erhält man $kT = 8{,}6 \cdot 10^{-5}\, T$ eVolt. Man sieht wieder, wie klein kT für alle erreichbaren Temperaturen (etwa $T \simeq 3000°$) neben η_0 bleibt.

Daher kann man das allgemeine Verhalten des Elektronengases bei Temperaturerhöhung voraussehen: Da die zugeführten Energiebeträge kT relativ gering sind, werden sie nicht hinreichen, um Elektronen aus tieferen Niveaus über alle nächsthöheren und bereits besetzten hinweg auf freie Energieniveaus zu heben. Vielmehr werden — so wie im Atom die „Leuchtelektronen" der äußersten Schale — auch hier nur die Elektronen in den höchsten Energiezuständen, also jene in der Nachbarschaft von η_0, reagieren und zu höheren v-Werten übergehen. Im einzelnen besagt die Theorie, daß eine Abflachung des steilen Abfalles der „Kastenverteilung" in der in Abb. 30 durch strichlierte Kurven angedeuteten Art erfolgt. Die Breite des Abfallgebietes ist in Energie ausgedrückt $\Delta \left(\dfrac{m\,v^2}{2} \right) \simeq kT$.

Für das ideale Elektronengas (also für unerreichbar hohe Temperaturen) wäre nach III, 7 (18) die innere Energie u (je Gramm) in Erg:

$$u = \frac{3}{2} \frac{L\,k}{M}\, T = \frac{3}{2} \frac{k}{M/L}\, T = \frac{3}{2} \frac{k}{m}\, T, \tag{15}$$

weil $L\,m = M$. u müßte für $T = 0$ Null werden. Nach (13) wird aber infolge Entartung u nicht Null, sondern behält den hohen endlichen Wert der Nullpunktsenergie. Also muß offenbar u als $f\,(T)$ so verlaufen, wie es

---

[1] Das Energiemaß eVolt (sprich „Elektronenvolt") ist definiert durch jene Spannung U (in Volt), die ein Elektron frei durchlaufen muß, um die Energie $\dfrac{m\,v^2}{2} = e\,U$ zu gewinnen. Das durch U Volt beschleunigte Elektron hat somit

die Endenergie in erg . . . . $1{,}602 \cdot 10^{-12}\, U$,

die Endgeschwindigkeit in cm/sec . . . . . $5{,}93 \cdot 10^7\, \sqrt{U}$.

in Abb. 31 angedeutet ist: Oberhalb der Entartungstemperatur T^* gilt
das Idealgesetz (15); unterhalb von T^* muß die Kurve abbiegen und für
$T = 0$ gegen u_0 gehen. Für $T \gg T^*$ gilt daher [vgl. (8)] für die spez. Wärme

$$c_v = \left(\frac{du}{dT}\right)_v = \frac{3}{2}\frac{k}{m} \qquad \text{(ideales Verhalten für } T \gg T^*\text{).} \qquad (8)$$

Für den normalerweise wirklich zugänglichen Temperaturbereich $T \ll T^*$
gibt dagegen die Theorie des entarteten Elektronengases entsprechend der
geringen Kurvenneigung:

$$c_v^* = \frac{3}{2}\frac{k}{m}\frac{\pi^2}{3}\frac{kT}{\eta_0} = c_v\frac{\pi^2}{3}\frac{kT}{\eta_0} \qquad \text{(entartetes Verhalten für } T \ll T^*\text{).} \quad (8\,a)$$

Da kT klein gegen $kT^* = \eta_0$ [Gl. (12)] ist, beträgt die spez. Wärme c_v^*
des entarteten Elektronengases nur einen vernachlässigenswert kleinen

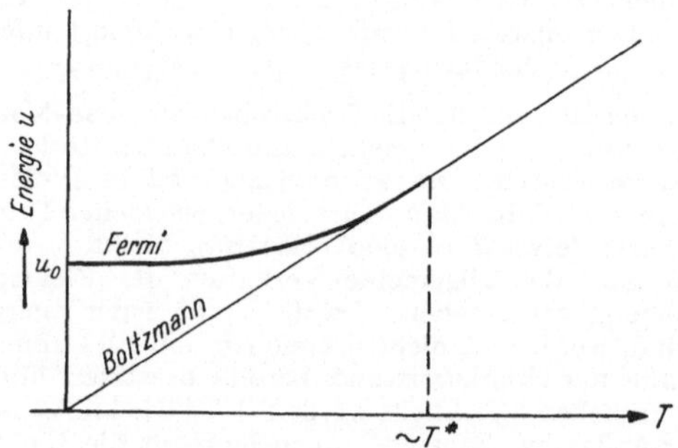

Abb. 31. Die Energie des Elektronengases für den idealen (BOLTZMANN-Statistik) und den entarteten (FERMI-Statistik) Zustand.

Bruchteil des bei Gültigkeit des Gleichverteilungssatzes erwarteten Wertes c_v
in (8). *Damit ist die Hauptschwierigkeit der klassischen Theorie des metallischen Elektronengases beseitigt.*
    Für die elektrische und die Wärmeleitfähigkeit des entarteten Elektronengases wurden von SOMMERFELD die folgenden Ausdrücke abgeleitet:
Spezifische elektrische Leitfähigkeit

$$\varkappa^* = \frac{N\,e^2\,\mathfrak{L}_0}{m\,v_0}, \qquad (7\,a)$$

Wärmeleitfähigkeit

$$\lambda^* = \frac{\pi^2}{3}\frac{N\,k^2\,\mathfrak{L}_0}{m\,v_0}\cdot T, \qquad (10\,a)$$

WIEDEMANN-FRANZsches Gesetz

$$\frac{\lambda^*}{\varkappa^*} = \frac{\pi^2}{3}\left(\frac{k}{e}\right)^2\cdot T. \qquad (11\,a)$$

Vergleicht man (7a), (10a), (11a) mit (7), (10), (11), so sieht man,
daß abgesehen von zunächst nicht sehr wesentlichen Zahlenfaktoren der
Unterschied darin besteht, daß an die Stelle von $\mathfrak{L}/\bar{v}$ nun $\mathfrak{L}_0/v_0$ getreten

ist; v_0 ist (vgl. weiter oben) für einen gegebenen Stoff ein konstanter Wert, der *wesentlich* größer als das temperaturabhängige $\bar{v}$ ist. Infolgedessen muß z. B. die bekannte Temperaturabhängigkeit von $\varkappa$ in dem gleichfalls wesentlich größeren $\mathfrak{L}_0$, der freien Weglänge der Elektronen in der Umgebung der in Abb. 30 dargestellten „Abfallstelle" um v_0, stecken. In der Tat ergibt sich wellenmechanisch, daß in einem idealen Metallkristall bei $T = 0$ die Leitfähigkeit $\varkappa^*$ unendlich werden müßte. Das bloße Vorhandensein der Atomionen bedeutet noch *keine* Beschränkung von $\mathfrak{L}_0$, also noch *keinen* Oнмschen Widerstand. Erst die *Abweichung* von der idealen Gitterordnung, die durch die Wärmebewegung der Atomionen oder durch sonstige Unregelmäßigkeiten (elastische Deformationen, Verunreinigungen,

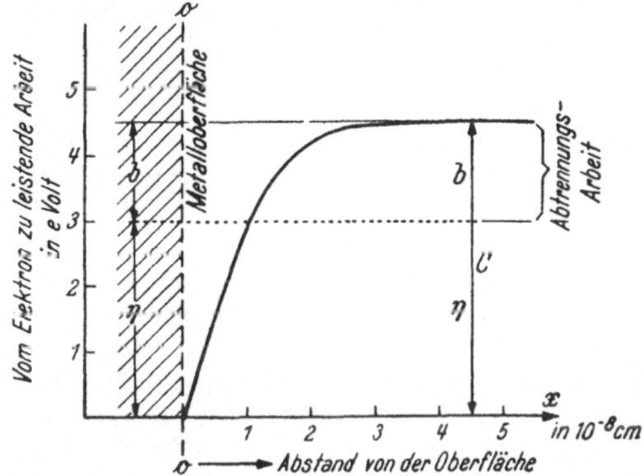

Abb. 32. Die beim Elektronenaustritt aus der Metalloberfläche zu überwindende Potentialschwelle. η ... thermische Energie des Elektrons, b ... „Abtrennungsarbeit", C ... Potentialberghöhe.

also Fremdatome bei Legierungen usw.) bewirkt werden, beeinflussen $\mathfrak{L}_0$ und damit $\varkappa^*$ und λ^*.

Obwohl nach obigem bei Aufhören jeglicher Gitterstörung, also bei $T = 0$, unendliche Leitfähigkeit zu erwarten ist, vermag die Theorie in ihrer bisherigen Form den bei der „Supraleitfähigkeit" (IV, 12 a) schon bei $T > 0$ eintretenden *plötzlichen* Sprung auf $\varkappa = \infty$ nicht zu erklären.

δ) *Elektronenaustritt aus der Metalloberfläche.*

Es sei in Abb. 32 die strichlierte Vertikale oo die Grenzfläche zwischen Metall (links) und Vakuum (rechts). Wenn ein Elektron von links kommend die Oberfläche senkrecht durchtritt und sich von ihr um die Strecke x entfernt, dann hat es gegen die Anziehungskraft des positiv zurückgebliebenen Metalls Arbeit zu leisten; es benötigt Bewegungsenergie, um sie gegen die zu leistende Arbeit eintauschen zu können. Diese ist auf dem ersten Wegstück groß und nähert sich in Abständen von molekularer Größenordnung einem Grenzwert. Ist dieser erreicht, dann hat das Elektron, da von da ab seine potentielle Energie konstant bleibt, keinen weiteren Verbrauch an kinetischer Energie und kann mit dem ihm allenfalls verbliebenen Rest an kinetischer Energie ins Unendliche weiterfliegen. Der gezeichnete Kurvenanstieg ist also nichts anderes als die Wandung der Potentialmulde, in der das Elektron gelegen hatte, oder anders ausgedrückt, die Böschung der Potentialschwelle, die es beim Auswandern zu überwinden hat.

Einen Teil der gesamten Auswanderungsarbeit C kann das Elektron aus seiner thermischen Energie η [vgl. (14)] bestreiten, d. h. der Bewegungsschwung trägt es bis zur Höhe η der Böschung. Soll es nicht wieder zurückfallen, muß ihm die zum Erreichen des Böschungsrandes fehlende Energie $b = C - \eta$, die sog. ,,*Abtrennungsarbeit*", irgendwie zur Verfügung gestellt werden. Dazu bieten sich mehrere Möglichkeiten:

Man kann die thermische Energie erhöhen durch Erhöhung der Temperatur; d. h. man sorgt dafür, daß entsprechend der Verteilungskurve von Abb. 30 außer den Elektronen mit $v \gtrless v_0$ auch solche mit $v > v_0$ vorhanden sind (*glühelektrischer Effekt*).

Man kann den fehlenden Energiebetrag b durch Einstrahlen von Lichtenergie $h\,v \geqq b$ zuführen (*lichtelektrischer Effekt*).

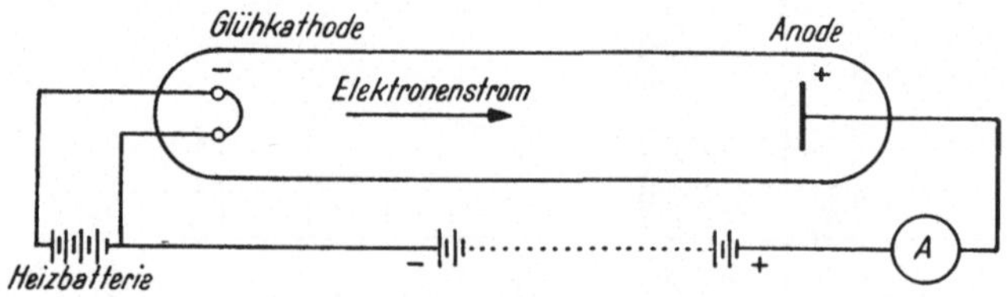

Abb. 33. Zum glühelektrischen Effekt.

Man kann den Potentialberg C abbauen entweder durch Anlegen eines Feldes, dessen Potential sich der Kurve in Abb. 32 überlagert (,,kalte Entladung"), oder dadurch, daß man das Vakuum durch Materie ersetzt (*Berührungseffekt*).

ε) *Der glühelektrische Effekt* (Abb. 33).

Ein Wolframdraht diene als Glühkathode; er wird durch eine Heizbatterie auf die gewünschte Temperatur gebracht. Eine weitere Batterie sorgt dafür, daß der Glühdraht Kathode ist. Nur in diesem Fall fließt Strom (unipolare Leitung). Anode und Kathode befinden sich im Vakuum. A ist ein Strommesser.

Erhöht man die Temperatur so weit, daß die kinetische Energie eines Teiles der Elektronen den Wert C (Abb. 32) übersteigt, dann stellt sich ein dem Verdampfen einer Flüssigkeit ganz analoger Vorgang ein. Werden die Verhältnisse so eingerichtet, daß alle ,,Glühelektronen" zur Messung gelangen (Sättigungsstrom I_S), dann ist der Elektrizitätstransport (Stromstärke je Flächeneinheit des glühenden Materials) gegeben durch die RICHARDSON-Gleichung:

$$I_S = A\,T^2\,e^{-\,b/k\,T}. \tag{16}$$

Die Theorie zeigt, daß erstens $b = C - \eta$ identisch ist mit der ,,Abtrennungsarbeit" (Abb. 32) und daß A den *universellen* Wert $A = 2 \cdot 60$ Amp/cm$^2 \cdot$ Grad^2 haben sollte. Die Absolutwerte von A und b sind außerordentlich empfindlich gegen Oberflächenverunreinigungen. Die Abhängigkeit des I_S von T entsprechend (16) wird vom Experiment hinreichend bestätigt und auch gezeigt, daß die Geschwindigkeitsverteilung der die *Oberfläche verlassenden* Elektronen eine MAXWELLsche ist.

Auch wenn die Energie der Elektronen nicht hinreicht, den Potentialberg C zu überwinden, kann doch ein Teil von ihnen die Oberfläche passieren, wird aber wieder zurückfallen. Es stellt sich also bei jeder Temperatur eine mehr oder weniger dicke und dichte Elektronenhaut ein, die mit dem positiv zurückbleibenden Metall eine elektrische *Doppelschicht* bildet.

Besonders starke Elektronenemission zeigen die Oxyde der Alkali- und Erdalkalimetalle (sog. WEHNELT-Kathoden).

ζ) *Der (äußere)[1] lichtelektrische Effekt (Photoeffekt).*

Bereits in I, 36 (vgl. dort Abb. 33) wurde dieser für die Anschauung über die Struktur des Lichtes so grundlegende Effekt besprochen. Bestrahlt man eine blanke Metallfläche mit Licht von der Frequenz $\dot{\nu}$, so werden Elektronen ausgelöst; und zwar momentan, d. h. es erfolgt keine zeitverbrauchende Speicherung von Lichtenergie. Durch Verlust der negativen Ladung lädt sich das Metall bis zu einem Potentialgrenzwert U_m von der Größenordnung 1—2 Volt auf. U_m ist unabhängig von der Licht*intensität*, wächst aber proportional mit dessen *Frequenz ν*. ·Das Aufladen zur Grenzspannung U_m bedeutet, daß deren Erreichen eine weitere Aufladung durch Elektronenabgabe verhindert, daß also die lichtelektrisch ausgelösten Elektronen nur den Potentialunterschied U_m überwinden können, dessen Größe mit ν zunimmt. EINSTEINS kühne Deutung (1905), derzufolge zwischen U_m, ν und Energie $m\,\nu^2/2$ der austretenden Elektronen (Ladung e) die Beziehung bestehe:

$$e\,U_m = m\,\nu^2/2 \quad \text{und} \quad h\,\nu = e\,U_m + b \tag{13}$$

wurde später von MILLIKAN in allen Einzelheiten bestätigt. Dies bedeutet: Die zugestrahlte Photonenenergie, gemessen durch $h\,\nu$ (h ... PLANCKsches Wirkungsquantum), wird verwendet, um dem Elektron einerseits die zum Überwinden des Potentialberges C in Abb. 32 noch nötige Energie $b = C - \eta$ zu übertragen und darüber hinaus eine zusätzliche Geschwindigkeit v zu verleihen. Dies ist nur dann möglich, wenn $h\,\nu > b$; das heißt, es gibt eine tiefste Frequenz ν' (eine „rote Grenze"), gegeben durch $h\,\nu' = b$, unterhalb der (also für längerwelliges Licht) der Effekt ausbleibt.

Da das bestrahlte Metall nicht auf der Temperatur $T = 0$ ist, sind die η-Werte, entsprechend der in Abb. 30 dargestellten Geschwindigkeitsverteilung für $T \neq 0$, verschieden. Daher haben auch die ausgelösten Elektronen eine Geschwindigkeitsverteilung, die von $v = 0$ $[h\,\nu = (C - \eta_{\min})]$ bis v $[h\,\nu = e\,U_m + (C - \eta_{\max})]$ reicht.

Tabelle 8. *Elektrongas, Nullpunktsenergie η_0, Abtrennungsarbeit b, Potentialsprung C.*

		K	Zr	Ag	Au	W	Mo	Ni
$N = n$, Elektronenzahl$\cdot 10^{-22}$		1,3	4,3	5,9	5,9	6,3	6,4	9,0
η_0 berechnet nach (12)		2,1	4,4	5,5	5,5	5,7	5,8	7,3
C beobachtet	in	~7,3	10,2	14,0	14,0	12,5	13,5	16,0
b beobachtet	eVolt	~1	3,8	4,1	4,4	4,5	4,4	4,4
$\eta = C - b$ berechnet		~6,3	6,4	9,9	9,6	8	9,1	11,6

Auch hier handelt es sich um einen unipolaren Leitungsvorgang, der

---

[1] Beim sog. „inneren" lichtelektrischen Effekt handelt es sich um die Erscheinung, daß Nichtleiter bei Durchstrahlung mit Licht leitend werden (Selenzelle).

als Oberflächeneffekt große Empfindlichkeit gegenüber kleinsten Veränderungen der Oberfläche aufweist.

In Tabelle 8 sind zur Orientierung — sowohl die Schwierigkeit der Beobachtungen als auch die vereinfachenden Annahmen der Theorie bewirken, daß nicht mehr als ein ungefährer Überblick zu erwarten ist — einige Beispiele für die beim Metallgas interessierenden Zahlenwerte angegeben. N ist die Zahl der Elektronen je cm³; wenn jedes Atom w Elektronen abgibt, wäre $N = w \cdot n$, wenn n die Atomzahl im cm³ ($n = \varrho\,L/M$) ist. In der Tabelle ist zunächst $w = 1$, also $N = n$ gesetzt. Dies vorgegeben, läßt sich nach (12) η_0 bestimmen (in eVolt). C, b und η sind die gleichfalls in eVolt ausgedrückten Energiebeträge der Abb. 32, also C der *ganze* Potentialsprung an der Oberfläche, η die maximale Elektronenenergie bei der betreffenden Versuchstemperatur, beim entarteten Elektronengas also im wesentlichen die Größenordnung von η_0, b die Abtrennungsarbeit. Letztere

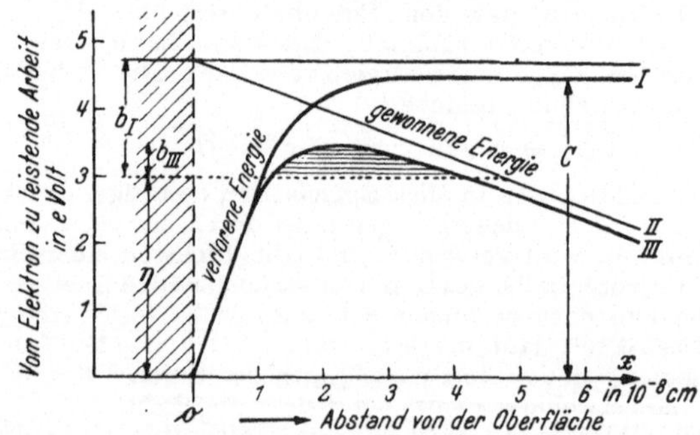

Abb. 34. Erniedrigung der Potentialschwelle bei überlagertem Feld.

ist aus lichtelektrischen Beobachtungen, C aus dem Brechungsindex für Elektronenwellen bestimmt. Man möchte aus dem Vergleich von η_0 und η schließen, daß w zwischen 1 und 2 liegt. Sicher aber ist N von der Größenordnung n.

η) *Kalte Entladung* (Abb. 34).

Gibt man dem Metall eine so hohe negative Ladung, daß in dem zugehörigen Kraftfeld ein die Oberfläche verlassendes Elektron infolge der Abstoßung die ihm zur Überwindung des Potentialberges C fehlende Energie b auf der zugehörigen Wegstrecke von etwa $2 - 3 \cdot 10^{-8}$ cm (Abb. 32) gewinnt, dann kann „kalte Entladung" erreicht werden. Dazu sind ($b_I \simeq 4$ eVolt

nach Tabelle 8) Feldstärken nötig, die an der Oberfläche etwa $\dfrac{4}{3 \cdot 10^{-8}} \simeq 10^8$

Volt/cm betragen sollten. Man erreicht dies bei Spitzen oder bei äußerst feinen (Durchmesser $\simeq 10^{-4}$ cm) Drähten als Achse eines Zylinderkondensators mit Spannungsdifferenzen von $\simeq 10000$ Volt. In Wirklichkeit tritt Entladung schon bei geringerem Gefälle ein. Das hat einerseits seine Ursache in mikroskopischen Unregelmäßigkeiten der Drahtoberfläche („Spitzen"), anderseits in folgendem:

Wäre das aufgedrückte Feld nicht vorhanden, dann wäre die zu überwindende Potentialschwelle, der entlang laufend das Elektron kinetische Energie zusetzt (vgl. Abb. 34), von der Form I wie in Abb. 32. Wäre *nur* das aufgedrückte Feld vorhanden, dann würde das Elektron, der Kurve II entlang herablaufend, kinetische Energie gewinnen. Ist beides vorhanden, dann entsteht die resultierende Potentialschwelle III mit herabgesetztem Wert b_{III}. Nun zeigt die Wellenmechanik, daß b_{III} gar nicht Null zu werden braucht, um Elektronenaustritt zu ermöglichen. Es gibt vielmehr eine endliche Wahrscheinlichkeit für Teilchen mit noch zu kleinem η dafür, daß sie den in Abb. 34 schraffierten Hügel, der sie von der Freiheit trennt, trotzdem durchdringen (sog. „Tunneleffekt"); dieser darf nur keine zu große Dicke an seiner Basis besitzen. Man beobachtet also bereits Entladung, bevor noch das aufgedrückte Feld so groß ist, daß b_{III} gleich Null wird.

ϑ) *Berührungs-* (GALVANI-) *Spannung und Kontaktpotential.*

Grenzt ein Metall nicht an Vakuum, sondern an ein zweites Metall in innigster Berührung, dann verändert sich der Verlauf der Potentialschwelle in Abb. 32 vollkommen. Ist es ein Metall *gleicher* Art, dann verschwindet der Begriff Grenzfläche natürlich überhaupt. Ist es ein Metall anderer Art, dann ist die Grenzfläche nur mehr durch den *Unterschied* der Potentialschwellen ausgezeichnet. Die Metalle unterscheiden sich durch den Wert für C und durch die infolge der verschiedenen Elektronendichte N verschiedene Elektronenenergie η (z. B. Tabelle 8). Jedes Metall sendet Elektronen zur Grenzschicht; der Gleichgewichtszustand tritt ein, wenn gleich viel Elektronen von links wie von rechts die Grenze passieren; und zwar gleich viel jeder Energiestufe. Von vornherein ist aber $\eta_I \neq \eta_{II}$; also muß beim Metall mit kleinerem η im Gleichgewichtsfall eine zusätzliche Spannung ψ vorhanden sein[1] derart, daß $\eta_I = \eta_{II} + e\,\psi$ wird. Dieser Spannungsunterschied ist die eigentliche *Berührungsspannung*

$$\psi = \frac{1}{e}\,(\eta_I - \eta_{II}). \tag{17}$$

Sie tritt hier überhaupt nicht in Erscheinung, ist sehr klein und erst ihre Temperaturvariation spielt eine wichtige Rolle in der Thermoelektrizität (s. u.).

Ist nun aber, damit an der Berührungsstelle Gleichgewicht herrscht, die ganze Potentialschwellenkurve von II um den Betrag $e\,\psi$ gehoben, dann unterscheiden sich die Metalle an der Außenseite, also an den freien Enden durch (vgl. Abb. 35):

$$C_I - (C_{II} + e\,\psi) = (\eta_I + b_I) - (\eta_{II} + e\,\psi + b_{II}) = b_I - b_{II},$$

weil

$$\eta_I = \eta_{II} + e\,\psi.$$

Es besteht somit zwischen den freien Enden ein Potentialberg von der Höhe $b_I - b_{II}$, oder in Volt ausgedrückt ein „Kontaktpotential":

$$\text{Kontaktpotential oder VOLTA-}\textit{Spannung} = \frac{1}{e}\,(b_I - b_{II}). \tag{18}$$

Es ist bestimmt durch den Unterschied der Abtrennungsarbeiten.

In Abb. 36 ist der Potentialverlauf in einem aus zwei Metallen I und II gebildeten, bis auf einen Schlitz geschlossenen Leiterkreis dargestellt.

---

[1] Bei zwei aneinandergrenzenden, bis zum *Rand vollen* Wassergefäßen von *verschiedener* Höhe soll die trennende Zwischenwand entfernt werden, *ohne* daß Wasser verlorengeht. Dann muß zuerst das flachere Gefäß gehoben werden, bis die Wasserspiegel in gleicher Höhe sind.

Arbeit beim Herumführen eines Elektrons wird weder geleistet noch gewonnen. Von der übertrieben groß gezeichneten Berührungsspannung ψ kann man überhaupt absehen; sie scheint in diesem Zusammenhang vernachlässigbar zu sein. Die VOLTA-Spannung ihrerseits hat eigentlich nur Bedeutung, wenn die Elektronen, so wie hier, Gelegenheit haben, eine

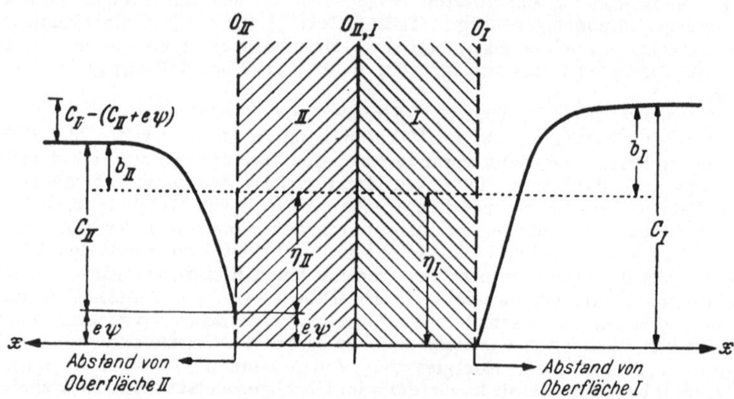

Abb. 35. Zwei Metalle I, II berühren sich in $O_{I,\,II}$ und haben freie Oberflächen in O_I und O_{II}. Darstellung der Potentialschwellen im Gleichgewichtszustand, d. i. nach Ausbildung der *Berührungsspannung ψ.*

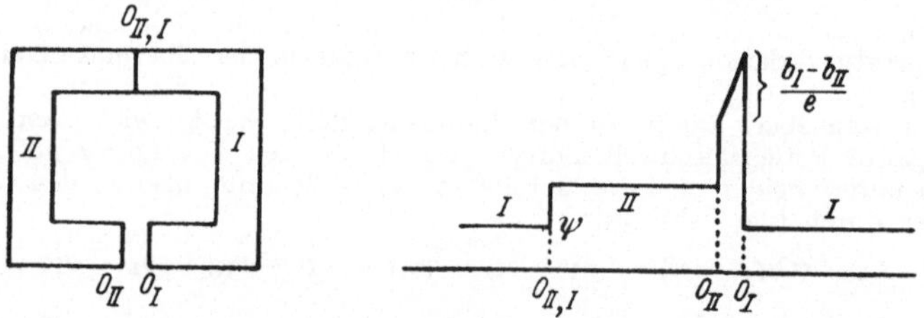

Abb. 36. Potentialverlauf in einem Metallkreis I + II mit Schlitz $O_{II} \longleftrightarrow O_I$.

Oberfläche zu verlassen und über Vakuum (oder Luft) in eine zweite einzutreten. Sie würde verschwinden, wenn man den Kreis schließen würde (Spannungsgesetz!); sie würde auch bei $O_{I,\,II}$ auftreten, wenn man dort die Oberflächen voneinander trennen würde (VOLTA-Effekt) (vgl. α). Wieder ist zu betonen, daß dieser in molekularen Dimensionen sich abspielende Oberflächeneffekt so empfindlich gegen jede Oberflächenveränderung ist, daß exakte Beobachtungen außerordentlich schwierig sind.

$\varkappa$) *Der Thermoeffekt.*

Bildet man aus zwei Metallen I und II (Abb. 37), die an den Stellen a und b verlötet sind, unter Einschaltung eines Strommessers A einen geschlossenen Kreis, so ist dieser stromlos, solange die Lötstellen auf gleicher Tem-

peratur ($T_a = T_b$) sind. Ist dagegen $T_a \neq T_b$, dann erhält man „Thermo-
strom" (SEEBECK, 1822). Obwohl die elektromotorischen Kräfte nur sehr
gering sind (etwa 10^{-4} Volt/Grad), können bei geringem Leitungswiderstand
Stromstärken bis zu 100 Ampere erhalten werden.

Nach den vorhergegangenen Ausführungen tritt an den Lötstellen a und b
nur die sehr kleine Berührungsspannung $\psi = (\eta_I - \eta_{II})/e$ auf. Offenbar ist
ψ temperaturabhängig derart, daß $\psi_a \neq \psi_b$ ist, wenn $T_a \neq T_b$. Dies ist
nur möglich, wenn die Größen η_I und η_{II} in *verschiedener* Art temperaturempfindlich sind. Die Theorie des entarteten Elektronengases ergibt
bezüglich der Temperaturabhängigkeit für η:

$$\eta = \eta_0 \left(1 - \frac{\pi}{12} \frac{k^2\, T^2}{\eta_0{}^2} \right).$$

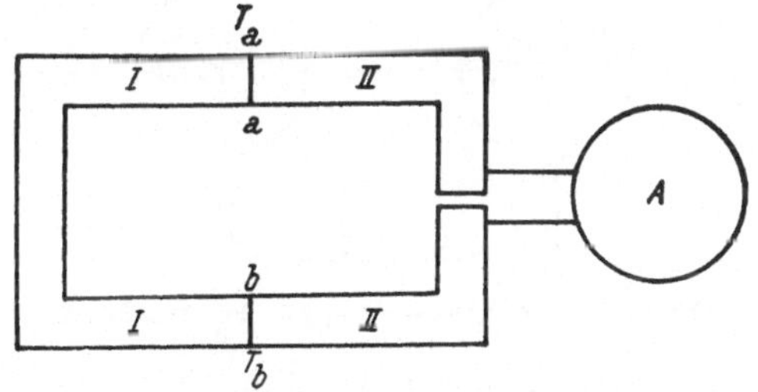

Abb. 37. Zum Thermoeffekt.

Für zwei verschiedene Temperaturen T_a und T_b folgt daraus mit

$$T_a{}^2 - T_b{}^2 = 2\, \frac{T_a + T_b}{2}\, (T_a - T_b),$$

$$\eta_a - \eta_b = - \frac{\pi^2\, k^2}{6\, \eta_0}\, \frac{T_a + T_b}{2}\, \Delta T \quad \text{mit} \quad \Delta T = T_a - T_b.$$

Daher wird die Differenz der Berührungsspannungen $\psi_a - \psi_b$ an den
verschieden temperierten Lötstellen:

$$\psi_a - \psi_b = \frac{1}{e}\, [(\eta_I - \eta_{II})a - (\eta_I - \eta_{II})b] = \frac{1}{e}\, [(\eta_a - \eta_b)I -$$

$$- (\eta_a - \eta_b)II] = \frac{\pi^2\, k^2}{6\, e}\, \frac{T_a + T_b}{2}\, \left(\frac{1}{\eta_{0II}} - \frac{1}{\eta_{0I}} \right)\, \Delta T.$$

Mit Rücksicht darauf, daß nach (12) η_0 nur Funktion der Elektronendichte
ist, läßt sich dies umformen in

$$\Delta \psi \equiv \psi_a - \psi_b = \text{konst.}\, \frac{T_a + T_b}{2}\, \left(\frac{1}{N_{II}{}^{2/3}} - \frac{1}{N_I{}^{2/3}} \right)\, \Delta T. \tag{19}$$

Auch nach der Größe ihrer Thermokräfte lassen sich die Metalle in eine
Spannungsreihe einordnen, z. B. so, daß jedes gegen das in der Reihe
nachfolgende thermoelektrisch positiv, gegen ein vorhergehendes negativ
wird. Solche Reihen haben aber nur für bestimmte Temperaturbereiche
Geltung. Bei 0° C ist die Reihung die nachfolgende; setzt man dabei den
Wert für Pb willkürlich gleich Null, dann ist die Spannung der anderen
Metalle in Mikrovolt (10^{-6} Volt) je Grad (eine Lötstelle $-0,5°$, die andere

$+\,0{,}5°$) die darunter angegebene. Die Kombination zweier Metalle erhält man durch Subtraktion, also z. B. Fe — Zn = $+\,16 - 3 = 13 \cdot 10^{-6}$ oder Sb — Bi = $+\,35 - (-\,70) = 105 \cdot 10^{-6}$ Volt; dies ist die „differentiale Thermokraft" $\Delta\psi/\Delta T$ bei $T = 273°$ abs.

Sb	Fe	Li	Zn, Cd	Au	Cu	Ag, Rh	Cs	Sn	Pb	Mg
+35	+16	+11,5	+3,0	+2,9	+2,8	+2,7	+0,4	+0,2	0,0	—0,2

Al	Pt	Na	K	Ni	Bi	
—0,5	—3,1	—4,2	—11,5	—19	—70	in 10^{-6} Volt

Im supraleitenden Zustand verschwindet die Thermokraft.

Thermoströme kann man zur Temperaturmessung verwenden. Da die Strommeßinstrumente außerordentlich empfindlich sind, kann man die

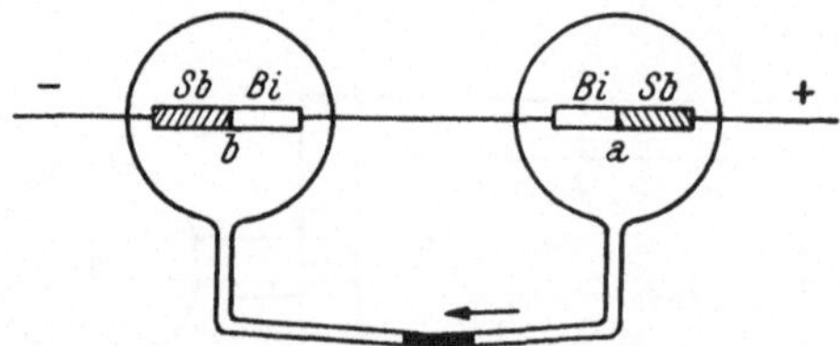

Abb. 38. Demonstrationsversuch zum PELTIER-Effekt.

Thermoelemente aus dünnen Drähten herstellen, die geringe Wärmekapazität haben und deren Lötstelle in enge Öffnungen einführbar ist. Dies und das fast trägheitslose Ansprechen macht solche „Thermoelemente" für manche Aufgaben der Temperaturmessung in Wissenschaft und Technik außerordentlich wertvoll.

λ) *Der* PELTIER-*Effekt* (1834).

Läßt man einen Strom durch die beiden ursprünglich auf gleicher Temperatur befindlichen Lötstellen a und b von Abb. 37 fließen, dann erwärmt sich die eine, während sich die andere abkühlt. Man zeigt dies bequem mit dem empfindlichen Differentialluftthermometer nach Art der Abb. 38; die Lötstellen liegen in zwei luftgefüllten Gefäßen, die durch ein Verbindungsrohr kommunizieren. Ausdehnung der Luft infolge Erwärmung von a und Zusammenziehung infolge Abkühlung von b treibt den Sperrtropfen nach links. Bei Stromumkehr nach rechts.

Während beim Thermoeffekt Temperaturdifferenzen Strom erzeugen, erzeugt beim PELTIER-Effekt Strom Temperaturdifferenzen. Die Elektronen werden durch die angelegte Spannung gezwungen, bei a (Sb $\rightarrow$ Bi) von positiver zu negativer Berührungsspannung zu laufen, sie werden beschleunigt, gewinnen an Energie, die Temperatur steigt; das Umgekehrte ist bei b der Fall, wo Elektronenverzögerung die Temperatur herabsetzt.

Ist ΔW die entwickelte Wärme, t die Zeit, so gilt erfahrungsgemäß

$$\Delta W = \Pi \cdot I \cdot t = \Pi \cdot Q, \tag{20}$$

worin Π der sog. PELTIER-Koeffizient (Dimension Kalorien/Coulomb), Q die beförderte Elektrizitätsmenge ist.

Angenommen, der Prozeß sei reversibel; für einen solchen gilt nach dem II. Hauptsatz der Wärmelehre (III, 13)

$$dA = \frac{W}{T}\,dT.$$

W ist hier die PELTIER-Wärme ΔW; die Arbeit dA ist hier die elektrische, die von Q gegen die Thermospannung $\Delta \psi$ geleistet wird. dT ist $T_a - T_b =$ $= \Delta T$. Somit ergibt sich nach Einsetzen:

$$Q\,\Delta\psi = \Pi\,Q\,\frac{\Delta T}{T} \quad \text{oder} \quad \frac{\Delta\psi}{\Delta T} = \frac{\Pi}{T}. \tag{21}$$

,,Die differentiale Thermospannung ist gleich dem PELTIER-Koeffizienten, dividiert durch die Versuchstemperatur.''

d) Metall und Elektrolyt. Die galvanischen Ketten (Elemente) als chemische Stromquellen.

α) Einführung und Problemstellung.

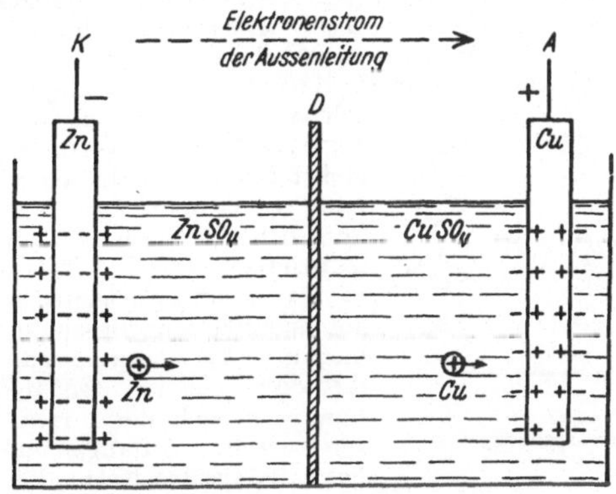

Abb. 39. DANIELL-Element (1836), schematisch.

In Abb. 39 ist das bekannte DANIELL-Element als Typus einer chemischen Stromquelle dargestellt: Eine Zink- und eine Kupfersulfatlösung sind zur Hintanhaltung direkter Vermischung durch eine poröse Tonwand (Diaphragma D) voneinander getrennt. In erstere taucht eine Zink-, in letztere eine Kupferelektrode ein.

Man *beobachtet* folgendes: Beim *offenen* Element (Zn und Cu sind durch keine metallische Außenleitung miteinander verbunden) lädt sich Cu gegen die Lösung freiwillig positiv auf ($\sim$ 0,3 Volt), Zink gegen die ZnSO₄-Lösung negativ ($\sim$ 0,7 Volt). Beim *geschlossenen* Element zeigt ein Strommesser Strom von solcher Richtung an, wie er der Wanderung der Elektronen in der Außenleitung in der Richtung vom Zink zum Kupfer entspricht. Gleichzeitig geht Zn der Kathode in Lösung (die Zn-Elektrode verliert an Gewicht, die ZnSO₄-Lösung sättigt sich bis zum Ausfall von Zn) und Kupfer tritt aus der CuSO₄-Lösung in die Cu-Anode (diese gewinnt an Gewicht, die Lösung verliert an Konzentration).

Man *folgert* daraus: Da der Strom (mehr oder weniger) dauernd fließen kann, muß dem Ladungstransport in der Außenleitung ein Ladungstransport im Inneren der galvanischen Kette entsprechen, andernfalls käme es zu einer den Strom aufhaltenden Ladungsanhäufung. Daher müssen die beobachteten Veränderungen der Elektroden *ladungstrennenden*, ,,elektromotorischen'' Prozessen entsprechen: Zink muß daher als positives

Zn-*Ion* in Lösung gehen, damit negative Ladungen an der Kathode frei werden, Cu muß als positives Cu-*Ion* in die Anode eintreten, damit dort die aus der Außenleitung hinfließende negative Ladung neutralisiert wird. Die dabei entstehende Aufladung der Elektrolyte wird offenbar durch das stromleitende Diaphragma ausgeglichen. Da aber auch im offenen Element Zn negativ, Cu positiv geladen ist, muß der gleiche Prozeß, wenn auch mengenmäßig nur in geringem Ausmaß, bereits beim Einsenken der Elektroden in die Lösungen begonnen und offenbar so lange stattgefunden haben, bis die nicht abgeleitete Ladung der Elektrode mit ihrer dabei entstehenden Spannung der weiteren Ladungstrennung Einhalt geboten hat.

Das Fließen des Stromes verbraucht Energie (Stromwärme); die ladungstrennenden Prozesse müssen sie liefern. Das Obige verallgemeinernd, kann man formulieren: Damit „elektromotorische Kräfte" (abgekürzt: EMK, Symbol E) als energieliefernde Stromquellen verwendbar sein sollen, ist grundsätzlich nötig, daß sich an *räumlich getrennten* Stellen Oxydationsbzw. Reduktionsprozesse abspielen; darunter sind im allgemeinsten Sinne solche zu verstehen, bei welchen die negative Ladung vermindert bzw. vermehrt oder, was dasselbe ist, positive Ladung vermehrt bzw. vermindert wird (die Cu-Elektrode wird oxydiert, Zn wird reduziert).

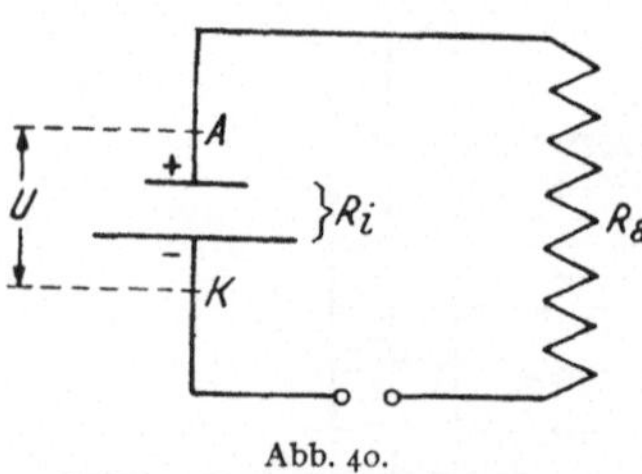

Abb. 40.
EMK und Klemmenspannung U.

Man kann nun weiter einerseits nach der Energiebilanz dieser Vorgänge fragen; hierfür ist die Thermodynamik zuständig, die, ohne sich um den Mechanismus zu kümmern, sich nur mit Energiedifferenzen zwischen Anfangs- und Endzustand der galvanischen Kette, d. i. vor und nach Stromdurchgang, beschäftigt. Man kann zweitens nach dem Mechanismus, nach dem „Sitz" der EMK, nach den „eingeprägten" Kräften und deren Zusammenhang mit den Materialeigenschaften fragen und kommt dann, ohne eine eigentliche Antwort zu erhalten, wieder zum Begriff der „elektrischen Doppelschicht" und zur osmotischen Theorie von W. Nernst.

Vor Erörterung dieser Verhältnisse sei vorerst an einige in diesem Erscheinungsgebiet wegen ihrer Zweckmäßigkeit verwendeten Begriffe erinnert.

1. *Elektromotorische Kraft und Klemmenspannung.* Eine galvanische Kette (Abb. 40) mit dem inneren Widerstand R_i werde über den äußeren Widerstand R_a geschlossen. Dabei fließt ein Strom $I = Q/t$ (vgl. IV, 11), der in der Zeiteinheit die Elektrizitätsmenge Q durch jeden Querschnitt des Stromkreises trägt. Man definiert als EMK jene Arbeit, die nötig ist, um $Q = 1$ einmal im Stromkreis herumzuführen; E ist somit nichts anderes als die Umlaufspannung $U_{1,\,1}$, die im statischen wirbelfreien Feld stets Null[1] war (IV, 6); die Arbeit $Q \cdot E$ muß für die Stromwärme $I^2 (R_a + R_i)\, t$ (IV, 11 b) aufkommen; daher:

$$Q \cdot E = Q \oint \mathfrak{E}_s\, ds = I^2\, (R_a + R_i)\, t,$$

---

[1] Auch hier gilt der Satz, daß die Gesamtarbeit beim Umlauf gleich Null ist; nur muß man bei der Arbeitsbilanz die abgeführte Arbeit (Stromwärme), die im statischen Fall fehlt, miteinbeziehen. Das Feld ist noch immer wirbelfrei.

oder nach Kürzen durch $Q = I \cdot t$:

$$\textit{elektromotorische Kraft } E \equiv \oint \mathfrak{E}_s\, ds = I \cdot (R_a + R_i). \tag{22}$$

Anderseits bezeichnet man als „Klemmenspannung U" die an $Q = 1$ zu leistende Arbeit bei der Überwindung des äußeren Widerstandes R_a, also:

$$\textit{Klemmenspannung } U \equiv \int_A^K \mathfrak{E}_s\, ds = I R_a = E - I R_i. \tag{23}$$

Man sieht, daß die z. B. elektrostatisch gemessene Klemmenspannung im allgemeinen kleiner ist als E, und zwar um so mehr, je mehr Strom I der Stromquelle entnommen wird und je größer R_i ist. Für das offene Element, also für $R_a = \infty$ und $I = 0$ wird die Klemmenspannung mit $U = E$ ein Maximum. Daher: „Die elektromotorische Kraft E ist gleich der Klemmenspannung der offenen Kette."

Diese nach elektrischen Methoden in Volt bestimmte EMK — E ist keine „Kraft", sondern eine an $Q = 1$ geleistete Arbeit, eine Spannung! — mißt jene „eingeprägte", der Materie innewohnende „Kraft", bzw. Arbeitsfähigkeit, die durch Ladungstrennung an den Elektroden die Stromquelle darstellt. Um E mit diesem Vorgang in Beziehung setzen zu können, muß man ermitteln, um welchen Materieumsatz es sich mengenmäßig handelt, wenn eine bestimmte Elektrizitätsmenge Q bereitgestellt werden soll:

Hat das Ion, das an der Elektrode abgeschieden wird, die Wertigkeit w, so daß es mit w Elementarquanten die Ladung $w\,e$ trägt, dann bedarf es

$$n = \frac{I\,t}{w\,e} \tag{24}$$

solcher Ionen, damit an den Elektroden die Ladung $Q = I \cdot t$ erzeugt bzw. neutralisiert wird und der Strom I in der Außenleitung fließen kann. Da der Definition der LOSCHMIDTschen Zahl L entsprechend L Ionen für M Gramm ($M \ldots$ Molekulargewicht) nötig sind, so entsprechen den n Ionen gewichtsmäßig $n \cdot M/L$ Gramm. Die dem Strom I entsprechende, an den Elektroden umgesetzte Ionenmenge ist also nach (24) gewichtsmäßig gegeben durch:

$$\text{2. FARADAY\textit{sches Gesetz:} } G = n \cdot \frac{M}{L} = I\,t \cdot \frac{M}{w} \cdot \frac{1}{L\,e} \equiv I\,t \cdot \ddot{A} \cdot \frac{1}{F}. \tag{25}$$

Nun sind folgende Bezeichnungsweisen üblich:

3. „*Elektrochemisches Äquivalent*" $G_{1,1}$ *(für $I = 1$ und $t = 1$)* $= \ddot{A}/F = $ $= M/w\,L\,e$ ist jene umgesetzte Ionenmenge in Gramm, die an den Elektroden $Q_1 = I_1 t_1 = 1$ Coulomb freimacht.

4. „FARADAY-*Konstante (oder Valenzladung)*"

$$F \equiv L\,e = 96\,490 \text{ Coulomb} = I\,t \cdot \frac{\ddot{A}}{G} \tag{26}$$

ist als Produkt von Elementarquantum $e = 1{,}602 \cdot 10^{-19}$ Coulomb und LOSCHMIDTS Zahl $6{,}023 \cdot 10^{23}$ eine universelle Konstante. Anderseits ist sie nach (26) zugleich jene Elektrizitätsmenge $Q = I\,t$, die von $G = \ddot{A} = \dfrac{M}{w}$ Gramm Ionen transportiert wird. Somit: $\ddot{A}$ Gramm Ionen transportieren stets F Coulomb; im speziellen ist für H-Ionen $\ddot{A} = 1$, F also die Ladung von 1 g H-Ionen.

5. „*Äquivalentgewicht*" $\ddot{A} = M/w$ *(Atom- oder Molekulargewicht durch Wertigkeit)* ist nach Obigem die von F Coulomb abgeschiedene Ionenmenge in Gramm. „x Grammäquivalente transportieren $x \cdot F$ Coulomb." Denn 1 Grammäquivalent $(M/w$ Gramm) besteht aus L/w Ionen und trägt die Ladung $\dfrac{L}{w} \cdot w\, e = F$. Um den Strom von 1 Ampere zu erhalten, müssen daher sekundlich $1/F$ Grammäquivalente oder $1/w\,F$ Mol Ionen an den Elektroden umgesetzt werden.

6. Um die *Konzentration des Elektrolyten*, die eine wesentliche Rolle spielt, zweckmäßig zu definieren, wird so vorgegangen: 1 cm³ enthalte N_a negativ geladene Anionen mit der Wertigkeit w_a und N_k positiv geladene Kationen mit der Wertigkeit w_k. Da die Lösung als Ganzes elektrisch neutral sein muß, folgt:

$$N_a\, w_a\, e = N_k\, w_k\, e \quad\text{oder}\quad N_a\, w_a = N_k\, w_k = c \cdot L. \tag{27}$$

Die so definierte Größe c sei „Normalkonzentration" genannt. Ist μ_a bzw. μ_k das wahre Gewicht von Anion und Kation, so gilt nach (27) für beide gleichartig

$$c = \frac{N\,w}{L} = \frac{N\,w\,\mu}{L\,\mu} = \frac{N\,\mu}{L\,\mu/w} = \frac{G}{\ddot{A}}.$$

Das heißt: c gibt an, aus wieviel Grammäquivalenten $(c \cdot \ddot{A} = G)$ sich das im cm³ enthaltene Ionengewicht zusammensetzt, gibt also den Gehalt des cm³ an Grammäquivalenten an. c ist für beide Ionenarten stets gleich groß.

7. Im speziellen versteht man unter einer „*Normallösung*" eine solche, die 1 Grammäquivalent Gelöstes im Liter Lösungsmittel enthält; sie wird als „1 n-Lösung" bezeichnet. Eine „$\dfrac{1}{2}$ n-Lösung" hätte also $\dfrac{n}{2}$ Grammäquivalente/Liter oder 1 Grammäquivalent/2 Liter.

8. Endlich sei an die gemäß dem I. Hauptsatz bestehenden Zahlenbeziehungen zwischen den auf mechanischem, kalorischem, elektrischem Wege definierten Einheiten der Energie erinnert (III, 6 d).

$$\left.\begin{array}{l} 1\ \mathrm{cal}_{15} = 4{,}185 \cdot 10^7\ \mathrm{erg} \\ 1\ \mathrm{Joule} = 10^7\ \mathrm{erg} \end{array}\right\} \quad 1\ \mathrm{Joule} = \frac{1}{4{,}185}\ \mathrm{cal}_{15} = 0{,}239\ \mathrm{cal}_{15}. \tag{28}$$

β) Elektromotorische Kraft und Wärmetönung (thermodynamische Behandlung).

In III, 15 wurde ausgeführt, daß bei einem isotherm und reversibel arbeitenden Prozeß nicht die *ganze* Änderung der inneren Energie u des Systems als Arbeit gewonnen werden kann, daß vielmehr nach der HELM-HOLTZschen Gleichung die maximal gewinnbare Arbeit nur gleich der „freien" Energie f ist:

$$f = u - Ts = u + T\left(\frac{\partial f}{\partial T}\right)_v, \tag{29}$$

während $T\,s$ oder $T\left(\dfrac{\partial f}{\partial T}\right)_v$ als „gebundene" Energie für Arbeit nicht verfügbar ist, vielmehr als (meist positiver) *Wärme*effekt in Erscheinung tritt.

Im vorliegenden Zusammenhang ist, wenn alle Energieumsätze auf 1 Grammäquivalent umgesetzter Substanz bezogen werden, zu verstehen:

Unter f die von der Kette gelieferte elektrische Energie, die je Grammäquivalent nach (22) und (26) gleich EMK mal Valenzladung, also gleich $E \cdot F$ ist (E in Volt, F in Coulomb).

Unter u die Wärmetönung, also die beim chemischen Prozeß, der sich an den Elektroden abspielt, umgesetzte Wärmemenge; umgerechnet mit (28) auf elektrisches Energiemaß: $4,185\,u$ in Joule.

Unter $\left(\dfrac{\partial f}{\partial T}\right)_v = F\left(\dfrac{\partial E}{\partial T}\right)_v$ der Temperaturkoeffizient der EMK, der mit T multipliziert die „gebundene" Energie darstellt. Somit:

$$F \cdot E = 4,185\,u + F\,T\left(\frac{\partial E}{\partial T}\right)_v. \tag{30}$$

Nach Einsetzen des Zahlenwertes für F (26) ergibt sich (bezogen auf 1 Grammäquivalent)

$$E = \frac{u}{23\,062} + T\left(\frac{\partial E}{\partial T}\right). \tag{31}$$

Bezieht man auf ein Grammatom bzw. Mol, so ist u noch durch die Wertigkeit w zu dividieren.

Ursprünglich war man der Meinung (THOMSON), daß die maximal erhältliche Arbeit der Wärmetönung u gleichgesetzt werden könne; in Fällen, bei denen der Temperaturkoeffizient der EMK, also dE/dT klein ist (z. B. beim DANIELL-Element, trifft dies auch mit guter Annäherung zu. Meist aber tritt auch ein — unter Umständen recht großer — Wärmeeffekt auf, der, wie erwähnt, gewöhnlich positiv ist (die Ketten erwärmen sich bei Stromentnahme), aber auch negativ sein kann (die Ketten kühlen sich ab und erzeugen Stromarbeit zum Teil auf Kosten der Eigenwärme).

Beispiel: Die DANIELL-Kette:

Die Bildung von 1 Grammäquivalent $\left(\dfrac{161}{2}\,\text{g}\right)$ $ZnSO_4$ liefert

die Wärmemenge .... 53045 cal

Die Zersetzung von 1 Grammäquivalent $\left(\dfrac{159}{2}\,\text{g}\right)$ $CuSO_4$

verbraucht die Wärmemenge......................... -27980 cal

$\hspace{6cm}$ Daher $u = 25065$ cal

Somit $\hspace{3cm} E = 1,087\ \text{Volt} + T\left(\dfrac{\partial E}{\partial T}\right).$

Gemessen wird bei $15°$ C die EMK: $E_{15} = 1,093$ Volt; die „gebundene" Energie Ts spielt also nur die Rolle einer Korrektur, der Temperaturkoeffizient ist sehr klein. Die Frage, inwieweit der Prozeß in der DANIELL-Kette reversibel und wie groß der noch nicht behandelte Potentialsprung am Diaphragma ist, sei hier nicht weiter verfolgt.

γ) *Die elektrische Doppelschicht; osmotische Theorie.*

In der osmotischen Theorie wird versucht, die eigentlichen eingeprägten Kräfte zu erfassen, die hier als „ladungstrennende" „elektromotorische" Kräfte an der Grenzfläche Elektrode—Elektrolyt in Erscheinung treten.

Zur Einführung in die dabei angewandte Betrachtungsweise sei zunächst der in theoretischer Hinsicht einfachere Fall der sog. „Konzentrationskette" behandelt. Denn die osmotische Theorie beruht auf der Erkenntnis, daß die Entstehung von elektromotorischen Kräften *nicht* an das Zusammenwirken *verschiedener* Metalle mit einem Elektrolyten gebunden ist, daß vielmehr auch *gleichartige* Metalle in Lösung dieses Metalls eine EMK liefern, vorausgesetzt, daß Konzentrationsunterschiede vorhanden sind, die sich, nach dem wahrscheinlicheren Zustand der Unordnung strebend, auszugleichen suchen. Da es sich hier um Konzentrationsunterschiede *geladener* Teilchen (Ionen) handelt, ist mit diesem Ausgleichsbestreben ein elektrischer Vorgang zwangsläufig verknüpft. Chemische Umsetzungen brauchen dabei keine stattzufinden. Das Geschehen ist mit den physikalischen, von der Gastheorie und Elektrizitätslehre bereitgestellten Hilfsmitteln ohne Zusatzhypothesen quantitativ beschreibbar.

Zwei Zinkelektroden tauchen in zwei verschieden konzentrierte $ZnSO_4$-Lösungen; durch ein Tondiaphragma sind diese am mechanischen Vermischen verhindert. Da der Konzentrationsausgleich, der wahrscheinlichere Zustand des Gesamtsystems, nicht durch Diffusion erreicht werden kann, wird er durch Wechselwirkung mit den Elektroden bewirkt. Die verdünnte Lösung nimmt Zn^{++} auf, die konzentrierte gibt Zn^{++} ab. Der linke Zinkstab wird zur Anode, der rechte zur Kathode und innerhalb der Kette fließt ein von den positiven Metallionen getragener Strom von der Kathode zur Anode, während gleichzeitig SO_4^{--}-Ionen von links nach rechts wandern *müssen*, wenn nicht in unzulässiger Weise links negative und rechts positive Raumladungen durch das Verschwinden und Auftreten der Zn^{++}-Ionen entstehen sollen.

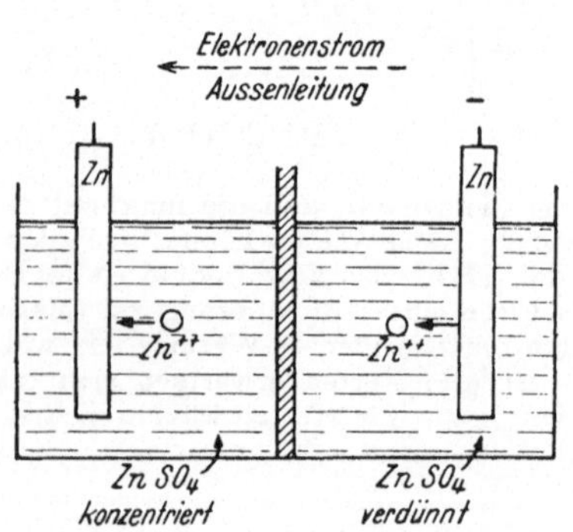

Abb. 41. Sog. Konzentrationskette mit Überführung.

Die gesamte EMK setzt sich aus drei Potentialsprüngen an den Unstetigkeitsstellen zusammen: zwei an den Elektroden, eine am Diaphragma. Erstere dominieren quantitativ. Um aber zu ihrem Verständnis zu gelangen, werden zunächst die Vorgänge im Inneren des Elektrolyten betrachtet mit dem Zweck, den Potentialsprung am Diaphragma, das sog. „Diffusionspotential" E_D zu ermitteln.

Nun ist erfahrungsgemäß die Beweglichkeit bzw. Wanderungsgeschwindigkeit der Anionen (SO_4^{--}, v_a) und Kationen (Zn^{++}, v_k) verschieden; sie rücken — mindestens auf kurze Strecken bezogen — räumlich auseinander und die damit verbundene, wenn auch nur spurenweise Scheidung der Ladungen gibt zu elektrostatischen Kräften Anlaß, die den ganzen Vorgang hemmen.

Auf jedes Ion wirken so zwei Kräfte: Einerseits ein osmotisches Druckgefälle, anderseits das hemmende Feld.

Sind die Lösungen hinreichend verdünnt, so kann man die Ionen wie ein ideales Gas behandeln, dessen allseitiger Druck p nach III, 7 gegeben ist durch

$$p = N\,k\,T = N\,\frac{\Re}{L}\,T$$

(N ... Zahl der Ionen im cm³, $\Re$ ... allgemeine Gaskonstante, L ... LOSCHMIDTsche Zahl). Ist N entlang x variabel, dann tritt ein einseitig wirkendes Druckgefälle auf (wenn N entlang x abnimmt, nimmt $\dfrac{dp}{dx}$ zu)

$$\frac{dp}{dx} = -\frac{\Re}{L}\, T\, \frac{dN}{dx}. \tag{32}$$

Weil nach (27) $N \cdot w = c\, L$, wird $dN/dx = L/w \cdot dc/dx$ und daher die Kraft auf das Einzelteilchen

$$\frac{1}{N}\frac{dp}{dx} = -\frac{\Re\, T}{N\, w}\frac{dc}{dx}. \tag{32a}$$

Anderseits ist die hemmende elektrische Kraft je Ion gleich $\pm\, e\, w\, \mathfrak{E}$ oder, wenn die Feldstärke gleich dem Potentialgefälle gesetzt wird ($\mathfrak{E} = -d\Psi/dx$)

$$\mp\, e\, w\, \frac{d\Psi}{dx}. \tag{33}$$

Sind N Ionen im cm^3, jedes mit der Beweglichkeit $\mathfrak{u}$ (Wanderungsgeschwindigkeit unter der Kraft 1), so bewegt sich von jeder Ionenart je sec durch die Querschnittseinheit die Menge:

$$\text{Ionenstrom} = -\mathfrak{u}\, N\left[\frac{\Re\, T}{N\, w}\frac{dc}{dx} \pm e\, w\, \frac{d\Psi}{dx}\right] = -\mathfrak{u}\left[\frac{\Re\, T}{w}\frac{dc}{dx} \perp o\, F\frac{d\Psi}{dx}\right] \tag{34}$$

[weil $N\, e\, w = c\, L\, e = c\, F$ nach (26)].

Da aber die Lösung als Ganzes elektrisch neutral bleibt, dürfen die beiden Ionenmengen einander gleichgesetzt werden; gilt der Index k für das Kation ($+$), a für das Anion ($-$), so folgt:

$$-\mathfrak{u}_k\left[\frac{\Re\, T}{w_k}\frac{dc}{dx} + c\, F\frac{d\Psi}{dx}\right] = -\mathfrak{u}_a\left[\frac{\Re\, T}{w_a}\frac{dc}{dx} - c\, F\frac{d\Psi}{dx}\right],$$

daher:

$$\frac{d\Psi}{dx} = -\frac{\mathfrak{u}_k/w_k - \mathfrak{u}_a/w_a}{\mathfrak{u}_k + \mathfrak{u}_a}\cdot\frac{\Re\, T}{F}\cdot\frac{1}{c}\frac{dc}{dx}. \tag{35}$$

Sei an der Stelle x_1 (etwa links vom Diaphragma der Abb. 41) die Konzentration c_1, an der Stelle x_2 (rechts vom Diaphragma) c_2, dann ergibt die Integration von (35) für den Potentialsprung an der Grenzfläche beider Konzentrationen:

$$\Psi_1 - \Psi_2 = \frac{\mathfrak{u}_k/w_k - \mathfrak{u}_a/w_a}{\mathfrak{u}_k + \mathfrak{u}_a}\frac{\Re\, T}{F}\ln\frac{c_1}{c_2}. \tag{36}$$

Dies ist die vielverwendete sog. Nernstsche Formel.

Für das Weitere sei vereinfachend angenommen, daß Anion und Kation gleiche Wertigkeit haben: $w_k = w_a = w$; dann wird aus (36)

$$E_D = \Psi_1 - \Psi_2 = \frac{\mathfrak{u}_k - \mathfrak{u}_a}{\mathfrak{u}_k + \mathfrak{u}_a}\cdot\frac{\Re\, T}{F}\ln\frac{c_1}{c_2}. \tag{36a}$$

Wendet man nun, was sicherlich eine Extrapolation ist, deren Zulässigkeit erst der Erfolg rechtfertigt, (36a) auf die *Grenzfläche* Metall—Elektrolyt an, und setzt man die Ionenkonzentration in den metallischen Elektroden $c = C_A$ (Anode) bzw. C_K (Kathode), sowie die Beweglichkeit des Anions, das an dieser Stelle in das Metall überhaupt nicht eindringt, *gleich Null* ($\mathfrak{u}_a = 0$), dann erhält man für die Potentialsprünge an den Elektroden:

$$E_K = \frac{\Re T}{w\,F} \ln \frac{C_K}{c_k} \quad \text{und} \quad E_A = -\frac{\Re T}{w\,F} \ln \frac{C_A}{c_a}. \tag{36 b}$$

Die Summe der elektromotorischen Kräfte E_K, E_A, E_D gibt die gesamte EMK der Konzentrationskette von Abb. 41:

$$E = E_K + E_A + E_D = \frac{\Re T}{w\,F}\left[\ln\frac{C_K}{c_k} - \ln\frac{C_A}{c_a} + \frac{u_k - u_a}{u_k + u_a}\ln\frac{c_k}{c_a}\right]. \tag{37}$$

In der Konzentrationskette Abb. 41 sind aber beide Elektroden aus gleichem Metall, daher ist $\mathfrak{C}_K = \mathfrak{C}_A$ zu setzen. In diesem Falle ergibt (37):

$$E = \frac{\Re T}{w\,F}\left[\ln\frac{C_K}{C_A} - \ln\frac{c_k}{c_a} + \frac{u_k - u_a}{u_k + u_a}\ln\frac{c_k}{c_a}\right] = \frac{2\,u_a}{u_k + u_a}\,\frac{\Re T}{w\,F}\ln\frac{c_a}{c_k}. \tag{37 a}$$

Diejenige Elektrode lädt sich positiv auf (wird zur Anode), die in die konzentriertere Lösung ($c_a > c_k$) taucht. Mit „HITTORFsche *Überführungszahlen*" werden die Ausdrücke $u_a/(u_k + u_a)$ bzw. $u_k/(u_k + u_a)$ bezeichnet (vgl. IV, 12 b γ).

Im DANIELL-Element bestehen die Elektroden aus verschiedenem Metall; dort ist $C_K \neq C_A$. Vernachlässigt man den (kleinen) Potentialsprung E_D am Diaphragma, dann erhält man aus (36 b) für die EMK:

$$E = \frac{\Re T}{w\,F}\left[\ln\frac{C_{Zn}}{C_{Cu}} - \ln\frac{c_{Zn}}{c_{Cu}}\right]. \tag{38}$$

(38) enthält als unbestimmbare Größe das Verhältnis C_{Zn}/C_{Cu} der Atomionenkonzentration in den Metallen. Man könnte in den beiden Teilpotentialen (36 b), die zu (38) geführt haben, das Verhältnis C/c und damit, da c bekannt ist, C ermitteln, wenn man als 2. Elektrode jeweils eine solche verwenden könnte, von der man sicher weiß, daß sie selbst *keine* elektromotorische Kraft (oder eine absolut bekannte) liefert. Da eine solche bisher nicht gefunden wurde, begnügt man sich damit, eine bestimmte, gut reproduzierbare Elektrode, die sog. „Wasserstoff-Normal-Elektrode" (Pt in Säure vorgegebener H-Ionenkonzentration), willkürlich als „Nullpunkt" anzusetzen und alle EMK Metall-Elektrolyt (Einzelpotentiale) auf diesen zu beziehen. Zu Widersprüchen mit der Erfahrung kann man dabei deshalb nicht kommen, weil bei den Anwendungen in Theorie und Experiment immer nur das Verhältnis der zwei Größen C_A/C_K auftritt. Man erhält so eine wohldefinierte „Spannungsreihe" (Spannung Metall gegen seine wäßrige Lösung, und zwar 1 Grammäquivalent/Liter), bezogen auf die Normalelektrode bei bestimmter Temperatur (20° C). Zum Beispiel:

Metall	Li	Na	Mg	Zn	Fe	Pb
Ion	Li$^+$	Na$^+$	Mg^{++}	Zn^{++}	Fe^{++}	Pb^{++}
E (in Volt).	—3,02	—2,92	—1,55	—0,76	—0,43	—0,12

Metall	H$_2$	Cu	Ag	Hg	Au
Ion	2 H$^+$	Cu^{++}	Ag^{++}	Hg^{++}	Au$^+$
E (in Volt).	0	+0,34	+0,80	+0,86	+1,5

Die EMK der DANIELL-Kette ergibt sich daraus zu $-E_{Zn} + E_{Cu} = -(-0,76) + 0,34 = 1,10$ statt $1,093$.

Das anschauliche, das eigentliche Problem des Ursprunges der eingeprägten Kräfte aber nicht anschneidende Bild, das NERNST vom Entstehen dieser Potentialsprünge entworfen hat, ist nun das folgende:

Man ersetze die Konzentrationen C, c in den Ausdrücken (36b) durch die ihnen proportionalen [vgl. (32) und (32a)] osmotischen Drucke (ohneweiters statthaft im Inneren der Lösung, jedoch eine recht gewagte Übertragung auf die Unstetigkeitsstelle):

$$E = \frac{\Re T}{w\,F} \ln \frac{P}{p} = \frac{\Re T}{w\,F} \ln P - \frac{\Re T}{w\,F} \ln p. \tag{39}$$

(39) zeigt dann, daß das Einzelpotential auf zwei einander entgegenarbeitende Einflüsse zurückgeht: auf einen vom Metall nach außen und einen von der Lösung gegen das Metall gerichteten Druck $+P$ bzw. $-p$. Ersterer wird als „*Lösungstension*", als Bestreben des Metalls, seine Atomionen in die Lösung hineinzuverdampfen, gedeutet. Da aber die „verdampften" Ionen geladen sind und ein dem Verdampfen entgegenwirkendes Feld erzeugen, so entsteht eine elektrische Doppelschicht aus negativ geladener Metalloberfläche einerseits und positiv geladener Grenzschicht von Atomionen anderseits. Der Lösungstension wird schließlich durch den osmotischen Druck (abhängig von c) das Gleichgewicht gehalten. Liegen die Verhältnisse so, daß selbst bei den höchsten Konzentrationen des Elektrolyten die Lösungstension überwiegt („unedle" Metalle, leicht lösbar), dann wird das Metall negativ, die angrenzende Flüssigkeitsschicht positiv (Zn in $ZnSO_4$), vgl. Abb. 39; überwiegt aber („edle" Metalle, Cu, Ag, Au) selbst bei geringen Konzentrationen „der Gasdruck" der Kationen des Lösungsmittels (Cu^{++} in $CuSO_4$ gegenüber Cu), dann treten die Kationen in das Metall, dieses wird zur Anode und die angrenzende Flüssigkeitsschicht ist negativ geladen. Durch die Ausbildung der Doppelschicht kommt der Prozeß rasch zum Stillstand; werden aber durch Stromentnahme die Metalladungen neutralisiert, dann geht der Prozeß weiter und liefert Stromenergie.

Kann die bei Stromentnahme eintretende Veränderung des Elektrodenzustandes durch Stromumkehr mehr oder weniger rückgängig gemacht werden, ist also der Prozeß ganz oder angenähert *reversibel*, dann hat man nach den Grundsätzen der Thermodynamik (III, 6, a, c) das Maximum an Arbeit gewonnen. Dieses Maximum bzw. die ihm entsprechende Änderung der freien Energie ist aber bei isothermen Prozessen ganz allgemein die Triebkraft, die Zustandsänderungen bewirkt. So ist die EMK reversibler galvanischer Ketten ein Maß für die „*chemische Affinität*" (das Streben nach Eingehen einer chemischen Reaktion) der an der Reaktion in der Grenzschicht beteiligten Stoffe. Darin liegt ein Teil der Bedeutung der oben mitgeteilten, allerdings nur relativ verwertbaren Spannungsreihe.

Beide Begriffe aber, „Lösungstension" sowohl wie „chemische Affinität", sind ihrem Wesen nach phänomenologisch; die Erscheinungen verlaufen so, „wie wenn" solche eingeprägte Kräfte vorhanden wären. Sie sind in Worte gekleidete Erfahrungstatsachen, deren Eignung zur quantitativen Beschreibung letzten Endes auf der Allgemeingültigkeit des BOLTZMANNschen *e-Satzes* [III, 7 a (9)] beruht, der seinerseits die mathematische Formulierung eines Wahrscheinlichkeitsprinzips ist: Sei c die Konzentration (in Mol/Liter) der in Lösung gegangenen Atomionen, c_m die konstante Atomionenkonzentration im Metall, $E_p = L\,\varepsilon_p$ der Unterschied in der potentiellen Energie der L Ionen in Lösung und im Metall, dann gilt nach dem e-Satz für thermisches Gleichgewicht:

$$c = c_m\, e^{-\varepsilon_p/kT} = c_m\, e^{-E_p/\Re T}.$$

Die Erfahrung ergibt, daß E_p teils eine Folge eingeprägter Kräfte E_{Affin} (chemische Affinität, Lösungsbestreben), teils elektrostatischen Ursprungs (weil es geladene Teilchen sind, die in Lösung gehen und eine Ablösearbeit elektrischen Ursprungs zu leisten haben) $E_{el} = w\,F\,E$ ist, wenn Wertigkeit w, Ladungstransport F und elektromotorische Kraft E berücksichtigt werden. Somit:

$$- E_p = E_{\text{Affin}} - w\,F\,E;$$

$$c = c_m\,e^{+\,(E_{\text{Affin}} - w\,E\,F)/\Re T} = c_m\,e^{+\,E_{\text{Affin}}/\Re T} \cdot e^{-\,w\,F\,E/\Re T}.$$

Für die jeweilige Grenzfläche charakteristisch ist $c_m\,e^{+\,E_{\text{Affin}}/\Re T} = C$, eine Größe, die deshalb als Maß der Lösungstension oder chemischen Affinität angesehen und entsprechend benannt wird.
Aus

$$c = C\,e^{-\,w\,F\,E/\Re T} \tag{40}$$

ergibt sich durch Logarithmieren die Grundbeziehung:

$$E = \frac{\Re T}{w\,F}\ln\frac{C}{c}$$

entsprechend (36b). Aus (40) ergibt sich, daß C jener Konzentration c der gelösten Ionen entspräche, die im Gleichgewicht vorhanden wäre, wenn es sich um ungeladene Ionen (mit $E = 0$) handeln würde.

C. Gleichförmig bewegte Elektrizität.

Der stationäre, d. i. zeitlich konstante elektrische Strom und sein Feld.

11. Grundlagen.

a) *Anschluß an die Elektrostatik.* In den Lehrbüchern pflegt man den Übergang von der ruhenden zur bewegten Elektrizität durch die Betrachtung der Vorgänge vorzunehmen, die sich bei der Entladung eines Kondensators, die ja offenbar mit einer Störung des Gleichgewichtszustandes und mit *Elektrizitätsbewegung* verbunden sind, abspielen. Ein Kondensator mit der Kapazität C (Abb. 42) sei mit der Ladung Q_0 auf die Spannung U_0 aufgeladen; über eine rechter Hand angedeutete metallische

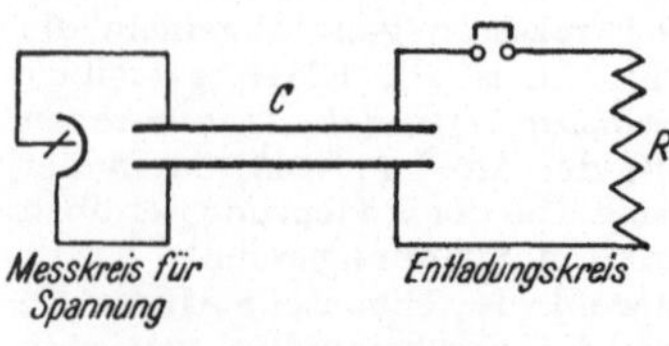

Abb. 42. Spannungsmessung während der Kondensatorentladung.

(selbstinduktionsfreie) Leitung werde er entladen, wobei eine trägheitslose, also schnell ansprechende Vorrichtung (linker Hand ersichtlich) die Spannungsmessung während des Ladungsausgleiches ermöglicht.

Bei Schließung des Entladungskreises wird die Spannung (Potentialdifferenz) zwischen den beiden Kondensatorplatten zum Verschwinden gebracht. Dies erfolgt, wie der Versuch zeigt, nach dem Zeitgesetz:

$$U = U_0\, e^{-\alpha t}, \text{ so daß } \frac{dU}{dt} = -\,U_0\,\alpha\,e^{-\alpha t} = -\,\alpha\,U \qquad (1)$$

gilt.

Bezüglich der für die Versuchsbedingungen charakteristischen Größe α findet man: Bei ein und demselben Entladungskreis ist α der variierten Kapazität C verkehrt proportional:

$$\alpha \sim \frac{1}{C} \quad \text{oder} \quad \alpha = \frac{1}{R\,C} \quad \text{mit} \quad R = \frac{1}{\alpha\,C} \qquad (2\,a)$$

Bei ein und derselben Kapazität variiert R mit Länge l, Querschnitt f, Material $\varkappa$ des Entladungskreises entsprechend:

$$R = \frac{l}{f} \cdot \frac{1}{\varkappa} = \frac{l}{f}\,\varrho \quad \text{mit} \quad \varrho = \frac{1}{\varkappa} = R\,\frac{f}{l}. \qquad (2\,b)$$

$\varkappa$ ist die spezifische Leitfähigkeit, ϱ der spezifische Widerstand des Materials.

Da *während* des Spannungsausgleiches die Elektronen unter einem zeitlich variablen Feldeinfluß ($dU/dt \neq 0$) standen, mußte Elektronenbewegung eintreten, die je Zeiteinheit eine Elektrizitätsmenge durch jeden Querschnitt des Entladungskreises transportierte, die, wie bei solchen Transporterscheinungen üblich, als

$$\text{Stromstärke:} \quad I = \frac{dQ}{dt} \qquad (3)$$

definiert wird. Weil zu jeder Zeit für den Kondensator $C = Q/U$ gilt, folgt:

$$\text{aus (3)} \qquad \text{aus (1)} \qquad \text{aus (2a)} \qquad \text{aus (2b)}$$

$$I = \frac{dQ}{dt} = C\,\frac{dU}{dt} \quad = \alpha\,C\,U \quad = \frac{1}{R}\,U \quad \text{mit} \quad R = \frac{l}{f}\,\varrho. \qquad (4)$$

Dies ist der Inhalt des bekannten OHM*schen Gesetzes*: „Spannung U gleich Widerstand R mal Stromstärke I". Da die Definition der Strom*richtung* freisteht, ist das Vorzeichen in (4) belanglos; als positiv wird jene Richtung bezeichnet, in der bewegliche $+$Ladungen wandern oder wandern würden.

Da die Elektronen des ganzen Entladungskreises in Bewegung sein müssen, muß *jedes* Leiterelement dl desselben unter Spannung stehen. Wenn keines von ihnen irgendwie ausgezeichnet ist, muß der aus (4) bestimmbare Spannungsabfall entlang l:

$$\frac{dU}{dl} = I\,\frac{\varrho}{f}; \quad U = I\,\frac{\varrho}{f}\,l + \text{Const.}$$

in jedem Zeitmoment konstant sein: Die Spannung ändert sich entlang l linear; die Neigung der Geraden hängt in bezug auf den Leiter von ϱ/f ab.

Da im vorliegenden Fall die Spannung U nach (1) zeitlich variiert, hat man es nicht mit den einfachen Verhältnissen des stationären Stromes zu tun. Gleichwohl kann man schon hier die hauptsächlichsten Begleiterscheinungen eines Stromes, die Wärme- und eventuell elektrolytischen Wirkungen *in* der Leiterbahn, die magnetischen Wirkungen *außerhalb* der Leiterbahn demonstrieren.

Im weiteren werden aber zunächst stationäre Verhältnisse, also das Vorhandensein von Stromquellen, die zeitlich konstante Spannung liefern, vorausgesetzt. Das Wesentliche der stationären Strömung wird in der Zusammenstellung der folgenden Abschnitte in Erinnerung gebracht. Es gilt jetzt: $I = dQ/dt = Q/t = $ konst.

b) *Die Stromstärke I.* Der elektrische Strom entsteht durch die Bewegung elektrischer Ladungen. Als Ladungsträger kommen praktisch in Betracht: 1. Die Elektronen mit der Ladung $e = -\,1,60 \cdot 10^{-19}$ Coulomb und der Masse $m = 0,9 \cdot 10^{-27}$ g. 2. Die positiven (Kationen) bzw. negativen (Anionen) w-wertigen Ionen mit der Ladung $\pm\, w\, e$ und der Masse $\mu_{\mathrm{H}}\, M$ ($\mu_{\mathrm{H}} = $ Protonenmasse $= 1,67 \cdot 10^{-24}$ g, $M = $ Atom- oder Molekulargewicht). Demnach könnte man dreierlei Stromarten unterscheiden: Den Elektronenstrom (z. B. im Metall), den Ionenstrom (z. B. im Elektrolyt) und den von Elektronen *und* Ionen getragenen gemischten Strom (z. B. in manchen Mischleitern).

Damit ein solcher „Konvektionsstrom" zustande kommt, müssen die Ladungsträger erstens beweglich sein und zweitens unter dem Einfluß eines aufgedrückten Feldes zu geordneter Bewegung veranlaßt werden, die $+$-Träger in der Feldrichtung, die $-$-Träger ihr entgegen. Sind die Träger *völlig frei* beweglich (etwa im vollkommenen Vakuum), dann werden sie dauernd beschleunigt derart, daß ihr Energiegewinn $d\,(m\,v^2/2)$ gleich $w\,e\,dU$, also gleich dem Arbeitsumsatz beim Durchlaufen der Spannung dU auf dem Wegelement ds ist (vgl. das in IV, 10 c, γ eingeführte Maß der Elektronenenergie „e-Volt"; Einheit ist jene Energie, die beim Durchlaufen von 1 Volt gewonnen wird: $1\,\mathrm{eV} = 1,59 \cdot 10^{-12}$ erg $= 3,80 \cdot 10^{-20}$ cal). Sind anderseits die Ladungsträger quasielastisch gebunden (Elektronen im Isolator), so daß sie nur um kleine Verzerrungen aus der Ruhelage verschoben werden können, dann spricht man häufig von „Verschiebungsstrom"; er besteht aus einem kurzdauernden Stromstoß beim Anlegen oder Abschalten des Feldes. Befinden sich endlich die an sich frei beweglichen Ladungen in Materie, so wird die eingeleitete geordnete Bewegung durch Zusammenstöße eine Behinderung erfahren, die, wie eine Reibung wirkend, den Trägern nur eine mittlere, der Feldstärke proportionale Geschwindigkeit zu erreichen gestattet. (Elektronen im Metall IV, 10 c, β, und 12 a, Ionen im Elektrolyt, IV, 10 d, α und 12 b, und bei der „unselbständigen" Strömung in Gasen, IV, 12 c, α.) Dieser praktisch häufigste Fall kann folgendermaßen beschrieben werden:

Es sei $\mathfrak{E}$ die Feldstärke, $w\,e$ die Trägerladung, $w\,e\,\mathfrak{E}$ die auf die beweglichen Träger wirkende Kraft. Die Bewegungsbehinderung durch Zusammenstöße werde phänomenologisch als Reibungskraft angesetzt, die bei mittleren Geschwindigkeiten v erfahrungsgemäß dieser proportional, also etwa gleich $\beta\,v$ ist. Die Bewegungsgleichung lautet dann:

$$m\,\frac{dv}{dt} = w\,e\,\mathfrak{E} - \beta\,v \quad \text{oder} \quad \frac{dv}{w\,e\,\mathfrak{E} - \beta\,v} = \frac{dt}{m}.$$

Integriert:

$$-\frac{1}{\beta}\ln\left(w\,e\,\mathfrak{E} - \beta\,v\right) = \frac{t}{m} + \text{Const.,}$$

wobei für $t = 0$, $v = 0$ also Const. $= -\dfrac{1}{\beta}\ln w\,e\,\mathfrak{E}$ sein muß. Eingesetzt und entlogarithmiert:

$$v = \frac{w\,e\,\mathfrak{E}}{\beta}\left(1 - e^{-\frac{\beta}{m}t}\right).$$

Für große Werte von $\beta\,t/m$ strebt dies dem Grenzwert (er werde nicht eigens gekennzeichnet)

$$v = \frac{w\,e\mathfrak{E}}{\beta}$$

zu, der um so schneller erreicht wird, je größer β/m ist. Im Hinblick auf die Kleinheit der Ladungsträger kann man annehmen, daß er sich praktisch sofort einstellt. Da im allgemeinen die $\pm$-Träger in bezug auf w und β verschieden sein werden, hat man zu unterscheiden:

$$\text{Kation: } v^{+} = \frac{w^{+}e}{\beta^{+}}\,\mathfrak{E} = \mathfrak{u}^{+}\,\mathfrak{E}; \quad \text{Anion: } v^{-} = \frac{w^{-}e}{\beta^{-}}\,\mathfrak{E} = \mathfrak{u}^{-}\,\mathfrak{E}. \quad (5)$$

Die Größen $v^{\pm}/\mathfrak{E} = \mathfrak{u}^{\pm}$ werden als „Beweglichkeit" (Geschwindigkeit im Feld $\mathfrak{E} = 1$) der Träger bezeichnet.[1]

Der Mechanismus des Konvektionsstromes ist nun folgendermaßen zu beschreiben: Unter der treibenden Feldkraft $\mathfrak{E} = U/l$

---

[1] Die Beweglichkeit $\mathfrak{u}$ ist hier als Geschwindigkeit im Feld $\mathfrak{E} = 1$, in (34) von IV, 10 als Geschwindigkeit unter der Kraft $e\,w\,\mathfrak{E} = 1$ definiert.

(Spannungsabfall oder Potentialgefälle $d\Psi/dl$) bewegen sich je Sekunde durch jeden Leiterquerschnitt f alle Ladungsträger, die in dem zylindrischen Volumen vom Querschnitt f und der Länge $\pm\, v$ enthalten sind, und transportieren, wenn N Träger im cm³ enthalten sind, die Ladung $\pm\, N\, w\, e\, v\, f$, sei es von links nach rechts oder von rechts nach links durch den Querschnitt:

$$I = \frac{dQ}{dt} = \text{(bei Gleichstrom)} \ \frac{Q}{t} = (N^+\, w^+\, e^+\, v^+ + N^-\, w^-\, e^-\, u^-)\, f =$$
$$= (N^+\, \mathfrak{u}^+\, w^+ + N^-\, \mathfrak{u}^-\, w^-)\, e\, \frac{f}{l}\, U.$$

Setzt man hierin:

$$(N^+\, \mathfrak{u}^+\, w^+ + N^-\, \mathfrak{u}^-\, w^-)\, e = \varkappa = 1/\varrho \quad \text{spez. Leitfähigkeit,} \quad (6)$$

dann ergibt sich mit

$$I = \frac{1}{R}\, U; \quad R = \frac{l}{f}\, \varrho \tag{7}$$

wieder das OHMsche *Gesetz unter der Voraussetzung*, daß $\varkappa$ bzw. ϱ, also nach (6) die Größen $N^\pm$, $\mathfrak{u}^\pm$, $w^\pm$, von U unabhängig sind.

Anzumerken ist, daß die Geschwindigkeit v der Elektronen im Metall oder der Ionen im Elektrolyten selbst bei den höchsten erreichbaren Spannungen bzw. Stromstärken nur Bruchteile von mm/sec beträgt. Doch setzen sie sich bei Anlegen eines Feldes wegen der ungeheuren Ausbreitungsgeschwindigkeit der Feldwirkung ($3 \cdot 10^{10}$ cm/sec) entlang dem ganzen Leiter nahezu gleichzeitig in Bewegung.[1]

Die hauptsächlichsten Stromwirkungen, die auch den üblichen Strom- und Spannungsmeßinstrumenten zugrunde liegen, sind bekanntlich:

1. Die Wärmeentwicklung im stromdurchflossenen Leiter („Hitzdraht-Instrument"). Sie wird quantitativ beschrieben durch das *Gesetz von* JOULE: man erhält es, wenn man im OHMschen Gesetz (7) links und rechts mit der Identität $Q = I \cdot t$ multipliziert:

Die Stromarbeit: $Q\,U = A = I^2\, R\, t = I\, U\, t = U^2\, t/R.$ (8)

Umrechnung der Arbeit A mit Hilfe des kalorischen Arbeits-

---

[1] Im Elementarunterricht wird zur Veranschaulichung dieser Verhältnisse gerne das Beispiel einer Wasserleitung herangezogen, deren Ausfluß durch einen etwa 1,5 km vom Ende entfernten Hahn gesperrt wird. Öffnen des Hahnes bewirkt, daß schon nach rund 1 sec am Leitungsende wieder Wasser fließt, obwohl doch die Wassergeschwindigkeit bestimmt nicht 1,5 km/sec = = 54000 km/St. beträgt. Es ist der *Druck*, der sich mit dieser Geschwindigkeit ausbreitet und das Wasser im ganzen Rohr in Bewegung setzt.

äquivalents [III, 6 d, oder IV, 10 (28): 1 Joule $= 0{,}239$ cal] liefert die maximal erhältliche Stromwärme.

Die Stromleistung: $N = A/t = U\,I$ wird praktisch in

$$\text{Watt} = \text{Volt} \cdot \text{Ampere} = 10^7 \text{ erg/sec.} \qquad (9)$$

gemessen.

2. Die chemischen Wirkungen beim Stromdurchgang durch Elektrolyte („Voltameter" oder „Coulometer"). Sie werden quantitativ beschrieben durch die FARADAY*schen Gesetze der Elektrolyse* [vgl. IV, 10 d (26) und IV, 12 b].

3. Die magnetischen Wirkungen in der Umgebung des Stromleiters (Stromfeld). „Nadel- und Weicheiseninstrumente" mit beweglichem Magneten und festgehaltenem Stromträger, sowie „Drehspuleninstrumente" mit beweglichem Stromträger und festgehaltenem Magneten nützen diese Wirkungen zur I- oder U-Messung aus. Quantitativ beschrieben wird das Stromfeld durch die Folgerungen aus dem BIOT-SAVARTschen Elementargesetz (vgl. IV, 4 und IV, 13 c).

Die Einheit der Stromstärke:

Elektrostatisches System:

Dimension: $[I]_s = \left[\dfrac{Q}{t}\right]_s = (\text{vgl. IV, } 4\,\gamma) = \left[\dfrac{l}{t}\sqrt{K}\right] =$
$= \text{cm}^{3/2}\,\text{g}^{1/2}\,\text{sec}^{-2}$
$\qquad\qquad\qquad\qquad\qquad\qquad\qquad (10\,\text{a})$

Einheit: 1 **C**es/sec $=$ 1 **A**es.

Technisches System:

Dimension: $[I]_{pr} = \mathbf{A}^{+1}$ (Ampere),

Einheit: 1 Ampere $= 3 \cdot 10^9$ **A**es $= 0{\cdot}1$ **A**em.
$\qquad\qquad\qquad\qquad\qquad\qquad\qquad (10\,\text{b})$

Elektromagnetisches System:

Dimension: $[I]_m = (\text{vgl. IV, } 4\,\delta) = \sqrt{K} =$
$= \text{cm}^{1/2}\,\text{g}^{1/2}\,\text{sec}^{-1},$
$\qquad\qquad\qquad\qquad\qquad\qquad\qquad (10\,\text{c})$

Einheit: 1 **A**em $=$ 10 Ampere.

Gesetzlich definiert ist das Ampere als jene Stromstärke, die im Silbervoltameter unter genau festgelegten Versuchsbedingungen je sec 1,118 mg Silber elektrolytisch abscheidet. Diese Einheit läßt sich weder als Urmaß im Schrank aufbewahren, noch ohne die Hilfsmittel eines Präzisionslaboratoriums exakt reproduzieren. Als praktisch reproduzierbare Einheit wird daher jener Strom festgesetzt, der in einem Widerstand von 1,0183 Ohm fließt, wenn an dessen Enden die Spannung eines Cd-Normalelements angelegt wird (zu ermitteln im Kompensationsverfahren, da einem Normalelement kein Strom entnommen werden darf).

c) *Spannung U, Potentialdifferenz $\Delta\Psi$, elektromotorische Kraft E.*
Laut Definition von (16, 18) in IV, 6 ist die Spannung die von den
Feldkräften auf dem Wege s an der Ladung $Q = 1$ geleistete
Arbeit:

elektrische *Spannung* auf dem Wege s:

$$U = A/Q = \int_1^2 \mathfrak{E}_s\, ds. \tag{11}$$

Gleichbedeutend ist die *Potentialdifferenz* $U = \Psi_1 - \Psi_2$. Das Potential Ψ
selbst bezieht sich auf *einen Punkt*, Spannung und Potentialdifferenz auf
ein *Linienstück* bzw. *zwei Punkte*. Die Spannungs*differenz* bezieht sich auf
zwei Linienstücke. Dem Wesen nach gleichartig ist auch die EMK. In
allen drei Fällen gibt die Ladung Q, multipliziert mit U bzw. $\Psi_1 - \Psi_2$ bzw. E,
die am Ladungsträger geleistete Arbeit. Der Sprachgebrauch schwankt.
Im allgemeinen darf man vielleicht sagen, daß der Potentialbegriff vor allem
in der Elektrostatik, der Spannungsbegriff in der Elektrodynamik verwendet wird. Es wird kaum vorkommen, daß in der Redewendung: „Die
Leitung steht unter Spannung" das Wort Spannung durch Potentialdifferenz ersetzt wird. Dagegen versteht man unter EMK im allgemeinen
die ladungstrennende *Ursache* und unterscheidet z. B. E_e und E_i, die
„eingeprägte" EMK, von der in IV, 10 ausführlich die Rede war, und die
„induzierte" EMK, die in IV, 14 abgehandelt werden wird. Allerdings
ist der Ausdruck, wie schon bemerkt, insofern irreführend, als diese sog.
elektromotorischen (Elektrizität in Bewegung setzenden) „Kräfte" durch
die an Q geleistete *Arbeit* gemessen werden.

Die für Theorie und Praxis wichtigsten Spannungen sind die Gleich-
und Wechselspannung:

Gleichspannung: Konstante Intensität, konstantes Vorzeichen.

Wechselspannung: Intensität und Vorzeichen variieren periodisch derart, daß sie sich in Zeitmomenten, die um die Periodendauer auseinander-
liegen, stets gleichartig wiederholen.

Einheiten: Aus dem festzuhaltenden Umstand, daß die Pro-
dukte $Q\,U$, $Q\,\Delta\Phi$, $Q\,E$, ein und dieselbe Dimension, nämlich jene
der Arbeit A (Kraft mal Weg) haben, ergeben sich Dimension und
Einheiten gleichartig für U, Φ, E:

Elektrostatisches System:

$$\text{Dimension:}\ [U]_s = \left[\frac{A}{Q}\right]_s = [\text{vgl. (10a)}] = \left[\frac{K\,l}{l\sqrt{K}}\right] =$$
$$= \left[\sqrt{K}\right] = \mathrm{cm}^{1/2}\,\mathrm{g}^{1/2}\,\mathrm{sec}^{-1},$$
$$\text{Einheit:}\ \frac{1\ \mathrm{erg}}{1\ \mathbf{C}\mathrm{es}} = 1\ \mathbf{V}\mathrm{es.} \tag{12a}$$

Technisches System:

$$\text{Dimension:}\ [U]_{pr} = \mathbf{V}^{+1}\ (\text{Volt}),$$
$$\text{Einheit:}\ 1\ \mathrm{Volt} = \frac{1}{300}\ \mathbf{V}\mathrm{es} = 10^8\ \mathbf{V}\mathrm{em.} \tag{12b}$$

Elektromagnetisches System:

$$\text{Dimension:} \; [U]_m = [A/Q]_m = [K\,l/I\,t] = [\text{vgl. 10 c}]$$
$$= \left[K\,l/t\,\sqrt{K}\right] = \left[v\,\sqrt{K}\right] =$$
$$= \text{cm}^{3/2}\,\text{g}^{1/2}\,\text{sec}^{-2},$$

$$\text{Einheit:} \; 1\,\mathbf{V}\text{em} = \frac{1\;\text{erg}}{1\,\mathbf{A}\text{em}\cdot\text{sec}} = \frac{10^{-7}\;\text{Joule}}{10\;\text{Amp sec}} =$$
$$= 10^{-8}\;\text{Volt}.$$

$$(12\,\text{c})$$

Die *gesetzliche* Definition ist: „Das Volt, die Einheit der EMK, wird dargestellt durch die EMK, welche in einem Leiter, dessen Widerstand 1 Ohm beträgt, einen Strom von 1 Ampere erzeugt." Als praktisch verwendbares, aufbewahrbares Normale hat eine Internationale Kommission das Volt als den 1,0183ten Teil der EMK eines Cadmiumnormalelements bei 20° C festgesetzt, dessen Herstellung durch genaue Vorschriften reproduzierbar ist. Dieses internationale Volt ist aber etwas größer als das gesetzliche, nämlich $V_{int} = 1,00034\;V_{ges}$.

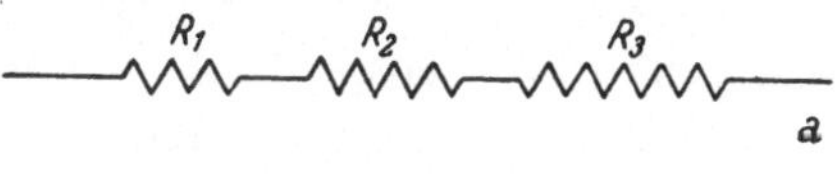

d) *Der Widerstand R.* Das Wort wird in doppelter Bedeutung gebraucht; einmal für die durch R gemessene physikalische Eigenschaft eines Leiters, das andere Mal für den Träger dieser Eigenschaften, also für den Leiter

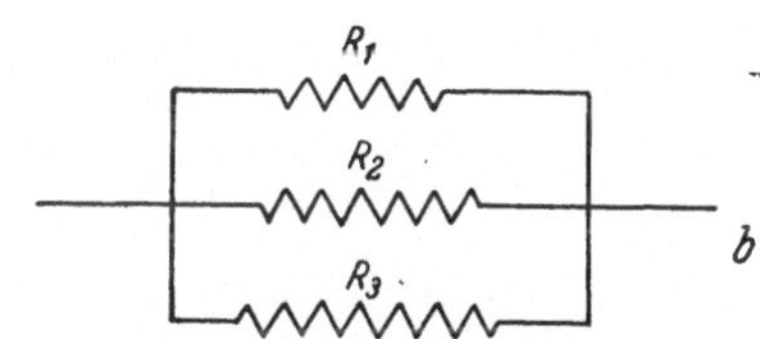

Abb. 43. Serien- und Parallelschaltung von Widerständen.

selbst, insbesondere wenn dessen Verwendungszweck vorwiegend darin besteht, das Verhältnis von Strom und Spannung zu regulieren (Rheostat, Stöpsel-, Regulier-, Schiebe-, Normalwiderstand usf.).

Von „OHMschem Widerstand" spricht man, wenn das OHMsche Gesetz (7) verwirklicht ist, wenn also R *nur* von den Leitereigenschaften und dessen Temperatur, nicht aber von U oder I abhängt; wenn also entsprechend (6) die Materialgrößen N, w, u während des Stromdurchganges unveränderlich sind. Im Ausdruck (7) für den OHMschen Widerstand:

$$R = \frac{l}{f}\,\varrho \equiv C_w\,\varrho \quad \text{mit} \quad |C_w| = \left|\frac{R}{\varrho}\right| = \text{cm}^{-1} \qquad (7\,\text{a})$$

bezeichnet man die von der Leiter*form* abhängige Größe C_w als „*Widerstandskapazität*". Für zylindrische Drähte ist $C_w = l/f$ wie in (7). Für komplizierte Formen, z. B. für die bei Leitfähigkeitsmessungen an Elektrolyten verwendeten Gefäße, muß C_w experimentell durch Messung an einem Stoff mit bekanntem ϱ ermittelt werden.

Bei Hintereinanderschaltung von Widerständen (Abb. 43a) addieren sich die Einzelwiderstände zum Gesamtwiderstand:

$$\text{Serienschaltung:}\quad R = \Sigma\, R_i = R_1 + R_2 + R_3 + \ldots \tag{13a}$$

Denn ein und derselbe Strom I durchfließt sie alle, so daß die Spannung an den Enden zu rechnen ist nach $U = I\,R_1 + I\,R_2 + + \ldots = I\,\Sigma\,R_i$, daher der Gesamtwiderstand $R = U/I = \Sigma\,R_i$.

Bei Parallelschaltung von Widerständen (Abb. 43b) addieren sich die reziproken Widerstände zum reziproken Gesamtwiderstand:

$$\text{Parallelschaltung:}\quad \frac{1}{R} = \sum \frac{1}{R_i} = \frac{1}{R_1} + \frac{1}{R_2} + \frac{1}{R_3} + \ldots \tag{13b}$$

Denn die Enden aller R_i sind metallisch verbunden, somit alle R_i unter gleicher Spannung; daher berechnet sich der Gesamtstrom nach $I = I_1 + I_2 + \ldots = U\left(\dfrac{1}{R_1} + \dfrac{1}{R_2} + \ldots\right)$; daher

$$\frac{1}{R} = I/U = \sum \frac{1}{R_i}.$$

Bei „Gemischtschaltung" rechnet man nach den allgemeinen, für ein beliebiges Leitungsnetz gültigen KIRCHHOFFschen Regeln (vgl. weiter unten).

An Stelle des Widerstandes R wird vielfach der *Leitwert* $1/R$ verwendet.

Die Einheiten des Widerstandes:

Elektrostatisches System:

$$\text{Dimension:}\quad [R]_s = \left[\frac{U}{I}\right]_s = [\text{vgl. (10a), (12a)}] =$$

$$= \left[\frac{\sqrt{K}}{v\,\sqrt{K}}\right] = \left[\frac{1}{v}\right] = \text{cm}^{-1}\,\text{g}^0\,\text{sec}^{+1}. \tag{14a}$$

$$\text{Einheit:}\quad \frac{1\ \mathbf{Ves}}{1\ \mathbf{Aes}} = 1\ \Omega\text{es}.$$

Technisches System:

$$\text{Dimension:}\quad [R]_{pr} = [U/I]_{pr} = \mathbf{V}^{+1}\,\mathbf{A}^{-1}, \tag{14b}$$

$$\text{Einheit:}\quad 1\ \text{Ohm} = \frac{1\ \text{Volt}}{1\ \text{Amp}} = \frac{1}{9}\cdot 10^{-11}\,\Omega\text{es} = 10^9\,\Omega\text{em}.$$

Elektromagnetisches System:

Dimension: $[R]_m = [U/I_m =]$ (vgl. 10 c, 12 c) $=$
$$= \left[v \,\sqrt{\overline{K}}/\sqrt{\overline{K}}\,\right] = [v] = \mathrm{cm}^{+1}\,\mathrm{sec}^{-1}.$$

Einheit: $1\,\Omega\mathrm{em} = 1\,\mathbf{V}\mathrm{em}/1\,\mathbf{A}\mathrm{em} =$
$$= 10^{-8}\,\mathrm{Volt}/10\,\mathrm{Ampere} = 10^{-9}\,\mathrm{Ohm}.$$

$$(14\,\mathrm{c})$$

Der zum Widerstand 1 Ohm gehörige Leitwert 1/Ohm heißt ein *Siemens*.
Unter dem absoluten Ohm versteht man den Widerstand eines Leiters, durch den bei 1 Volt Spannung der Strom 1 Ampere fließt. Als internationales Ohm gilt der Widerstand einer Quecksilbersäule von 1063 mm Länge und 1 mm² Querschnitt bei 0° C. Nach diesem Standard, der übrigens größer als ein absol. Ohm ist (1,0049 abs. Ohm), werden für Meßzwecke Normalwiderstände in handlichen Ausführungen (Material z. B. Manganin statt Hg) hergestellt und mit Eichscheinen versehen.

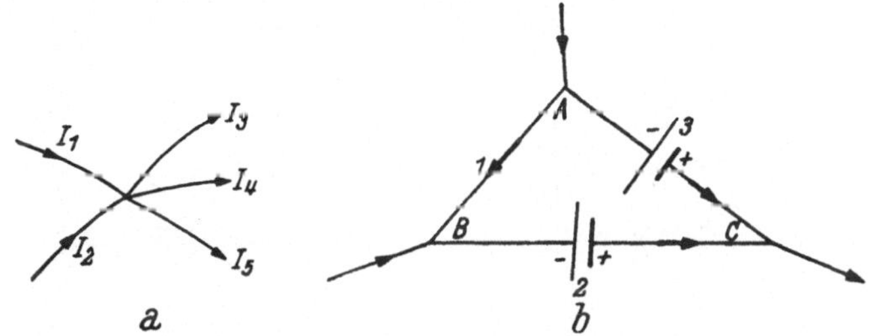

Abb. 44. Zu den Kirchhoffschen Stromverzweigungsregeln.

e) *Der elektrische Stromkreis.* Soll in einem Leiter der Strom stationär sein, so muß jedes Volumelement des Leiters zu jedem Zeitpunkt durch die Strömung um ebensoviel Ladung vermehrt als vermindert werden; andernfalls gäbe es Stauungen und der Strom wäre *nicht* unabhängig von der Zeit. Damit diese „Kontinuitätsbedingung" erfüllt ist, muß sowohl der Ladungstransport als die ihn treibende Feldkraft der Drahtachse parallel sein. Die Kontinuitätsbedingung zusammen mit dem Ohmschen Gesetz bilden in der Fassung der Kirchhoffschen *Regeln* die Grundlage zur Berechnung der Stromverteilung in jedem beliebigen Leitungsnetz:

A. In jedem Verzweigungspunkt (Abb. 44 a) ist die algebraische Summe der Stromstärken der ankommenden, positiv zu zählenden, und abgehenden, negativ zu zählenden Ströme gleich Null: $\Sigma\,I = 0$. Andernfalls wäre die Strömung infolge Stauung nicht stationär.

B. Betrachtet man einen beliebigen in sich geschlossenen Teil der Leitung (Abb. 44 b, ABC), nennt die darin vorhandenen EMK E und Ströme I der einen Richtung positiv, die der anderen negativ, dann ist die algebraische Summe der Produkte aus den einzelnen Widerständen und den zugehörigen Stromstärken gleich der algebraischen Summe der EMK: $\Sigma I R = \Sigma E$.

Sei ABC in Abb. 44 b ein solcher Stromkreis. Enthielte er *keine* Stromquellen, dann müßte bei einem Umlauf $\Sigma I R = \Sigma U$ gleich Null sein; denn man verliert an Spannung, wenn man *mit* dem Strom geht, und gewinnt, wenn man gegen ihn geht, muß aber jedenfalls bei der Rückkehr zum Ausgangs*punkt*, also nach einem Umlauf wieder den Ausgangs*zustand* erreichen. Sind jedoch Stromquellen vorhanden, dann ist die aus den Teilspannungen $-U_{AB} - U_{BC} + U_{CA} = -I_1 R_1 - I_2 R_2 + I_3 R_3$ sich zusammensetzende Umlaufspannung U_{ABCA} nicht mehr Null, sondern gleich der algebraischen Summe der zusätzlich wirkenden

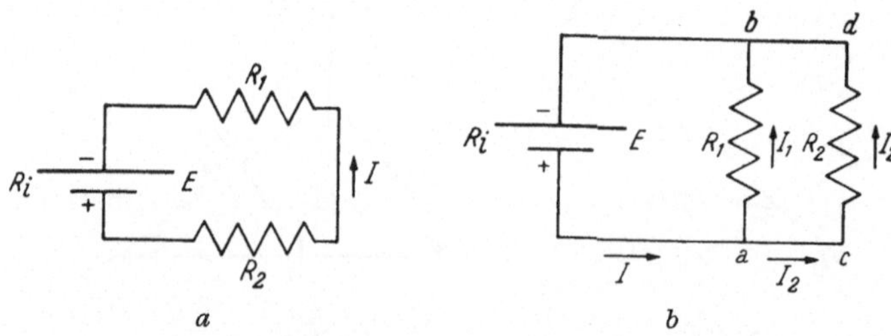

Abb. 45. Der unverzweigte und verzweigte Stromkreis.

elektromotorischen Kräfte $-E_2 + E_3$. Bei der algebraischen Summierung einigt man sich z. B. auf die Abmachung, daß Ströme I und Spannungen oder EMK dann positiv gezählt werden, wenn sie einem Stromfluß im Sinne des Uhrzeigers entsprechen. Im folgenden werden einige Anwendungsbeispiele gebracht.

1. *Serien- und Parallelschaltung von Widerständen:* Bereits die Ableitung der Formeln (13 a) und (13 b) im vorhergehenden Abschnitt (d) war eine Anwendung der allgemeinen Sätze A und B. Denn in einem unverzweigten Stromkreis, wie in Abb. 45 a, durchfließt ein und derselbe Strom I die ganze Leitung; also gilt nach Satz B:

$$E = I R_i + I R_1 + I R_2 - I (R_i + R_a) = I R$$

mit $\qquad\qquad R_a = R_1 + R_2, \qquad R = R_i + R_a. \qquad\qquad$ (15)

Im verzweigten Stromkreis aber, wie in Abb. 45 b, gilt

nach A für den Verzweigungspunkt a: $\qquad I = I_1 + I_2, \qquad (\alpha)$

nach B für Stromkreis $E\,a\,b\,E$: $\qquad E = I R_i + I_1 R_1, \qquad (\beta)$

   oder   ,,   ,, $E\,c\,d\,E$: $\qquad E = I R_i + I_2 R_2, \qquad (\gamma)$

   ,,   ,,   ,, $a\,c\,d\,b\,a$: $\qquad 0 = I_2 R_2 - I_1 R_1. \qquad (\delta)$

Daraus folgt:

nach (δ) nach (α)

$$\frac{I_1}{I_2} = \frac{R_2}{R_1}, \quad I = I_2 \frac{R_2}{R_1} + I_2; \quad I_2 = I \frac{R_1}{R_1 + R_2},$$

$$\text{nach } (\gamma)$$

$$E = I\,R_i + I \frac{R_1\,R_2}{R_1 + R_2} = I\,(R_i + R_a) \text{ mit } \frac{1}{R_a} = \frac{1}{R_1} + \frac{1}{R_2}. \tag{16}$$

2. *EMK und Klemmenspannung:* In Übereinstimmung mit den Ausführungen in IV, 10 d, α ergibt sich aus

$$E = I\,(R_i + R_a) = I\,R_i + U \quad \text{mit} \quad U = I\,R_a, \tag{17}$$

daß bei der Stromentnahme aus einer galvanischen Kette mit der EMK E die durch $U = I\,R_a$ definierte Klemmenspannung

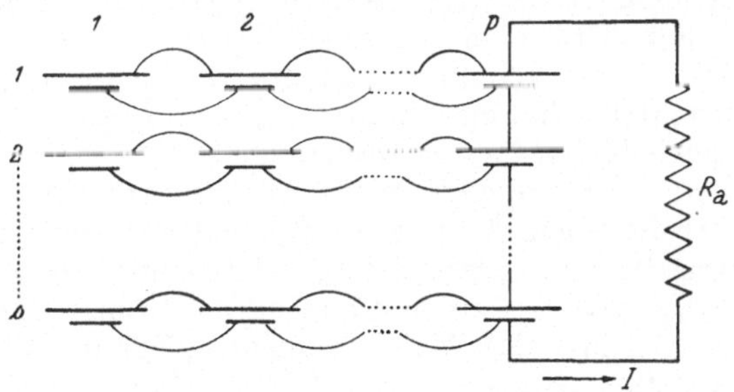

Abb. 46. Gruppenschaltung einer Batterie.

kleiner ist als die EMK; und zwar um so kleiner, je mehr Strom I entnommen wird und je größer der innere Widerstand R_i ist, denn es gilt $U = E - I\,R_i$. Die Klemmenspannung wird mit E gleich, wenn $I = 0$, also für das „offene Element".

3. *Die günstigste Schaltung einer Batterie von galvanischen Ketten, z. B. Akkumulatoren:* Zur Verfügung stehe eine Batterie von gleichartigen Elementen, jedes mit der EMK E' und dem inneren Widerstand R_i'. Diese n Elemente werden in s Gruppen von je p parallelgeschalteten eingeteilt, derart, daß $p\,s = n$ ist; die entstehenden s Gruppen werden in Serie geschaltet und über den äußeren Widerstand R_a geschlossen. Zweck der Schaltung ist, den Spannungsabfall $I\,R_i$, der bei der Stromentnahme in der Batterie entsteht und die Klemmenspannung verkleinert, möglichst nieder zu halten und ein Optimum an entnehmbarer Stromstärke zu erreichen.

Durch die Gruppenschaltung wächst die EMK auf $E = s\,E'$;

der innere Widerstand der Batterie wird $R_i = s\,R_i'/p$, weil die Querschnitte p-mal, die Längen s-mal größer wurden. Somit lautet der Satz B:

$$s\,E' = I\left[\frac{s}{p}\,R_i' + R_a\right] \quad \text{oder} \quad I = \frac{s\,E'}{\dfrac{s}{p}\,R_i' + R_a} = \frac{n\,s\,E'}{s^2\,R_i' + n\,R_a}.$$

I wird ein Maximum, wenn $dI/ds = 0$ wird. Dies ist, wie die Durchführung der Differentiation zeigt, dann der Fall, wenn

$$n\,R_a = s^2\,R_i' \quad \text{oder} \quad R_a = \frac{s}{p}\,R_i' = R_i.$$

Das heißt, man hat n in das Produkt $p \cdot s$ so zu zerlegen, daß R_a möglichst gleich $R_i = \dfrac{s}{p}\,R_i'$ wird; man hat den inneren Gesamtwiderstand dem Außenwiderstand möglichst anzugleichen. Ist $R_a \gg R_i'$, dann wird man die ganze Batterie in Serie schalten; ist $R_a \ll R_i'$, dann schaltet man alle Elemente parallel. In beiden Extremfällen hat man dadurch R_i dem R_a so weit genähert, als die Gegebenheiten dies gestatten.

4. *Strommessung und indirekte Spannungsmessung.* a) Zur Messung der in einem Leiterkreis fließenden Stromstärke muß der Strommesser vom *selben* Strom oder mindestens von einem *bekannten Bruchteil* des zu bestimmenden Stromes durchflossen werden. Das heißt, das Meßinstrument „liegt im allgemeinen im Hauptschluß".

Soll die Einschaltung des Strommessers (Amperemeter) in den Leiterkreis möglichst wenig an den Versuchsbedingungen ändern, dann muß der innere Widerstand des Instrumentes nieder gehalten werden. Daher werden die für den Hauptschluß bestimmten Amperemeter mit kleinem Widerstand R_A gebaut. Mitgeliefert werden meist „Nebenschlußwiderstände", die auf R_A abgestimmt sind und den Zweck haben, den Meßbereich zu erweitern (Abb. 47a). Soll ein etwa maximal für 3 Ampere bestimmtes Instrument für Ströme von 30 Ampere verwendet werden, so werden neun Zehntel des zu messenden Stromes durch den Nebenschluß geschickt und nur ein Zehntel geht durch das Amperemeter. Zu diesem Zweck muß nach (16) der Nebenschluß 9mal so viel Strom aufnehmen als das Instrument, das heißt, sein Widerstand muß 9mal kleiner sein als der des Instrumentes. Analog muß er 99- 999- usf. mal kleiner sein, wenn nur $^1/_{100}$, $^1/_{1000}$ usf. der zu messenden Gesamtstromstärke das Instrument passieren soll.

$$[I = I_N + I_A = {}^9/_{10}\,I + {}^1/_{10}\,I; \quad I_N = 9\,I_A; \quad R_N = R_A/9.]$$

b) *Indirekte Spannungsmessung,* bei der aus der gemessenen Stromstärke auf die Spannung geschlossen wird, ist die im täglichen Leben weitaus häufigste Art, U zu bestimmen. Meist handelt es sich darum, die zwischen zwei bestimmten Punkten a und b einer Stromleitung (Abb. 47b) herrschende Spannung zu bestimmen, ohne daß durch das Einschalten des Instrumentes Wesentliches an den Versuchsbedingungen geändert wird. Man legt daher ein Strommeßinstrument von so hohem inneren Widerstand R_U in den *Neben*schluß, daß nur ein vernachlässigenswert kleiner Bruchteil des Stromes, etwa I_U, durch das Instrument fließt. Dann gilt für die gesuchte Spannung: $U = I_U \cdot R_U$. Das Zifferblatt des Spannungsmessers gibt nicht I_U, sondern gleich das Produkt $I_U\,R_U$, also U an. Um die Empfindlichkeit herab, den Meßbereich hinaufzusetzen, werden den „Voltmetern" (Amperemeter mit hohem innerem Widerstand) Vorschaltwider-

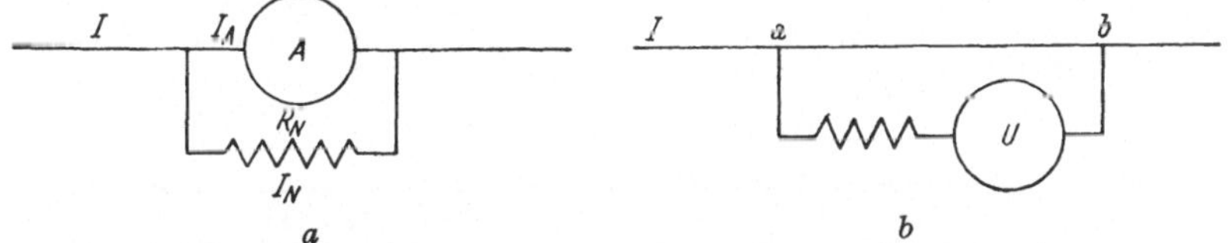

Abb. 47. Strom- und indirekte Spannungsmessung.

stände mitgegeben, die so wie in der Abb. 47b angedeutet, gleichfalls in den Nebenschluß kommen und dort den Spannungsabfall im Instrument auf $^1/_{10}$, $^1/_{100}$ usw. des zu messenden U-Wertes herabsetzen.

12. Eigenschaften und Mechanismus der Leitungsströme.

a) *Stromleitung in Metallen.* Zur Übertragung elektrischer Energie über weite Strecken und auf vorgegebenen Wegen ist das wichtigste und derzeit noch von keinem andern übertroffene technische Hilfsmittel die Stromleitung in Metallen. Diese ist, auch wenn mehrere Metalle aneinanderstoßen, von nachweisbaren chemischen Veränderungen im Leitermaterial *nicht* begleitet; die Natur der Ladungsträger ist nicht materialbedingt, sondern universell; ihr Gewicht ist vernachlässigbar, da Ladungsanhäufung in Metallen von keinerlei nachweisbarer Gewichtsverlagerung begleitet ist: Es handelt sich um reine *Elektronenleitung.*

Das OHMsche Gesetz betreffend die Proportionalität zwischen Strom und Spannung gilt im allgemeinen streng; nur unter ganz extremen Bedingungen (z.B. in Metallhäuten von 0,1 bis 0,5 $\cdot$ 10^{-4} cm

Dicke bei Stromdichten über 10^6 Ampere/cm²) konnte BRIDGEMAN Abweichungen feststellen. Somit ist normalerweise der

$$\text{Widerstand } R = U/I = \varrho \cdot \frac{l}{f}, \text{ mit spez. Widerstand } \varrho$$

von U und I unabhängig. Da nur eine einzige Art von Ladungsträgern, die Elektronen mit der Wertigkeit $w = 1$, vorhanden ist, ist nach (6) und (7) von IV, 11 auch die

$$\text{spezifische Leitfähigkeit } \varkappa = 1/\varrho = N \, \mathfrak{u} \, e \tag{2}$$

und damit die Zahl N der Elektronen im cm³ und deren „Beweglichkeit" $\mathfrak{u}$ von I und U unabhängig. Entsprechend der Definition von $\mathfrak{u}$ (Geschwindigkeit im Feld 1) ist die

$$\text{Elektronengeschwindigkeit } v = \mathfrak{u} \, \mathfrak{E} = \mathfrak{u} \, U/l. \tag{3}$$

Wie bereits bemerkt, ist v überraschend klein; es läßt sich berechnen, wenn in (2) $\varkappa$ und N bekannt sind. Beispiel: Für Kupfer mit der Dichte 8,93 g/cm³ und dem Atomgewicht 63,6 wird die Zahl der Atome je cm³ (LOSCHMIDTsche Zahl $L = 6,02 \cdot 10^{23}$ je Mol):

$$6,02 \cdot 10^{23} \cdot 8,93/63,6 = 8,4 \cdot 10^{22}.$$

Unter der Annahme, daß größenordnungsmäßig jedes Atom ein Elektron freigibt, wird $N \simeq 8,4 \cdot 10^{22}$. Für die spezifische Leitfähigkeit $\varkappa$ ergibt die Beobachtung $\varkappa = 59 \cdot 10^4$ Ohm^{-1} cm^{-1}. Somit erhält man mit Elektronenladung $e = 1,6 \cdot 10^{-19}$ Coulomb:

$$\mathfrak{u} = \frac{\varkappa}{N \cdot e} = \frac{59 \cdot 10^4}{8,4 \cdot 10^{22} \cdot 1,6 \cdot 10^{-19}} \frac{\text{Ohm}^{-1}\,\text{cm}^{-1}}{\text{cm}^{-3}\,\text{Coulomb}} = 44 \frac{\text{cm/sec}}{\text{Volt/cm}}$$

$$\left[\text{da cm}^2/\text{Coulomb} \cdot \text{Ohm} = \text{cm}^2/\text{Volt} \cdot \text{sec} = \frac{\text{cm}}{\text{sec}} \Big/ \frac{\text{Volt}}{\text{cm}}\right].$$

Da man nun praktisch eine Kupferleitung wegen der hohen Stromwärme nicht höher als mit etwa 600 Ampere/cm² belasten kann und diesem in einem Kupferwürfel mit $f = 1$ cm², $l = 1$ cm fließenden maximalen Strom eine Feldstärke $\mathfrak{E} = U/l = I/f\varkappa = 600/59 \cdot 10^4 \sim 0{,}001$ Volt/cm entspricht, so wird die mittlere Geschwindigkeit der Elektronen in der Cu-Leitung nicht höher als größenordnungsmäßig

$$v = \mathfrak{u} \, \mathfrak{E} \simeq 44 \cdot 0{,}001 \simeq 0{,}044 \text{ cm/sec.}$$

Schon in IV, 11 c, wurde darauf verwiesen, daß zwischen dieser „geordneten Kriechgeschwindigkeit" von etwa einem halben Millimeter/sec, der hohen ungeordneten Temperaturgeschwindigkeit (IV, 10 c, γ) der Elektronen und der enormen Ausbreitungsgeschwindigkeit der Feldkraft (Lichtgeschwindigkeit) wohl zu unterscheiden ist. Hier ist noch hinzuzufügen, daß somit nach (2) die hohe Leitfähigkeit der Metalle auf der Größe der Zahl N und nicht auf der hohen „Beweglichkeit" $\mathfrak{u}$ der Elektronen beruht.

Die „Beweglichkeit" ist im Falle der Metallelektronen allerdings nur ein Rechenbegriff. In IV, 10 c, γ wurde das Leitvermögen zurückgeführt auf die Eigenschaften des entarteten Elektronengases. Was hier v genannt wurde, war dort der mittlere Geschwindigkeits*zuwachs* Δv zur ungeordneten

Temperaturgeschwindigkeit, während mit v_0 eine praktisch von der Temperatur unabhängige obere Grenze der letzteren bezeichnet wurde. Mit der freien Weglänge $\mathfrak{L}_0$ ergab sich dort (6a):

$$\varkappa^* = N\,\mathfrak{u}\,e = N\,e^2\,\mathfrak{L}_0/m\,v_0,$$

so daß

$$\mathfrak{u} = e\,\mathfrak{L}_0/m\,v_0$$

wird. Da v_0 und N praktisch konstant sind, so muß die beobachtete Temperaturabhängigkeit von R bzw. $\varkappa$ bzw. $\mathfrak{u}$ in $\mathfrak{L}_0$ stecken, die ihrerseits, wie in IV, 10, kurz ausgeführt wurde, durch die thermische Unruhe der positiven Atomionen des Metallgitters bedingt ist.

Was nun diese Temperaturabhängigkeit des Widerstandes anbelangt, so nimmt er ab z. B. bei Kohle, Silizium, Tellur während er bei reinen Metallen zunimmt mit steigender Temperatur. Zur Darstellung genügt in der Reihe $R = R_0\,(\mathrm{1} + \beta\,T + \beta'\,T^2 + \ldots)$ meist eine dreigliedrige, für Überschlagszwecke die zweigliedrige Form $R = R_0\,(\mathrm{1} + \beta\,T)$, worin β bemerkenswerterweise von der Größenordnung des thermischen Ausdehnungskoeffizienten idealer Gase ($^1/_{273}$) ist und zwischen etwa $^1/_{200}$ und $^1/_{300}$ liegt. Mit abnehmender Temperatur müßte danach der Widerstand immer geringer, die Leitfähigkeit $\varkappa$ und mit ihr $\mathfrak{u}$ und $\mathfrak{L}_0$ immer größer werden, bis schließlich für $T = 0$ R verschwindet.

Zum Unterschied von dieser Erwartung zeigen einige Metalle, viele Legierungen, ja sogar Verbindungen, wie PbS, CuS, die Erscheinung der „Supraleitfähigkeit". Ihr Widerstand springt schon bei Temperaturen $T > 0$ plötzlich auf unmeßbar kleine Werte. Im folgenden sind für jene reine Metalle, die supraleitend werden, die Ordnungszahl Z und die Sprungtemperatur (in abs. Graden) angegeben:

Al	Ti	V	Zn	Ga	Zr	Nb	Cd	In	Sn	Hf	Ta	Hg	Tl	Pb	Th
Z 13	22	23	30	31	40	41	48	49	50	72	73	80	81	82	90
T 1,1	1,1	4,2	0,7	1,1	0,7	9,2	0,6	3,4	3,6	0,3	2,4	4,1	2,4	1,2	1,3

Die Metalle liegen in der Umgebung der Minima in der Atomvolumskurve. Eine Erklärung der Erscheinung und der eigenartigen sie begleitenden Umstände steht noch aus. Das OHMsche Gesetz gilt nicht mehr; R im Übergangsgebiet hängt von I ab, und zwar vermutlich deshalb, weil mit I sich das auf das Metall rückwirkende Magnetfeld ändert. Auch äußere Magnetfelder haben Einfluß. Die Elektronen scheinen sich nur an der Metall*oberfläche* geordnet zu bewegen, Thermokräfte verschwinden. Im supraleitenden Zustand, also unterhalb der Sprungtemperatur, hat ein stromdurchflossener Leiter gewisse Ähnlichkeit mit einem ferromagnetischen Stoff unterhalb des CURIE-Punktes (IV, 13 b, γ): Der Elektronenstrom fließt nur an der Oberfläche, aber dauernd, ohne Reibung in der Bahn, das Magnetfeld ist permanent, die ganze Erscheinung ist vom Kristallbau, also nicht vom Verhalten der Moleküle, sondern größerer Kristallbereiche abhängig und verschwindet bei Überschreitung kritischer Temperaturen (Sprungtemperatur, CURIE-Punkt). So hat es den Anschein, als ob es sich um einen Mechanismus handelt, der mit jenem des Ferromagnetismus (IV, 13 b, γ; Typus der reibungsfreien „Molekularströme") verwandt ist.

Bei *Annäherung an den Schmelzpunkt* nimmt der Widerstand bei den meisten festen Metallen rasch zu (Ausnahmen: Ge, Sb, Bi, die sich beim Schmelzen verdichten); das Verhältnis ϱ (flüssig)/ϱ (fest) ist beim Schmelzpunkt meist zwischen 1,6 und 2,1. Der Temperaturkoeffizient im flüssigen Zustand ist kleiner, die Widerstandsänderung nahezu linear.

Manche Legierungen zeichnen sich durch besonders geringe Temperaturempfindlichkeit des Widerstandes aus. Sie sind, wie z. B. Manganin, Nickelin, Konstantan, vielverwendete Materialien für Regulierwiderstände.

Umgekehrt ist die Widerstandsänderung mit der Temperatur ein wichtiges Hilfsmittel für die Temperaturmessung mit Hilfe sog. Widerstandsthermometer, die für Temperaturen bis hinauf zu 500 bis 600° C verwendbar sind.

Bezüglich des Zusammenhanges zwischen elektrischer und Wärmeleitfähigkeit (Gesetz von WIEDEMANN-FRANZ bzw. LORENZ) und dessen theoretischer Deutung wird auf IV, 10 c, β und γ verwiesen.

Einige Zahlenwerte für den spez. Widerstand ϱ bei 0° C und den Temperaturkoeffizienten $\beta = \dfrac{1}{R_0} \cdot \dfrac{dR}{dt}$ sind in Tabelle 9 zusammengestellt. Da ϱ der Widerstand (in Ohm) eines Würfels von 1 cm Kantenlänge ist ($f = 1$ cm², $l = 1$ cm), ist $\varrho \cdot 10^4$ z. B. der Widerstand eines Drahtes von nur 1 mm² Querschnitt und 100 cm Länge. Zu Vergleichszwecken sind auch die ϱ-Werte einiger Isolatoren angegeben.

Tabelle 9. *Spezifischer Widerstand ϱ und Temperaturkoeffizient β.*

Metalle	$\varrho \cdot 10^4$ Ohm $\cdot$ cm	β	Isolatoren	ϱ
Ag	0,016	$+$ 0,0040	Schiefer	10^8
Cu	0,017	$+$ 0,0040	Marmor.........	10^{10}
Zn	0,060	$+$ 0,0037	Glas..........	$5 \cdot 10^{13}$
Fe	0,086	$+$ 0,0060	Quarz $\parallel$ Achse ..	10^{14}
Pt	0,107	$+$ 0,0040	Siegellack	$8 \cdot 10^{15}$
Bi..........	1,20	$+$ 0,0042	Glimmer	$5 \cdot 10^{16}$
Manganin ...	0,43	$\sim\pm$ 0,00003	Quarz $\perp$ Achse .	$3 \cdot 10^{16}$
Konstantan .	0,50	$\sim\pm$ 0,00001	Quarzglas	$\sim 5 \cdot 10^{18}$

b) *Stromleitung im Elektrolyten.*

Elektrolyte (die FARADAYschen Leiter 2. Klasse) heißen jene festen oder flüßigen (also *nicht* gasförmigen) Stoffe, in denen ein Feld eine mit Materietransport verbundene Elektrizitätsleitung hervorruft.

α) *Geschichtlicher Überblick.* Die Entwicklung dieses Erscheinungsgebietes, das für die gesamte Chemie im allgemeinen, für die Erkenntnis der atomistischen Struktur der Elektrizität im besonderen von grundlegender Bedeutung ist, hat einen eigenartigen und für den Zurückschauenden schwer verständlichen Verlauf genommen. Sie mag als Beispiel gewertet werden, wie schwierig es ist, gewisse vorgefaßte Meinungen auch mit den schweren Waffen der experimentellen Tatsachen abzuändern.

An den Beginn der Entwicklung (1833) darf man wohl die FARADAYsche Erarbeitung der nach ihm benannten beiden *Grundgesetze* stellen (vgl. IV, 10 d, α). Wenn ein Stromleiter beim Stromdurchgang eine chemische Umsetzung an den Stromzuführungsstellen (Elektroden) zeigt, dann gilt:

1. In *ein und demselben* Elektrolyten ist die umgesetzte Stoffmenge proportional dem Produkt aus Stromstärke und Zeit, also proportional zu $It = Q$ der durchgegangenen Elektrizitätsmenge.

Vergleicht man *verschiedene* Elektrolyte, so findet man, daß die von der gleichen Elektrizitätsmenge Q abgeschiedenen Gewichtsmengen sich verhalten wie die „Äquivalentgewichte", worunter das Verhältnis A/w (Atom- oder Molekulargewicht durch Wertigkeit) zu verstehen ist.

Als Elektrolyte dienten z. B. wäßrige Lösungen von Metallsalzen. Schaltet man also so wie in Abb. 48 drei Elektrolyte I, II, III hintereinander, so daß die gleiche Menge Q alle drei durchwandert, dann muß sich ergeben:

$$G_I : G_{II} : G_{III} = 63{,}6 : 107{,}88 : 31{,}8$$

(Cu ist in Kupfer-I-Chlorid ein-, in Kupfersulfat zweiwertig).

Einerseits erkennt FARADAY bereits den Begriff des Ladungstransports durch Ionen und eine Art „Atomistik" der Elektrizität, wenn er sagt: „Wenn wir die Terminologie der Atomtheorie annehmen, so sind es die in ihrer gewöhnlichen chemischen Aktion einander äquivalenten Atome der Körper, welche von Natur mit gleichen Mengen Elektrizität vereinigt sind." Anderseits — und dies war einer der wenigen Irrtümer, die ihm unterliefen — stellte er sich vor, daß der *Strom das Lösungsmittel zersetze*, z. B. aus den wäßrigen Lösungen 1,008 g H an der Kathode, 8,00 g O an der Anode abscheide und daß dieses zersetzte Wasser als sekundäre Reaktion an der Kathode die äquivalente Menge Cu aus $CuSO_4$ freimacht, während der Sauerstoff an der Anode metallisches Cu oxydiere.

Abgesehen davon, daß dieser Mechanismus gute Leitfähigkeit des reinen Lösungsmittels voraussetzen würde, was keineswegs zutrifft — die Lösungsmittel werden erst durch *Mischung* gute Leiter, reine Lösungsmittel leiten schlecht —, konnte HITTORF (1824 bis 1914) schon 1853 in überzeugender Weise den Nachweis führen, daß nicht das Lösungsmittel, sondern *das Gelöste die Ladungsträger liefert*. Er zeigte, daß die in der Umgebung der Elektroden, aber doch im Inneren des Elektrolyten, entstehenden Konzentrationsveränderungen darauf zurückzuführen sind, daß positive und negative Teile (Ionen) des gelösten Salzes teils mit,

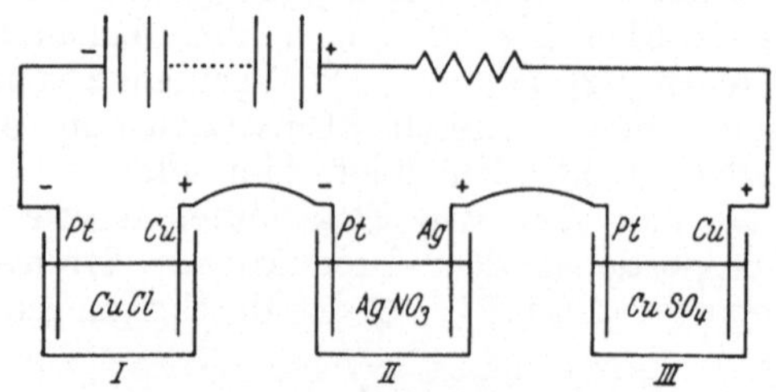

Abb. 48. Zum zweiten FARADAYschen Gesetz.

teils gegen den Strom wandern. Als „*Überführungszahl*" $\mathfrak{n}_k$ bzw. $\mathfrak{n}_a$ wird der Teil des Gesamtstromes definiert, der von der betreffenden Ionensorte getragen wird; gleichbedeutend damit ist das Verhältnis der durch einen mittleren Querschnitt wandernden Ionenmenge zu der an der Elektrode abgeschiedenen. Daher muß $\mathfrak{n}_k + \mathfrak{n}_a = 1$ sein. Die nähere Betrachtung der Verhältnisse lehrt, daß, wenn $\mathfrak{u}_k$ und $\mathfrak{u}_a$ die Ionenbeweglichkeiten sind, gelten muß:

$$\mathfrak{n}_k/\mathfrak{n}_a = \mathfrak{u}_k/\mathfrak{u}_a. \tag{4}$$

Die Ermittlung der Überführungszahlen $\mathfrak{n}$ erfolgt durch Messung der Konzentrationsveränderungen in den Elektrodenräumen; die Werte $\mathfrak{n}$ hängen von Konzentration und Temperatur ab.

HITTORFS Ergebnisse wurden offenbar wenig beachtet und in ihrer Tragweite nicht verstanden. Bald darauf wurde erkannt und ausgesprochen (CLAUSIUS 1857), daß nicht der Strom es ist, der den Elektrolyten zersetzt, sondern daß Dissoziation, also Aufspaltung in Ionen, „wenn auch nur vorübergehend und in geringem Ausmaß", auch ohne Stromleitung vorhanden sein müsse. Wesentliche Fortschritte wurden schließlich durch die systematischen Leitfähigkeitsuntersuchungen von F. KOHLRAUSCH (1840 bis 1910) erzielt, der die bekannte Methode der Messung mit Wechselstrom zur Unterdrückung der störenden Polarisationserscheinungen einführte und ausbildete. Er konnte aus seinen Beobachtungen auch seinerseits ableiten, daß die elektrische Leitfähigkeit zahlreicher Elektrolyte sich additiv zusammensetzt aus zwei für die *Ionen des Elektrolyten* charakteristischen Größen. Er bezeichnete dieses grundlegende Ergebnis als „Gesetz von der unabhängigen Wanderung der Ionen" (1873); danach kann man, wenn man z. B. für KJO_3 und LiCl die Leitfähigkeitsanteile für K und Cl bestimmt hat, die Leitfähigkeit von KCl aus ihnen zusammensetzen. Bemerkenswerterweise nimmt die Leitfähigkeit der Elektrolyte zum Unterschied vom Verhalten der Metalle mit steigender Temperatur *zu*; bei Zimmertemperatur um etwa 2,5% je Grad.

Man war sich also in qualitativer und quantitativer Hinsicht vollkommen klar über die Rolle, die die Ionen des Gelösten im Mechanismus des elektrolytischen Konvektionsstromes spielen. Den letzten und, wie uns heute erscheinen mag, so selbstverständlichen Schritt zu tun und das Vorhandensein der Ionen in *ausreichender* Menge auch in der stromlosen Lösung zu fordern, das wagte man nicht. „Vorübergehend und in geringem Ausmaß", mehr konnte man nicht zugestehen. Warum auch sollte z. B. NaCl in zwei *geladene* Teile spalten? Wie sollten Wolken von $\pm$ Teilchen nebeneinander bestehen können? Und wenn schon, müßte es dann ja zu heftigsten Reaktionen zwischen Na und dem Lösungsmittel Wasser kommen, Reaktionen, die jeder zu sehen bekommt, der metallisches Na mit Wasser in Verbindung bringt.

Als daher um 1885 VAN 'T HOFF nachwies, daß nach osmotischem Druck, Gefrierpunktserniedrigung und Siedepunktserhöhung beurteilt in den gut leitenden Elektrolyten beträchtlich mehr Teilchen enthalten sind, als der Zahl der gelösten Salzmoleküle entspricht, und als dann SVANTE ARRHENIUS (1859 bis 1927) im Jahre 1887 den entscheidenden Schritt tat und zeigte, daß sich alle Erscheinungen erklären lassen auf Grund der Annahme, daß in den guten Leitern das Gelöste mehr oder weniger vollständig „in Ionen dissoziiert" sei, da gab es eine kleine Revolution. Und es bedurfte noch einiger Zeit, bis der Widerstand vor allem der Chemiker überwunden war, und die Ionentheorie in dieser Form allgemeine Anerkennung fand.

Der jetzigen Generation sind diese Hemmungen fremd. Denn u. a. hört man schon in den Anfängen des Studiums (vgl. IV, 2b, ε), daß die *Ionen* $[Na]^+$ und $[Cl]^-$ edelgasartige Elektronenhüllen besitzen und daher so lange chemisch träge (edelgasartig) sind, als sie ihre Ladung besitzen. Erst wenn sie diese an den Elektroden verlieren, werden sie zu chemisch aggressiven Na- und Cl-*Atomen*.

Die nachfolgende Darstellung der einschlägigen Verhältnisse, die sich nur mit dem Grundsätzlichen befassen kann und die Einzelheiten der Vorlesung über physikalische Chemie überlassen muß, beschränkt sich im wesentlichen auf wäßrige Lösungen „einfacher" Elektrolyte (das Salz AB spaltet in $[A]^+ + [B]^-$, also in gleichwertige Ionen).

β) *Formulierung des Strommechanismus.* Es gilt nun, die Ausführungen von IV, 11b auf dieses Erscheinungsgebiet zu übertragen und in den hier üblichen Symbolen auszudrücken.

Es seien N Salzmoleküle $[A\,B]$ im cm³ Wasser gelöst. Von ihnen sei aus zunächst noch unbekannten Gründen der Bruchteil N_i in gleichwertige, edelgasähnliche, also chemisch träge, geladene Ionen dissoziiert. Index i bedeutet Ion; k ... Kation $[A]^+$, Ladung $+ w\,e$; a ... Anion $[B]^-$, Ladung $- w\,e$. Dann enthält die Lösung neben den ungeladenen Wassermolekülen je cm³:

$$N_i = \alpha\,N \qquad \text{Ionenpaare (2 } N \text{ Ionen)}$$
$$N - N_i = (1 - \alpha)\,N \text{ nicht-dissoziierte Salzmoleküle} \qquad (5)$$
$$\alpha = N_i/N \;\ldots\; \text{Dissoziationsgrad}$$

Wie in IV, 10 d, werden an Stelle der Teilchendichten N die gewichtsmäßig bestimmbaren Grammäquivalente eingeführt: Da L (LOSCHMIDTsche Zahl) Teilchen M (Molekulargewicht) Gramm wiegen und die Ladung $L\,w\,e = w\,F$ ($F = 96490$ Coulomb, die FARADAY-Konstante) transportieren können, so wiegen N Teilchen $G = N\,M/L$ Gramm und transportieren $N\,w\,F/L$ Coulomb. Das Gewicht G (je cm³) wird in Vielfachen des Äquivalentgewichtes $M/w = \ddot{A}$ ausgedrückt, also $G = c\,\ddot{A}$ oder $c = G/\ddot{A} = w\,N/L$.

Der Teilchenkonzentration N je cm³ entspricht also die „Äquivalentkonzentration" $c = G/\ddot{A} = w\,N/L$.

Die $\pm$-Ladung im cm³ beträgt $N_i\,w_i\,e = c_i\,L\,e = c_i\,F = \alpha\,c\,F.$ (6)

Werden c Grammäquivalente Salz je cm³ gelöst, dann sind $c_i = \alpha\,c$ Grammäquivalente Ionenpaare vorhanden.

Bei Anlegen eines Feldes $\mathfrak{E} = U/l$ an die durch die Dissoziation zum „Elektrolyten" gewordene Lösung wandern die positiven Kationen zur Kathode, die negativen Anionen zur Anode. Infolge der Reibung am Lösungsmittel erhalten sie praktisch sofort entsprechend (5) IV, 11, die

Geschwindigkeit $\left.\begin{aligned} v_k &= \frac{w_k\,e}{\beta_k}\,\mathfrak{E} = \mathfrak{u}_k\,\mathfrak{E} \\ v_a &= \frac{w_a\,e}{\beta_a}\,\mathfrak{E} = \mathfrak{u}_a\,\mathfrak{E} \end{aligned}\right\}$ $\mathfrak{u}_i = \frac{w_i\,e}{\beta_i}$ Beweglichkeit. (7)

Nach (6) von IV, 11, wird infolge der Bewegung dieser Ionensäulen durch einen mittleren Elektrolytquerschnitt f *in* der Feldrichtung positive Ladung, *gegen* die Feldrichtung negative Ladung getragen entsprechend einer Stromstärke:

$$I = \frac{Q}{t} = (N_k\,\mathfrak{u}_k\,w_k\,e + N_a\,\mathfrak{u}_a\,w_a\,e)\,f\,\mathfrak{E} = \varkappa\,\frac{f}{l}\,U = \frac{1}{R}\,U. \tag{8}$$

R ist der „Widerstand" des Elektrolyten, f/l seine „Widerstandskapazität", $\varkappa$ seine „spezifische Leitfähigkeit", $\varrho = 1/\varkappa$ sein „spezifischer Widerstand". Unter den vorausgesetzten einfacheren Bedingungen: $N_k = N_a = N$; und $w_k = w_a = w_i$ erhält man für die

spez. Leitfähigkeit $\varkappa = N_i\,w_i\,e\,(\mathfrak{u}_k + \mathfrak{u}_a) = \alpha\,N\,w_i\,e\,(\mathfrak{u}_k + \mathfrak{u}_a)$ (9a)

oder nach (6)

$$\varkappa = c_i\,F\,(\mathfrak{u}_k + \mathfrak{u}_a) = \alpha\,c\,F\,(\mathfrak{u}_k + \mathfrak{u}_a). \tag{9b}$$

Aus (9b) definiert man als

$$\text{„Äquivalentleitfähigkeit"}\;\Lambda = \frac{\varkappa}{c} = \alpha\,F\,(\mathfrak{u}_k + \mathfrak{u}_a). \tag{10}$$

Λ ist also die auf 1 Grammäquivalent bezogene spez. Leitfähigkeit.

γ) *Diskussion der Ausdrücke* (7), (8), (9), (10).

1. Die Gültigkeit des OHMschen Gesetzes, das in (8) seinen Ausdruck findet, muß experimentell erwiesen werden; d. h. es muß gezeigt werden, daß R und mit R auch $\varkappa$ von Strom bzw. Spannung unabhängig ist. Unter normalen Bedingungen, bei Feldstärken von 0,00014 bis 10 Volt/cm ist dies der Fall; geht man allerdings bis auf 10^4 und 10^5 Volt/cm, dann ergibt sich eine Zunahme der Leitfähigkeit, die jedoch nach den neueren Theorien verstanden werden kann. Auch ergibt sich Unabhängigkeit der Leitfähigkeit von der Frequenz des angewendeten Wechselstromes, angefangen von der Frequenz Null (Gleichstrom) bis zu einigen tausend Hertz; bei 10^7 bis 10^9 Hertz allerdings zeigt sich wieder eine von der Frequenz abhängige (Dispersion!) $\varkappa$-Zunahme, die gleichfalls theoretisch begründet werden kann.

Von diesen abnormalen Verhältnissen abgesehen, hat aber das OHMsche Gesetz Gültigkeit. Das bedeutet nach (9b), daß sowohl die spezifische Ladung, $c_i\,F$ Coulomb/cm³, als die Beweglichkeitssumme $(\mathfrak{u}_k + \mathfrak{u}_a)$ von Strom bzw. Spannung unabhängig sind.

2. Die Beziehung (8), kombiniert mit (9b) und mit (6) $c_i = G_i/\ddot{A}_i$ enthält auch die FARADAY*schen Gesetze*. Bedenkt man, daß in

$$I = \frac{G_i}{\ddot{A}_i} F (\mathfrak{u}_k + \mathfrak{u}_a) \frac{f}{l} U = \frac{F}{\ddot{A}_i} G_i V$$

I die in der Zeit*einheit* abgeführte Ladung Q/t ist, daß G_i die Ionengewichtsmenge im cm³ bedeutet und daß $(\mathfrak{u}_k + \mathfrak{u}_a) \dfrac{U}{l} f$ jenes Volumen V vom Querschnitt f und der Länge $(\mathfrak{u}_k + \mathfrak{u}_a) U/l$ darstellt, dessen Ioneninhalt $G_i V = G_1$ in der Zeiteinheit als Gewichtsmenge an der Elektrode abgesetzt wird, dann erhält man für die Zeit t aus dem Obigen:

$$G = G_1 t = G_i V t = I t \ddot{A}_i \frac{1}{F}$$

in Übereinstimmung mit IV, 10 d.

3. Auch der Sinn der „HITTORF*schen Überführung*" ergibt sich aus (8). Durch einen mittleren Querschnitt der Lösung wird bei Durchgang von Gleichstrom von den beiden wandernden Ionensäulen die sekundliche Gesamtladung

$$I = I_k{}^+ + I_a{}^-$$

befördert. Dieselbe Ladungsmenge müssen die beiden Elektroden aufnehmen. Die Kathode also z. B. die positive Ladungsmenge $I^+ = I$. Vom Inneren des Elektrolyten wird dem Kathodenraum aber nur die positive Ladung $I_k{}^+$ neu *zugeführt*. Der Unterschied $I^+ - I_k{}^+$ *muß* demnach aus dem Kationenvorrat des Kationenraumes gedeckt werden: und zwar sind es jene Kationen, die nach *Ab*wandern der Anionen aus dem Kathodenraum vereinsamt zurückgeblieben sind.

Ihre Ladungsmenge ist $I_a{}^+$, da die Anionen die Minusladung $I_a{}^-$ abtransportierten. Um den zugehörigen Gewichtsbetrag hat sich die Konzentration des Kathodenraumes vermindert. Es tritt eine Verarmung an *Salz* (Anionen + Kationen) im Betrag von [nach (8) und (9)]

$$c_i \mathfrak{u}_a f \frac{U}{l} \text{ Äquivalenten je sec}$$

ein. Entsprechend verarmt der Anodenraum um $c_i \mathfrak{u}_k f U/l$ Äquivalente Salz. An der Gesamtverarmung der Lösung im Betrag $c_i (\mathfrak{u}_a + \mathfrak{u}_k) f U/l$ sind also die beiden Elektrodenräume nach Maßgabe der $\mathfrak{u}$-Werte verschieden beteiligt. In den Einzelfällen kann sich dies auf unterschiedliche Art äußern (z. B. können Anionen neu gebildet werden). Stets aber erhält man durch Messung der gesamten Strommenge einerseits, durch analytische Bestimmung der eingetretenen Konzentrationsänderungen anderseits die „Überführungszahlen"

$$\mathfrak{n}_k = \frac{\mathfrak{u}_k}{\mathfrak{u}_k + \mathfrak{u}_a}; \quad \mathfrak{n}_a = \frac{\mathfrak{u}_a}{\mathfrak{u}_k + \mathfrak{u}_a}. \tag{4}$$

4. Endlich enthält (10) den Ausdruck des KOHLRAUSCH*schen Gesetzes der unabhängigen Ionenwanderung*: Denn vergleicht man Lösungen, für die der Wert des Dissoziationsgrades α der gleiche ist, insbesondere solche mit $\alpha = 1$ (bei unendlicher Verdünnung), dann gilt für alle

$$\text{Äquivalentleitfähigkeit} \quad \Lambda_\infty = F\,\mathfrak{u}_k + F\,\mathfrak{u}_a = \Lambda_k + \Lambda_a. \tag{11}$$

Alle Λ_∞ setzen sich, soweit die Beziehung gilt, aus zwei bestimmten, für die jeweilige Ionenart charakteristischen Äquivalentleitfähigkeiten zusammen; ein und denselben Betrag Λ_k (SO_4) liefert z. B. das SO_4-Ion in allen Sulfatlösungen, $\mathfrak{u}_k$ und $\mathfrak{u}_a$ sind unabhängig von der Natur des Lösungsgenossen.

Der allgemeine Zusammenhang zwischen Λ, α, $\mathfrak{n}$, $\mathfrak{u}$ ist nach (10) und (4):

$$\Lambda = \alpha\,F\,\frac{\mathfrak{u}_k}{\mathfrak{n}_k} = \alpha\,F\,\frac{\mathfrak{u}_a}{\mathfrak{n}_a}. \tag{12}$$

Die Bestimmung von Λ, α, $\mathfrak{n}$ liefert somit die Beweglichkeit $\mathfrak{u}$. Man hat z. B. in wäßrigen Lösungen die folgenden Beweglichkeitswerte bestimmt $\left(\text{in } \dfrac{\text{cm}}{\text{sec}} \middle/ \dfrac{\text{Volt}}{\text{cm}}\right)$.

H^+	K^+	Li^+	OH^-	SO_4^{--}	NO_3^-	Cl^-
0,00326	0,00067	0,00035	0,00180	0,00085	0,00064	0,00068

δ) *Starke und schwache Elektrolyte.* Nach (9b) hängt die für den Elektrolyten charakteristische Größe, die spezifische Leitfähigkeit $\varkappa$, von der Gesamtkonzentration c (Menge des Gelösten), vom Dissoziationsgrad α und von den Ionenbeweglichkeiten $\mathfrak{u}_i$ ab. Die Theorie der Elektrolyse befaßt sich, wenn zunächst von allen sekundären Erscheinungen („Polarisation" des Elektrolyten) abgesehen wird, mit der Aufgabe, die Abhängigkeit der Größen α und $\mathfrak{u}$ von den Begleitumständen, wie Konzentration, Temperatur, Druck, chemischer Natur und physikalischen Eigenschaften von Gelöstem und Lösungsmittel zu erfassen.

Als erste Erfahrungstatsache ist nach KOHLRAUSCH festzustellen, daß die überwiegende Mehrzahl der *reinen* Flüssigkeiten sehr schlecht leitet; $\varkappa$ ist meist von der Größenordnung 10^{-6} bis 10^{-8} Ohm^{-1} cm^{-1}; bei bestgereinigtem Wasser z. B. $4\cdot4 \cdot 10^{-8}$

Ohm^{-1} cm^{-1}, bei Schwefelsäure allerdings $\sim$ 10^{-2}. Mischt man aber H$_2$SO$_4$ und H$_2$O, dann kommt man zu Leitfähigkeitswerten bis 0,7 Ohm^{-1} cm^{-1}. Daher kommt es, daß man, wenn man für wäßrige Lösungen $\varkappa$ als Funktion der Konzentration aufträgt, Kurven nach Art der in Abb. 49 dargestellten erhält. Sowohl für die Konzentration Null (reines Wasser) als für große Kon-

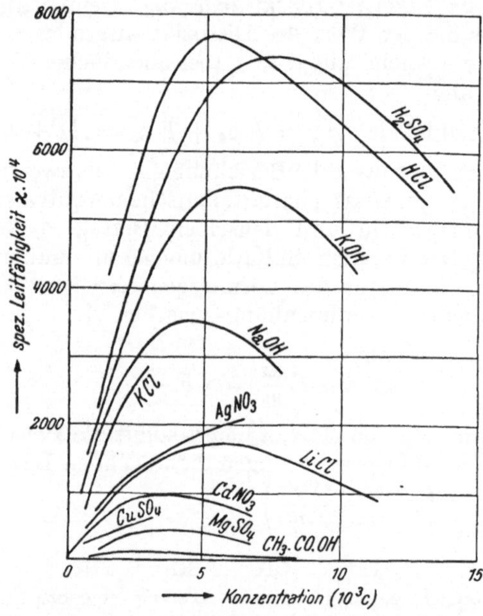

Abb. 49. Spez. Leitfähigkeit $\varkappa$ wäßriger Lösungen in Abhängigkeit von der Konzentration.

zentrationen ($\rightarrow$ reines Gelöstes) ist $\varkappa$ klein und steigt für mittlere Konzentrationen zu einem Maximum an.

Einen besseren Einblick in die Verhältnisse erhält man, wenn man, KOHLRAUSCHS Vorgehen folgend, den ersten, sozusagen „groben" Einfluß der Konzentration dadurch eliminiert, daß man an Stelle von $\varkappa$ die durch c dividierten, also die auf $c = 1$ reduzierten $\varkappa$-Werte, nämlich die Äquivalentleitfähigkeit $\varLambda$ als Funktion der Konzentration darstellt. Man erhält z. B. für HCl die Zahlen:

$10^3 c =$	0,001	0,01	0,1	1	10
$10^4 \varkappa =$	3,77	37	351	3010	6440
$\varkappa/c = \varLambda =$	377	370	351	301	64,4

Abb. 50 gibt Λ als Funktion von $10^3\,c$ wieder. Alle Elektrolyte zeigen bezüglich Λ ein qualitativ im wesentlichen gleiches Verhalten. In quantitativer Hinsicht bestehen aber so große Unterschiede, daß man eine mehr oder weniger deutliche Grenze zwischen zwei Stoffgruppen ziehen kann.

A. Gute Leiter, „*starke Elektrolyte*": Fast sämtliche Neutralsalze und einige Mineralsäuren und Basen, wie HCl, HNO_3, H_2SO_4,

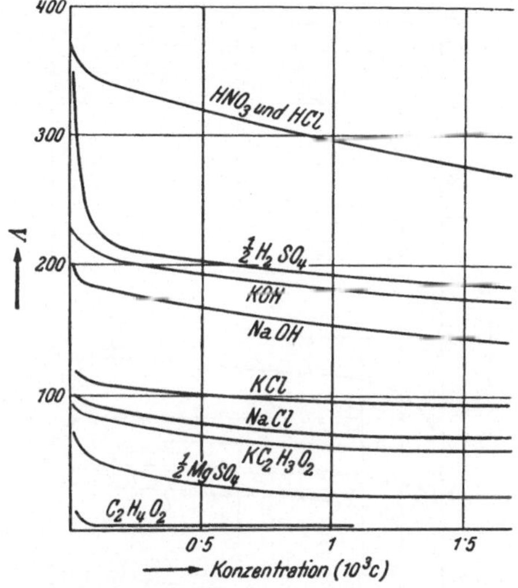

Abb. 50. Äquivalentleitfähigkeit Λ als Funktion der Konzentration c.

$NaOH$, KOH. In *verdünnten* Lösungen ist $\varkappa$ in erster Annäherung mit c proportional, so daß $\varkappa/c$ nur wenig variiert; jedoch bleibt ein merkbarer Gang bestehen derart, daß Λ mit abnehmender Konzentration (unter $0\cdot1\cdot10^{-3}$) ansteigt.

B. Schlechte Leiter, „*schwache Elektrolyte*": Fast alle organischen Säuren und Basen. Der Gang von Λ mit der Konzentration ist viel ausgesprochener, so daß in nicht zu verdünnten Lösungen schwache Elektrolyte meist um Größenordnungen schlechter leiten als starke.

Deutlich kommt dieses unterschiedliche Verhalten aber erst zum Ausdruck, wenn man nicht die Konzentration c, sondern deren Kehrwert $\varphi = 1/c$, die „Äquivalentverdünnung", als unabhängige Variable verwendet. Dann ergeben sich Kurven vom Typus der Abb. 51. Mit zunehmender Verdünnung (abnehmender Konzentration c) strebt Λ einem Grenzwert Λ_∞ zu; dieser wird im allgemeinen um so eher erreicht, je „stärker" der Elektrolyt ist. Für schwache Elektrolyte (vgl. etwa Essigsäure CH_3COOH) wird er selbst bei solchen Verdünnungen, die der Messung eben noch zugänglich sind ($c \simeq 10^{-7}$), auch nicht annähernd erreicht.

Diese experimentell festgestellte Konzentrationsabhängigkeit von Λ kann nach (10) bzw. (11) *entweder* auf eine solche von α *oder* von $\mathfrak{u}$, *oder* von beiden zurückgehen. Das gekoppelte Auf-

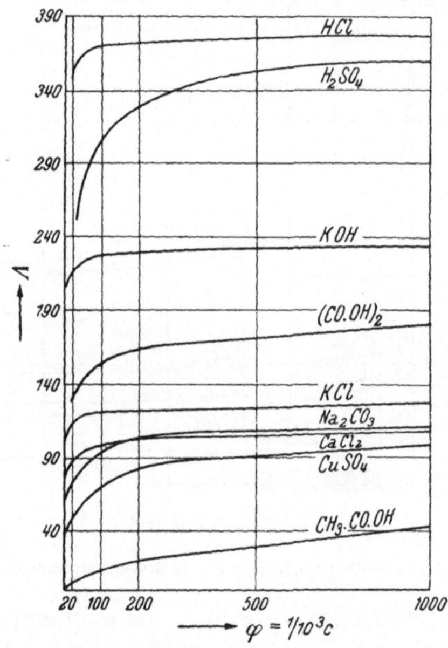

Abb. 51. Äquivalentleitfähigkeit Λ als Funktion der Verdünnung.

treten von α und $\mathfrak{u}$ als Produkt $\alpha \cdot \mathfrak{u}$ und die Schwierigkeit, jeden Faktor für sich mit Verläßlichkeit zu bestimmen, ist eine wesentliche Ursache der hier obwaltenden experimentellen Problematik.

Eine Konzentrationsabhängigkeit für den *Dissoziationsgrad* α zu erwarten, ist nun für den Physikochemiker, der gewohnt ist, eine Molekülspaltung wie eine chemische Reaktion vom Standpunkt des *Massenwirkungsgesetzes* aus zu betrachten (GULDBERG-WAAGE 1867), eine Selbstverständlichkeit. Es lag daher nahe, die Variation von Λ mit c durch eine Verschiebung des Dissoziationsgleichgewichtes bei konstantem $\mathfrak{u}$ zu erklären. So gelangt man zum OSTWALDschen „*Verdünnungsgesetz*" (1888): Das Nebeneinander von $\alpha \cdot c$ Ionenpaaren neben $(1 - \alpha)\, c$ undissoziierten Molekülen je cm³ ist ein dynamisches Gleichgewicht und kommt dadurch zustande, daß je Zeiteinheit ebensoviel Ionenpaare durch Wiedervereinigung verschwinden, als neue durch Dissoziation auftreten. Da die Wahrscheinlichkeit eines Zerfalles mit der Zahl der Möglichkeiten hierzu wächst, ist der sekundliche Zuwachs an Ionenpaaren proportional der Zahl der ungespaltenen Moleküle, also etwa $P_1\,(1 - \alpha)\, c$. Da die Möglichkeit zur Wiedervereinigung für jedes einzelne positive Ion proportional ist mit $\alpha\, c$, der Zahl der negativen Ionen, so ist der Abwachs bei $\alpha\, c$ vorhandenen positiven Ionen proportional mit $(\alpha\, c)^2$, also etwa $P_2\,(\alpha\, c)^2$. Im Gleichgewicht ist somit:

$$P_1\,(1 - \alpha)\, c = P_2\,(\alpha\, c)^2$$

oder:

$$\text{„Verdünnungsgesetz":} \quad \frac{\alpha^2}{1-\alpha} = \frac{P_1}{P_2}\,\frac{1}{c} \equiv k\,\varphi. \qquad (13)$$

k heißt „*Dissoziationskonstante*", mit deren Zunahme auch α und Λ wächst. k wird von der Natur der Ionen, des Ionenmoleküls, des Lösungsmittels, der Temperatur abhängen; in bezug auf das Lösungsmittel kann man z. B. leicht voraussagen, daß bei Erhöhung der Dielektrizitätskonstante ε die wiedervereinigende COULOMBsche Kraft und mit ihr P_2 abnehmen und somit k, α, Λ zunehmen wird. Daher ist Wasser mit $\varepsilon = 81$ ein so gutes Lösungsmittel für Elektrolytbildung. Mit zunehmendem T wird vermutlich die Wahrscheinlichkeit des Aufspaltens durch thermischen Stoß wachsen, wenn die Dissoziationswärme negativ ist, andernfalls abnehmen. Sehr fest zusammenhängende Ionenmoleküle werden seltener aufspalten; dies wird P_1, k, α verkleinern usw. Quantitative Aussagen sind jedoch schwierig.

Nach (13) ist für $\varphi = \infty$ ($c = 0$) der Bruch ∞, der Nenner 0, also $\alpha = 1$; hat die zugehörige Äquivalentleitfähigkeit den Grenzwert Λ_∞, so folgt bei Gültigkeit des Verdünnungsgesetzes die Möglichkeit zur Bestimmung des Dissoziationsgrades bei der Konzentration c, indem man nach (10) die Größen

$$c = 0; \; \alpha = 1: \Lambda = \Lambda_\infty = F\,(\mathfrak{u}_k + \mathfrak{u}_a) \quad \text{sowie}$$

$$c \quad ; \; \alpha \quad : \Lambda = \Lambda_c = \alpha\, F\,(\mathfrak{u}_k + \mathfrak{u}_a)$$

bestimmt und aus $\Lambda_c/\Lambda_\infty = \alpha$ den Dissoziationsgrad erhält, *wenn* die Beweglichkeitssumme konstant oder in ihrer c-Abhängigkeit bekannt ist.

Weiter folgt aus (13), daß in der *Nähe* des Grenzwertes, also im „Grenzgebiet" mit so kleinen Konzentrationen, daß $\alpha \simeq 1$ und daher $k/c \gg 1$ ist, geschrieben werden kann: statt $1 - \alpha = \alpha^2 c/k$ angenähert $1 - \alpha = c/k$ oder $\alpha = 1 - c/k$.

Zusammenfassend schließt man aus (13): Gilt das OSTWALDsche Verdünnungsgesetz, demzufolge vollständige Dissoziation ($\alpha = 1$) erst bei unendlicher Verdünnung eintritt, dann folgt erstens: daß das KOHLRAUSCHsche Gesetz (11) *nur* für unendliche Verdünnung gelten kann; und es folgt zweitens: daß im Grenzgebiet gelten soll $\alpha = 1 - c/k$ oder $\Lambda_c = \Lambda_\infty - \text{const} \cdot c$.

Demgegenüber fand KOHLRAUSCH, daß das Gesetz der unabhängigen Wanderung nicht nur bei unendlicher Verdünnung, sondern bei zahlreichen starken Elektrolyten auch im endlichen Konzentrationsbereich gültig ist. Ferner, daß bei starken Elektrolyten im Grenzgebiet nicht die Formel $\Lambda_c = \Lambda_\infty - \text{const} \cdot c$, sondern die Darstellung $\Lambda_c = \Lambda_\infty - \text{const} \cdot \sqrt{c}$ dem Befund entspricht (KOHLRAUSCHS „Quadratwurzelgesetz").

Schon aus dieser Gegenüberstellung von Erwartung und Befund ergibt sich, daß das Verdünnungsgesetz (13) für starke Elektrolyte nicht zutrifft. Man wird vielmehr annehmen, daß diese auch schon bei endlicher Verdünnung weitgehend dissoziiert sind. Dann entsteht aber eine verhältnismäßig große Ionendichte und die im Feld aneinander vorüberziehenden $\pm$ geladenen Ionen üben elektrostatische Kräfte aufeinander aus, die nicht mehr vernachlässigbar sind. Dieser Grundgedanke wurde schon vor 40 Jahren von SUTHERLAND vertreten und begründet. Die theoretische Erfassung ist aber so schwierig, daß es erst DEBYE-HÜCKEL (1923) gelang, sie zu bewältigen. Die große Vielfältigkeit der Erscheinungen und deren theoretische Behandlung zu besprechen, ist hier nicht der Platz. Als ein nur ungefähres, aber übersichtliches Gesamtbild ergibt sich: *Schwache Elektrolyte* sind entsprechend dem OSTWALDschen Verdünnungsgesetz (13) nur teilweise dissoziiert. In der Gleichung (10): $\Lambda = \alpha F (\mathfrak{u}_k + \mathfrak{u}_a)$ ist wesentlich α konzentrationsabhängig, sowohl α als $\mathfrak{u}$ temperaturempfindlich. Völlige Dissoziation tritt erst bei $c = 0$ ein. Bei *starken Elektrolyten* und nicht zu großen Konzentrationen sind alle Moleküle dissoziiert ($\alpha = 1$); abhängig von Konzentration und Temperatur sind nun die Beweglichkeiten allein, indem die Ionen durch die interionischen elektrostatischen Kräfte vom geradesten Stromweg abgelenkt und zu Umwegen gezwungen werden, deren Länge sich mit c und T ändert.

ε) *Sekundäre Prozesse bei Gleichstrom-Elektrolyse (Polarisation).*

Die bei der bisherigen Behandlung des Leitvermögens der Elektrolyte vernachlässigten Erscheinungen, die sich beim Übertritt des Stromes aus den Elektroden in die Flüssigkeit und umgekehrt abspielen, geben der elektrolytischen Stromleitung ein weiteres besonderes Gepräge. Denn die an den Elektroden sich entladenden Ionen können die mannigfachsten Schicksale erleiden, und es entsteht eine fast unübersehbare Vielheit von „sekundären Prozessen" im Gefolge des Gleichstromes, die wegen ihrer oft großen technischen Bedeutung eine so umfangreiche Spezialwissenschaft entstehen ließen, daß sich ihre Behandlung hier nur auf eine schlagwortartige Aufzählung der wesentlichen Punkte beschränken muß.

Von den an den Elektroden sich abspielenden Prozessen wurden bereits behandelt die von den FARADAYSCHEN Gesetzen beherrschte Mengenabscheidung sowie die auf die Ionenwanderung (HITTORFS Überführungserscheinungen) zurückgehenden Konzentrationsveränderungen in den Elektrodenräumen. Zur Ergänzung seien noch kurz die Abscheidungs- und die chemische Polarisation besprochen.

1. *Zersetzungsspannung oder Abscheidungspolarisation*: Das Elektrodenmaterial hat stets eine Potentialdifferenz gegen die berührende Lösung, d. h. es bedarf einer elektrischen Arbeit für den Übergang der Materie vom metallischen in den Ionenzustand. Auch an *chemisch nicht angreifbaren* Elektroden (z. B. Pt) wird durch die mechanische Anlagerung der Stromträger die Elektrodenoberfläche und mit ihr die Potentialdifferenz gegen die Lösung verändert; aus energetischen Gründen stets so, daß der Ursache, also dem Strom und der ihn treibenden Spannung, entgegengewirkt wird: Die Klemmenspannung wird um einen bestimmten Betrag, um die sog. „Zersetzungsspannung", herabgesetzt. Dauernder Gleichstrom kann erst fließen und dauernde Abscheidung erst erfolgen, bis die Klemmenspannung größer ist als diese. Trägt man die Stromstärke als Funktion der Klemmenspannung in ein Diagramm ein, dann erhält man eine graphische Darstellung, wie sie der idealisierten Abb. 52 entspricht. Der Wert der Zersetzungsspannung U_Z wird durch Extrapolation, wie angedeutet, erhalten. Der Stromanstieg für $U < U_Z$ wird als „Reststrom" bezeichnet. Er geht auf Diffusionsvorgänge, die die Abscheidungspolarisation teilweise abbauen, zurück.

Bei der Elektrolyse eines Gemisches verschiedener Elektrolyte gelangen der Reihe nach diejenigen zur Abscheidung, bei denen der Übergang aus dem Ionenzustand in den metallischen den jeweils geringsten Arbeitsaufwand (edle Metalle) erfordert. In dem Maße, wie die Lösung an den abgeschiedenen Ionen verarmt, muß die angelegte Spannung, die zur weiteren Zersetzung nötig ist, wachsen, bis nach und nach auch die Zersetzungsspannung der unedleren Stoffe erreicht wird und diese abscheidet.

2. *Chemische Polarisation*: Ist zum Unterschied vom vorhergehenden Fall die Elektrode chemisch angreifbar, so richtet das entladene und nun nicht mehr edelgasähnliche (chemisch träge) Ion seine Valenzbetätigung in erster Linie gegen die Elektrode. Deren chemische Veränderung ist wieder von einer ein Gegenfeld

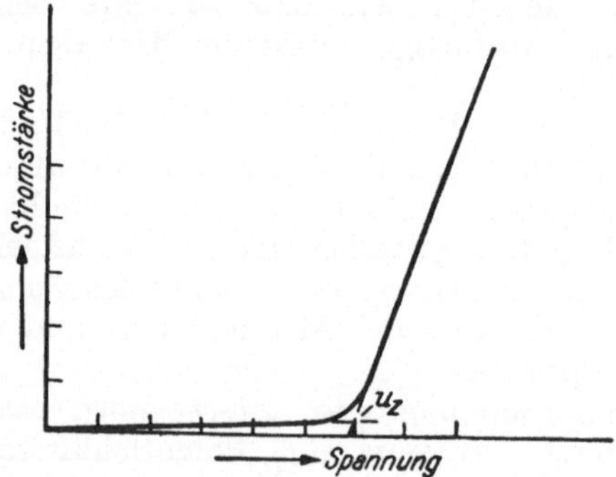

Abb. 52. Idealisierte Strom-Spannungs-Kurve (sog. „Kennlinie" oder „Charakteristik") bei Auftreten von Abscheidungspolarisation.

erzeugenden Veränderung des Potentialsprunges Elektrode ←→ Elektrolyt begleitet. Die zweckbewußte Ausnützung dieser Erscheinung führt zum „Akkumulator", der zur Aufspeicherung elektrischer Energie dient.

Unter einem Akkumulator (Sammler, Sekundärkette) versteht man eine galvanische Kette (vgl. dazu IV, 10 α), deren stromerzeugender chemischer Prozeß durch Umkehr des Stromes zur Gänze rückgängig gemacht und deren Anfangszustand dadurch wiederhergestellt werden kann. Die bei der Entladung gelieferte elektrische Energie wird bei der Stromumkehr, beim Laden, in Form von chemischer Energie aufgespeichert, ohne daß die beteiligten Stoffe durch Zufuhr neuen Materials ergänzt zu werden brauchen. Zur Umkehrbarkeit (Reversibilität) ist nötig: Fehlen von Gasentwicklung, die Elektroden dürfen sich nicht spontan lösen, der Elektrolyt darf nur aus einer einzigen Flüssigkeit bestehen; andernfalls irreversibles Entweichen von Gas, irreversibles Auflösen und irreversibles Vermischen.

Technische Bedeutung haben nur der Bleiakkumulator (PLANTÉ 1871) und der EDISONsche Eisenakkumulator erlangt.

Ersterer liefert die EMK 2 Volt, letzterer nur 1,3 Volt, jedoch bei wesentlich verringertem Gewicht und verringerter Empfindlichkeit gegen mechanische Erschütterungen und elektrische Überbeanspruchung.

Der sich abspielende Prozeß beim Bleisammler ist im wesentlichen der folgende:

Der *entladene* Sammler ist symmetrisch und enthält mit $PbSO_4$ überzogene Pb-Elektroden in wäßriger Schwefelsäure:

$$PbSO_4 \qquad\qquad H_2SO_4 + H_2O \qquad\qquad PbSO_4$$

Beim Laden wandern die negativen SO_4-Ionen zur Anode, die positiven H-Ionen zur Kathode:

Kathodenprozeß $PbSO_4 + H_2 \rightarrow Pb + H_2SO_4$

Anodenprozeß $PbSO_4 + SO_4 + 2\,H_2O \rightarrow PbO_2 + 2\,H_2SO_4$

Der *geladene* Sammler ist unsymmetrisch:

$$PbO_2 \qquad\qquad H_2SO_4 + H_2O \qquad\qquad Pb$$

Beim Entladen verlaufen die obigen Prozesse von rechts nach links unter Wiederherstellung der Symmetrie.

c) *Stromleitung in Gasen.* Man unterscheidet zwei Hauptfälle: Den unselbständigen Leitungsstrom, bei dem für das Vorhandensein von Stromträgern durch von außen kommende und vom Strom unabhängige Einflüsse gesorgt wird, sowie den selbständigen Leitungsstrom, bei dem das den elektrischen Strom bewirkende Feld selbst für den Ersatz der vom Strom abtransportierten Träger durch neue sorgt.

α) *Der unselbständige Leitungsstrom.* Irgendeine äußere Energiequelle, ein „Ionisator" J (radioaktive α- oder β- oder γ-Strahlung, vgl. IV, 2 β; ultraviolettes Licht; Röntgenstrahlen; kosmische Strahlung; Ladungsträger in der hocherhitzten Flamme) spaltet aus den unelektrischen Gasmolekülen Elektronen ab, die sich an andere neutrale Moleküle anlagern; es entstehen ± geladene Gasmolekel, Ionen von in diesem Fall *gleicher* chemischer Natur. Im Feld eines unter Spannung U stehenden Kondensators (Abb. 53) wandern die Ladungsträger mit der infolge Reibung gleichförmigen Geschwindigkeit $v^+ = \mathfrak{u}^+\,\mathfrak{E}$ bzw. $v^- = \mathfrak{u}^-\,\mathfrak{E}$ und erhalten dadurch entsprechend IV, 11 b den Strom

$$I = N\,e\,(\mathfrak{u}^+ + \mathfrak{u}^-)\,\frac{f}{l}\,U, \qquad\qquad (14)$$

wenn f und l Fläche und Abstand der Kondensatorplatten bedeuten und je cm^3 N einwertige ±-Träger vorhanden sind.

Die Zahl N der zur Verfügung stehenden Träger hängt nun einerseits ab von der Ionisierungsstärke des Ionisators, der sekundlich Z Ionenpaare zu erzeugen imstande sei; anderseits von der spontanen Wiedervereinigung der Ionen zu ungeladenen Molekülen, wodurch ganz analog zu den Ausführungen in IV, 12, b, δ (Verdünnungsgesetz) der Betrag $a\,N^2$ verlorengeht (a heißt „Wiedervereinigungskonstante"); drittens endlich entführt der Strom selbst je Sekunde $I/e \cdot f \cdot l$ Ionenpaare aus dem cm³ des Kondensators (gleichmäßige Ionisation des ganzen Volumens $f \cdot l$ vorausgesetzt). Soll der Strom stationär sein, so muß die verfügbare Ionenzahl konstant sein und es muß gelten

$$0 = Z - a\,N^2 - I/f \cdot l \cdot e. \tag{15}$$

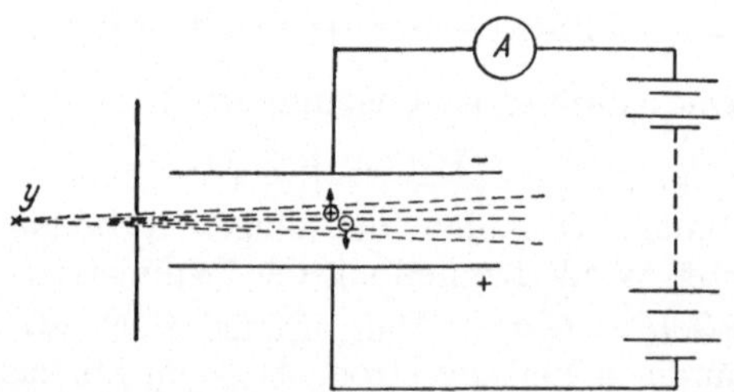

Abb. 53. Unselbständiger Strom in einem Luftkondensator.

Aus (15) ergibt sich:

$$N = \sqrt{\frac{1}{a}\,(Z - I/f \cdot l \cdot e)}$$

und dieses eingesetzt in (14) ergibt:

$$I = \sqrt{\frac{1}{a}\,(Z - I/f \cdot l \cdot e)} \cdot e\,(\mathfrak{u}^+ + \mathfrak{u}^-)\,\frac{f}{l}\,U \tag{16}$$

(16) bestimmt die allgemeine Form der „Kennlinie" (Strom-Spannungs-Kurve Abb. 54): Solange I so klein ist, daß $I/f \cdot l \cdot e$ neben Z vernachlässigt werden kann, gilt

$$\text{„OHMscher Strom"} \quad I = \sqrt{Z/a} \cdot e\,(\mathfrak{u}^+ + \mathfrak{u}^-)\,\frac{f}{l}\,U. \tag{16a}$$

Insoweit die Beweglichkeiten spannungsunabhängig sind (keine allzu große Ionendichte), ist I der Spannung proportional. Anderseits kann der Strom nicht von mehr Trägern unterhalten werden, als vom Ionisator erzeugt werden. Es gibt somit einen bei unselbständiger Strömung nicht überschreitbaren Maximalwert, den sog. „Sättigungsstrom“, bei dem alle Z Ionenpaare, ohne Gelegenheit zur Wiedervereinigung zu haben, vom Strom entführt werden. Sein Wert ist

$$I_S = Z \cdot f \cdot l \cdot e. \tag{16b}$$

Der in Abb. 54 gezeichnete strichlierte Wiederanstieg des Stromes entspricht nicht mehr einer unselbständigen Strömung (vgl. weiter unten).

β) Der selbständige Leitungsstrom: Über die recht verwickelten und vielgestaltigen Vorgänge bei den selbständigen Leitungsströmen in Gasen läßt sich nur schwer ein kurzer Überblick geben. Es handelt sich um ein wichtiges und umfangreiches Spezialkapitel der technischen Physik, dem z. B. im Handbuch der Experimental-Physik schon vor 18 Jahren ein Band mit 750 Seiten gewidmet war.

Der selbständige Leitungsstrom ist dadurch ausgezeichnet, daß er sich die zum Stromtransport nötigen Träger selbst schafft; für die beabsichtigte summarische Darlegung genügt es fürs erste, wenn man als negative Träger Elektronen, als positive Träger Ionen annimmt.

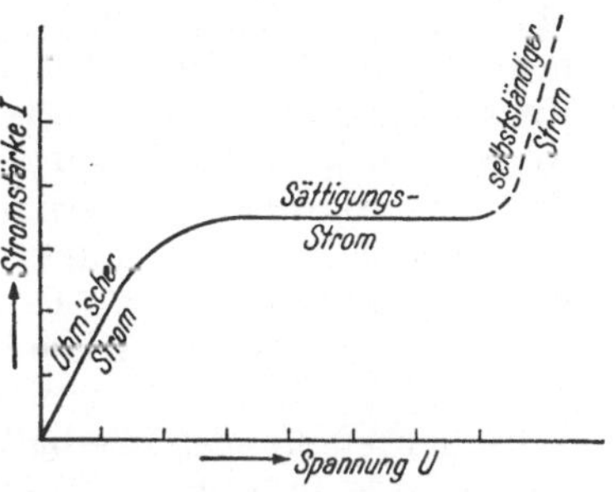

Abb. 54. Kennlinie einer unselbständigen Stromleitung mit OHMschem und Sättigungsgebiet.

Nach *äußerlichen* Merkmalen sind als die wichtigsten Entladungsformen zu unterscheiden:

1. Die „stille“ Entladung entsteht im allgemeinen ohne Schallwirkungen an stark gekrümmten Leiteroberflächen (Spitzenentladung IV, 7 γ; häufig „Corona-Entladung“ genannt). Die begleitende Lichterscheinung ist räumlich auf die unmittelbare Umgebung des Leiters beschränkt; das Verhältnis von Strom zu Spannung, d. i. der Leitwert I/U (Kehrwert des Widerstandes) ist sehr gering.

2. Der Funke, eine kurzdauernde Entladung, mit kräftiger Licht- und Schallwirkung; meist bei höherem Gasdruck.

3. Die Glimmentladung ist die leuchtende und lautlose Entladungsform in verdünnten Gasen, äußerlich gekennzeichnet durch die Erfüllung des ganzen Entladungsraumes mit teils dunklen, teils leuchtenden Entladungsschichten.

4. Der Lichtbogen (z. B. Kohlebogen) mit hoher Temperatur der Anode.

Nach *theoretischen* Gesichtspunkten unterscheidet man raumladungsfreie Entladungen (Corona sowie das Anfangsstadium aller raumladungsbeschwerten Entladungen unmittelbar nach der Zündung) und raumladungsbeschwerte Entladungen (vorwiegend die obigen Fälle 2, 3, 4, Glühkathodenbogen usw.).

Fast jede selbständige Gasentladung wird eingeleitet durch eine unselbständige, d. h. für das Anlaufen des Vorganges werden irgendwie von Ionisatoren bereitgestellte Ladungsträger verwendet. Das Mittel zur Erhöhung, Aufrechterhaltung und Selbständigmachung des Stromes ist die ,,*Stoßionisation*''. Die Träger werden in meist hohen Feldern (die nötige Mindestfeldstärke ist abhängig von der ,,freien Weglänge'', daher abnehmend mit abnehmendem Gasdruck) so beschleunigt, daß ihre kinetische Energie hinreicht, andere Gasmoleküle zu ionisieren; deren Ionen werden wieder beschleunigt und ionisieren ihrerseits (es entsteht die ,,Trägerlawine'' im Gasinneren) oder sie prallen auf die Elektroden und lösen dort direkt Elektronen aus oder erwärmen sie bis zur Thermoemission. Der Strom selbst kommt also für die Ionisierungsarbeit auf. Diese Entladungsformen sind nur oberhalb bestimmter ,,Mindestspannungen'' möglich. Ein solcher Stoßionisationseffekt, der oberhalb gewisser Mindestspannungen eintritt, wurde in Abb. 54 durch den gestrichelten Kurventeil angedeutet.

Raumladungen entstehen dann, wenn zwischen der Wanderungsgeschwindigkeit v der Träger ein so beträchtlicher Unterschied besteht, wie dies z. B. für v^- der Elektronen und v^+ der bezüglich der Masse etliche tausendmal größeren positiven Atomionen der Fall ist. Denn der auf den cm² Querschnitt bezogene Strom, die Stromdichte $\mathfrak{j} = I/f$, setzt sich entsprechend der gegenläufigen Bewegung der Träger (14) zusammen aus:

Stromdichte: $\quad \mathfrak{j} = \mathfrak{j}^+ + \mathfrak{j}^- = N^+\, e^+\, v^+ + N^-\, e^-\, v^-.$

Der im Kubikzentimeter befindliche Ladungsüberschuß der einen über die andere Trägersorte, die Raumladung, ist gegeben durch:

$$\text{Raumladung} = N^+\, e^+ - N^-\, e^- = \frac{\mathfrak{j}^+}{v^+} - \frac{\mathfrak{j}^-}{v^-}.$$

Es kann also sehr wohl einerseits $\mathfrak{j}^+ = \mathfrak{j}^-$ sein und Raumladung auftreten, oder auch $\mathfrak{j}^+ \neq \mathfrak{j}^-$ sein, ohne daß Raumladung vorhanden ist. Nach den Grundsätzen der Elektrostatik [POISSONsche Gleichung (23) in IV, 6] gibt, axiale Symmetrie entlang der Strombahn vorausgesetzt, das 4π-fache der Raumladung die negative zweite Ableitung des Potentials in der Bahnrichtung, also $- \partial^2 \Psi / \partial s^2$.

Ein Strommechanismus, auf den zwar die allgemeine Konvektionsbeziehung (14) grundsätzlich noch anwendbar sein mag, bei dem aber durch eine verwickelte Abhängigkeit der Trägerzahl von der Stromdichte, durch Ausbildung von Raumladungen mit zugehöriger Veränderung des Spannungsverlaufes entlang der Entladungsstrecke, durch strombedingte Temperatureinflüsse u. a. m. ganz unübersehbare Komplikationen auftreten, zeitigt begreiflicherweise eine außerordentliche Vielfalt von Erscheinungsformen.

Allgemein folgt aus dem eben Gesagten, daß zum wesentlichen Unterschied gegenüber der Stromleitung in Flüssigkeiten und Metallen der durch $R = U/I$ oder hier besser durch $R = dU/dI$

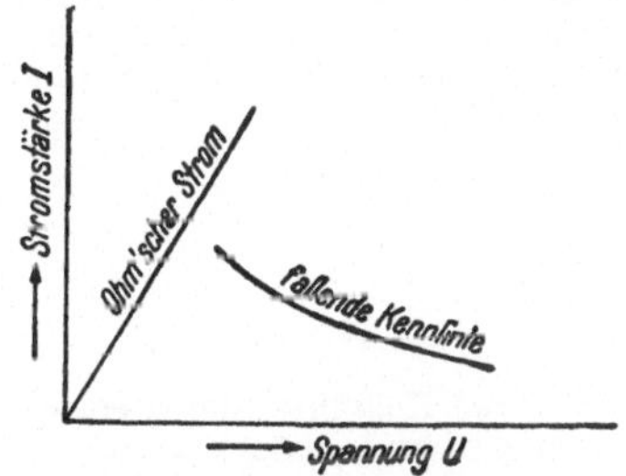

Abb. 55. Beispiel einer „fallenden Kennlinie" im Vergleich mit der geradlinig steigenden eines OHMschen Stromes.

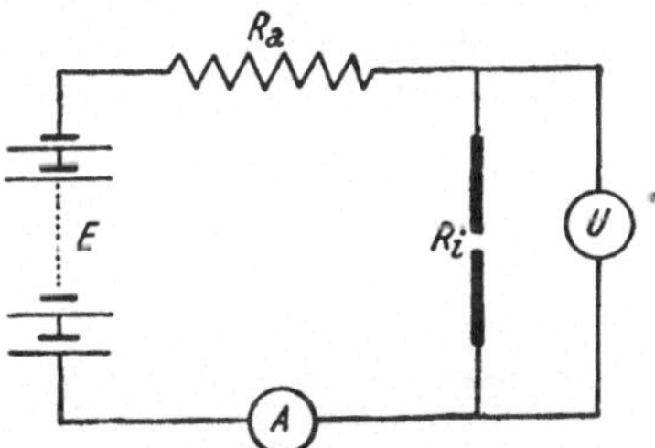

Abb. 56. Prinzipschaltung zur Bestimmung einer Charakteristik (Kennlinie).

definierte Widerstand bzw. der Leitwert dI/dU nun seine dominierende Stelle als Materialkonstante einbüßt. Er ist nicht nur eine Funktion der Stromstärke, sondern auch bei ein und demselben Strom meist von Punkt zu Punkt der Entladungsstrecke — man denke etwa an die Raumladungen oder an Temperaturunterschiede — verschieden, weil ja der Spannungsabfall ungleichmäßig ist. Daher wird in diesem Erscheinungsgebiet der Begriff „Widerstand" überhaupt nicht mehr verwendet; man charakterisiert die Stromleitung durch die Angabe der Kennlinien (Stromspannungskurven).[1] Für das hier verfolgte Ziel, ohne Eingehen auf Einzelheiten die Sonderstellung des Erscheinungsgebietes hervorzuheben, wird es zur besseren Vergleichbarkeit mit anderen Strommechanismen vorzuziehen sein, den an sich wenig verwendbaren Begriff Widerstand bzw. Leitwert noch beizubehalten.

---

[1] Wobei es zum Unterschied zum sonstigen Vorgehen üblich ist, die Spannung als Ordinate, Stromstärke als Abszisse aufzutragen.

So verschiedenartig nun im einzelnen die Kennlinien ausfallen, so wenig es auch möglich ist, allgemeine Aussagen über ihre Form zu machen, die so sehr von den jeweiligen Versuchsbedingungen beeinflußt wird, *eine* typische Eigenschaft haben sie in vielen Fällen (meist bei raumladungsbeschwerten Entladungen) gemeinsam: Der Strom nimmt entweder entlang der ganzen Kennlinie oder wenigstens entlang Teilen von ihr mit wachsender Spannung ab, die *Kennlinie ist „fallend", der sog. „Widerstand" dU/dI ist negativ, nicht konstant und abnehmend mit wachsendem Strom* (Abb. 55).

Was dies bedeutet, möge an Hand der für die Aufnahme einer Charakteristik typischen Versuchsanordnung (Abb. 56) erörtert werden. Eine Stromquelle liefert die EMK E; sie speist einen Kohlebogen, dem ein Widerstand R_a, dem auch der Batteriewiderstand zugerechnet sei, vorgeschaltet ist. Ein Spannungsmesser U läßt die Spannung an der Entladungsstrecke, ein Strommesser A die Stromstärke I ablesen. Der „Widerstand" des Bogens werde mit R_i bezeichnet. Dann gilt:

$$E = I\,R_a + I\,R_i = I\,R_a + U; \quad I = \frac{E}{R_a + R_i};$$

$$U = I\,R_i = \frac{R_i\,E}{R_a + R_i}. \tag{17}$$

Die durch Bestimmung von U und I erhaltene Kennlinie, deren einzelne Punkte durch Variation von E und R_a abgetastet werden, würde den fallenden Typus der Abb. 55 zeigen.

Um dies verständlich zu machen, denke man sich nun den Bogen ersetzt zunächst durch einen Widerstand, dessen Wert R_i von Hand aus reguliert werden kann. Läßt man E und R_a unverändert, dann würde eine allmähliche Erniedrigung von R_i bis zum Wert Null nach (17) ergeben: I muß *zunehmen* bis zum Grenzwert E/R_a; U muß *abnehmen* bis zum Grenzwert Null. Verwendet man die bei Erniedrigung von R_i jeweilig gemessenen Wertepaare I und U zur Konstruktion einer „Kennlinie", dann erhält man eine fallende. Nun denke man sich weiter die den Widerstand R_i herabsetzende Hand durch einen Mechanismus ersetzt, der vom Strom I selbst getrieben wird und um so leichter anspricht, je größer I ist: Dann würde die Vorrichtung selbständig funktionieren. Wäre R_a nicht vorgeschaltet, also $R_a = 0$, dann würde mit $R_i = 0$ auch $I = \infty$ werden; es gäbe Kurzschluß. Das heißt, eine Entladungsstrecke mit fallender Kennlinie *ohne* Vorschaltwiderstand gestattet keinen stabilen Strom.

Der Widerstand R_i oder der Leitwert $1/R_i$ der Entladungsstrecke ist durch den Faktor von U in (14) gegeben, wobei aber mindestens wegen der Abhängigkeit der Trägerzahl von der Stromstärke der Leitwert mit I wachsen muß. Es sei

$$1/R_i = f_2\,(I)$$

eine Funktion von I, derart, daß für $I = 0$ auch $1/R_i = 0$ wird und die stetige Zunahme des Leitwertes df_2/dI erst langsam, dann schneller erfolge. Dies gibt eine f_2-Kurve von der Art der in Abb. 57 gestrichelten. Bildet man für jeden Stromwert das Produkt $U = I \cdot R_i$, dann erhält man als Kennlinie $U = f_1\,(I)$ den in Abb. 57 gezeichneten Typus.

Der Zustand auf der fallenden Kennlinie ist nicht stabil; eine der unvermeidlichen kleinen Stromschwankungen würde hinreichen, R_i zuerst ein wenig zu verringern bzw. I zu verstärken, das verstärkte I verringert neuerlich R_i usf.; durch plötzliches Anschwellen des Stromes kommt es zum Kurzschluß. Um dies zu verhindern, muß ein Vorschaltwiderstand zugeschaltet werden. Wäre dieser allein im Stromkreis, dann gäbe es die Kennlinie $U_a = I \cdot R_a$ der Abb. 58; wäre die Gasstrecke allein, dann gäbe es die Kennlinie $U = f_1 \, (I)$. Sind beide gleichzeitig vorhanden, dann erhält man die Kennlinie $E = U_a + U = I \, R_a + U$, die leicht durch Addition der Abszissenwerte beider Kurven zu konstruieren ist.

Die Resultierende $E = I \, R_a + U$, deren Neigung sich gleichfalls aus der konstanten positiven Neigung $dU_a/dI = R_a$ und der variablen negativen Neigung $+dU/dI$ zusammensetzt, enthält einen fallenden und einen steigenden Teil. Stabile Zustände sind nur auf letzterem möglich; bei

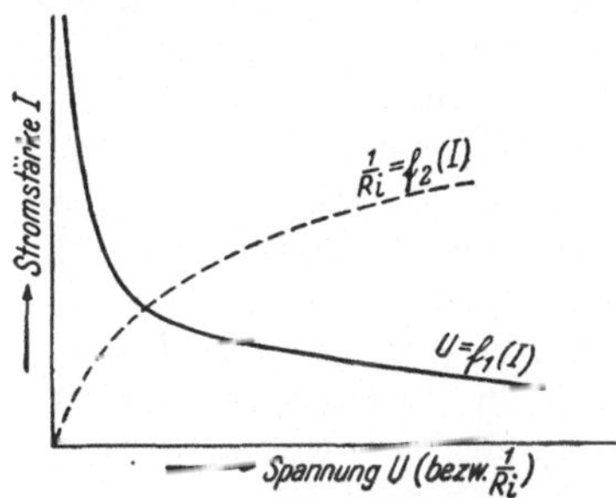

Abb. 57. Kennlinie und Widerstand.

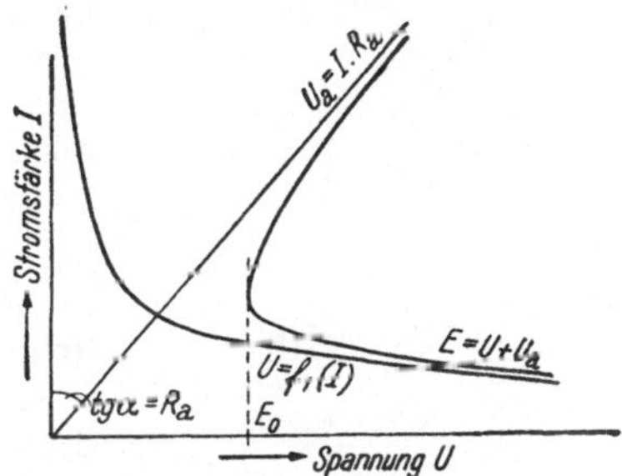

Abb. 58. Verlauf der Kennlinie bei Vorhandensein eines konstanten Vorschaltwiderstandes.

ihm überwiegt die Neigung R_a des Anteiles U_a über jene dU/dI des Anteiles U. Stationärer Strom ist somit nur erhältlich, solange

$$R_a + \frac{dU}{dI} > 0.$$

(KAUFMANNsches Stabilitätskriterium für stromgesteuerte Mechanismen.)

Zum Betrieb muß dabei die EMK mindestens gleich E_0 sein. Je weniger steil die Gerade U_a verläuft, d. h. je größer der Vorschaltwiderstand R_a ist, desto weiter rückt der Umkehrpunkt E_0 nach rechts, desto größer muß also die Minimal-EMK beim Betrieb sein.

Das Gesagte bezieht sich auf die sog. „statische Kennlinie". Von „dynamischer Kennlinie oder Charakteristik" spricht man, wenn mit Wechselstrom, insbesondere mit hochfrequentem, gearbeitet wird. Der oft große Unterschied beider liegt meist in Trägheitseigenschaften der Wärmeabgabe oder der Ionisierung.

13. Das Magnetfeld des Stromes.

a) *Allgemeines.* Die grundlegende Erscheinung der Elektrostatik ist die Kraftwirkung ruhender Elektrizitätsmengen aufeinander, die Anziehung ungleichnamiger und die Abstoßung gleichnamiger Pole; quantitativ formuliert im Coulombschen Gesetz und der aus diesem folgenden Beschreibung des elektrostatischen Kraftfeldes (IV, 6).

Ebenso könnte man unter den vielgestaltigen Erscheinungsformen des Stromfeldes als grundlegend die Kraftwirkungen ansehen, die bewegte Elektrizitätsmengen, also Ströme, aufeinander ausüben; sie werden häufig als „elektrodynamische Wirkungen" (im engeren Sinn) bezeichnet. Wenn sich auch die quantitative Formulierung dieser Wirkungen nicht als zweckmäßiger Ausgangspunkt für die Beschreibung des Stromfeldes erweist, so seien doch die qualitativen Erfahrungen an die Spitze dieses Abschnittes gestellt.

Es wird an die folgenden Schauversuche erinnert, bei denen die Wirkung von festgehaltenen auf bewegliche Stromleiter gezeigt wird. Die Bewegungen seien so langsam, daß Induktionsvorgänge zu vernachlässigen sind.

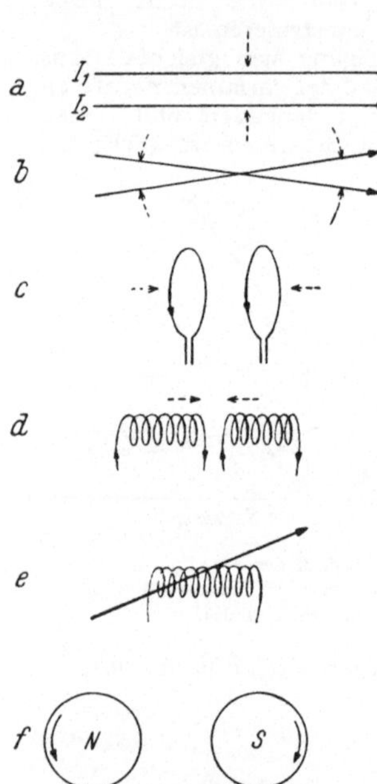

Abb. 59. Wirkungen von beweglichen Stromleitern aufeinander.

1. Parallele Stromleiter (Abb. 59a) ziehen einander an, wenn die Ströme gleiche Richtung haben; andernfalls erfolgt Abstoßung (Ampère, 1820).

2. Infolge von 1 müssen gekreuzte Ströme (Abb. 59b) sich parallel zu stellen suchen.

3. Infolge von 1 müssen zu Kreisleitern zusammengebogene Stromführungen einander anziehen oder abstoßen, je nachdem sie (von außen gesehen) gleichsinnig oder ungleichsinnig durchströmt werden (Abb. 59c).

4. Infolge von 3 müssen einerseits Stromspiralen (Solenoide, Spulen) sich zu verkürzen streben, weil die einzelnen Kreisströme gleichsinnig durchflossen werden und einander anziehen, anderseits müssen sich zwei Solenoide gegenseitig anziehen oder abstoßen, je nachdem wie der Stromsinn in den einander zugekehrten Enden ist.

5. Infolge von 1 muß sich eine drehbare Spule zu einem darübergehaltenen linearen Leiter (Abb. 59e) mit ihrer Achse senkrecht

zu stellen suchen, damit die benachbarten und gleichsinnig durchströmten Leiterteile beider parallel zu stehen kommen.

Während 2 bis 5 Abwandlungen des Versuches 1 sind, folgt unter 6 eine neue Erfahrungstatsache, die den Übergang zum Begriff „Magnetfeld des Stromes" darstellt.

6. Eine um eine vertikale Achse bewegliche Stromspule stellt sich im Raume so ein, daß jene Stromfläche, die von vorne gesehen entgegen dem Uhrzeigersinn umflossen wird, gegen den magnetischen Nordpol zeigt. Eine Stromspule verhält sich somit wie ein Magnetstab: „Nord-" und „Südpol" dieses Ersatzmagneten sind durch die Stromrichtung bestimmt (Abb. 59 f.); seine „Stärke" von der geometrischen Konfiguration der Spule und von der Stromstärke.

7. Diese Äquivalenz von Magnetstab und Solenoid bestätigt sich dadurch, daß in den Versuchen zu Abb. 59 d und e das Solenoid durch einen Magnetstab ersetzt werden kann. Insbesondere stellt dann Versuch e das berühmte OERSTEDsche Experiment (1820) dar: Ein geradliniger Stromleiter übt eine Richtwirkung auf eine bewegliche Magnetnadel aus derart, daß er deren Achse zur Stromrichtung senkrecht zu stellen sucht. Stromumkehr kehrt auch die Ablenkungsrichtung um.

Aus diesem Befund sind nun zwei Folgerungen zu ziehen; die eine betrifft die Konstitution des Magneten und den Begriff „magnetische Menge", die andere die Beschreibung des Stromfeldes.

Der Magnet. Die völlige Gleichartigkeit der Kraftwirkungen, die zwischen Stromspulen einerseits, Magneten anderseits besteht, führt zum Schluß, daß ein Magnet ein Solenoid mit verborgenem Strommechanismus sei. Seit AMPÈRE und WEBER nimmt man an, daß Molekularströme Träger der Erscheinung seien, seit der Erkenntnis vom Bau des Atoms macht man im besonderen die im Atom kreisenden Elektronen für die elementaren Kreisströme verantwortlich, was in IV, 13 c, 15, noch etwas näher abgehandelt werden wird. Ein erstes grobes Bild liefert Abb. 60, in der ein Querschnitt durch einen magnetischen Stab schematisch in Bereiche geteilt ist, die von Strömen gleichsinnig umflossen werden. Diese Bereiche kann man sich auf molekulare oder atomare Dimensionen verkleinert denken. Im Inneren des Querschnittes heben die einander entgegenfließenden Teilströme sich in bezug auf die Kraftwirkung im wesentlichen auf; was überbleibt, ist wie bei einem Solenoid ein den Querschnitt außen umlaufender Strom. Der Magnetismus wird zu einem Sonderfall der Elektrodynamik.

Einen direkten Beweis für die Existenz dieser Molekularströme liefert der Versuch von EINSTEIN-DE HAAS (IV, 15). Aber
auch eine ganze Anzahl von aus dem Elementarunterricht bekannten Erfahrungen stützen diese Vorstellung aufs beste: Für
jeden Querschnitt eines Magneten gilt das Schema der Abb. 60.
In wie kleine Teile immer man daher eine Magnetnadel zerbricht,
immer wieder liefern die Endflächen der Bruchstücke, selbst
wenn man bis zu nur mehr einatomigen Schichtdicken gelangen
könnte, das Bild 60, nämlich eine von Elektrizität umlaufene

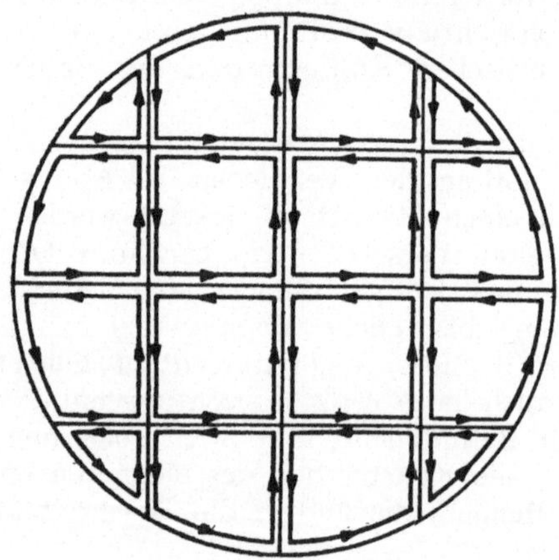

Abb. 60. Schema geordneter Molekularströme eines Magneten.

Fläche, die von der einen Seite gesehen *im* Uhrzeigersinn, von der
anderen her gesehen, ihm *entgegen* umfahren wird, die also *stets*
einen magnetischen Süd- und Nordpol haben wird. Diese „Pole‟
lassen sich *nicht* trennen; es gibt weder eine positive noch eine
negative Menge „Magnetismus‟; es gibt nur Stromflächen, deren
beide Seiten sich so benehmen, „als ob‟ sie Sitz von ± Mengen
wären, wenn man unter „magnetischer Menge‟ Quellen von
„magnetischen Kraftlinien‟ verstehen will. Weil es keine
abtrennbare magnetische Menge gibt, so wie man elektrische
Mengen samt ihren Trägern abtrennen kann, gibt es auch keinen
„magnetischen Strom‟. Es ist aber verständlich, daß die Wirkungen nach außen, ebenso wie bei einem Solenoid, im wesentlichen von den Endflächen des Magneten auszugehen scheinen,
so daß jeder Magnet sich wie ein Dipol mit magnetischem Moment
$\mathfrak{M}$ verhält. Die bekannten, mit Eisenfeilicht hergestellten Kraftlinienbilder machen dies unmittelbar anschaulich, woran die

Skizze in Abb. 61 erinnern möge. Es ist dann weiter verständlich, daß der Begriff „Polstärke" bzw. „magnetische Menge m" entsprechend der Definition eines Dipolmomentes

$$\mathfrak{M} = m\,l$$

(Produkt aus Abstand l der Pole und „Polstärke m") geschaffen wurde, der auch heute als Rechengröße kaum entbehrlich ist,

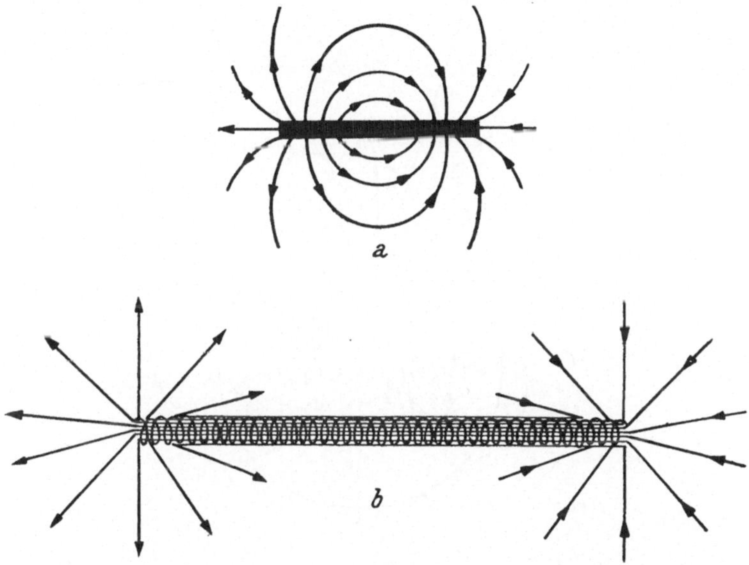

Abb. 61. Magnetische Kraftlinien eines Stabmagneten (a) und einer Stromspule (b).

wenn ihm auch keine physikalische Realität zukommt und er keineswegs als magnetisches Gegenstück zur elektrischen Ladung aufgefaßt werden darf.

b) *Magnetostatik.*

α) *Das* Coulomb*sche Gesetz des Magnetismus.* Analog zur Elektrostatik behandelt die Magnetostatik die Wirkung der ruhenden magnetischen Körper. Zur Beschreibung dieser Wirkungen, die in Bewegungsänderungen von meist ferromagnetischen Körpern (Eisen-, Nickel-, Kobalt-) bestehen und die sich auch im leeren Raum ausbreiten, werden die Begriffe „Feld" und „magnetische Feldstärke $\mathfrak{H}$" eingeführt; neben dieser auch meist die „magnetische Induktion $\mathfrak{B}$". $\mathfrak{H}$ und $\mathfrak{B}$ stehen in gewisser, allerdings zum Teil äußerlicher Analogie zur elektrischen Feld-

kraft $\mathfrak{E}$ bzw. der Verschiebung $\mathfrak{D}$ (IV, 7). Aufgabe der Magnetostatik ist es, den Zusammenhang zwischen $\mathfrak{H}$ bzw. $\mathfrak{B}$ und den
magnetischen Eigenschaften der Körper herzustellen.

Je nach der Wahl der als Ausgangspunkt dienenden Er-
fahrungsgrundlage gelangt man dabei zur Darstellung des Feldes

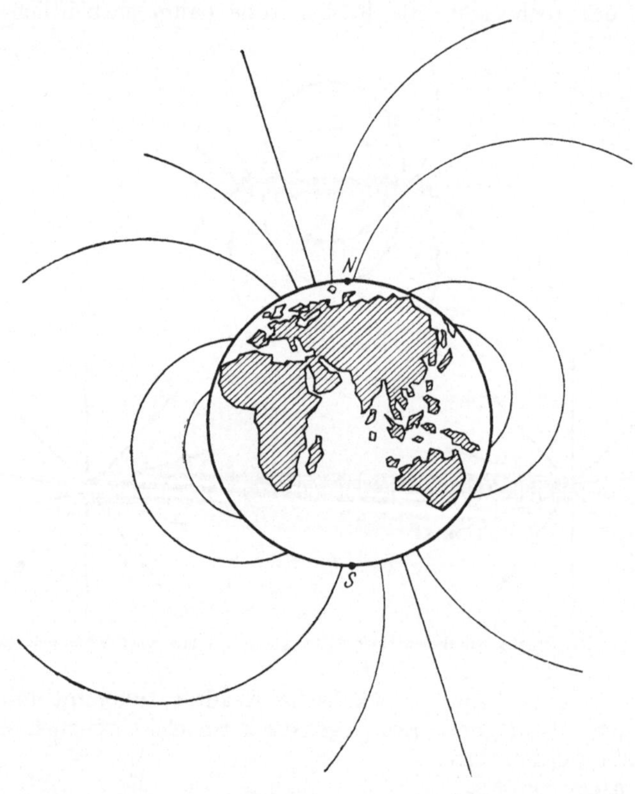

Abb. 62. Magnetfeld der Erde: N, S . . . geographischer „Nord-", „Südpol".

als Quellen- oder als Wirbelfeld. Obwohl die erstere, die vom
Begriff magnetischer Menge als Quelle des Feldes Gebrauch
macht, wie schon oben erwähnt, eine Abstraktion darstellt, kann
sie doch nicht übergangen werden. Im Quellenfeld ist die Feldstärke $\mathfrak{H}$ ein polarer Vektor (Vorzeichenwechsel bei Spiegelung),
im Wirbelfeld ein axialer Vektor (kein Wechsel).

Bringt man mit natürlich vorkommendem magnetischen Material (Magneteisenstein $FeO + Fe_2O_3$, Magnetkies $6\,FeS +$ $+ Fe_2O_3$, Nickel-, Kobalt-Erze) weiches Eisen bzw. Stahl in Berührung, so wird ersteres temporär, letzterer permanent magnetisch: Nach Entfernung ist Eisen nahezu unmagnetisch, Stahl magnetisch. In viel wirksamerer Weise werden permanente Magnete mit Hilfe des elektrischen Stromes hergestellt. Das Feld ruhender permanenter Magnete ist das *magnetostatische Feld.*

Die Enden stabförmiger Magnete von einer im Verhältnis zum Querschnitt großen Länge (Magnet„nadeln") haben die Eigenschaft, daß die Kräfte nahezu nach allen Seiten gerichtet sind (Abb. 61). Der „Punkt", von dem die Wirkung auszügehen scheint, wird „Pol" genannt, und als Sitz einer „magnetischen Menge" angesehen; diese ist allerdings keine elementare *Eigenschaft* der Materie, sondern nur eine bestimmte *Anordnung* elementarer Eigenschaften (vgl. Abb. 60).

Einfache und bekannte Versuche über die Wechselwirkung zweier Magnetnadeln zeigen, daß die beiden Polenden von verschiedener Ladungs*art*, aber im allgemeinen von gleicher Stärke sind. In bezug auf die Art unterscheiden sie sich wie $+$-Mengen der Elektrizität; während letztere aber, entsprechend etwa Glas- und Harzelektrizität oder Unterschieden der Elektronendichte, durch *physikalische* Kriterien unterschieden sind, lassen sich magnetische Pole zunächst nur *geometrisch* charakterisieren. Meist durch die Einstellung im Erdfeld: Jenes Ende, das gegen Norden weist, wird als „Nordpol" bezeichnet. Dann erst kann man diesen Pol irgendwie kennzeichnen und nun feststellen, daß sich gleichartige Pole abstoßen, ungleichartige anziehen.

Die Größe dieser Kräfte wird durch das Coulombsche Gesetz festgelegt:

$$K = \frac{k_1}{\hat{\mu}} \cdot \frac{m_1 m_2}{r^2}. \tag{1}$$

(1) ist in formaler Hinsicht dem Coulombschen Gesetz für Elektrizität völlig analog; man vgl. IV, $5\,\gamma$. Wenn schon dort bemerkt wurde, daß der direkte Nachweis des Gesetzes nur wenig genau durchgeführt werden kann, so gilt diese Einschränkung hier noch viel mehr. Man kann keine isolierten Pole herstellen und wird durch die Existenz der beiden zweiten Pole, auch wenn man mit langen Stabmagneten arbeitet, immer gestört; man kann aber auch m nicht meßbar, etwa durch „Ladungsteilung" variieren. Man hat (1) vielleicht besser als axiomatisches Elementargesetz aufzufassen, dessen Bau aus allgemeinen Erwägungen

wie actio—reactio, Dreidimensionalität des nicht gekrümmten Wirkungsraumes usf. nahegelegt wird.

k_1 ist wieder ein dimensionsloser, noch verfügbarer Zahlenfaktor, $\hat{\mu}$ eine Eigenschaft des Wirkungsraumes; sie wird „absolute Permeabilität" genannt. Als relative auf die Permeabilität μ_0 des leeren Raumes bezogene Permeabilität, bzw. als Permeabilität schlechtweg wird, wieder analog wie in der Elektrostatik, definiert:

$$\text{Permeabilität } \mu = \hat{\mu}/\mu_0.$$

Zum Unterschied gegen die Dielektrizitätskonstante $\varepsilon = \hat{\varepsilon}/\varepsilon_0$, die nur Werte größer als 1, und zwar etwa zwischen 1 und 100, aufweist, muß man in magnetischer Hinsicht die Stoffe in *drei* Klassen einteilen:

1. $\hat{\mu} < \mu_0 \quad \mu < 1$ Diamagnetische Körper,
2. $\hat{\mu} > \mu_0 \quad \mu > 1$ Paramagnetische Körper,
3. $\hat{\mu} \gg \mu_0 \quad \mu \gg 1$ Ferromagnetische Körper.

Während in den Klassen 1 und 2 die Unterschiede gegen Eins nur gering sind (vgl. Tabelle 10), können sie bei Klasse 3 außerordentlich groß sein; überdies ist hier μ keine Konstante mehr.

Tabelle 10. *Permeabilität* $\mu = 1 + 4\pi\varkappa$ und *spezifische Suszeptibilität* $\varkappa/Dichte = \chi.$

$\varkappa$ negativ = Diamagnetika	$\chi \cdot 10^8$	$\varkappa$ positiv = Paramagnetika	$\chi \cdot 10^8$
Wismut .... $1-16\cdot10^{-5}$	-124	Luft, g ...... $1+0{,}038\cdot10^{-5}$	$+\ 2390$
Kohlenstoff .... $1-10\cdot10^{-5}$	-200	Sauerstoff, g. $1+0{,}19\cdot10^{-5}$	$+10400$
Gold .... $1-4\cdot10^{-5}$	$-\ 12$	Zinn .... $1+0{,}25\cdot10^{-5}$	$+\quad 4$
Quecksilber, fl. . $1-3\cdot10^{-5}$	$-\ 18$	Natrium .... $1+0{,}63\cdot10^{-5}$	$+\quad 52$
Tellur .... $1-2{,}4\cdot10^{-5}$	$-\ 30$	Magnesium .. $1+1{,}5\ \cdot10^{-5}$	$+\quad 70$
Silber.......... $1-2\cdot10^{-5}$	$-\ 20$	Aluminium .. $1+2{,}1\cdot\ 10^{-5}$	$+\quad 60$
Kupfer .... $1-1\cdot10^{-5}$	$-\quad 9$	Chrom ...... $1+33\ \cdot10^{-5}$	$+\quad 350$
Schwefel .... $1-1\cdot10^{-5}$	$-\ 40$	Eisenchlorid-	
Wasser, fl. ..... $1-0{,}9\cdot10^{-5}$	$-\ 72$	lösung .... $1+44\ \cdot10^{-5}$	$+\ 2200$
Wasserstoff, fl. . $1-0{,}2\cdot10^{-5}$	$-\quad 2{,}7$	Mangan .... $1+100\cdot10^{-5}$	$+\quad 900$
Wasserstoff, g... $1-0{,}2\cdot10^{-8}$	$-\quad 2$	Cer .... $1+126\cdot10^{-5}$	$+\ 1760$
		Neodym .... $1+311\cdot10^{-5}$	$+\ 3600$

Sowie man das COULOMBsche Gesetz (1) als zu Recht bestehend ansieht, kann man — mit einigen Einschränkungen — fast den ganzen Formalismus der elektrischen Feldbeschreibung übernehmen. Nur muß man sich stets bewußt bleiben, daß der Begriff „magnetische Menge" m nur eine Rechengröße ist, daß es keine „wahre" Menge m und daher keinen magnetischen Leiter, sondern nur das Analogon zum Dielektrikum gibt mit dem Zusatz, daß $\mu \lessgtr 1$ sein und Besonderheiten bei den ferromagnetischen Stoffen aufweisen kann.

β) Das magnetostatische Feld. Unter Verweisung auf die ausführliche Darstellung des elektrostatischen Feldes in IV, 6 kann die vorzunehmende Übertragung auf das Magnetfeld kurz gefaßt werden.

1. Das sog. „*absolute elektromagnetische*" (bzw. GAUSSsche) *Maßsystem*: Es wird in (1) $k_1 = 1$ sowie $\hat{\mu} = \mu$, also $\mu_0 = 1$ und dimensionslos gesetzt. Somit wird für Nicht-Vakuum

$$K = \frac{1}{\mu}\,\frac{m_1\,m_2}{r^2}, \qquad\qquad (1\,\text{a})$$

für Vakuum ($\mu = \mu_0 = 1$)

$$K = \frac{m_1\,m_2}{r^2}. \qquad\qquad (1\,\text{b})$$

Aus (1 b) ergibt sich die Dimension $[m]_m = [l\,\sqrt{K}] = \mathrm{cm}^{3/2}\,\mathrm{g}^{1/2}\,\mathrm{sec}^{-1}$. Ferner als (namenlose) Einheit der Polstärke bzw. „freien magnetischen Menge" m jene, die auf eine gleich große im Abstand 1 cm die Kraft 1 dyn ausübt.

2. *Die magnetische Feldkraft* $\mathfrak{H}$ [vgl. IV, 6 α (2)], wird aus (1 a) definiert als die Kraft auf den Pol $m = 1$, wobei die Messung aber an so schwachen Polen (lim $m = 0$) zu erfolgen hat, daß das ursprüngliche Feld keine Veränderung erleidet. Also:

$$\text{magnetische Feldstärke } \mathfrak{H} = \frac{\mathfrak{K}}{m} = \frac{1}{\mu}\,\frac{m}{r^2}. \qquad\qquad (2)$$

Die Einheit der Feldstärke heißt jetzt „1 Oersted" (die frühere Bezeichnung „1 Gauß" wird der Einheit der Induktion vorbehalten; für Vakuum bzw. Luft sind die Angaben in Gauß und Oersted zahlengleich); an jener Feldstelle beträgt nach (2) die Feldstärke 1 Oersted, wo auf den Pol 1 die mechanische Kraft $K = 1$ dyn ausgeübt wird.

3. *Die Felddarstellung durch Kraftlinien*; vgl. IV, 6 α (3, 4): Die Richtung derselben gibt die Richtung des Feldes (Antriebsrichtung des $+$-Probepoles, bzw. Einstellrichtung einer Magnetnadel) an. Wenn man, um auch die Stärke des Feldes wiederzugeben, vereinbart, daß von einem Pol der Stärke m insgesamt $Z = 4\pi m$ Kraftlinien ausgehen, dann wird deren Dichte an der Stelle r:

$$B = \frac{Z}{4\pi r^2} = \frac{4\pi m}{4\pi r^2} = \frac{m}{r^2} = |\mu\,\mathfrak{H}|. \qquad\qquad (3,\,4)$$

Die Linien werden im Vakuum ($\mu = \mu_0 = 1$; $B = H$) als „Kraft"-

im materieerfüllten Raum ($\mu \neq 1$; $B \neq H$) als „Induktions"-Linien bezeichnet. Ihre Dichte B gibt im ersten Fall den Betrag der Feldstärke $\mathfrak{H}$, im zweiten Fall jenen der Induktion $\mathfrak{B} = \mu\,\mathfrak{H}$ an. $\mathfrak{B}$ ist so wie $\mathfrak{H}$ ein Vektor.

Verlaufen die Kraftlinien parallel, dann heißt das Feld *homogen*; ein solches läßt sich (angenähert) zwischen breitflächigen, parallel gestellten Polen von permanenten oder Elektromagneten (Abb. 63) herstellen oder besser im Innern einer hinreichend langen Spule (Abb. 61). Auch das Erdfeld kann in begrenzten Versuchsgebieten als homogen angesehen werden, während die zeitliche Konstanz weniger gut gewahrt ist. Seine Richtung ist definiert durch die

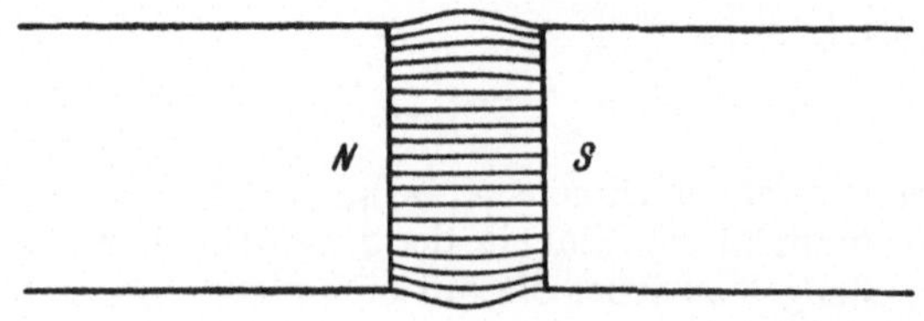

Abb. 63. Homogenes Magnetfeld.

„Inklination" (Neigung gegen die jeweilige Horizontalebene) und „Deklination" („Mißweisung", Abweichung von der Richtung der durch die Rotationsachse gelegten Meridianebene) sowie dadurch, daß man entsprechend der für Magnetnadeln eingeführten Polbezeichnung im Norden eigentlich einen Südpol anzunehmen hätte. Die Komponenten des Erdfeldes in der Horizontalen und Vertikalen heißen Horizontal- $\mathfrak{H}_h$ und Vertikal-Intensität $\mathfrak{H}_v$.

Für das homogene Feld der Abb. 63 ist unmittelbar ersichtlich, daß Feldkraft $\mathfrak{H}$ und magnetische Flächendichte σ auf den Polen durch die Beziehung verbunden sind:

$$B = \frac{dZ}{df} = \text{konst} = \frac{4\,\pi\,m}{f} = 4\,\pi\,\sigma \ \text{ oder } \ |\mathfrak{H}| = \left|\frac{\mathfrak{B}}{\mu}\right| = \frac{4\,\pi\,\sigma}{\mu}. \tag{6, 7}$$

4. *Volumsenergie E, Energiedichte E'*, Maxwell*sche „Spannungen" p*; vgl. IV, 6 (5, 8). Analog wie dort ergibt sich auch im magnetostatischen Feld für die

Volumsenergie:
$$dE = \frac{\mu\,\mathfrak{H}^2}{8\,\pi}\,df\,dl,$$

Energiedichte:
$$E' = \frac{dE}{df\,dl} = \frac{\mu\,\mathfrak{H}^2}{8\,\pi} = \frac{\mathfrak{B}\,\mathfrak{H}}{8\,\pi}. \tag{8}$$

Der gleiche Ausdruck wie für E' gilt für den Maxwellschen Zug bzw. Druck p, der im Feld mit der Permeabilität μ je cm² entlang der bzw. senkrecht zu den Kraftlinien gedacht werden kann.

5. *Der Satz von* Gauss *bzw. die Divergenz* $\mathfrak{H}$; vgl. IV, 6 α (9), (10), (11), (12). Die Zahl der eine Fläche df durchsetzenden Kraftlinien gibt den

„Kraftfluß": $\qquad dZ \equiv d\Phi = \mathfrak{B}\,df = \mu\,\mathfrak{H}_n\,df,$ $\qquad\qquad$ (9)

wenn $\mathfrak{H}_n$ die auf df senkrecht stehende Feldkomponente ist. Berechnet man das Gausssche Integral, den gesamten Kraftfluß durch eine geschlossene Fläche, so wird jetzt, abweichend von der Elektrostatik, dieses Integral stets Null, da isolierte magnetische Pole nicht existieren und entweder keine oder gleichviel $\pm$ Mengen im Raumelement vorhanden sind. Daher das

$$\text{Integral von Gauss:} \int \mathfrak{B}\,df = \int \mu\,\mathfrak{H}_n\,df = 0. \qquad (10)$$

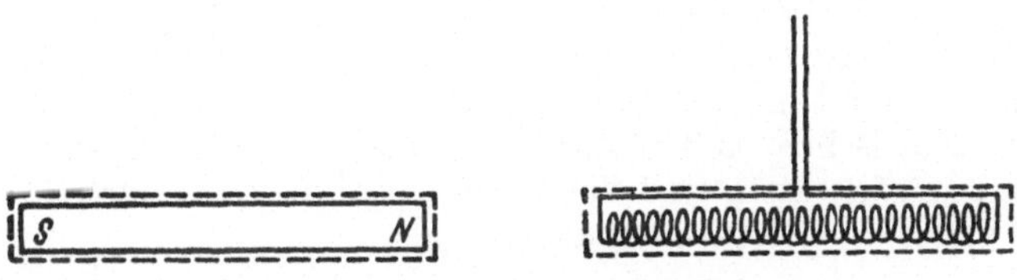

Abb. 64. Abtrennung des quellenfreien Raumes.

Wird dieser Satz auf die Oberfläche eines Volumelements $dv = dx\,dy\,dz$ angewendet, so erhält man die gleichwertige Aussage:

$$\text{Divergenz } \mathfrak{B} \equiv \frac{\partial \mathfrak{B}_x}{\partial x} + \frac{\partial \mathfrak{B}_y}{\partial y} + \frac{\partial \mathfrak{B}_z}{\partial z} = 0. \qquad (11)$$

Insoweit nun in $\mathfrak{B} = \mu\,\mathfrak{H}$ *die Permeabilität* μ *räumlich konstant* (homogener Außenraum) ist, gilt auch:

$$\text{Divergenz } \mathfrak{H} = 0. \qquad (12)$$

Gl. (12) bedeutet aber „*Quellenfreiheit*"; kann also nur im „*Außenraum*" des das Feld erzeugenden Magneten oder der Spule gelten, d. h. man hat so wie in Abb. 64 die „Quellen" durch die gestrichelten Sperrflächen vom Gültigkeitsbereich der Beziehung (12) auszuschließen.

Ist dagegen der Außenraum inhomogen (variierendes μ), enthält er dia- oder paramagnetische Körper, dann ist div $\mathfrak{H} \neq 0$; es entstehen an den Sprungstellen von μ, also an den Grenzflächen der Körper, Quellen in Form von scheinbarem (induziertem, also *nicht* wahrem) Magnetismus; vgl. w. u. den Abschnitt γ. Die Gültigkeit von (11) ist dagegen unabhängig von dieser Beschränkung; im besonderen gilt deswegen für die zu einer Grenzfläche zwischen den Medien μ_1 und μ_2 normalen Komponenten $\mathfrak{B}_n$ die Beziehung:

$$\mathfrak{B}_{n1} - \mathfrak{B}_{n2} = 0; \quad \text{daher} \quad \mu_1 \mathfrak{H}_{n1} = \mu_2 \mathfrak{H}_{n2}. \tag{14a}$$

6. *„Magnetische Spannung"* bzw. *„Durchflutung"*. Da beim Herumführen eines Poles $+m$ auf einer geschlossenen Kurve des magnetostatischen Außenfeldes erfahrungsgemäß weder Arbeit gewonnen noch verloren werden kann, so gilt analog zu (15), (16), (17) von IV, 6β:

$$m \oint \mathfrak{H}_s \, ds = 0 \quad \text{daher} \quad V_{1,1} \equiv \oint \mathfrak{H}_s \, ds = 0. \tag{17}$$

Aus später zu besprechenden Gründen wird die als magnetische Umlaufs- oder „Randspannung" aufzufassende Größe $V_{1,1}$ auch „Durchflutung" genannt.

Die Aussage (17) ist aber, wie in IV, 6β ausgeführt wurde, gleichbedeutend mit der Aussage, daß erstens die Feldstärke im magnetostatischen Außenraum aus einer Potentialfunktion abgeleitet werden kann und daß zweitens dieses Feld *wirbelfrei* ist.

Ersteres wird formuliert durch:

„magnetische Spannung"

$$V_{1,2} = {}_1\!\!\int^2 \mathfrak{H}_s \, ds = - {}_1\!\!\int^2 d\Psi = \Psi_1 - \Psi_2 \tag{18}$$

somit Feldkraft $\qquad\qquad \mathfrak{H}_s = - \partial\Psi/\partial s, \tag{19}$

„ Potential $\qquad\qquad \Psi = \dfrac{1}{\mu} \sum \dfrac{m}{r}. \tag{20}$

Die Wirbelfreiheit wird ausgedrückt durch:

$$\frac{\partial \mathfrak{H}_x}{\partial y} - \frac{\partial \mathfrak{H}_y}{\partial x} = 0 \qquad \frac{\partial \mathfrak{H}_y}{\partial z} - \frac{\partial \mathfrak{H}_z}{\partial y} = 0 \qquad \frac{\partial \mathfrak{H}_z}{\partial x} - \frac{\partial \mathfrak{H}_x}{\partial z} = 0 \left.\right\} \tag{21}$$

oder $\operatorname{rot}_z \mathfrak{H} = 0 \qquad\qquad \operatorname{rot}_x \mathfrak{H} = 0 \qquad\qquad \operatorname{rot}_y \mathfrak{H} = 0$

oder allgemein $\qquad\qquad \operatorname{rot} \mathfrak{H} = 0. \tag{21a}$

7. *Das magnetische Moment* $\mathfrak{M}$. Mit Rücksicht auf den Umstand, daß man bei magnetostatischen Messungen stets mit magnetischen Dipolen, sei es als Felderreger, sei es als „Probepol" zu tun hat, sind die obigen Ausführungen noch zu ergänzen.

Mit Hilfe des Coulombschen Gesetzes oder besser noch über das Potential (20) und (19), das sich bei dem Feld eines Dipoles aus zwei Teilen: $\Psi = \dfrac{m}{\mu}\left(\dfrac{1}{r_1} - \dfrac{1}{r_2}\right)$ zusammensetzt, läßt sich die Feldstärke leicht berechnen. Doch erhält man einfache Ausdrücke nur, wenn der mittlere Abstand r groß ist gegen die Länge des Magneten. In diesem Fall gilt angenähert

$$\mathfrak{H} = \frac{k_1 \, \mathfrak{M}}{\hat{\mu} \, r^3} \, \sqrt{1 + 3 \cos^2 \varphi}. \tag{22}$$

Im GAUSSschen System also

$$\mathfrak{H} = \frac{\mathfrak{M}}{\mu \, r^3} \, \sqrt{1 + 3 \cos^2 \varphi}. \tag{22a}$$

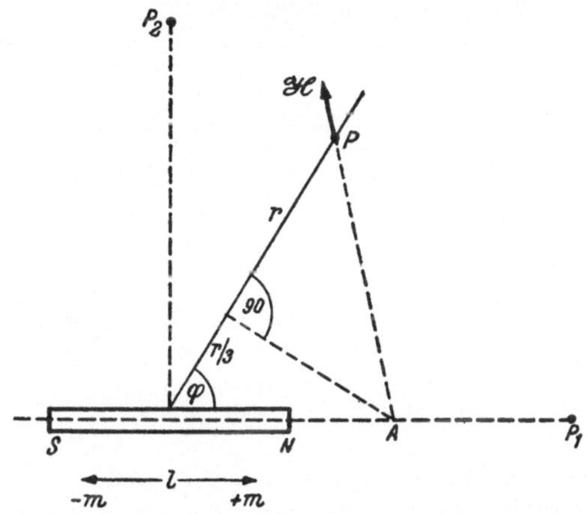

Abb. 65. Zum Feld eines Magneten (GAUSS).

Für das Auffinden der Feldrichtung hat GAUSS eine Konstruktionsvorschrift gegeben: in $r/3$ wird eine Senkrechte errichtet, deren Schnittpunkt mit der verlängerten Magnetachse den Punkt A gibt; die Richtung von A zum Aufpunkt P ist die Feldrichtung in P. Das Ergebnis hängt, wie man sieht, weder von m noch von l ab.

Für die sog. „GAUSSschen Hauptlagen", nämlich Aufpunkt in P_1 mit $\varphi = 0°$ bzw. in P_2 mit $\varphi = 90°$, erhält man aus (22a):

1. Hauptlage (P_1):

$$\mathfrak{H}_1 = \frac{2 \, \mathfrak{M}}{\mu \, r^3}.$$

2. Hauptlage (P_2):

$$\mathfrak{H}_2 = \frac{\mathfrak{M}}{\mu \, r^3}. \tag{23}$$

Für genauere Ansprüche sind, da (23) nur eine Näherung ist, Korrektionen anzubringen. Bei hinreichender Entfernung ist aber die Feldstärke nur abhängig vom Moment $\mathfrak{M}$, nicht aber davon, wie sich das Produkt aus den Faktoren m, l zusammensetzt; ein doppelt so langer, aber nur halb so starker Magnet hat den gleichen Wert $\mathfrak{M}$ und dasselbe Feld, wenn nur $l \ll r$. Darauf gründet sich eine Meßmethode, die Einheiten für $\mathfrak{M}$ und $\mathfrak{H}$ abzuleiten gestattet, ohne daß Annahmen über das Vorhandensein und die Lage von „Polen" mit den fingierten magnetischen Mengen m zu machen sind. Es ist dies die klassische GAUSSsche „Absolutmessung" der Horizontalkomponente $\mathfrak{H}_h$ der Erde und des Momentes $\mathfrak{M}$ eines Stabmagneten.

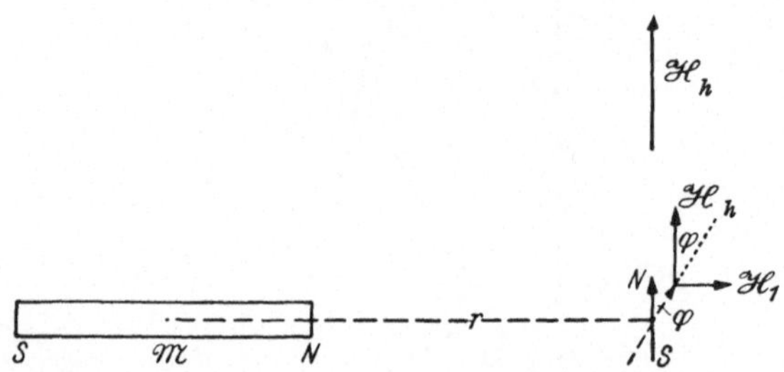

Abb. 66. Zum GAUSSschen Versuch.

Dabei wird einerseits das Produkt $\mathbf{A} = \mathfrak{M} \cdot \mathfrak{H}_h$, anderseits der Quotient $\mathbf{B} = \mathfrak{M}/\mathfrak{H}_h$ bestimmt. Dann erhält man: $\mathfrak{M} = \sqrt{\mathbf{A} \cdot \mathbf{B}}$; $\mathfrak{H}_h = \sqrt{\mathbf{A}/\mathbf{B}}$.

Zur Gewinnung des Produktes $\mathbf{A}$ sei daran erinnert, daß nach IV, 7, δ, Beispiel 6, ein Dipol im homogenen Feld, z. B. in jenem der Horizontalkomponente $\mathfrak{H}_h$ des Erdfeldes, ein Drehmoment erleidet, das gegeben ist durch

$$M = \mathfrak{M} \, \mathfrak{H}_h \sin \varphi \tag{24}$$

und die Achse des Dipols in die Feldrichtung zu drehen sucht. Macht man daher den Magneten um eine Vertikalachse drehbar, so stellt er sich in den magnetischen Meridian ein. Bei einer Auslenkung um den Winkel φ greift das rücktreibende Moment (24) an, so daß eine Winkelbeschleunigung entsteht:

$$\vartheta \, \frac{d^2 \varphi}{dt^2} = - \, \mathfrak{M} \, \mathfrak{H}_h \sin \varphi.$$

ϑ ist das Trägheitsmoment des Magneten. Bei so kleinen Auslenkungen, daß $\sin \varphi$ mit φ vertauscht werden kann, erhält man in

$$\frac{d^2 \varphi}{dt^2} = - \, \frac{\mathfrak{M} \, \mathfrak{H}_h}{\vartheta} \, \varphi \tag{25}$$

die Differentialgleichung der ungedämpften harmonischen Pendelschwingung, deren Schwingungsdauer nach I, 28, gegeben ist durch:

$$\tau = 2 \, \pi \, \sqrt{\vartheta / \mathfrak{M} \, \mathfrak{H}_h}. \tag{26}$$

Somit ist das gesuchte Produkt **A**, wenn τ und ϑ gemessen werden, bestimmt durch:

$$\mathbf{A} = \mathfrak{M}\,\mathfrak{H}_h = 4\,\pi^2\,\vartheta/\tau^2. \tag{27}$$

Zur *Gewinnung des Quotienten* **B** bringt man entsprechend der Skizze 66 einen kleinen Hilfskompaß z. B. in die 1. Hauptlage, bezogen auf den oben verwendeten Magneten $\mathfrak{M}$. Dadurch wird die Nadel des Kompasses aus ihrer Nord-Süd-Einstellung im Erdfeld, die sie ohne $\mathfrak{M}$ eingenommen hätte, um den $\sphericalangle\,\varphi$ abgelenkt. Diese neue Ruhelage ist erreicht, wenn das von $\mathfrak{M}$ stammende ablenkende Moment (Feldstärke $\mathfrak{H}_1$) und das vom Erdfeld stammende rücktreibende Moment (Feldstärke $\mathfrak{H}_h$) gleich groß sind, oder wenn, mit anderen Worten, $\mathfrak{H}_h \sin\varphi = \mathfrak{H}_1 \cos\varphi$ bzw. wenn $\operatorname{tg}\varphi = \mathfrak{H}_1/\mathfrak{H}_h$ ist.

Mit (23) erhält man daraus, wenn μ für Luft gleich 1 gesetzt wird, den gesuchten Quotienten:

$$\operatorname{tg}\varphi = \frac{2\,\mathfrak{M}}{r^3\,\mathfrak{H}_h} \quad\text{oder}\quad \mathbf{B} \equiv \mathfrak{M}/\mathfrak{H}_h = \frac{1}{2}\,r^3\operatorname{tg}\varphi. \tag{28}$$

(27) und (28) kombiniert, geben:

$$|\mathfrak{M}| = \frac{2\,\pi}{\tau}\sqrt{\frac{1}{2}\,\vartheta\,r^3\operatorname{tg}\varphi} \qquad [\mathfrak{M}]_m = \mathrm{cm}^{5/2}\,\mathrm{g}^{1/2}\,\sec^{-1} = [m\cdot l], \tag{29}$$

$$|\mathfrak{H}| = \frac{2\,\pi}{\tau}\sqrt{2\,\vartheta/r^3}\operatorname{tg}\varphi \qquad [\mathfrak{H}]_m = \mathrm{cm}^{-1/2}\,\mathrm{g}^{1/2}\,\sec^{-1} = [m/l^2]. \tag{30}$$

Die Dimensionen von $\mathfrak{M}$ und $\mathfrak{H}$ stimmen, wie es sein muß, mit den aus (1) und (2) folgenden überein, da beide Male das COULOMBsche Gesetz (1 a) zugrunde gelegt wurde.

Statt bei der Definition der Einheit für $\mathfrak{H}$ vom COULOMBschen Gesetz direkt auszugehen und so wie unter 1 und 2 die Einheit von $\mathfrak{H}$ aus jener für m zu gewinnen, kann man nun mit Hilfe von (30) zuerst die Einheit von $\mathfrak{H}$ festsetzen und dann nach (24) definieren: Ein Magnet hat das Moment 1, wenn die Feldkraft 1 Oersted die Direktionskraft 1 Dyn·cm hervorruft. Das Ergebnis ist das gleiche, da aus der Einheit von $\mathfrak{M}$, wenn man will, auch jene von m gewonnen werden kann.

Da die so gewonnenen Grundeinheiten für $\mathfrak{H}$ und $\mathfrak{M}$ unabhängig von der Unsicherheit über die Lokalisierbarkeit der „Pole" und überdies meßtechnisch unverhältnismäßig exakter bestimmbar sind, ist der von GAUSS eingeschlagene Weg zwar weniger direkt, aber physikalisch wesentlich befriedigender.

Die Horizontalintensität $\mathfrak{H}_h$ beträgt in Graz 0,215 Gauß oder Oersted. Bei sehr starken Elektromagneten kommt man zwischen den Polen auf kleinem Bereich bis 55000 Gauß, für Bruchteile von Sekunden in eisenlosen Spulen durch Kurzschlußstrom sogar auf $\simeq 10^6$ Gauß.

γ) *Materie im Magnetfeld.* In der Elektrostatik schloß sich an die Feldbeschreibung des homogenen Raumes der Abschnitt „Verhalten der Leiter" (IV, 7, mit Kondensator in IV, 8) an. In der Magnetostatik entfällt dieser Abschnitt, da es keinen wahren Magnetismus und daher auch keinen magnetischen Leiter gibt. Die Materie verhält sich in magnetischer Hinsicht analog dem Dielektrikum, nur daß es hier dia- und paramagnetische ($\mu \lessgtr 1$) sowie ferromagnetische ($\mu \gg 1$, nicht konstant) Stoffe gibt. Das nun zu Besprechende steht somit in gewisser. Analogie zu IV, 9: „Das Verhalten der Isolatoren".

1. *Definitionen.* Bringt man — in schematisierter Anordnung — Materie mit der Permeabilität μ in das homogen gedachte Feld zwischen zwei breiten Polflächen (Abb. 67), dann ergeben sich Verhältnisse, die so wie beim Dielektrikum im Feld des Plattenkondensators leicht übersehbare sind, weil keine Verzerrung des Induktionslinienfeldes eintritt. Dessen Dichte B wird beim senkrechten Durchtritt durch die Grenzflächen nicht verändert und zeigt im Vakuum die Feldstärke $\mathfrak{H}_0 = \mathfrak{B}$, in Materie die Feldstärke $\mathfrak{H} = \mathfrak{B}/\mu$ an. Der Feldstärkenunterschied $\mathfrak{H}_0 - \mathfrak{H}$ stammt

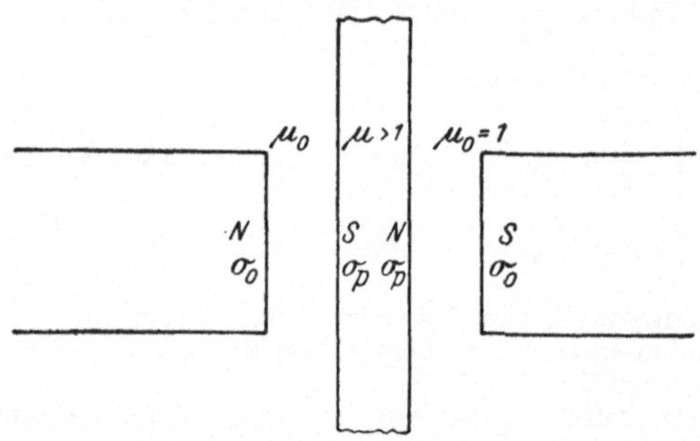

Abb. 67. Materie im homogenen Feld.

von einem Gegenfeld, für das man eine fingierte magnetische Flächendichte $-\sigma_p$ verantwortlich machen kann. Man erhält, wie in IV, 9 α (1):

$$-4\,\pi\,\sigma_p = \mathfrak{H}_0 - \mathfrak{H} = \mathfrak{H}\left(\frac{\mathfrak{H}_0}{\mathfrak{H}} - 1\right) = \mathfrak{H}\,(\mu - 1). \qquad (31)$$

Man definiert nun ebenso wie beim Dielektrikum in IV, 9:

Erstens: Als „Magnetisierung" oder „magnetische Polarisation" $\mathfrak{J}$ jenen Vektor, dessen Richtung (im isotropen Medium) durch die Induktionslinien, dessen Betrag durch die scheinbare Oberflächenladung $-\sigma_p$ gegeben ist; aus (31) folgt:

$$|\mathfrak{J}| = -\sigma_p = \frac{1}{4\,\pi}\,\mathfrak{H}\,(\mu - 1). \qquad (32\,\mathrm{a})$$

Zweitens: Als „Magnetisierungszahl" oder „magnetische Suszeptibilität" $\varkappa$ das Verhältnis von Wirkung (Magnetisierung $\mathfrak{J}$ bzw. Influenzladung $-\sigma_p$) zur Ursache (das influenzierende Feld $\mathfrak{H}$):

$$\varkappa = \frac{\mathfrak{J}}{\mathfrak{H}} = \frac{-\sigma_p}{\mathfrak{H}} = \frac{\mu - 1}{4\pi}$$

oder

$$\mu = 1 + 4\pi\varkappa \left\{ \begin{array}{l} \varkappa \text{ ist } \text{negativ für } \mu < 1, \\ \phantom{\varkappa \text{ ist }} \text{positiv für } \mu > 1. \end{array} \right. \qquad (32\,\mathrm{b})$$

Der Vektor $\mathfrak{J}$ hat die folgende wichtige physikalische Bedeutung: Sein Betrag σ_p, multipliziert mit der ganzen Fläche F, gibt die gesamte influenzierte Magnetmenge $m = \sigma_p F$. Haben die beiden Grenzflächen den Abstand d, dann ist $m\,d = \sigma_p\,F \cdot d = \sigma_p \cdot$ Volumen das induzierte magnetische Gesamtmoment $\mathfrak{M}$. Daraus folgt für σ_p bzw. $\mathfrak{J}$:

$$\mathfrak{J} = \mathfrak{M}/\text{Volumen} = \frac{1}{4\pi}\,\mathfrak{H}\,(\mu - 1). \qquad (32\,\mathrm{c})$$

Gleichartig wie in IV, 9 (4) gilt auch hier als gleichberechtigte Definition für μ:

$$\mu = \frac{\text{Feldkraft im Querspalt}}{\text{Feldkraft im Längsspalt}}.$$

2. Beim schiefen Durchtritt durch die Grenzfläche zweier Medien tritt *Brechung der Kraftlinien* nach dem gleichen Gesetz wie in der Elektrostatik ein. Wie dort IV, 9 α (6) lautet das

$$\text{Brechungsgesetz: } \operatorname{tg}\alpha / \operatorname{tg}\beta = \mu_1/\mu_2. \qquad (33)$$

Denn wieder weiß man von der zur Grenzfläche normalen bzw. tangentialen Komponente der Induktion $\mathfrak{B}$ bzw. Feldkraft $\mathfrak{H}$, daß einerseits $\mathfrak{B}_n$ ungeändert bleiben muß, da keine wahren Ladungen an der Grenzfläche auftreten, und daß anderseits $\mathfrak{H}_t$ keinen Grund zur Änderung hat. Es gilt also

in der Normalen: $\mathfrak{B}_{n\,1} = \mathfrak{B}_{n\,2}$ jedoch nach $\mu_1\,\mathfrak{H}_{n\,1} = \mu_2\,\mathfrak{H}_{n\,2}$;

$$\mathfrak{H}_{n\,1}/\mathfrak{H}_{n\,2} = \mu_2/\mu_1,$$

in der Tangente: $\mathfrak{H}_{t\,1} = \mathfrak{H}_{t\,2}$, jedoch wegen $\mu_1\,\mathfrak{H}_{t\,1} \neq \mu_2\,\mathfrak{H}_{t\,2}$;

$$\mathfrak{B}_{t\,1}/\mathfrak{B}_{t\,2} = \mu_1/\mu_2.$$

Daraus folgt mit $\operatorname{tg}\alpha = \mathfrak{H}_{t\,1}/\mathfrak{H}_{n\,1}$, $\operatorname{tg}\beta = \mathfrak{H}_{t\,2}/\mathfrak{H}_{n\,2}$ obiges Gesetz (33). Es tritt „Brechung vom Lot" ($\beta > \alpha$) ein, wenn $\mu_2 > \mu_1$ ist: zur Totalreflexion, so wie bei der Brechung von Licht (für den Fall, daß $n_2 < n_1$), kommt es bei einem Tangentenverhältnis jedoch nicht.

Die Brechung hat zur Folge, daß beim Übergang vom kleineren zum größeren μ die Dichte der Induktionslinien, also B, zunimmt, weil zwar B_n unverändert blieb, B_t aber gewachsen ist (vgl. Abb. 68). Zum Unterschied von den elektrostatischen Verhältnissen hat man es hier in den wichtigen Fällen, bei denen Eisen gegen Luft grenzt, mit *sehr* verschiedenen μ-Werten zu tun. Etwa μ (Luft) ~ 1, μ (Fe) ~ 2000; dann wird beim Übergang Eisen nach Luft tg α/tg $\beta \sim 2000$; wenn die Linien unter einem Winkel $\alpha \sim 85°$ einfallen, treten sie unter $\beta \sim 0{,}3°$, also nahezu senkrecht aus. Dies hat unter anderem zur Folge, daß eine Eisenkugel im homogenen magnetischen Feld in bezug auf den Außen- und Innenraum sich fast so verhält, wie eine Metallkugel im homogenen elektrischen Feld: Sie zieht die Kraftlinien an sich und schirmt („ma-

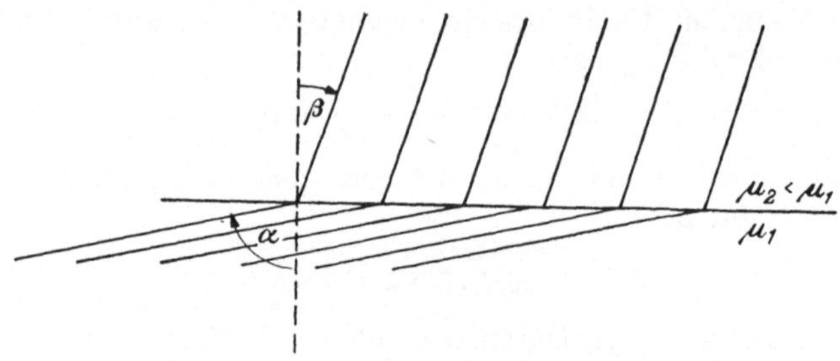

Abb. 68. Brechung der Kraftlinien.

gnetische Panzer") den Innenraum gegen das äußere Feld ab. Man vgl. Abb. 69 mit Abb. 15. Während aber im letzteren Fall sich wahre Ladungen ausbilden und im Metall keine Kraftlinien verlaufen, treten hier nur scheinbare Ladungen auf und die Induktionslinien setzen ihren Weg zusammengedrängt im Eisen fort. Trotz dieser Zusammendrängung ist die Feldkraft $\mathfrak{H} = \mathfrak{B}/\mu$ kleiner als im Außenraum. Denn es ist leicht zu zeigen, daß im einfacheren Fall der Abb. 68 die Beziehungen gelten

$$B_1/B_2 = \cos \beta/\cos \alpha; \quad \mathfrak{H}_1/\mathfrak{H}_2 = \sin \beta/\sin \alpha;$$

für $\mu_2 > \mu_1$ und daher $\beta > \alpha$ wird zwar

$$\mathfrak{B}_2 > \mathfrak{B}_1,$$

jedoch
$$\mathfrak{H}_2 < \mathfrak{H}_1.$$

3. *Kraftwirkungen.* An der Grenzfläche zweier Stoffe mit verschiedenem μ bildet sich im Feld nach (31) eine „freie Ladung σ" aus, die die Differenz $\sigma_{p1} - \sigma_{p2}$ der influenzierten scheinbaren Ladungen ist. Infolge dieser Flächendichte σ treten *Kraftwirkungen* auf. Der Einfachheit halber seien die Verhältnisse der Abb. 67 vorausgesetzt. Ist dort $\mu > 1$, dann bildet sich nach (14a) dem Nordpol gegenüber eine negative Flächendichte σ_p aus, ist $\mu < 1$, dann wird σ_p positiv. Im ersteren Fall wird der Stoff ersichtlicherweise in der Feldrichtung gedehnt, im zweiten gepreßt, da sich die gegenüberliegenden freien und scheinbaren Ladungen das eine Mal anziehen, das andere Mal abstoßen. Da die Kraftwirkung dem Produkt $\sigma_p \mathfrak{H}_0$ pro-

portional sein wird, σ_p selbst aber mit $\mathfrak{H}_0$ wächst, so ist die Wirkung $\mathfrak{H}_0{}^2$ proportional. Zu einer Bewegung kommt es in diesem Fall nicht.

Befinden sich jedoch stäbchenförmige Körper im homogenen Feld, so erzeugt die Kraft auf den durch Induktion entstandenen Dipol ein Dreh-

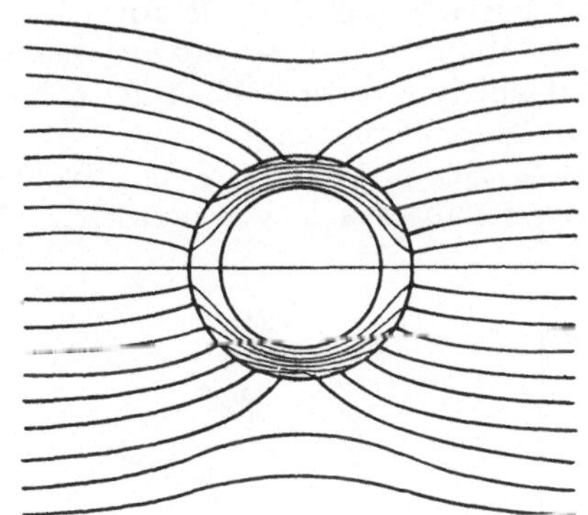

Abb. 69. Eisenkugel als „Panzerschutz" gegen äußeres Feld.

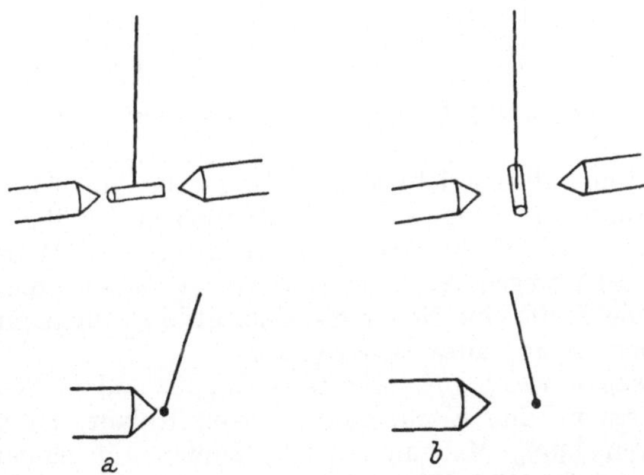

Abb. 70. Para- (*a*) und diamagnetische (*b*) Körper im inhomogenen Feld.

moment, das wieder $\mathfrak{H}_0{}^2$ proportional ist. Aber nur in sehr starken Feldern oder bei hoher Permeabilität ist eine Beobachtung möglich. In den viel stärkeren inhomogenen Feldern zwischen zwei Polspitzen stellen sich der Erwartung entsprechend paramagnetische Stäbchen parallel zu den Kraftlinien, diamagnetische senkrecht dazu (FARADAY). Paramagnetische Kügelchen werden im inhomogenen Feld angezogen, diamagnetische abgestoßen, also aus dem Feld gedrängt (Abb. 70).

4. *Magnetische Eigenschaften der Stoffe* (vgl. dazu IV, 15). Die experimentellen Methoden, mit deren Hilfe man die Zahlenwerte für die magnetischen Materialkonstanten μ bzw. $\varkappa$ bestimmt, sind vorwiegend elektromagnetischer Natur. Überblicksweise ist das Ergebnis das folgende (vgl. Tabelle 10):

Diamagnetische Stoffe: $\mu < 1$, $\varkappa$ negativ, unabhängig von der Temperatur, unabhängig von der Feldstärke: daher $\varkappa$ in $\mathfrak{J} = \varkappa \, \mathfrak{H}_0$ ebenso wie μ eine Materialkonstante.

Paramagnetische Stoffe: $\mu > 1$, $\varkappa$ positiv, im allgemeinen temperaturabhängig (abgesehen von gewissen Metallen), aber unabhängig von $\mathfrak{H}$.

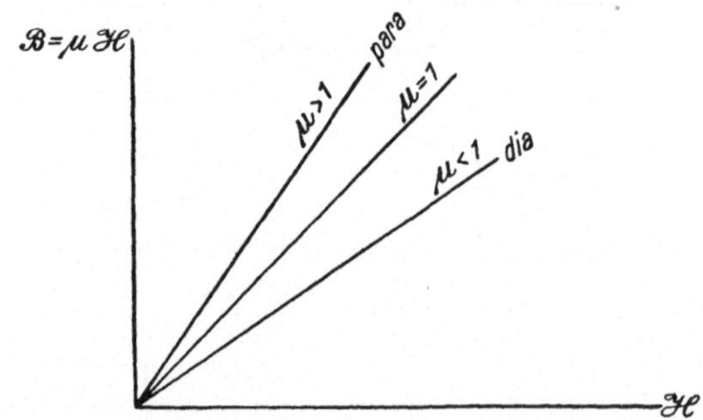

Abb. 71. $\mathfrak{B}$-$\mathfrak{H}$-Kurven für dia- und paramagnetische Stoffe.

In beiden Fällen weicht μ nur wenig von 1 ab, da $\varkappa$ von der Größenordnung 10^{-6} bis 10^{-5} ist. Trägt man in der üblichen Darstellung $\mathfrak{B} = \mu \, \mathfrak{H}$ als Funktion von $\mathfrak{H}$ im gleichen Maßstab auf, so erhält man wegen der Konstanz von μ Gerade, die für diamagnetische Stoffe eine Neigung kleiner als $45°$, für paramagnetische größer als $45°$ aufweisen (Abb. 71).

Ferromagnetische Stoffe verhalten sich ganz anders. Es gehören dazu in erster Linie Eisen, dann Nickel, Kobalt, HEUSLERsche Legierungen (30% Mangan $+$ 70% Kupfer mit einem Zusatz von Al oder Sn, Sb, Bi), ferner CrTe u. a. *Erstens* ist μ von anderer Größenordnung (Fe bis 5000, Ni bis 290, Co $\sim$ 170, Legierungen 40 bis 80). *Zweitens* nimmt die Magnetisierbarkeit mit steigender Temperatur ab, um bei einem kritischen Punkt („CURIE-Temperatur") als Ferromagnetismus zu verschwinden und als schwacher Paramagnetismus zu bleiben. (CURIE-Temperaturen in °C: Fe 770, Co 1134, Ni 360, manche Legierungen bereits bei Zimmertemperaturen). *Drittens* sind μ bzw. $\varkappa$ nicht mehr konstant, sondern Funktionen der induzierenden Feldstärke;

viertens endlich hängt die Magnetisierung noch von der Vorgeschichte ab; diesem letzteren Umstand verdankt man es, daß es permanente Magnete gibt.

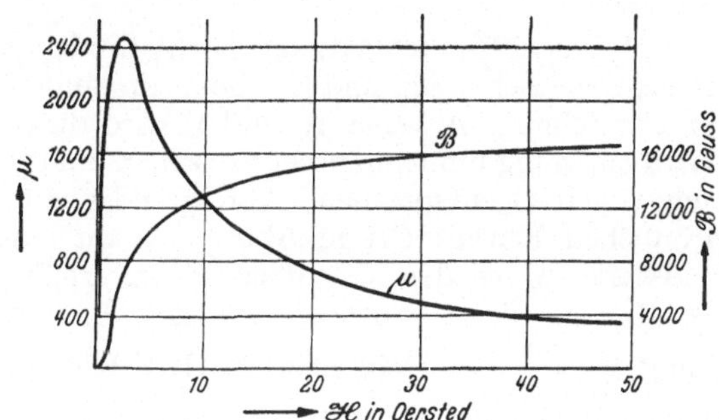

Abb. 72. $\mathfrak{B}$ und μ als Funktion von $\mathfrak{H}$ bei ferromagnetischen Stoffen.

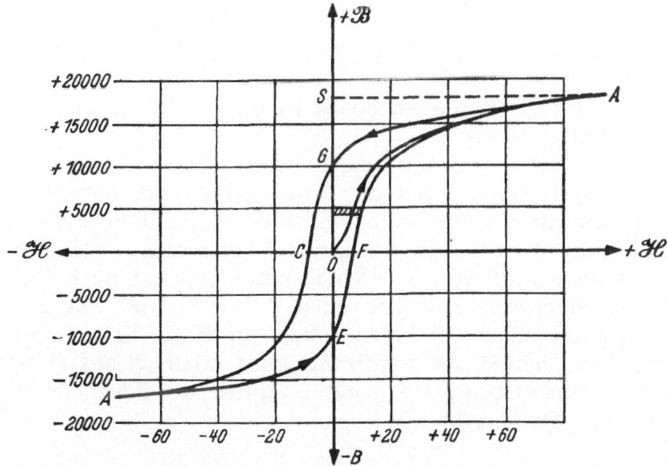

Abb. 73. Die Hysteresisschleife.

OA ... jungfräuliche oder Nullkurve; OG und OE ... Remanenz; OC und OF ... Koerzitivkraft.

Zunächst wird die dritte Eigenschaft an Abb. 72 veranschaulicht, in der die erregende Feldstärke $\mathfrak{H}$ als Abszisse, $\mathfrak{B}$ in 800-, μ in 8omal kleinerem Maßstab als Ordinate eingetragen sind. Die Gerade für $\mu = 1$ wäre in diesem Maßstabverhältnis kaum erkennbar geneigt gegen die Abszisse. Es handelt sich um Flußeisen. Die $\mathfrak{B}$-Kurve strebt offenbar mit zunehmendem $\mathfrak{H}$ insofern einer Sättigung zu, als sich ihre Neigung jener der Geraden mit

$\mu = 1$ nähert. μ geht von einer kleinen „Anfangspermeabilität" durch ein scharfes Maximum bei kleinem $\mathfrak{H}$ (beim sog. „Knie" der $\mathfrak{B}$-Kurve) und nimmt mit steigendem $\mathfrak{H}$ allmählich ab, dem Wert 1 zustrebend.

An die vierte Eigentümlichkeit, die Nicht-Eindeutigkeit des Zusammenhanges zwischen $\mathfrak{B}$ und $\mathfrak{H}$, bzw. (in anderer häufig verwendeter Darstellung) zwischen $\mathfrak{J}$ und $\mathfrak{H}$ wird durch Abb. 73 erinnert. Wird ein völlig unmagnetisches Eisen erstmalig magnetisiert, so ändert sich $\mathfrak{B}$ entsprechend Abb. 72 oder entsprechend der „jungfräulichen Kurve" OA in Abb. 73. Läßt man die erregende Feldstärke $\mathfrak{H}$ wieder abnehmen, dann erhält man die neue Kurve AG, die für $\mathfrak{H} = 0$ noch endliches $\mathfrak{B}$, also endliche Magnetisierung $\mathfrak{J} = \dfrac{1}{4\pi} \, (\mathfrak{B} - \mathfrak{H})$ anzeigt. Der Körper hat nun „permanenten" Magnetismus; das Ordinatenstück OG heißt „Remanenz". Um diese zu entfernen, muß das Feld negativ gemacht werden und die gewissermaßen den Magnetismus festhaltende „Koerzitivkraft" (Abszissenstück OC) durch ein Gegenfeld kompensiert werden. Verstärken des negativen Feldes führt zur Umpolung und wieder zur Sättigung bei A'. Beim Rückweg entlang $A'EFA$ ist OE die umgepolte Remanenz, OF die zugehörige Koerzitivkraft.

Ferromagnetische Stoffe zeigen somit Nachwirkungserscheinungen, „Hysterese"; daher der Name „Hysteresis-Schleife" für Abb. 73. Zu einer bestimmten Feldstärke $\mathfrak{H}$ gehören, außerhalb des Sättigungsgebietes, je nach der Vorgeschichte mindestens zwei verschiedene $\mathfrak{B}$-Werte. Das Produkt $\mathfrak{B}\mathfrak{H}$ hat nach (8) die Bedeutung einer Energiedichte, einer Arbeit je cm³. Die gleiche Bedeutung hat daher ein Flächenstück im $\mathfrak{B}, \mathfrak{H}$- bzw. $\mathfrak{J}\,\mathfrak{H}$-Diagramm. Die Energie, die 1 cm³ aufnimmt, wenn $\mathfrak{B}$ auf $\mathfrak{B} + d\mathfrak{B}$ steigt, ist dementsprechend $\mathfrak{H}\,d\mathfrak{B}$ (schraffiertes Flächenelement in Abb. 73). Somit gibt

$$\int \mathfrak{H}\,d\mathfrak{B},$$

erstreckt etwa über die Fläche OAS, die ganze beim erstmaligen Magnetisieren in den cm³ hineingesteckte Energie, aufgewendet zur Gleichrichtung der Elementarmagnete des Eisens. Auf dem Rückweg entlang AG erhält man nur einen Teil dieser Arbeit zurück, nämlich jenen, dem die Fläche GAS entspricht. Integriert man über die Fläche der ganzen Schleife, so daß Anfangs- und Endzustand des Eisens gleich sind, so erhält man den auf Wärme (je cm³) verwendeten Energieverlust beim Durchlaufen eines vollständigen Zyklus.

Das Magnetisieren ferromagnetischer Stoffe besteht in einem Ordnen oder Ausrichten von Elementarmagneten, unter denen aber nicht die Atome zu verstehen sind, da gasförmiges Eisen nur paramagnetisch ist. Mehr als maximale Ordnung — das Maximum wird von der ordnungzerstörenden Wärmebewegung abhängen und mit steigender Temperatur abnehmen — erreichen, kann man nicht; man gelangt in den Sättigungsbereich, oberhalb dessen der Stoff nur mehr paramagnetisch ist ((vgl. IV, 15). Remanenz bedeutet, daß nach Aufhören der äußeren Kraft die Ordnung trotz des Temperatureinflusses durch innere (Koerzitiv-) Kräfte erhalten werden kann. Die Existenz einer kritischen Tempe-ratur (CURIE-Punkt) bedeutet, daß eine für ein ferromagnetisches Verhalten unerläßliche Voraussetzung nicht mehr erfüllt ist. Ver-mutlich betrifft dies die Existenzfähigkeit der Elementarmagnete selbst, unter denen man sich, um den starken Temperatureinfluß über-haupt zu verstehen, wohl magnetische Mikro-kriställchen vorzustellen hat (Abb. 74).

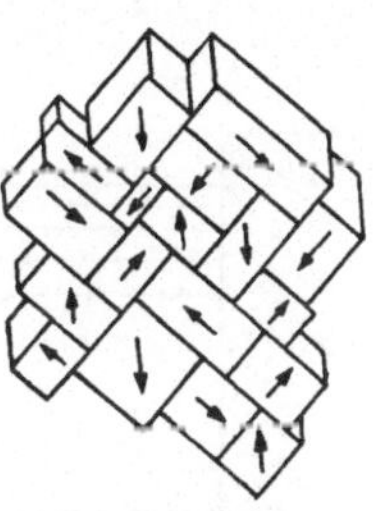

Abb. 74. Schematisierter Eisenkristallit im un-magnetischen Zustand mit ungeordneten ma-gnetischen Elementar-bezirken (Pfeile).

5. *„Entmagnetisierung."* Überall, wo magneti-sche Induktionslinien durch die Grenzflächen zweier Medien mit verschiedenem μ gehen, also bei allen nicht zu einem „magnetischen Kreis" zusammengeschlosse-nen Probekörpern, wie bei Stäben oder Ellipsoiden, an denen Untersuchungen im magnetischen Feld durchgeführt werden sollen, treten scheinbare magnetische Belegungen σ_p auf. Diese verändern das ursprüngliche Feld $\mathfrak{H}_0$, das ohne den Probekörper vorhanden war, so-wohl im Außenraum als auch an jener Stelle, die nun der Probekörper ein-nimmt, also in dessen Innerem. Bei den Aufgaben der Praxis handelt es sich meist um ferromagnetische Stoffe mit sehr großem μ einerseits, um Stücke von endlicher Abmessung anderseits. Es entsteht die Aufgabe, die für die Untersuchung günstigsten, theoretisch durchsichtigsten Verhältnisse zu schaffen.

Abb. 75 zeigt ein durch Einbringen eines Eisenstabes gestörtes Feld. Im Fe-Stab wird Magnetismus induziert, dessen Feld sich im Inneren des Stabes und außerhalb desselben dem ursprünglichen homogenen Feld überlagert. Der Verlauf der Induktionslinien, die sich unter Entblößung des Außenraumes im Fe zusammendrängen (Brechungsgesetz), zeigt an, daß das Feld im Inneren keineswegs mehr homogen ist. Dies und die Tatsache, daß bei Eisen μ eine Funktion der Feldstärke ist (Abb. 72), bewirkt komplizierte Verhältnisse. Auch ohne Theorie erkennt man, daß durch Abrundung der Stirnflächen diese Inhomogenitäten gemildert werden müssen. Die Theorie zeigt, daß man im Inneren ein homogenes Feld erhält, wenn der Probekörper die Form eines Ellipsoides hat.

Da im Inneren des Körpers das ursprüngliche und das induzierte $\mathfrak{H}$-Feld einander entgegenlaufen, tritt eine Schwächung ein. Trotz des Zusammen-drängens der Induktionslinien ($\mathfrak{B}$) gibt es „Entmagnetisierung", $\mathfrak{H}$ in der Materie ist kleiner als $\mathfrak{H}_0$ ohne Materie. Ist das Innenfeld homogen, dann erhält man

$$\mathfrak{H} = \mathfrak{H}_0 \, \frac{1}{1 + \dfrac{\beta}{4\,\pi}\,(\mu - 1)}. \tag{34}$$

Der sog. „Entmagnetisierungsfaktor β" ist für Rotationsellipsoide („Ovoide") mit dem Achsenverhältnis $p =$ (Länge in der Rotationsachse/ /Durchmesser) berechnet worden:

$p = 0\,(\text{Querplatte});\ 1\,(\text{Kugel});\ 10\ ;\ 20\ ;\ 50\ ;\ 100\ ;\ \infty\,(\text{Längsdraht})$

$\beta = \qquad\quad 4\,\pi \qquad ;\ \dfrac{4\,\pi}{3}\ \ ;\ 0{,}255\,;\ 0{,}0848\,;\ 0{,}0181\,;\ 0{,}0054\,;\ 0$

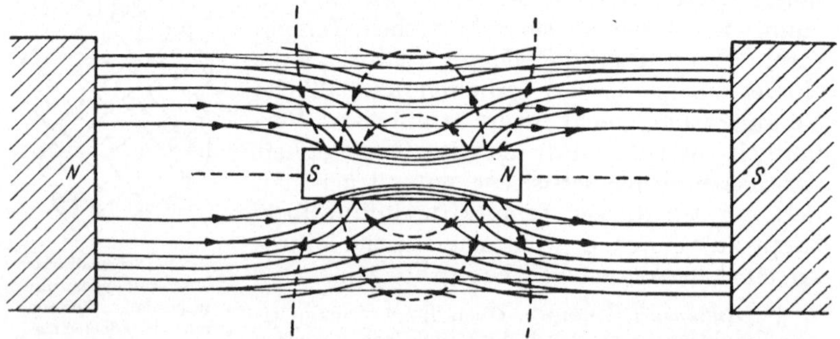

Abb. 75. Das ursprünglich homogene Feld $\mathfrak{H}_0$ (schwache Linien) und das Feld, das vom induzierten Fe-Stab ausgeht (gestrichelte Linien), überlagern sich zum gestörten Feld (starke Linien).

$p = 0$ gehört zu einer zum Feld quergestellten Platte; daher so wie oben in Abb. 67: $\mathfrak{H} = \mathfrak{H}_0/\mu$. Im feldparallelen langen Draht wird $\mathfrak{H} \sim \mathfrak{H}_0$, in der Kugel $\mathfrak{H} = \mathfrak{H}_0 \dfrac{3}{\mu + 2}$.

6. *Ein Analogon zum* Ohm*schen Gesetz.* In der technischen Praxis macht man häufig von folgender, allerdings rein formalen und nur für Überschlagszwecke verwendbaren Analogie Gebrauch: Man erweitere die Definition (3), $\mathfrak{B} = \mu\,\mathfrak{H}$, durch Multiplikation beider Seiten mit einem Querschnitt F, sowie der rechten Seite mit l/l, wobei l eine Länge sei. Man erhält

$$\mathfrak{B}\,F = \mathfrak{H}\,l \cdot \frac{F}{l}\,\mu.$$

Darin stellt $\mathfrak{B}\,F$ nach (9) den Induktionsfluß $\varPhi$ durch den Querschnitt F dar, da ja $\mathfrak{B}$ die Induktionslinien- oder Kraftflußdichte ist; $\mathfrak{H}\cdot l$ oder allgemeiner $\int \mathfrak{H}\,dl$ bedeutet nach (18) die magnetische Spannung V an den Enden von l; $F\,\mu/l$ sei mit $1/R_m$ bezeichnet. Dann wird

$$\varPhi = \frac{V}{R_m} \quad \text{mit} \quad R_m = \frac{l}{F} \cdot \frac{1}{\mu}. \tag{25}$$

Man erkennt die formale Analogie mit dem Ohmschen Gesetz $I = U/R$; R_m spielt die Rolle des „magnetischen Widerstandes", μ offensichtlich jene der spez. Leitfähigkeit (daher der Name „Permeabilität" = Durchlässigkeit). Nützlich ist diese Analogie, die aber auch nicht mehr beinhalten kann als die Ausgangsbeziehung $\mathfrak{B} = \mu \mathfrak{H}$, insofern, als bei Hinter- bzw. Nebeneinanderschalten von „magnetischen Widerständen" so wie nach den KIRCHHOFFschen Regeln gilt:

$$\text{Serie: } R_m = \sum R_{m\,i}; \qquad \text{Parallel: } \frac{1}{R_m} = \sum \frac{1}{R_{mi}}.$$

Daß aber die Analogie nur recht vorsichtig zu verwenden ist, erhellt daraus, daß μ ja eine verwickelte Funktion von $\mathfrak{H}$ ist, also in Wirklichkeit das OHMsche Gesetz ebensowenig gilt wie beim selbständigen Leitungsstrom in Gasen (IV, 12, c, β). Überdies wird die stets vorhandene Streuung des Flusses vernachlässigt, die die Rolle eines „Nebenschlusses" oder Isolationsfehlers spielt.

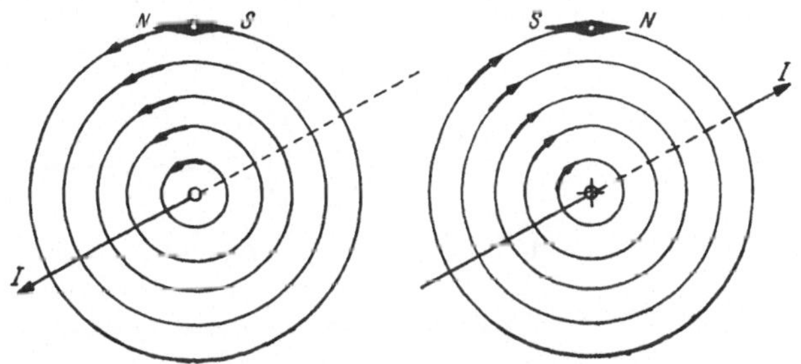

Abb. 76. Der geradlinige Strom und seine magnetischen Kraftlinien.

c) *Das Stromfeld.* Nach dem ÖRSTEDschen Grundversuch übt ein stromdurchflossenes gerades Leiterstück auf eine Magnetnadel eine Richtwirkung aus. Die magnetischen Kraftlinien sind entsprechend Abb. 76 konzentrische Kreise bzw. sie liegen auf Zylinderoberflächen, deren Achse der Stromleiter ist. Die Richtung der Kraftlinien wird z. B. nach der „Ampereschen Schwimmer-Regel" oder nach der „Schraubenregel" bestimmt: Nach ersterer denkt man sich *mit* dem Strom schwimmend einen Schwimmer, das Gesicht dem Probenordpol zugewendet; dieser wird zur linken Hand des Schwimmers abgelenkt. Nach letzterer setzt man die Schraubenachse *in* die Stromrichtung; soll sie in dieser Richtung vorschreiten, muß sie im Uhrzeigersinn, so wie dies beim „Zuschrauben einer Rechtsschraube" üblich ist, gedreht werden. Die Drehrichtung gibt die Kraftlinienrichtung an.

α) *Das* BIOT-SAVART*sche Elementargesetz* wird hier an die Spitze der quantitativen Beschreibung des Stromfeldes gestellt. Es besagt: Ein gedachtes Leiterelement dl, das vom Strom I durchflossen werde, übt auf einen gedachten isolierten Nordmagnetismus m in der Entfernung r eine mechanische Kraft K aus, die gegeben ist durch

$$dK = k_2 \, \frac{I \, dl \, m}{r^2} \, \sin \varphi, \tag{36}$$

φ ist der Azimutwinkel (um den der Schwimmer den Kopf zurücklegen müßte, wenn er gegen m blicken wollte); die Kraftrichtung steht in m senkrecht auf der durch dl und r definierten Ebene. Der Faktor k_2 ist im homogenen Medium eine von dessen *Natur unabhängige*, nur durch das verwendete Maßsystem bestimmte Konstante.

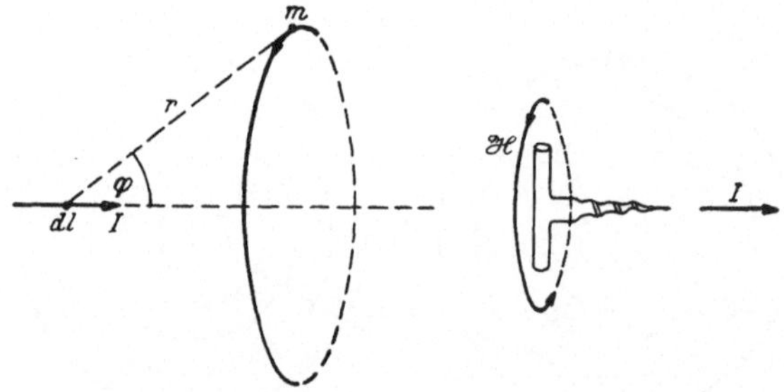

Abb. 77. Zum BIOT-SAVARTschen Elementargesetz.

Ein direkter experimenteller Beweis für die Richtigkeit des Gesetzes ist nicht möglich, da weder ein stromdurchflossenes Leiterelement noch ein isolierter Nordpol zu verwirklichen ist. Aber auch die Gesetze des „Massenpunktes" sind Abstraktionen; und doch verwendet man sie, da sie zweckmäßig sind, ohne zu falschen Konsequenzen zu führen. Ähnlich bei (36), obwohl man hier noch den folgenden zwar berechtigten, aber den Gebrauchswert nicht beeinträchtigenden Einwand erheben kann: Praktisch wird das Gesetz geprüft an *geschlossenen* Stromkreisen; deren Wirkung auf Magnetpole oder Dipole ist durch Integration der rechten Seite von (36) über eine geschlossene, von I durchflossene Raumkurve zu bestimmen; am Ergebnis der Integration ändert sich nun nichts, wenn man zu (36) eine beliebige Funktion $d\psi$ addiert, die in Bezug auf die Raumkoordinaten ein exaktes Differential ist. Denn $\oint d\psi$ wird dann Null. Man kann also beliebig viel Elementargesetze aufstellen, die alle (36) zuzüglich einem exakten Differential enthalten. Da man aber das BIOT-SAVARTsche Gesetz eben nur im integrierten Zustand verwendet, beeinträchtigt dies seinen Gebrauchswert trotz dieser Unbestimmtheit weiter nicht. Gegenüber den im weiteren aus ihm abgeleiteten und experimentell prüfbaren Sonderfällen spielt es, so wichtig diese auch sein mögen, die Rolle des umfassenden Elementargesetzes.

β) *Der Faktor k_2 und die Maßsysteme.* Hat man in (36) auf der rechten Seite bereits eine Einheit für die magnetische Menge bestimmt, so kann man den Faktor $k_2 = 1$ setzen und erhält eine neue Definition der Stromeinheit, die *keinen* Gebrauch von der Kenntnis der elektrostatischen Wirkungen der Elektrizität macht (IV, 5). Jener Strom hat nach (36) die „elektromagnetische Einheit" 1 **A**em, der auf den Pol $m = 1$ in der Entfernung $r = 1$, für $dl = 1$ und $\sin \varphi = 1$ die Kraft 1 dyn ausübt. Auch diese Definition ist abstrakt, die Einheit in dieser Art nicht verwirklichbar. An der grundsätzlichen Möglichkeit, die Einheit so festzulegen, ändert sich aber nichts, wenn man zur experimentellen Realisierung bequemere und genauere Wege einschlägt (vgl. c, ε).

Hält man jedoch, so wie dies in dem von der theoretischen Physik verwendeten Maßsystem geschieht, einerseits an der bereits elektrostatisch definierten Stromeinheit **A**es (IV, 11 a), anderseits an der magnetisch definierten Einheit für m (IV, 13 b, α) fest, dann muß man sich damit abfinden, daß die Dimension der linken und rechten Seite von (36) nur gleichgemacht werden kann, wenn man dem Faktor k_2 die Dimension einer reziproken Geschwindigkeit aufzwingt (vgl. IV, 4). Denn es gilt: $[I]_s = = \left[v \sqrt{K}\right]$; $[m]_m = \left[l \sqrt{K}\right]$; somit nach (36):

$$[K] = [k_2] \left[\frac{v \sqrt{K} \cdot l \cdot l \sqrt{K}}{l^2}\right] = [k_2]\,[v\,K] \qquad \text{daher} \qquad [k_2] = [1/v].$$

Da man also mit dimensionslosem k_2 zur Einheit **A**em, mit $[k] = [1/v]$ zur Einheit **A**es gelangt, so folgt daraus

$$\frac{[I]_m}{[I]_s} = \left[\frac{1}{v}\right].$$

In IV, 4 ε, wurde bereits geschildert, wie aus dem Vergleich zwischen der elektrostatischen und magnetischen Wirkung ein und derselben Elektrizitätsmenge Q einmal in Ruhe, das andere Mal bewegt, der Zahlenwert von v zu $c = 3 \cdot 10^{10}$ cm/sec bestimmt wurde. *Im GAUSSschen Maßsystem, in welchem elektrische Größen in elektrostatischen, magnetische Größen in magnetischen Einheiten gemessen werden, muß also überall dort, wo in einer Verknüpfungsbeziehung beide Größen nebeneinander auftreten — alle diese Beziehungen sind aus (36) ableitbar — der Faktor $k_2 = 1/c$ gesetzt werden.* Dies kompensiert die Willkür, die durch das Dimensionslos-Setzen der Größen $\hat{\varepsilon}$ *und* $\hat{\mu}$ in das GAUSSsche System getragen wurde.

Es gilt also: Elektromagnetisches Maßsystem:

$$k_2 = 1; \qquad I \text{ in } \mathbf{A}\text{em},$$

GAUSSsches Maßsystem:

$$k_2 = 1/c; \qquad I \text{ in } \mathbf{A}\text{es},$$

technisches Maßsystem:

$$k_2 = \frac{1}{4\,\pi}; \qquad I \text{ in Ampere.}$$

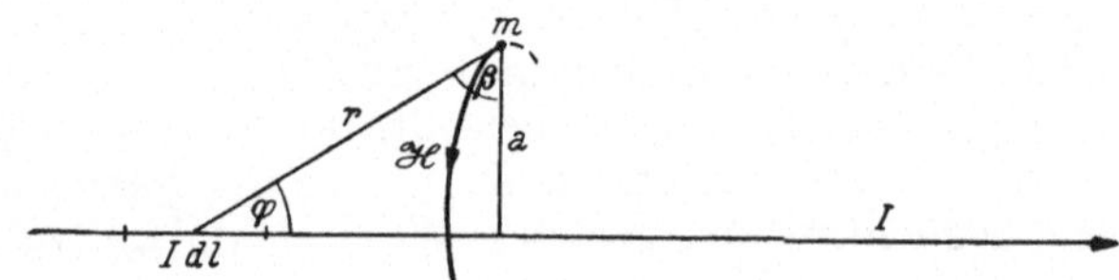

Abb. 78. Zur Berechnung des Feldes eines unendlich langen Stromleiters.

γ) *Das Magnetfeld eines unendlich langen Leiters* (Abb. 78). Jedes Stromelement $I\,dl$ liefert an der Stelle von m den zur Papierebene senkrechten Feldbeitrag

$$d\mathfrak{H} = \frac{dK}{m} = k_2\,I\,dl\,\frac{\sin\varphi}{r^2}.$$

Die Integration über alle diese Beiträge $d\mathfrak{H}$, also über alle Leiterelemente dl, liefert den gesuchten Wert von $\mathfrak{H}$ an der Stelle m; unter dem Integral variiert beim Fortschreiten von einem Element zum nächsten sowohl dl, als φ, als r. Daher setzt man z. B. $\sin\varphi = a/r = \cos\beta$; $l = a\,\mathrm{tg}\,\beta$, also $dl = a\,d\beta/\cos^2\beta$; $r^2 = a^2/\cos^2\beta$.

Eingesetzt erhält man:

$$\mathfrak{H} = k_2\,I \int_{-\frac{\pi}{2}}^{+\frac{\pi}{2}} \frac{\cos\beta\,d\beta}{a} = k_2\,\frac{2\,I}{a}, \qquad\qquad \mathfrak{H}_a = k_2\,\frac{2\,I}{a}. \tag{37}$$

δ) *Das Durchflutungsgesetz* (Abb. 79). Wird ein Magnetpol im Feld eines Stromes auf einer geschlossenen Bahn, die den Stromleiter *nicht* umschlingt, herumgeführt, dann ist die Umlaufspannung wie im magnetostatischen Außenfeld gleich Null. Umschlingt die geschlossene Bahn aber ein z. B. geradliniges langes Leiterstück (Durchstoßpunkt 1), zu dem, weil der Strom geschlossen sein muß, auch ein zweites *nicht* umfahrenes Leiterstück (Durchstoßpunkt 2) gehört, dann sind *Magnetweg und Strombahn verkettet.* Die Arbeit in dem zum umfahrenden Leiterstück gehörigen und gestrichelt eingezeichneten $\mathfrak{H}$-Feld entlang dem Bahnelement *ds* ist für den positiven Pol $m = 1$ gegeben durch

$$\mathfrak{H}_s \, ds = \mathfrak{H} \cos (\mathfrak{H}, \, ds) \cdot ds.$$

Nach (37) ist $\mathfrak{H} = k_2 \, 2 \, I/r$ und nach Abb. 79 $ds \cdot \cos (\mathfrak{H}, \, ds) = r \, d\varphi$. Daher wird die magnetische Umlaufspannung

$$\oint \mathfrak{H}_s \, ds = k_2 \int_0^{2\pi} \frac{2 \, I}{r} \, r \, d\varphi = k_2 \, 4 \, \pi \, I. \tag{38}$$

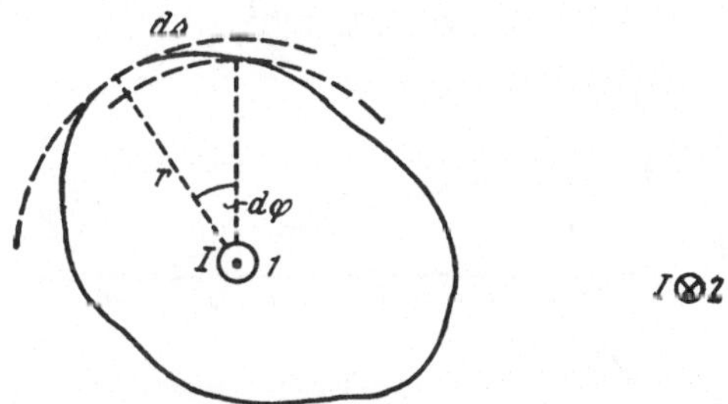

Abb. 79. Zur magnetischen Umlaufspannung bei Verkettung.

Das „Linienintegral der magnetischen Kraft", auch als Randspannung oder Durchflutung bezeichnet, ist bei Verkettung von Strom- und Magnetbahn *nicht* mehr Null, so wie im magnetostatischen Außenfeld; es ist, unabhängig von der Größe und Form der umfahrenen Fläche, eindeutig durch I bestimmt.

Das *magnetische Stromfeld ist somit ein „quellenfreies Wirbelfeld"*. Quellenfrei, denn die Kraftlinien haben weder Anfang noch Ende; Wirbelfeld, denn entlang einer verketteten Bahn ist die Umlaufspannung von Null verschieden. Ihr Wert ist durch den Strom, der die umrundete Fläche durchsetzt, durch die „Durchflutung", bestimmt. Das Stromfeld ist also im homogenen Medium beschrieben durch [IV, 6 α, (12) und (17)]:

$$\text{Quellenfreiheit: div } \mathfrak{H} = 0; \quad \text{Wirbelfeld: } \oint \mathfrak{H}_s \, ds \neq 0. \tag{39}$$

(39) ist die eine der Grundlagen für die MAXWELLsche Feldbeschreibung durch die Differentialgleichungen der Nahwirkungstheorie (IV, 13 d, IV, 17).

    ε) *Axiale Feldstärke eines Kreisstromes* (Abb. 80). Die von den einzelnen Elementen $I \, dl$ des Kreisstromes an der Stelle des

Poles $m = 1$ verursachten Feldkräfte haben den Betrag $d\mathfrak{H} = {} = k_2\, I\, dl/r^2$ (weil $\varphi = 90$); ihre Richtungen liegen auf einem Kegelmantel, dessen Spitze von m gebildet wird, dessen halbe Öffnung $90 - \gamma$ beträgt. Die Summe ihrer Projektionen auf die Richtung a gibt die gesuchte Feldkraft:

$$\mathfrak{H}_a = k_2 \int_0^{2R\pi} I\, dl \sin \gamma / r^2; \text{ mit } \sin \gamma = R/r \text{ und } r^3 = (R^2 + a^2)^{3/2}$$

wird

$$\mathfrak{H}_a = k_2\, 2\,\pi\, I\, R^2 \frac{1}{(R^2 + a^2)^{3/2}}. \tag{40}$$

Für den Kreismittelpunkt ($a = 0$) ergibt dies

$$\mathfrak{H} = k_2 \frac{2\,\pi\, I}{R}. \tag{40a}$$

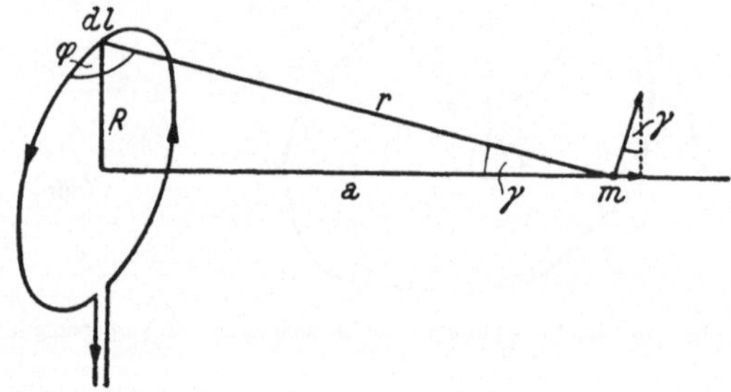

Abb. 80. Zum $\mathfrak{H}$-Feld eines Kreisstromes.

Für $a \gg R$ ergibt dies

$$\mathfrak{H}_a = k_2 \frac{2\,\pi\, R^2\, I}{a^3}. \tag{40b}$$

(40a) war mit $k_2 = 1$ der tatsächliche Ausgangspunkt für die Definition der *„absoluten" elektromagnetischen Stromeinheit* (vgl. β) **A**em. Sie wird jener Stromstärke zugeordnet, deren $2\,\pi$-facher Wert beim Durchfließen eines Kreises von 1 cm Radius im Mittelpunkt die CGS-Einheit der magnetischen Feldstärke (1 Örsted) erzeugt, bzw. auf den magnetischen Einheitspol die Kraft ein Dyn ausübt (GAUSS-WEBER).

Die praktische Einheit 1 Ampere ist der zehnte Teil der elektromagnetischen. Mißt man daher den Strom in Ampere, R in cm, $\mathfrak{H}$ in Örsted, so muß man statt (40a) schreiben

$$\mathfrak{H} = \frac{2\,\pi}{R} \cdot \frac{I}{10} = \frac{\pi}{5} \frac{I}{R}.$$

Auf (40a) beruht ferner die Strommessung mit der *Tangentenbussole*. Abb. 81 zeigt den Verlauf der magnetischen Kraftlinien in einer den Kreismittelpunkt enthaltenden, zum Stromkreis senkrechten Ebene, durch die der Kreisstrom links dem Beschauer entgegen eintritt (Zeichen ⊙), rechts vom Beschauer wegfließend austritt (Zeichen ⊕); rechts wäre der Korkzieher der Abb. 77 einzubohren.

Im Zentrum eines weiten (großes R) Kreises wird eine kurze, durch unmagnetisierbare Ablesestäbchen verlängerte Magnetnadel angebracht. Die Ebene des Kreisstromes wird in den magnetischen Meridian des Erdfeldes gedreht; ohne Strom liegt dann die Nadelachse im Kreisdurchmesser. Fließt Strom, dann wirkt das Stromfeld $\mathfrak{H}$ auf die Pole der Nadel und übt ein Drehmoment aus, das nach (40a) zu

$$\mathfrak{M}\,\mathfrak{H}\,\cos\alpha$$

berechnet werden darf, wenn die Nadel mit dem Moment $\mathfrak{M}$ gedrungen genug ist, um als im Mittelpunkt des Kreises befindlich angesehen werden zu können. Das Erdfeld sucht die Nadel mit dem Drehmoment

$$\mathfrak{M}\,\mathfrak{H}_h\,\sin\alpha$$

in die Ruhelage zurückzuziehen, wenn $\mathfrak{H}_h$ die Horizontalkomponente ist. Gleichgewichtsstellung ist bei

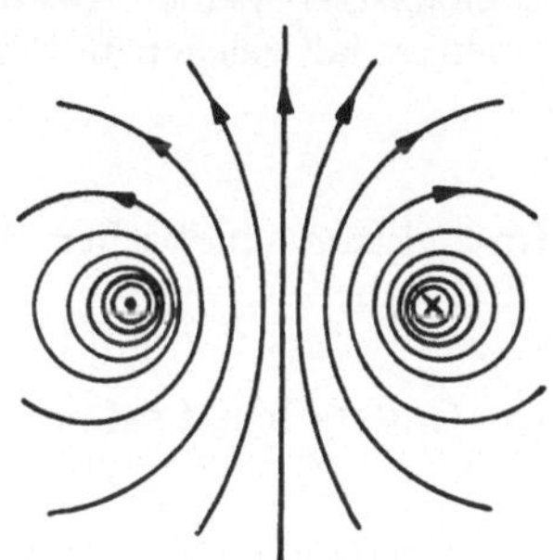

Abb. 81. Magnetisches Kraftfeld in der zum Kreisstrom senkrechten Symmetrieebene.

$$\mathfrak{M}\,\mathfrak{H}\,\cos\alpha = \mathfrak{M}\,\mathfrak{H}_h\,\sin\alpha, \text{ also für } \operatorname{tg}\alpha = \mathfrak{H}/\mathfrak{H}_h = 2\,\pi\,I/R\,\mathfrak{H}_h$$

erreicht. Somit wird

$$I = \mathfrak{C}\,\operatorname{tg}\alpha$$

mit „Reduktionsfaktor"

$$\mathfrak{C} = R\,\mathfrak{H}_h/2\,\pi \quad \text{bzw.} \quad 5\,R\,\mathfrak{H}_h/\pi,$$

je nachdem I in **A**em oder in Ampere gemessen wird.

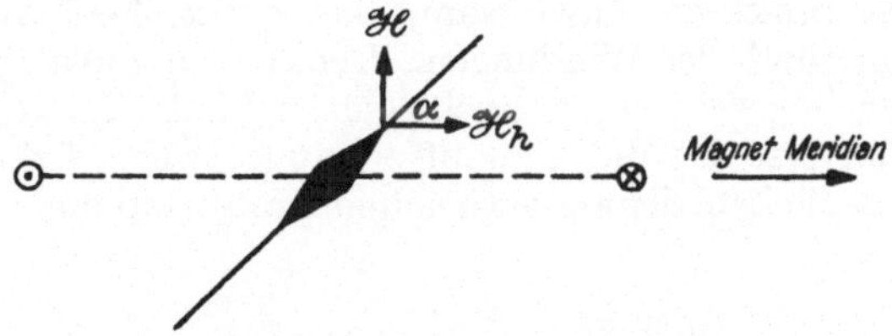

Abb. 82. Prinzip der Strommessung mit Tangentenbussole.

ζ) *Die „Stromfläche" $F \cdot I$ als „magnetisches Blatt" mit Moment* $\mathfrak{M}$ (Abb. 83). Nach (40b) ist die Feldstärke in einem auf der Achse des Kreisstromes gelegenen Punkt m, vorausgesetzt, daß $a \gg R$ ist, gegeben durch

$$\mathfrak{H}_I = k_2\,\frac{2\,\pi\,R^2\,I}{a^3} = k_2\,\frac{2\,F\,I}{a^3}.$$

Nach (22) in IV, 13 b, β, ist die Feldstärke eines Magneten mit dem Moment $\mathfrak{M}$ in der ersten Hauptlage, vorausgesetzt daß $a \gg l$, also groß gegen die Länge des Magneten, gegeben durch

$$\mathfrak{H}_\mathfrak{M} = \frac{k_1}{\hat{\mu}}\,\frac{2\,\mathfrak{M}}{a^3}.$$

Gleichsetzen beider Ausdrücke ergibt: Ein Kreisstrom wirkt auf einen axial gelegenen Pol wie ein Magnet vom Moment

$$\mathfrak{M} = \frac{k_2}{k_1}\,\hat{\mu}\,F\,I. \tag{41}$$

Im elektromagnetischen System ($k_2 = k_1 = 1$; $\hat{\mu} = \mu$; I in **A**em) wird daher

$$\mathfrak{M} = \mu\,F\,I.$$

Im Gaussschen System ($k_1 = 1$; $k_2 = 1/c$; $\hat{\mu} = \mu$; I in **A**es)

$$\mathfrak{M} = \frac{\mu}{c}\,F\,I.$$

Dieses für eine spezielle Konstellation abgeleitete Ergebnis gilt allgemein in folgender Form: Jeder geschlossene Strom kann bezüglich seines Magnetfeldes (außerhalb des Drahtes selbst) durch ein in die Stromfläche gerade hineinpassendes, sonst aber beliebig gestaltetes „magnetisches Blatt" mit dem Moment (41) ersetzt werden. In (41) tritt μ auf; im Ausdruck für die Feldstärke verschwindet es aber wieder, weil $\mathfrak{H} \sim 1/\mu$ ist.

η) *Das Feld im Inneren einer Stromspule.* Die Stromspule sei geschlossen („Toroid") wie in Abb. 84. Dann ist die Spule, wenn von kleinem Querschnitt und eng bewickelt, nach außen magnetisch praktisch unwirksam, das ganze Feld verläuft in Kreisen innerhalb der Windungen. Denkt man einen Einheitspol entlang der eingezeichneten geschlossenen Linie einmal im Kreise herumgeführt, so ist die Umlaufspannung, wenn l die Spulenlänge und w die Zahl der aufgewickelten Drahtwindungen bedeutet, nach (38)

$$\oint \mathfrak{H}_s\,ds = \mathfrak{H} \cdot l = k_2\,4\,\pi\,w\,I.$$

Der Pol umkreist ja nicht nur eine einzige Windung wie in Abb. 79, sondern bei einem Umlauf w Windungen. Daher:

$$\mathfrak{H} = k_2\,4\,\pi\,\frac{w}{l}\,I. \tag{42}$$

Schneidet man das Toroid auf und biegt es gerade, so kommt man zum gestreckten Solenoid. Auch hier verlaufen die magnetischen Kraftlinien im Inneren im wesentlichen parallel, treten aber aus dem einen Ende aus und laufen im Außenraum zurück, um beim anderen Ende wieder einzutreten (vgl. Abb. 61 b, IV).

Insofern ein im Spulen*inneren* gelegener Punkt eine Entfernung a vom Spulenende hat, die so groß gegen den Spulenhalbmesser ist, daß R^2/a^2 gegen 1 vernachlässigbar ist, kann man die dort herrschende Feldstärke noch mit genügender Näherung

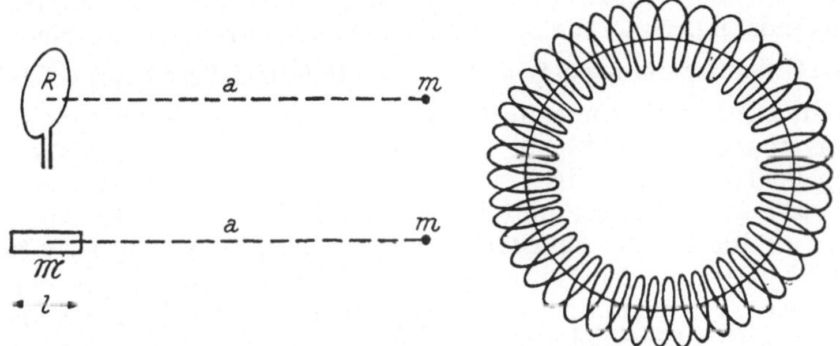

Abb. 83. Kreisstrom und äquivalenter Magnet. Abb. 84. Geschlossene Spule (Toroid).

nach (42) berechnen. Sonst ist das Feld um den Bruchteil $\left(\sqrt{R^2 + a^2} - a\right)/2\sqrt{R^2 + a^2}$ kleiner als (42); an den Endflächen ($a = 0$) beträgt es nur mehr $\mathfrak{H} = k_2\, 2\,\pi\, w\, I/l$, da obiger Bruchteil gleich $^1/_2$ wird. Für kurze Spulen genügt auch diese Korrektur nicht mehr.

Die lange Spule spielt wegen ihres homogenen und leicht berechenbaren Innenfeldes eine ähnlich große theoretische und meßtechnische Rolle wie in der Elektrostatik der Plattenkondensator. Formel (42) in den drei Hauptsystemen lautet:

Gauß, $k_2 = 1/c$; elektromagnetisch, $k_2 = 1$;

$$\mathfrak{H} = \frac{4\,\pi}{c}\,\frac{w}{l}\,I \text{ in Örsted} \qquad \mathfrak{H} = 4\,\pi\,\frac{w}{l}\,I \text{ in Örsted}$$

I in **Aes** I in **Aem**

technisch $k_2 = 1/4\,\pi$

$$\mathfrak{H} = \frac{w}{l}\,I \text{ in } \frac{\text{Amp} \cdot \text{Windg}}{\text{cm}}$$

I in **Ampere**

Da 1 **Aem** = 10 Ampere, ergibt sich für die Einheiten der Feldstärke im elektromagnetischen und technischen System:

1 Amperewindung/cm $= 4\,\pi/10$ bzw. 1,257 Örsted.

Befindet sich die Spule eingebettet in ein beliebiges Medium der Permeabilität μ, so ändert dies an (42) *nichts*. Die Feldstärke bleibt die gleiche, weil ja für die Kraftlinien keine Grenze zu passieren ist und daher kein durch $\hat{\mu}$ regulierter Sprung im Kraftfeld eintritt, so wie das für die einen Magneten verlassenden Kraftlinien der Fall ist. Wenn man aber *nur* das Innere der Spule mit anderem Material beschickt, dann ändert sich (wegen div $\mathfrak{B} = 0$) die Feldstärke im Außenraum, weshalb eine kompensierende Feldänderung im Spuleninneren eintreten muß, damit die Umlaufspannung $\oint \mathfrak{H}_s\, ds$ den unveränderten Wert $k_2\, 4\,\pi\, w\, I$ behält. Die Kraftliniendichte B_i, die im Inneren zur Darstellung des unveränderten Feldes $\mathfrak{H}_i$ nötig ist, ist nun $B_i = \hat{\mu}_i\, \mathfrak{H}_i$. Dieser quellenfreie Vektor tritt aus den Endflächen des Kerns ungeändert aus und bestimmt für den Außenraum (unmittelbar an der Endfläche) die Feldstärke $\mathfrak{H}_a$ durch $\mathfrak{B}_i = \hat{\mu}_i\, \mathfrak{H}_i = \hat{\mu}_a\, \mathfrak{H}_a$. Besteht also z. B. der Außenraum wie üblich aus Luft mit $\mu_a \simeq \mu_0$, der Kern aus dem Material $\hat{\mu}_i = \mu_0\, \mu$, dann gilt für die Feldstärke $\mathfrak{H}_a = \mu\, \mathfrak{H}_i$. Diamagnetische Kerne $(\mu < 1)$ liefern geringere, para- und ferromagnetische Kerne größere Feldstärken im Außenraum. Kerne aus Eisen vergrößeren die Außenfeldstärke gegenüber $\mathfrak{H}_i$ um das Mehrtausendfache. Darauf beruhen die hohen Kraftwirkungen der Elektromagnete.

Der gesamte Induktionsfluß durch den Ringquerschnitt ist nach obigem

$$\Phi = F\,\mathfrak{B}_i = \hat{\mu} \cdot \mathfrak{H}_i\, F = \mathfrak{H}_i\, l \cdot \frac{F}{l} \cdot \hat{\mu}_i \qquad (42\,\text{a})$$

So wie in IV, 13, b, γ, ergibt sich für den geschlossenen magnetischen Kreis in formaler Analogie zum OHMschen Gesetz: „Induktionsfluß Φ" gleich „magnetomotorische Kraft $V = \mathfrak{H}_i\, l$", dividiert durch „magnetischen Widerstand $\dfrac{l}{F} \cdot \dfrac{1}{\hat{\mu}_i}$". Ist der Spulenkern durch einen Luftspalt unterbrochen (aufgeschlitztes Toroid), so ist wegen der Quellenfreiheit von $\mathfrak{B}$ der Induktionsfluß, insoweit man von der Streuung der Kraftlinien absehen kann, ebenso groß wie im Inneren des Kerns. Wegen $\hat{\mu} \sim \mu_0$ ergibt sich die Feldstärke $\mathfrak{H}_0$ im Luftspalt so wie oben zu

$$\mu_0\,\mathfrak{H}_0 = \mathfrak{B}_i = \frac{\Phi}{F} = k_2\,\hat{\mu}_i\, 4\,\pi\, \frac{w}{l}\, I \ \text{ oder } \ \mathfrak{H}_0 = k_2\, 4\,\pi\, \mu_i\, \frac{w}{l}\, I. \qquad (42\,\text{b})$$

Ist der Luftspalt gegenüber der Länge l des Toroides vernachlässigbar schmal, dann ändert seine Anwesenheit nichts Wesentliches am Kraftfluß im Toroid; dann gilt noch (42a) und man kann, wenn man will, auch die Analogie mit dem elektrischen Plattenkondensator herauslesen: $\Phi/V = \hat{\mu}\, F/l$ wird in Parallele gesetzt mit $C = Q/U = \varepsilon\, F/\delta$ und gedeutet als „Verhältnis von Induktionsfluß zur magnetomotorischen Kraft $=$ Fläche mal $\hat{\mu}$ durch Plattenabstand l". $\hat{\mu}\, F/l$ wäre die „magnetische Kapazität" des mit Materie μ erfüllten Toroides.

ϑ) *Beweglicher Stromleiter im Felde fester Magnete.* Nach dem Prinzip der Gleichheit von Wirkung und Gegenwirkung muß, wenn ein festgehaltener Stromleiter nach (36) einen Antrieb auf einen beweglichen Magnetpol ausübt, auch umgekehrt ein festgehaltener Pol mit seinem Feld einen Antrieb auf einen beweglichen Stromleiter hervorrufen. Auch diese „ponderomotorische Wirkung" läßt sich mit (36) quantitativ beschreiben.

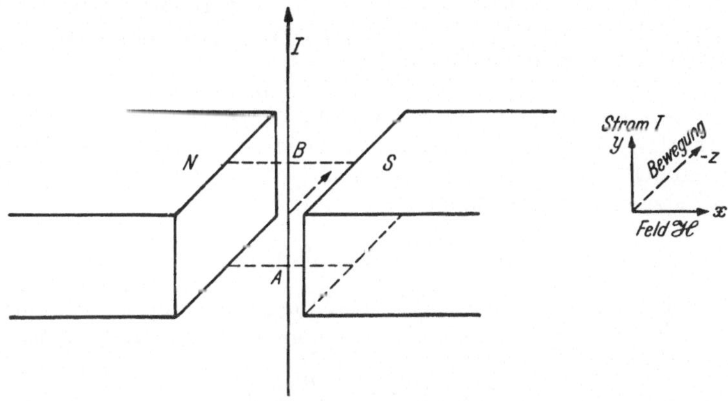

Abb. 85. Ablenkung eines stromdurchflossenen Leiterstückes im homogenen Magnetfeld.

Es befände sich von einem beweglichen, vom Strom I durchflossenen Leiter das Stück $l = \overline{AB}$ in einem homogen angenommenen Feld $\mathfrak{H}$ zwischen zwei breiten Magnetpolen. Nach dem CoULOMBschen Gesetz ist

$$\mathfrak{H} = \frac{k_1}{\hat{\mu}} \frac{m}{r^2} \quad \text{also} \quad \frac{m}{r^2} = \frac{\hat{\mu}}{k_1} \mathfrak{H}.$$

Letzteres eingesetzt in (36) und integriert über die ganze Länge $\left(\int dl = l\right)$ gibt mit $\varphi = 90°$ die Kraft des Feldes $\mathfrak{H}$ auf das Leiterstück:

$$K = \frac{k_2}{k_1} \hat{\mu}\, \mathfrak{H}\, I\, l. \tag{43}$$

Für die drei Maßsysteme erhält man damit:

<table>
<tr><td>Gauß</td><td>elektromagnetisch</td></tr>
<tr><td>$k_2 = \dfrac{1}{c}; \; k_1 = 1; \; \hat{\mu} = \mu$</td><td>$k_2 = k_1 = 1; \; \hat{\mu} = \mu$</td></tr>
<tr><td>$K = \dfrac{1}{c}\, \mu\, \mathfrak{H}\, I\, l$ in dyn</td><td>$K = \mu\, \mathfrak{H}\, I\, l$ in dyn</td></tr>
<tr><td>$I = \mathbf{A}$es, $\mathfrak{H}$ in Örsted</td><td>I in $\mathbf{A}$em, $\mathfrak{H}$ in Örsted</td></tr>
</table>

technisch

$$k_2 = k_1 = 1/4\,\pi; \quad \mu_0 = 4\,\pi \cdot 10^{-9}$$

$$K = \mu_0\,\mu\,\mathfrak{H}\,I\,l \text{ in } 10^7 \text{ dyn}$$

$$I \text{ in Ampere, } \mathfrak{H} \text{ in } \frac{\text{Amp} \cdot \text{Windg}}{\text{cm}}.$$

Nach der Schwimmerregel — der Schwimmer drückt sich mit der linken Hand vom Nordpol ab — wird der Leiter nach rückwärts getrieben. Die Richtungen von $\mathfrak{H}$, I und Bewegung stehen aufeinander senkrecht (Abb. 85).

ϰ) Leiterkreis im homogenen Feld (Abb. 86). Eine rechteckige Leiterschleife (*a*) mit den Seitenlängen l_1, l_2 sei um die Stromzuführung drehbar im homogenen Feld (*b*, Aufsicht von oben) angebracht. An den Leiterstücken l_1 greift die Kraft (43) an und erzeugt ein Drehmoment

$$M = \frac{k_2}{k_1}\,\hat{\mu}\,\mathfrak{H}\,I\,l_1\,l_2 \sin\varphi,$$

wenn φ der Winkel zwischen der Richtung von $\mathfrak{H}$ und der Flächennormalen ist. Setzt man $l_1\,l_2 = F$, so wird das Drehmoment:

$$M = \frac{k_2}{k_1}\,\hat{\mu}\,\mathfrak{H}\,I \cdot F \sin\varphi\,. \tag{44}$$

während ein Magnet mit dem Moment $\mathfrak{M}$ das Drehmoment

$$M = \mathfrak{H}\,\mathfrak{M} \sin\varphi$$

erfahren würde; wieder ergibt sich die Äquivalenz der „Stromschleife" mit dem Magneten vom Moment $\mathfrak{M} = \frac{k_2}{k_1}\,\hat{\mu}\,F\,I$.

(44) gilt für beliebige Form der Fläche F. Das Moment verschwindet für $\varphi = 0$, d. h. wenn die Fläche senkrecht zu den Kraftlinien steht.

Ist ein rücktreibendes Moment vorgesehen, das (etwa durch die Wirkung einer Spiralfeder) die Spule zum Feld senkrecht zu stellen bestrebt ist, so wird die Auslenkung aus dieser Stellung dem Ausdruck (44) proportional sein und eine Bestimmung der Stromstärke I gestatten. Dies ist das Prinzip der sog. „Drehspuleninstrumente".

λ) Wechselwirkung von Strömen (Elektrodynamik im engeren Sinn). Mit diesem Unterabschnitt kehrt man zum Ausgangspunkt, Abschnitt a, dieser Ziffer 13 zurück; zu jenen Erscheinungen, deren experimentelle und theoretische Untersuchung AMPÈRE zu seiner für die heutige Auffassung grundlegenden Theorie des Magnetismus geführt hat: Zur Feststellung der

Identität der Wirkungen von Magneten und stromdurchflossenen Solenoiden und zur Annahme von „Elementarströmen" in der Materie, die dieser die magnetischen Eigenschaften verleihen. Ließ sich auch seine eigentliche Grundvorstellung, daß zwei Leiter*elemente dl₁ und dl₂ Kräfte nur in der Richtung ihrer Verbindungslinie aufeinander ausüben* (AMPÈREsches „Elementargesetz"), *nicht* allgemein aufrechterhalten, so waren doch seine Experimente und Gedanken von unvergänglichem Wert.

Verzichtet man auf das ohnedies zwecklose Suchen nach einem Elementargesetz, so läßt sich das Kraftgesetz für *endliche*

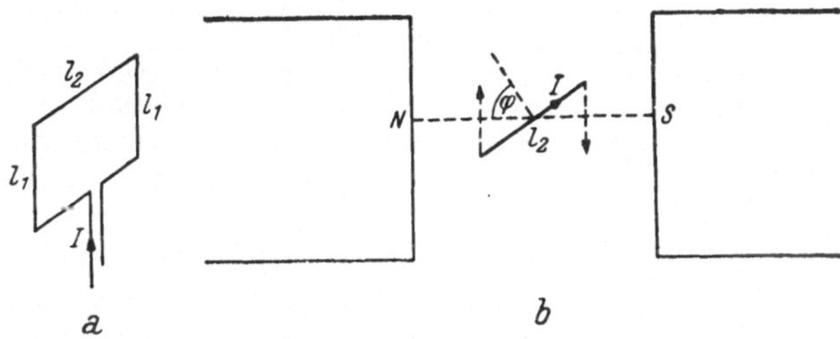

Abb. 86. Leiterschleife im homogenen Magnetfeld.

Leiter leicht ermitteln. Nach (43) erleidet ein vom Strom I_1 durchflossener Leiter l_1 im Felde $\mathfrak{H}$ die Kraft

$$K = \frac{k_2}{k_1} \hat{\mu} \, \mathfrak{H} \, I_1 \, l_1. \tag{43}$$

Dabei lag in Abb. 85 $\mathfrak{H}$ in der $+ x$-, I_1 in der $+ y$-, K in der $- z$-Richtung. Soll nun das Feld des Magneten ersetzt werden durch das Feld eines zweiten Stromes, dann muß dieser, um gleiche Richtung von $\mathfrak{H}$ und K zu gewährleisten (Abb. 87), erstens parallel zu I_1 entweder vor $(+ z)$ oder hinter $(- z)$ der Papierebene liegen und zweitens im ersten Fall $(+ z)$ mit I_1 gegensinnig, im zweiten Fall $(- z)$ mit I_1 gleichsinnig durchflossen werden. Qualitativ ergibt sich somit für den ersten Fall: „Ungleichsinnige Parallelströme stoßen sich ab", für den zweiten „gleichsinnige ziehen sich an". Hier liegen die Verhältnisse also in der Tat so, „wie wenn" AMPÈRES Elementargesetz Gültigkeit hätte; allgemein ist das aber nicht der Fall. Denkt man sich I_2 in einem unendlich langen Leiter fließend, dann ist sein Feld $\mathfrak{H}$ nach (37) im Abstand $r_{1,\,2}$ zwischen I_1 und I_2 gegeben durch

$$\mathfrak{H} = k_2 \frac{2 \, I_2}{r_{1,\,2}}. \tag{37}$$

Eingesetzt in (43) erhält man für die Kraft zweier gerader Stromleiter aufeinander:

$$K = \frac{k_2{}^2}{k_1}\,\hat{\mu}\,2\,I_1\,I_2\,\frac{l_1}{r_{1,\,2}}. \tag{45}$$

Dieser einfach zu behandelnde Fall möge als Beispiel genügen. Man beachte: Im COULOMBschen Kraftgesetz ist die Wirkung zweier Magnetpole aufeinander proportional $\hat{\mu}^{-1}$. Nach BIOT-SAVART ist die Wirkung eines Stromes auf einen Magnetpol von $\hat{\mu}$ unabhängig, also proportional $\hat{\mu}^0$. Dagegen ist die Wirkung zweier Ströme aufeinander proportional $\hat{\mu}^{+1}$.

d) *Das erste Tripel der* MAXWELL*schen Gleichungen.* In der Beziehung (38) wurde die Aussage, daß in einem Stromfeld das „Linienintegral der magnetischen Kraft" bzw. die „magnetische Randspannung" einen von Null verschiedenen Wert hat, quantitativ formuliert durch

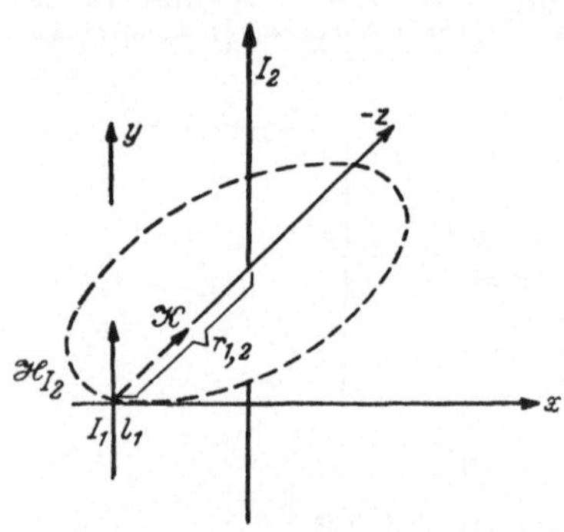

Abb. 87. Kraftwirkung zweier paralleler Ströme aufeinander.

$$\oint \mathfrak{H}_s\,ds = k_2\,4\,\pi\,I. \tag{38}$$

In genau der gleichen Art, wie dies in IV, 6 durch den Übergang von (17) nach (22) an der elektrostatischen Umlaufspannung ausgeführt wurde, kann man vom Integralsatz (38) übergehen zu einem differentialen Feldgesetz und erhält als äquivalenten Ausdruck für (38):

$$\left(\frac{\partial\mathfrak{H}_z}{\partial y}-\frac{\partial\mathfrak{H}_y}{\partial z}\right)dy\,dz = k_2\,4\,\pi\,I_x;\quad \left(\frac{\partial\mathfrak{H}_x}{\partial z}-\frac{\partial\mathfrak{H}_z}{\partial x}\right)dz\,dx = k_2\,4\,\pi\,I_y;$$

$$\left(\frac{\partial\mathfrak{H}_y}{\partial x}-\frac{\partial\mathfrak{H}_x}{\partial y}\right)dx\,dy = k_2\,4\,\pi\,I_y.$$

Führt man die „Stromdichte", definiert durch $\mathfrak{i}=I/F$, bzw. deren Komponenten $\mathfrak{i}_x,\mathfrak{i}_y,\mathfrak{i}_z$ durch $I_x=\mathfrak{i}_x\,dy\,dz;\;\;I_y=\mathfrak{i}_y\,dz\,dx;\;\;I_z=\mathfrak{i}_z\,dx\,dy$ ein, so vereinfacht sich der Ausdruck zu:

$$\frac{\partial\mathfrak{H}_z}{\partial y}-\frac{\partial\mathfrak{H}_y}{\partial z}=k_2\,4\,\pi\,\mathfrak{i}_x;\quad\quad \frac{\partial\mathfrak{H}_x}{\partial z}-\frac{\partial\mathfrak{H}_z}{\partial x}=k_2\,4\,\pi\,\mathfrak{i}_z;$$

$$\frac{\partial\mathfrak{H}_y}{\partial x}-\frac{\partial\mathfrak{H}_x}{\partial y}=k_2\,4\,\pi\,\mathfrak{i}_z, \tag{46a}$$

oder in der symbolischen vektoriellen Schreibweise (vgl. IV, 6):

$$\mathrm{rot}_x\,\mathfrak{H} = k_2\,4\,\pi\,\mathfrak{j}_x, \quad \mathrm{rot}_y\,\mathfrak{H} = k_2\,4\,\pi\,\mathfrak{j}_y, \quad \mathrm{rot}_z\,\mathfrak{H} = k_2\,4\,\pi\,\mathfrak{j}_z, \quad (46\,\mathrm{b})$$

oder allgemein als differentieller Ausdruck für das „Durchflutungsgesetz"

$$\mathrm{rot}\,\mathfrak{H} = k_2\,4\,\pi\,\mathfrak{j}. \qquad (46\,\mathrm{c})$$

Besteht aber (46) zu Recht, dann muß auch gelten

$$\mathrm{div}\,\mathfrak{j} = \frac{\partial \mathfrak{j}_x}{\partial x} + \frac{\partial \mathfrak{j}_y}{\partial y} + \frac{\partial \mathfrak{j}_z}{\partial z} = 0; \qquad (47)$$

denn man braucht nur die Ausdrücke (46a) der Reihe nach partiell nach x, y, z zu differenzieren und das Ergebnis zu addieren,

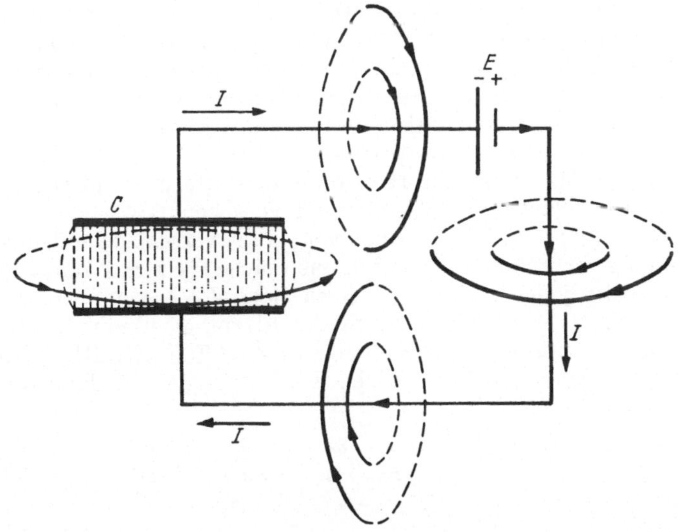

Abb. 88. Der Leitungsstrom I wird im Kondensator durch den „Verschiebungsstrom" fortgesetzt, auch dieser bedeutet eine „Durchflutung".

um (47) zu erhalten. Nun bedeutet aber $\mathrm{div}\,\mathfrak{j} = 0$, daß [analog wie etwa die Aussage (39) bezüglich des Vektors $\mathfrak{H}$] *der Vektor* $\mathfrak{j}$ *quellenfrei* sei, die Stromlinien also weder Anfang noch Ende besitzen und jeder zur Stromdichte $\mathfrak{j}$ gehörige *Strom I in sich geschlossen* sein solle.

Aus (46) und (47) zog MAXWELL die folgende Konsequenz: Wenn in einem durch einen Kondensator „unterbrochenen" Stromkreis eine EMK durch Stromschluß oder Stromöffnung für Aufladung oder Entladung des Kondensators sorgt, dann fließt nicht nur in den Zuleitungen ein ein Magnetfeld erzeugender

Lade- oder Entladestrom, vielmehr ist dieser Strom als „*Verschiebungsstrom*" auch zwischen den Kondensatorplatten vorhanden und dort in gleicher Weise von einem Magnetfeld umgeben. *Dies ist eine Hypothese.* Sie kann direkt nicht geprüft werden, nur indirekt am Zutreffen ihrer Folgen bezüglich der Ausbreitung des elektromagnetischen Feldes im leeren Raum.

In begrifflicher Hinsicht ergeben sich keine Schwierigkeiten, solange der Kondensator mit Materie erfüllt ist. In einem Dielektrikum werden ja bei Anlegen eines Feldes in der Tat Elektronen „verschoben", wandern durch den Querschnitt und liefern, solange die Feldstärke sich ändert, einen Verschiebungsstrom. Ist die Feldstärke konstant geworden, dann hört in diesem Fall auch in der Zuleitung der Strom I auf. Dagegen ist für den Teil des „Stromes", der nicht von Elektronen getragen wird, der Ausdruck „Verschiebungsstrom" nicht mehr am Platz; was vorgeht, ist nur mehr eine zeitliche Änderung der Feldstärke im Raum zwischen den Kondensatorplatten.

Um die MAXWELLsche Hypothese quantitativ zu formulieren, darf man vielleicht in folgender Art vorgehen:

Nach (38) ergibt sich eine von Null verschiedene Umlaufspannung, wenn durch die umfahrene Fläche F ein Strom $I = dQ/dt$ fließt. Mit jeder Ladung Q treten nach IV, 6 α (3) insgesamt $Z = k_1 \, 4 \pi Q$ Kraftlinien[1] durch die Fläche F hindurch. Sieht man *diese* Änderung des Kraftflusses $Z = \mathfrak{D} F$ (Kraftflußdichte mal Fläche) als das Wesentliche des Vorganges an, dann ergibt sich

$$I = \frac{dQ}{dt} = \frac{1}{4\,\pi\,k_1} \frac{\partial Z}{\partial t} = \frac{1}{4\,\pi\,k_1} F \frac{\partial \mathfrak{D}}{\partial t};$$

oder

$$\mathfrak{j} = I/F = \frac{1}{4\,\pi\,k_1} \frac{\partial \mathfrak{D}}{\partial t}. \tag{48}$$

Einsetzen in (46c) gibt:

$$\operatorname{rot} \mathfrak{H} = \frac{k_2}{k_1} \frac{\partial \mathfrak{D}}{\partial t}. \tag{49}$$

Nun kann aber durch den betrachteten Querschnitt sowohl ein wahrer Strom $\mathfrak{j}$ fließen als überdies eine Kraftflußänderung dadurch eintreten, daß in der Umgebung der Fläche Ladungen

---

[1] Der Faktor k_1 wird hier noch nicht gleich 1 gesetzt, um kein Maßsystem vorwegzunehmen. Wenn entsprechend dem COULOMBschen Gesetz $\mathfrak{K} = k_1 Q_1 Q_2 / \hat{\varepsilon}\, r^2$ die Feldstärke $\mathfrak{E} = \mathfrak{K}/Q = k_1 Q / \hat{\varepsilon}\, r^2$ ist, und wenn die Kraftliniendichte $\hat{\varepsilon}\, \mathfrak{E}$ geben soll, muß $Z = k_1 \cdot 4 \pi Q$ sein. Dann wird die Dichte (= Betrag D des Verschiebungsvektors $\mathfrak{D}$): $D = |\hat{\varepsilon}\, \mathfrak{E}|$.

auftreten oder ihren Ort ändern. Allgemein wird man also (46) fassen durch:

$$\left.\begin{array}{l}
\mathrm{rot}_x\ \mathfrak{H} = \dfrac{\partial \mathfrak{H}z}{\partial y} - \dfrac{\partial \mathfrak{H}y}{\partial z} = k_2\, 4\,\pi\, \mathfrak{j}_x + \dfrac{k_2}{k_1}\dfrac{\partial \mathfrak{D}x}{\partial t} \\[2ex]
\mathrm{rot}_y\ \mathfrak{H} = \dfrac{\partial \mathfrak{H}x}{\partial z} - \dfrac{\partial \mathfrak{H}z}{\partial x} = k_2\, 4\,\pi\, \mathfrak{j}_y + \dfrac{k_2}{k_1}\dfrac{\partial \mathfrak{D}y}{\partial t} \\[2ex]
\mathrm{rot}_z\ \mathfrak{H} = \dfrac{\partial \mathfrak{H}y}{\partial x} - \dfrac{\partial \mathfrak{H}x}{\partial y} = k_2\, 4\,\pi\, \mathfrak{j}_z + \dfrac{k_2}{k_1}\dfrac{\partial \mathfrak{D}z}{\partial t}
\end{array}\right\} \begin{array}{l}\text{erstes Maxwell-}\\\text{sches Gleichungs-}\\\text{tripel}\end{array}$$

abgekürzte Schreibweise

$$\mathrm{rot}\ \mathfrak{H} = k_2\, 4\,\pi\, \mathfrak{j} + \frac{k_2}{k_1}\frac{\partial \mathfrak{D}}{\partial t}. \tag{50}$$

Zur Erinnerung:

<table>
<tr><td>Gausssches System:</td><td>elektromagnetisches System:</td></tr>
</table>

$$k_1 = 1,\ k_2 = \frac{1}{c};\quad \varepsilon_0 = 1 \qquad\qquad k_1 = k_2 = 1,\ \varepsilon_0 = 1/c^2$$

$$\mathfrak{D} = \varepsilon\, \mathfrak{E} \qquad\qquad\qquad \mathfrak{D} = \frac{1}{c^2}\, c\, \mathfrak{E}$$

$$\mathrm{rot}\ \mathfrak{H} = \frac{1}{c}\, 4\,\pi\, \mathfrak{j} + \frac{1}{c}\frac{\partial \mathfrak{D}}{\partial t} \qquad\qquad \mathrm{rot}\ \mathfrak{H} = 4\,\pi\, \mathfrak{j} + \frac{\partial \mathfrak{D}}{\partial t}$$

Technisches System:

$$k_1 = k_2 = 1/4\,\pi;\ \varepsilon_0 \neq 1$$
$$\mathfrak{D} = \varepsilon_0\, \varepsilon\, \mathfrak{E}$$
$$\mathrm{rot}\ \mathfrak{H} = \mathfrak{j} + \frac{\partial \mathfrak{D}}{\partial t}.$$

Im Vakuum gibt es keinen wahren Strom; daher $\mathfrak{j} = 0$ und Zuständigkeit der Gleichung (49). Zur Ergänzung von (50) wäre für die Feldbeschreibung noch die Feststellung der Quellenfreiheit des magnetischen Feldes nötig, also die zusätzliche Bemerkung $\mathrm{div}\ \mathfrak{B} = 0$.

D. Ungleichförmig bewegte Elektrizität.

(Veränderliches elektromagnetisches Feld.)

14. Die elektromagnetische Induktion.

a) *Experimentelle Grundlagen und deren Formulierung.* Wird die Zahl der eine leiterumschlossene Fläche durchstoßenden magnetischen Kraftlinien, d. i. der

$$\text{magnetische Fluß } \Phi = \int \mathfrak{B}\, df$$

($\mathfrak{B}$ = Kraftflußdichte, df = Flächenelement der vom Stromleiter umschlossenen Fläche F) geändert, so wird in dem Leiter eine elektromotorische Kraft E_i induziert, kenntlich z. B. an einem Stromstoß in einem eingeschalteten Galvanometer.

Die Änderung des Kraftflusses kann bewirkt werden: *Erstens:* Durch Annähern bzw. Entfernen eines Magnetstabes (Abb. 89 a,b); wird das Nordende genähert bzw. das Südende entfernt, dann fließt der induzierte Strom beide Male in der gleichen Richtung, und zwar so, daß das der Stromfläche entsprechende Magnetblatt sein Nordende dem Magneten zukehrt; also den sich nähernden

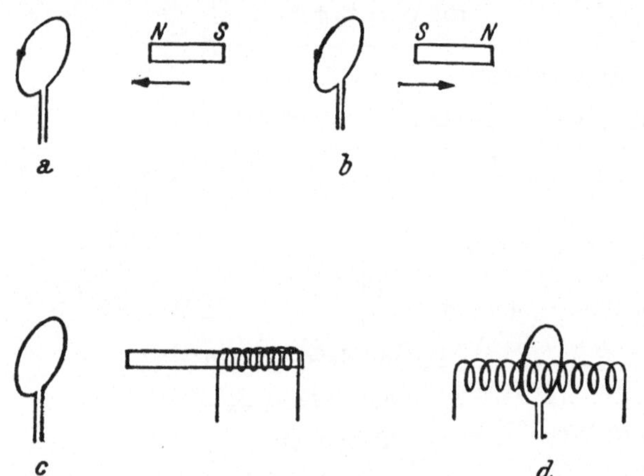

Abb. 89. Schematisierte Beispiele zur Induktion; mit (*a*, *b*) und ohne (*c*, *d*) Relativbewegung.

Nordpol abstößt, den sich entfernenden Südpol anzieht. Die Stromrichtung verkehrt sich, wenn ein Nordpol entfernt, ein Südpol genähert wird. Selbstverständlich kann der bewegte Magnet durch ein bewegtes Solenoid ersetzt werden. *Zweitens:* Durch die Bewegung der Leiterschleife gegen einen ruhenden Magnet bzw. gegen ein ruhendes Solenoid; daß es nur auf die Relativbewegung beider ankommen kann, ist wohl gleichfalls selbstverständlich. Ein technisch wichtiges Beispiel ist ferner die Drehung der Leiterschleife im homogenen Magnetfeld; steht die Leiterfläche zum Feld senkrecht bzw. parallel, dann ist der magnetische Fluß ein Maximum bzw. Null. *Drittens:* Durch Verstärken bzw. Schwächen des magnetischen Feldes *ohne* Bewegung, indem entweder (Abb. 89 c) die Zu- bzw. Abnahme eines Solenoidstromes den Induktionsfluß im Eisenkern erhöht bzw.

erniedrigt oder indem (Abb. 89 d) die Stromschleife das Solenoid, in welchem die Feldstärke durch Stromänderung variiert, umschlingt. In diesen Fällen wird bei Stromschluß ein dem induzierenden Strom entgegengerichteter, bei Stromöffnung ein gleichgerichteter Sekundärstrom induziert, so daß der induzierte Strom durch seine induzierende Rückwirkung auf den Primärstrom

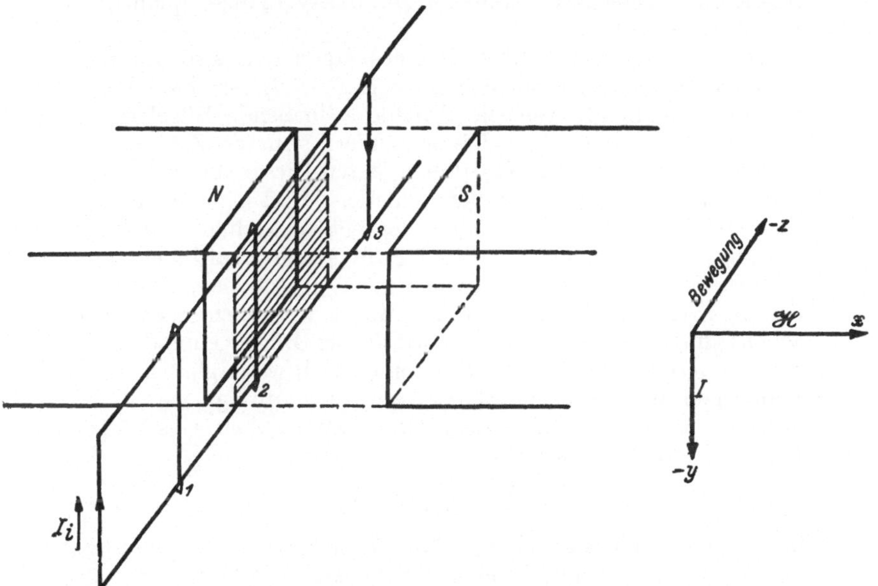

Abb. 90. Zur Ableitung des Induktionsgesetzes.

diesen bei Stromschluß zu schwächen, bei Stromöffnung zu verstärken sucht.

Allen Fällen — die Versuche lassen sich noch mannigfaltig variieren — ist gemeinsam: Änderung des die Sekundärschleife durchstoßenden Kraftflusses Φ bewirkt Strom bzw. eine diesen Strom verursachende elektromotorische Kraft E_i (FARADAY, 1831). Allen gemeinsam ist die „*Richtungsregel*" (LENZ, 1834): Die Richtung des induzierten Stromes ist stets so, daß die mechanische, magnetische, elektrische Rückwirkung auf den induzierenden Vorgang diesen zu hemmen sucht. Man erkennt in dieser Formulierung bereits die enge Beziehung zum Satz von der Unmöglichkeit des perpetuum mobile. Denn wäre die Rückwirkung nicht bremsend, sondern fördernd, dann würde der einmal ein-

geleitete Induktionsvorgang „von selbst" unter steter Selbst-
steigerung weiterlaufen und Energie ohne Arbeitsaufwand liefern.

Ist einmal die Tatsache der Induktionserscheinung bekannt —
es wird kaum eine Entdeckung geben, die so außerordentliche
praktische Konsequenzen zeitigte, wie die der Induktion durch
Faraday —, dann ist es gleichfalls der Energiesatz, der das Ergebnis eines passend gewählten Induktionsvorganges quantitativ
zu formulieren gestattet.

Parallel mit den Polflächen eines Magneten, also senkrecht
zu dem als homogen angenommenen Feld $\mathfrak{H}$, sei eine Leiterschleife angebracht. Der die Schleife schließende Bügel sei beweglich. Bei seiner Verschiebung ändert sich die Zahl der die
Schleife durchstoßenden Kraftlinien, deren Dichte durch $\mathfrak{B} = \hat{\mu}\,\mathfrak{H}$
gemessen wird. Jener Teil der Schleife, der sich im homogenen
Feld befindet, ist durch Strichlierung gekennzeichnet. In Bügel-
stellung 1 gehen keine, in 2 einige, in 3 alle Kraftlinien durch
die Schleife. Wird der Bügel von 1 nach 3 geschoben, so entsteht
Strom. Seine Richtung muß im Bügel von oben nach unten
gehen; ginge sie nach oben, so würde der Bügel, einmal in Bewegung gesetzt, von selbst (Schwimmerregel) weitergleiten. Fließt
er dagegen nach unten und hat er etwa in Stellung 2 gerade den
Wert I, so wird er nach dem Biot-Savartschen Gesetz (43),
IV, 13 c, mit der Kraft

$$K = \frac{k_2}{k_1}\,\hat{\mu}\,\mathfrak{H}\,I.l$$

in der Richtung nach Stellung 1 zurückgedrückt, wenn l die Länge
des in $\mathfrak{H}$ eintauchenden Leiterstückes ist. Soll er nun um das
Wegstück ds entgegen dieser Kraft gegen die Stellung 3 geschoben werden, so ist die zu *leistende* mechanische Arbeit

$$-\,dA = -\,K\,ds = -\frac{k_2}{k_1}\,\hat{\mu}\,\mathfrak{H}\,I\,l\,ds = -\frac{k_2}{k_1}\,I\,d\Phi,$$

wenn

$$d\Phi = \hat{\mu}\,\mathfrak{H}\,l\,ds = \mathfrak{B}\,df$$

die Änderung des magnetischen Kraftflusses Φ bedeutet. Diese
geleistete Arbeit dA muß es sein, auf deren Kosten Strom fließen
und z. B. Stromwärme $E_i\,I\,dt$ (ausgedrückt in Erg) entstehen kann.
Gleichsetzen von $-\,dA$ und dieser Stromwärme liefert für die
induzierte elektromotorische Kraft E_i als

$$\text{Induktionsgesetz: } E_i = -\frac{k_2}{k_1}\,\frac{d\Phi}{dt}. \tag{1}$$

Das negative Vorzeichen ist in der Festsetzung der positiven

Normalrichtung verankert. Der Strom hat die positive Richtung, (Abb. 91), wenn er, falls seine Flächennormale zum Beschauer zeigt, gegen den Uhrzeigersinn fließt. Der Beschauer sieht eine magnetische Nordfläche. Damit eine Nordfläche entsteht, muß aber eine induzierende Nordfläche dem Normalpfeil *entgegen* geschoben werden, daher zeigt der Pfeil in die Richtung des

$$abnehmenden \text{ Kraftflusses} \quad -\frac{d\Phi}{dt} \quad \text{bzw.} \quad -\frac{d\mathfrak{B}}{dt}.$$

Für die drei Maßsysteme spezialisiert sich (1):

Gauß

$$k_1 = 1; \quad k_2 = 1/c; \quad \hat{\mu} = \mu$$

$$E_i = -\frac{1}{c}\frac{d}{dt}(\mu \mathfrak{H} F)$$

E_i in **V**es; $\mathfrak{B} = \mu \mathfrak{H}$ in Gauß

elektromagnetisch

$$k_1 = k_2 = 1; \quad \hat{\tilde{\mu}} = \mu$$

$$E_i = -\frac{d}{dt}(\mu \mathfrak{H} F)$$

E_i in **V**em; $\mathfrak{B}$ in Gauß bzw.
Φ in „Maxwell" $=$ Gauß $\cdot$ cm²

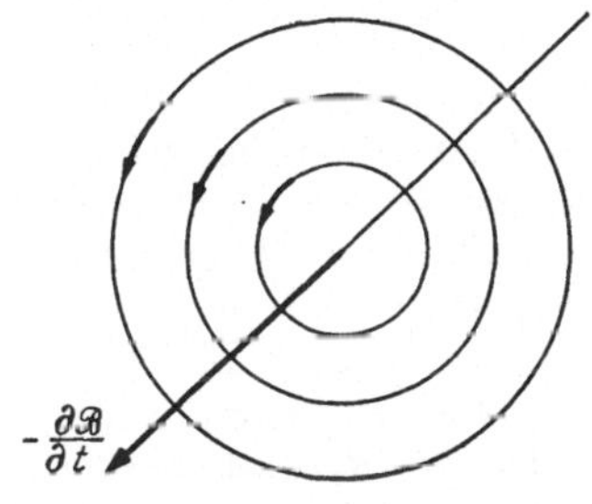

Abb. 91. Zur Definition der positiven Normalrichtung.

technisch

$$k_1 = k_2 = 1/4\,\pi; \quad \mu = \mu_0\,\mu$$

$$E_i = -\frac{d}{dt}(\mu_0\,\mu\,\mathfrak{H} F)$$

E_i in Volt; $\mathfrak{B}$ in Volt sec/cm² $=$ „Weber"/cm², bzw.
Φ in Volt sec $=$ Weber $= 10^8$ CGS.

Die Stärke des induzierten *Stromes* hängt außer von E noch vom Widerstand des Stromleiters ab:

$$\text{Induzierte Stromstärke: } I_i = E_i/R. \tag{2}$$

Die Elektrizitätsmenge dQ, die anläßlich des Induktions-vorganges in der Zeit dt durch den Querschnitt getrieben wird, ist $dQ = I_i\,dt = E_i\,dt/R$. Insgesamt wird bei der Verschiebung des Bügels von Stellung 1 nach 3 die Elektrizitätsmenge

$$Q = \int_0^t I_i\,dt = \frac{1}{R}\int_0^t E_i\,dt = -\frac{k_2}{k_1}\frac{1}{R}\int_1^2 d\Phi = \frac{k_2}{k_1}\frac{1}{R}(\Phi_1 - \Phi_2) \tag{3}$$

durch den Querschnitt geschafft. Diese Menge ist somit von der

Geschwindigkeit ds/dt der Bügelbewegung, von der sowohl E_i als I_i abhängen, *unabhängig*. Wird dieses „Stromintegral" $\int I_i \, dt = Q$ als Stromstoß in einer gegen die Schwingungsdauer des Galvanometers kurzen Zeit durch das („ballistische") Galvanometer entladen, dann erhält man einen mit Q proportionalen Erstausschlag.

Berücksichtigt man, daß E_i nichts anderes als die induzierte Umlaufspannung $U_{1,1}$ ist, dann kann man das Grundgesetz (1) auch schreiben:

$$U_{1,1} = \oint \mathfrak{E}_s \, ds = -\frac{k_2}{k_1}\frac{d\Phi}{dt} = -\frac{k_2}{k_1}\frac{d}{dt}\int \mathfrak{B}_n \, df \qquad (4)$$

und aussprechen: *Der zeitlich veränderliche magnetische Kraftfluß Φ ist mit einem elektrischen Wirbelfeld verknüpft, dessen Feldrichtung in der Ebene senkrecht zur Richtung des Flusses $\mathfrak{B}_n$ liegt und dessen Umlaufspannung längs dem Rand einer beliebigen Fläche gleich dem magnetischen „Schwund" durch die Fläche ist.*

b) *Anwendung des Induktionsgesetzes auf bestimmte Fälle.*

α) *Der Erdinduktor* (Abb. 92). Auf der äußeren Peripherie des Ringes R_i sind mehrere Lagen Leitungsdraht aufgewickelt. Die so entstandene Spule kann mit Hilfe eines Handgriffes um die Achse M gegen den Rahmen Ra_1 um 180° zwischen zwei vorgesehenen Anschlägen verdreht werden. Die Spule befinde sich in einem homogenen Feld $\mathfrak{H}$. Ihre Fläche bilde zunächst vor und nach der Drehung die Winkel φ_1 und φ_2 mit der Richtung von $\mathfrak{H}$. Dann wird sie vorher den Fluß $\Phi_1 = \mathfrak{B} F w \sin \varphi_1$, nachher $\Phi_2 = \mathfrak{B} F w \sin \varphi_2$ aufnehmen, wenn die Spulenfläche F $w$mal umwickelt ist. Bei der Verdrehung um $\varphi_2 - \varphi_1$ wird eine nach (3) zu berechnende Elektrizitätsmenge durch das angeschlossene ballistische Galvanometer gejagt:

$$Q = \frac{k_2}{k_1}\frac{1}{R}\mathfrak{B} w F (\sin \varphi_1 - \sin \varphi_2).$$

Ist $\varphi_1 = 90°$, $\varphi_2 = 270°$, dann wird $\sin \varphi_1 - \sin \varphi_2 = 2$.

A. Bestimmung der Horizontalkomponente des Erdfeldes: Der Rahmen Ra_1 mit der Drehachse M wird vertikal, die Richtung LL senkrecht zum magnetischen Meridian gestellt. Mit Libelle und Magnetnadel wird dies kontrolliert. Die Spule wird in die Ebene des Rahmens Ra_1 gebracht und um 180° gedreht. $\varphi_1 = 90°$, $\varphi_2 = 270°$ trifft zu, wenn unter Feldrichtung die der Horizontalkomponente verstanden ist.

B. Bestimmung der Vertikalkomponente: Der Rahmen Ra_1 wird zugleich mit der Achse M um die Achse LL gedreht, bis M

horizontal liegt. LL bleibt senkrecht zum magnetischen Meridian. Jetzt trifft $\varphi_1 = 90°$, $\varphi_2 = 270°$ zu, wenn die Zählung auf die Vertikalkomponente bezogen wird. Ra_1 wird an Ra_2 festgeklemmt und wieder um M über 180° gedreht. Man erhält in den beiden Fällen:

$$\text{für } A: Q_A = \frac{k_2}{k_1}\,\frac{2\,F\,w}{R}\,\mathfrak{B}_h; \quad \text{für } B: Q_B = \frac{k_2}{k_1}\,\frac{2\,F\,w}{R}\,\mathfrak{B}_v.$$

Somit z. B. aus dem Verhältnis der den Q-Werten proportionalen Galvanometerausschläge

$$Q_B/Q_A = \mathfrak{B}_v/\mathfrak{B}_h = \operatorname{tg} i,$$

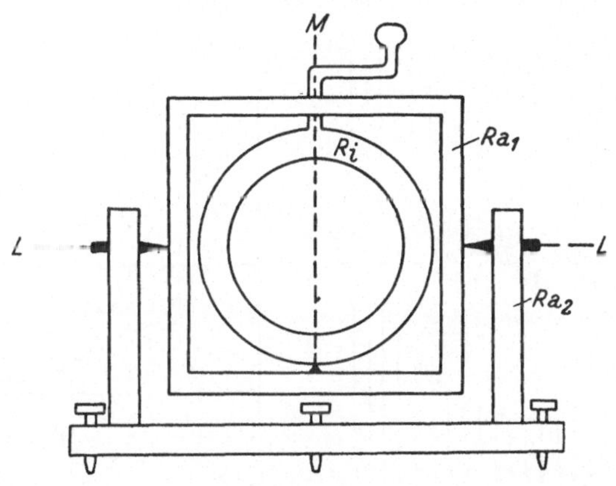

Abb. 92. Erdinduktor.

wenn i der Inklinationswinkel ist (IV, 13 b); er beträgt für Graz $i = 62°$; daher $\operatorname{tg} i = 1{,}88$.

β) *Die Erzeugung von Wechselstrom* (Abb. 93). Analog wie beim Erdinduktor sei ein Kreisring $w$mal bewickelt und um eine zur Papierebene senkrechte Achse A drehbar. Die Enden der Zuleitungen werden als leitende „Schleifringe" auf der Achse ausgebildet, auf denen „Schleifbürsten" gleiten, die die leitende Verbindung des rotierenden Systems nach außen ermöglichen. Die Rotation erfolge mit der gleichförmigen Winkelgeschwindigkeit $\omega = d\alpha/dt = \alpha/t$. Steht die Fläche für $\alpha = 0$ zur Feldrichtung senkrecht, so nimmt die Spule den Fluß $\Phi_m = \pm\, w\,F\,\mathfrak{B}$ auf; hat eine Verdrehung um α stattgefunden, dann ist der Fluß nur mehr $\Phi_\alpha = \pm\, w\,F\,\mathfrak{B}\cos\alpha = \pm\, w\,F\,\mathfrak{B}\cos\omega\,t$. Somit wird bei gleichmäßiger Rotation eine induzierte EMK entstehen, die ohne Rücksicht auf das Vorzeichen nach (1) gegeben ist durch:

$$E_i = \frac{k_2}{k_1}\frac{d\Phi}{dt} = \frac{k_2}{k_1}\,\mathfrak{B}\,w\,F\,\omega\,\sin\omega t = E_m \sin\omega t, \qquad (5)$$

wenn unter

$$\text{„Scheitelwert“ } E_m = \frac{k_2}{k_1}\,w\,F\,\mathfrak{B}\,\omega, \qquad (5\,\mathrm{a})$$

der höchste Wert verstanden ist, den E_i annehmen kann (für $\sin\omega t = \pm\,1$).

Trägt man den durch die Spule gehenden Fluß Φ bzw. die induzierte EMK als Funktion entweder der Zeit t oder des Drehwinkels α auf, dann ergeben sich cos- bzw. sin-Kurven. E_i ist gegen Φ dementsprechend um $\tau/4$ bzw. $\pi/2$ in der Phase verschoben.

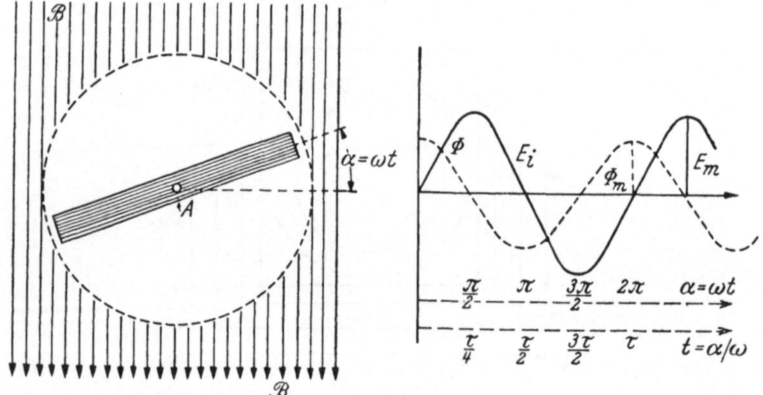

Abb. 93. Schema der Wechselstromerzeugung durch rotierende Spule im homogenen Feld sowie zeitliche Änderung von Fluß Φ und induzierter Spannung E_i.

E_i und damit auch die Kraftfluß*änderung* sind am größten, wenn α durch 90° bzw. 270° geht, also dann, wenn die Richtung wechselt, in der die $\mathfrak{B}$-Linien die Spule durchstoßen.

Die induzierte Spannung ist periodisch variabel; die zugehörige Kreisfrequenz ω entspricht im vorliegenden Fall der konstanten Winkelgeschwindigkeit der Spulendrehung $\omega = d\alpha/dt = 2\,\pi/\tau$. In der Lehre vom Wechselstrom (IV, 16) wird unter Fortlassung des Index i der Momentanwert der Wechselgrößen mit kleinen Buchstaben e, i geschrieben, der Scheitelwert mit $E_{\max}$, $I_{\max}$ oder E^*, I^* oder auch $\hat{e}$, $\hat{i}$ bezeichnet. Hier wird e_m, i_m gewählt. (5) wird also geschrieben

$$e = e_m \sin\omega t. \qquad (5\,\mathrm{b})$$

γ) *Wechselseitige Induktion zweier Solenoide.* Abb. 94 stelle zwei ineinandergesteckte Solenoide im Querschnitt dar. In die innere Spule, die auf der Länge l_p die Zahl von w_p Windungen aufgewickelt habe und den Querschnitt F_p besitze, werde Strom I_p eingeleitet; sie wird dann als „Primärspule" (Index p) bezeichnet. Die äußere Spule, die mit w_s Windungen auf der Länge l_s bewickelt sei und in der die Induktionswirkung untersucht wird, heißt „Sekundärspule" (Index s). Gefragt ist nach der Größe der induzierten EMK in ihr.

Dem Strom I_p in der Primärspule entspricht nach (42) von IV, 13 c, ein annähernd homogenes Feld im Inneren von der Stärke

$$\mathfrak{H} = k_2 \, 4\,\pi \, \frac{w_p}{l_p} \, I_p.$$

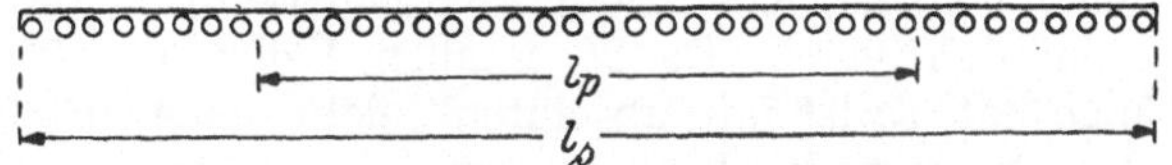

Abb. 94. „Gegenseitige Induktion" zweier Spulen.

Der zugehörige Kraftfluß durch die ganze Fläche F_p ist, wenn etwa der „Kern" der Primärspule (der Raum, wo sich $\mathfrak{H}$ entwickelt) die Permeabilität $\hat{\mu}$ habe:

$$\Phi_p = k_2 \, 4\,\pi \, \hat{\mu} \, \frac{w_p \, F_p}{l_p} \, I_p.$$

Dieser Fluß durchsetzt die ganze Länge der Sekundärspule, also insgesamt w_s Windungen derselben. Daher ist nach (1) die in ihr induzierte EMK:

$$E_s = - \frac{k_2}{k_1} \, w_s \, \frac{d\Phi_p}{dt} = - \frac{k_2^2}{k_1} \, 4\,\pi \, \hat{\mu} \, \frac{w_p \, w_s}{l_p} \, F_p \, \frac{dI_p}{dt} \qquad (6)$$

wobei die vereinfachende, im Falle eines Eisenkerns aber nicht zutreffende Voraussetzung gemacht wurde, daß μ von der Feldstärke $\mathfrak{H}$ unabhängig und zeitlich konstant sei.

Vorübergehend werde die nur von den Spuleneigenschaften abhängige Größe $\mathfrak{N} = w_p \, w_s \, F_p / l_p$ eingeführt. In den einzelnen Maßsystemen schreibt sich dann die Beziehung (6) folgendermaßen:

elektrostatisch

I in **A**es, E in **V**es

$k_1 = k_2 = 1;\ \mu_0 = 1/c^2$

$$E_i = -\frac{4\pi}{c^2}\,\mu\,\Re\,\frac{dI_p}{dt}$$

$$= -L_{1,2}\frac{dI_p}{dt}$$

elektromagnetisch

I in **A**em; E in **V**em

$k_1 = k_2 = 1;\ \mu_0 = 1$

$$E_i = -4\pi\mu\,\Re\,\frac{dI_p}{dt}$$

$$= -L_{1,2}\frac{dI_p}{dt}$$

Gauß

I in **A**es, E in **V**es

$k_1 = 1;\ k_2 = 1/c;\ \mu_0 = 1$

$$E_i = -\frac{1}{c^2}\,4\pi\mu\,\Re\,\frac{dI_p}{dt}$$

$$= -\frac{1}{c^2}L_{1,2}\frac{dI_p}{dt}$$

technisch

I in Amp; E in Volt

$k_1 = k_2 = 1/4\pi;\ \mu_0 = 4\pi\cdot 10^{-9}$

$$E_i = -\mu_0\mu\,\Re\,\frac{dI_p}{dt}$$

$$= -L_{1,2}\frac{dI_p}{dt}.$$

$L_{1,2}$ nennt man „Koeffizient der gegenseitigen Induktion" oder Gegeninduktivität. Da $\Re$ in allen Fällen die Dimension einer Länge hat, so ist im „absoluten" elektromagnetischen und GAUSSschen System die Einheit von $L_{1,2}$: 1 Hem = 1 cm; im elektrostatischen System: 1 Hes [cm/c^2] = cm^{-1} sec^{+2}; im technischen System 1 Henry = 1 Volt $\Big/\dfrac{\text{1 Ampere}}{\text{sec}}$.

Da 1 Ampere = 3 · 10^9 **A**es = 0,1 **A**em und 1 Volt = 1/300 **V**es = 10^8 **V**em ist, so folgt:

$$1\ \text{Henry} = \frac{1}{9\cdot 10^{11}}\ \text{Hes} = 10^9\ \text{Hem bzw. cm.}$$

δ) *Die Selbstinduktion in einer Spule.* Das bei Stromdurchgang durch eine Spule entstehende Magnetfeld durchstößt mit seinem Kraftfluß $\Phi = 4\pi k_2\,\hat{\mu}\,w\,F\,I/l$ auch die eigenen Windungen dieser Spule und ruft daher in ihr eine induzierte EMK hervor, die nach der LENZschen Regel der aufgedrückten EMK entgegen gerichtet ist. Ebenso wie in (6), nur unter Vertauschung von w_s mit $w_p = w$, erhält man:

$$E_i = -\frac{k_2}{k_1}\,w\,\frac{d\Phi}{dt} = -\frac{k_2^2}{k_1}\,4\pi\mu\,\frac{w^2 F}{l}\,\frac{dI}{dt}. \tag{7}$$

Ebenso wie dort definiert man als „Selbstinduktionskoeffizient" oder „Selbstinduktivität" $L_{11} = L$:

elektrostatisch elektromagnetisch = Gauß

$$L = \frac{4\,\pi}{c^2}\,\mu\,\frac{w^2 F}{l}\ \text{in Hes} \qquad\qquad L = 4\,\pi\,\mu\,\frac{w^2 F}{l}\ \text{in Hem}$$

technisch

$$L = \mu_0\,\mu\,\frac{w^2 F}{l}\ \text{in Henry} \tag{7\,a}$$

Im GAUSSschen System, in welchem I und E elektrostatisch (**A**es, **V**es), L jedoch elektromagnetisch (**H**em) gemessen wird, muß in der Beziehung (7) $k_2^2/k_1 = 1/c^2$ als Ausgleichsfaktor verwendet werden; also

$$\text{Gauß:}\ E_i = -\frac{1}{c^2}\,L\,\frac{dI}{dt}. \tag{7\,b}$$

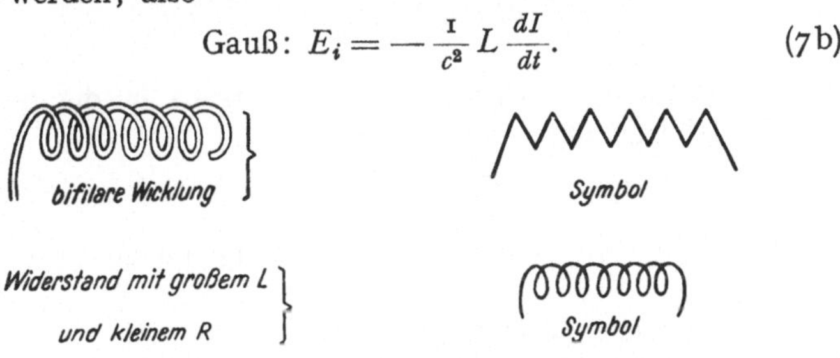

Abb. 95. Spulen ohne und mit Selbstinduktivität.

Um Spulen selbstinduktionsfrei zu erhalten, so wie dies für die Spulen in den Widerstandskästen (Rheostaten) zu fordern ist, werden sie „bifilar" gewickelt. Dadurch läuft der Strom durch gleich viel Wicklungen sowohl in der einen als in der anderen Richtung und die entstehenden Magnetfelder heben sich auf. Die Spule hat nur OHMschen Widerstand R. Ein solcher soll (Abb. 95) wie bisher durch eine Zackenlinie dargestellt werden, während die Spirale das Symbol für eine Spule mit kleinem (eventuell vernachlässigbaren) OHMschen Widerstand R und großer Selbstinduktivität L sein soll.

ε) *Einfluß der Selbstinduktion auf den zeitlichen Stromverlauf* (Abb. 96). Eine Stromquelle liefere die EMK E bzw. bei geschlossenem Stromkreis eine Spannung U an den Enden eines induktiven Widerstandes mit den Kenngrößen R und L. Wird der Bügel in der Kurzschlußbrücke $A\,B$ geschlossen, dann sinkt die für den Strom im Widerstand verfügbare Spannung praktisch auf Null; wird der Bügel geöffnet, dann wird der Widerstand unter Spannung gesetzt. Gesucht wird der zeitliche Stromverlauf im Widerstand, sei es beim Öffnen des Bügels (entsprechend Stromschluß für R), sei es beim Schließen desselben (entsprechend Stromöffnung für R).

Fließt Strom durch L, dann entsteht eine nach (7) zu berechnende gegenelektromotorische Kraft E_i; als Stromantrieb steht somit in jedem Augenblick zur Verfügung:

$$U + E_i = U - \frac{1}{c^2} L \, dI/dt.$$

Daher fließt in R ein Strom von der Stärke

$$I = \frac{1}{R}\left(U - \frac{1}{c^2} L \frac{dI}{dt}\right).$$

Werden hierin die Meßgrößen I, R, U, L durchweg in den praktischen Einheiten Ampere, Ohm, Volt, Henry gemessen, dann fällt der Ausgleichsfaktor $1/c^2$ weg. Durch einfache Umformung erhält man dann zur Bestimmung von I die Differentialgleichung:

$$\frac{dI}{dt} + \frac{R}{L} I - \frac{U}{L} = 0,$$

die bei nochmaliger Differentiation übergeht in die homogene Differentialgleichung:

$$\frac{d^2 I}{dt^2} + \frac{R}{L} \frac{dI}{dt} = 0.$$

Der Lösungsansatz $I = e^{\alpha t}$ erfüllt dieselbe für $\alpha = 0$ bzw. $\alpha = -R/L$.

Die allgemeine Lösung ist somit

$$I = A \, e^{0 \cdot t} + B \, e^{-\frac{R}{L} t} = A + B \, e^{-\frac{R}{L} t},$$

worin die Konstanten A und B den Anfangsbedingungen anzupassen sind.

1. Stromschluß (durch Öffnen des Bügels): Zur Zeit $t = 0$ ist $I = 0$; sicher ist ferner, daß schließlich, also spätestens für $t = \infty$, der Strom seinen „OHMschen Wert" $I = U/R$ annehmen muß. Somit:

für $t = 0$ $I = A + B = 0$;   für $t = \infty$ $I = A = U/R$;   daher

$$A = U/R, \quad B = -U/R$$

und die Lösung:

$$I_1 = \frac{U}{R}\left(1 - e^{-\frac{R}{L} t}\right).$$

2. Stromöffnung (durch Bügelschluß): Zur Zeit $t = 0$ hat I den Maximalwert U/R; nach hinreichend langer Zeit $(t = \infty)$ muß $I = 0$ werden. Dies gibt $A = 0$, $B = U/R$ und die Lösung

$$I_2 = \frac{U}{R} e^{-\frac{R}{L} t}.$$

Im Falle 1 steigt der Strom exponentiell von 0 bis zum Maximalwert U/R, im Fall 2 nimmt er spiegelbildlich $(I_1 + I_2 = U/R$ für jede Zeit) von U/R asymptotisch auf Null ab.

Wird der zeitliche Verlauf experimentell ermittelt, so gilt z. B. an der Kreuzungsstelle wegen $I_1 = I_2 : t \equiv t^* = \dfrac{L}{R} \ln 2 = \dfrac{L}{R}\, 0{,}693$. Oder: Wenn die Zeit $t \equiv \tau = L/R$ verflossen ist, wird nach obigem

$$I_1 = \frac{U}{R}\,(1 - e^{-1}); \quad I_2 = \frac{U}{R}\, e^{-1}; \quad \text{also} \quad I_1 = 0{,}368\, U/R,\; I_2 = 0{,}632\, U/R;$$

man sucht also jene t-Stelle auf, für die I_1 auf rund $^1/_3$ abgefallen, I_2 auf rund $^2/_3$ des Grenzwertes zugenommen hat, und rechnet aus $\tau = L/R$ die Kenngröße L/R aus; τ nennt man die „Zeitkonstante" der Selbstinduktion oder „Relaxationszeit". Bei großen Elektromagneten kann sie bis zu 30″ erreichen.

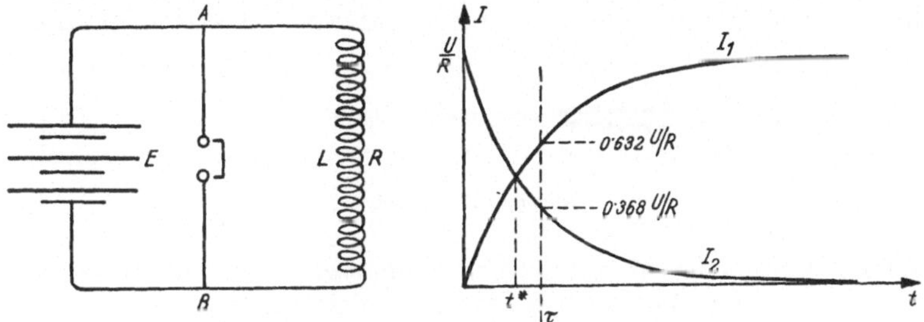

Abb. 96. Zeitlicher Stromverlauf bei Selbstinduktion.

Diese bei Öffnung und Schließung eines Stromes infolge Induktionswirkung sich überlagernden Ströme wurden früher wohl auch als „Extraströme" bezeichnet. Erfolgt die Strom*unterbrechung* im Hauptschluß, dann können sich zunächst nur Spannungen an den Öffnungsstellen ausbilden, die unter Umständen groß genug werden, um die Unterbrechungsstelle durch Funkenbildung zu überbrücken.

ζ) *Die vom Strom geleistete magnetische Arbeit.* In einer Ringspule, bei der das magnetische Stromfeld ganz im Inneren verläuft, erzeuge eine Stromquelle E einen Strom I. Während des Stromanstieges von 0 bis zum stationären Endwert wird die verfügbare EMK um die induzierte Gegenspannung E_i verringert. Die Stromarbeit während eines Zeitintervalles dt ist (GAUSSsches System) definiert gemäß

$$dA = (E + E_i)\, I\, dt = [\text{nach (7b)}]$$

$$= E\, I\, dt - \frac{1}{c^2}\, L\, I\, dI = dA_w - dA_m.$$

Wäre $L = 0$, dann würde der gesamte von der Quelle gelieferte Betrag $E\, I\, dt$ auf Stromwärme dA verwendet werden. Ist $L \neq 0$, dann geht der Betrag $L\, I\, dI/c^2$ für Stromwärme verloren; er wird auf Erzeugung magnetischer Energie dA_m verwendet. Integriert man über diesen Betrag von $I = 0$ bis zum Endwert I, dann ergibt sich für die vom Strom geleistete magnetische Arbeit

$$A_m = \frac{1}{2\,c^2}\,L\,I^2 = \frac{1}{2\,c^2}\,4\,\pi\,\mu\,\frac{w^2\,F}{l}\cdot\frac{c^2\,\mathfrak{H}^2\,l^2}{16\,\pi^2\,w^2} = \frac{\mu\,\mathfrak{H}^2}{8\,\pi}\cdot F\,l =$$
$$= E_m'\ \text{mal Volumen.} \tag{8}$$

Dabei wurde L aus (7a) und I aus (42) von IV, 13 eingesetzt. In IV, 13 b, (8) wurde bereits gezeigt, daß die Energiedichte des magnetischen Feldes durch $\mu\,\mathfrak{H}^2/8\,\pi$ gegeben ist; $F\cdot l$ ist das Volumen des im Spuleninneren befindlichen Raumes. Wird I nicht in elektrostatischen Einheiten, sondern in den gleichen Einheiten wie L gemessen, also beide entweder elektromagnetisch

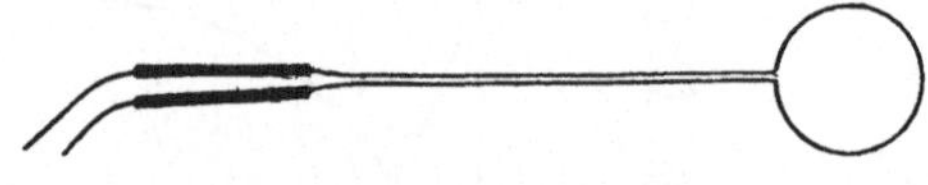

Abb. 97. „Probespule."

(**H**em, **A**em) oder in praktischen Einheiten, dann fällt in $A_m = = L\,I^2/2\,c^2$ der Ausgleichsfaktor $1/c^2$ fort und man erhält A_m entweder in Erg oder in 10^7 Erg.

In der Form $A_m = L\,I^2/2$ in erg ist die formale Analogie mit dem Ausdrucke für die kinetische Energie $m\,v^2/2$ besonders deutlich. In der Tat äußert sich die Selbstinduktion bei Strömen wechselnder Richtung oder Stärke als eine Art Trägheit von Strom bzw. Magnetfeld. Der Stromanstieg erfolgt verlangsamt, bei Abschaltung der aufgedrückten Spannung fließt der Strom kraft dieser „Trägheit" noch so lange weiter, bis die Energie des Magnetfeldes aufgezehrt ist, und diese Energie ist nach obigem bei vorgegebenem Strom um so größer, je größer L ist. Die Analogie geht, wie sich zeigen wird (IV, 16 e), noch tiefer.

η) *Bestimmung der Kraftflußdichte* $\mathfrak{B}$. Die Rolle, die beim elektrostatischen Feld (vgl. Abb. 14 in IV, 7 δ) das homogene Feld des Plattenkondensators und das Doppelplättchen bei der Bestimmung des Vektors $\mathfrak{D}$ durch Influenzwirkung spielen, übernehmen hier das homogene Magnetfeld im Inneren einer langgestreckten Spule und eine „Probespule", die durch Induktionswirkung den Betrag des Vektors $\mathfrak{B}$ zu messen gestattet.

Die Probespule habe die „Windungsfläche" $F_s\,w_s$, d. h. w_s Wicklungen umwinden die Fläche F_s. Sie wird mit einem auf „Spannungsstoß" (3)

$$\int E_i\,dt = Q\,R$$

geeichten ballistischen Galvanometer verbunden und in das Innere der Erregerspule mit der Windungsfläche senkrecht zu deren Magnetfeld geschoben. Vorher war der Kraftfluß durch die Probespule Null, nachher Φ; daher gilt nach (6)

$$\int E_i\, dt = -\frac{k_2}{k_1}\, w_s\, \Phi \doteq -\frac{k_2}{k_1}\, w_s\, F_s\, \mathfrak{B}, \qquad (6\,\mathrm{a})$$

wobei Φ definitionsgemäß durch Induktionsliniendichte $\mathfrak{B}$ mal Fläche F_s gegeben ist. Einerseits läßt sich nach (6a) aus dem beobachteten Spannungsstoß und der vorgegebenen Windungsfläche $F_s w_s$ der Wert für $\mathfrak{B} = \hat{\mu}\, \mathfrak{H}$ bestimmen. Anderseits ist nach (42) von IV, 13 c, die Feldstärke $\mathfrak{H}$ in einer langgestreckten Spule

$$\mathfrak{H} = k_2\, 4\,\pi\, \frac{w}{l}\, I$$

aus der gemessenen Stromstärke I und den Abmessungen der Erregerspule zu berechnen. Die Kombination beider Bestimmungen liefert:

$$\hat{\mu} = \frac{\mathfrak{B}}{\mathfrak{H}} = \frac{1}{4\,\pi}\, \frac{k_1}{k_2{}^2}\, \frac{\int E_i\, dt}{w_s\, w\, F_s/l}\cdot\frac{1}{I}\,. \qquad (9)$$

Verwendet man das technische System, indem man $k_1 = k_2 = 1/4\,\pi$ setzt, den Spannungsstoß in Voltsekunden, die Stromstärke in Ampere mißt, dann erhält man

$$\hat{\mu} = \mu\,\mu_0 = \frac{\mathfrak{B}}{\mathfrak{H}} = \frac{\int E_i\, dt}{w_s\, w\, F_s/l}\cdot\frac{1}{I}\ \ \text{in Volt sec/Ampere cm.}$$

Wird der Versuch im Vakuum bzw. in Luft gemacht, so ergibt sich eine experimentelle Bestimmung des Wertes für μ_0 im technischen System. Man erhält:

$$(\mu_0)_{pr} \simeq 4\,\pi\cdot 10^{-9}\ \text{Volt sec/Ampere cm.}$$

Daß dies so sein muß, schließt man aus (9) in folgender Weise: Im elektromagnetischen System ist $k_1 = k_2 = 1$; $\mu_0 = 1$; $\int E_i\, dt$ in **Vem**·sec $= 10^{-8}$ Volt sec; I in **Aem** $= 10$ Ampere gemessen. Damit in diesem System

$$\hat{\mu} = \frac{1}{4\,\pi}\, \frac{\int E_i\, dt}{w_s\, w\, F_s/l}\cdot\frac{1}{I}$$

gleich 1 wird (in Luft), muß z. B. bei den Abmessungen $w_s = w = F_s = l = 1$

$$\int E_i\, dt/I = 4\,\pi\ \text{in}\ \frac{\textbf{Vem sec}}{\textbf{Aem}} = 4\,\pi\, \frac{10^{-8}}{10}\ \text{in}\ \frac{\text{Volt sec}}{\text{Amp}} = \frac{4\,\pi}{10^9}\, \frac{\text{Volt sec}}{\text{Amp}}$$

sein. Das heißt: Man muß, wenn man den Versuch mit den angegebenen Abmessungen macht und in Volt und Ampere mißt, für $(\mu_0)_{pr}$ den Wert $4\,\pi\cdot 10^{-9}$ Volt·sec/Ampere·cm finden.

ϑ) *Die Entwicklung der magnetischen Einheiten im technischen System.* Ausgangspunkt sind die Einheiten für Strom I (Ampere $=$

$= 0{,}1\,\mathbf{A}\mathrm{em} = 3 \cdot \mathrm{10}^9\,\mathbf{A}\mathrm{es})$ und Spannung U bzw. E (Volt $= \mathrm{10}^8\,\mathbf{V}\mathrm{em}$ $= {}^1\!/_{300}$ **V**es), die Festsetzung $k_1 = k_2 = 1/4\,\pi$ und die daraus ableitbare Folge, daß $\mu_0 = 4\,\pi \cdot \mathrm{10}^{-9}$ Volt $\cdot$ sec/Ampere $\cdot$ cm wird.

Die magnetische Feldstärke und ihre Einheit wird mit Hilfe des homogenen Feldes im Inneren einer langen Spule definiert. Nach (42) in IV, 13c, gilt $\mathfrak{H} = k_2\,4\,\pi\,w\,I/l$, also $\mathfrak{H}_{pr} = w\,I/l$. Die technische Feldstärkeneinheit wird daraus für $w/l = 1$ und $I = 1$ Ampere erhalten. Feldstärken werden dementsprechend technisch in „Amperewindungen/cm" gemessen. Da im elektromagnetischen System $\mathfrak{H}_m = 4\,\pi\,w\,I/l$ (weil dort $k_1 = k_2 = 1$ vereinbart wurde) und die Einheit 1 Örsted ist, so folgt: Soll $\mathfrak{H}_m = 1$ sein, dann muß z. B. für $w/l = 1$ der Spulenstrom $1/4\,\pi\,\mathbf{A}\mathrm{em} = 10/4\,\pi\,$Ampere betragen. Beträgt er nur 1 Ampere, so wie dies für die Definition der technischen Einheit verlangt wird, dann hat das Feld die Stärke von $4\,\pi/10$ Örsted. Daher

$$1 \text{ Amperewindung/cm} = 1{,}257 \text{ Örsted};$$

daher

$$\mathfrak{H}_{pr} = \mathfrak{H}_m\,\frac{10}{4\,\pi}.$$

Der magnetische Kraftfluß ist nach (9) IV, 13, definiert durch $\Phi = \int \mathfrak{B}\,d f$. Im technischen System wird er gemessen durch den Spannungsstoß, der nach (1) IV, 14, gegeben ist durch $\int E_i\,dt = \Phi$ in Volt$\cdot$sec. Umgerechnet auf magnetische Einheiten ergibt sich

$$1 \text{ Voltsec} = \mathrm{10}^8 \text{ Vem} \cdot \text{sec} = \mathrm{10}^8 \text{ Maxwell};$$

daher

$$\Phi_{pr} = \Phi_m \cdot \mathrm{10}^{-8};$$

die absolute magnetische Kraftflußeinheit (1 Gauß$\cdot$cm^2) wird mit Maxwell bezeichnet.

Die *Induktion* $\mathfrak{B}$ wird technisch definiert durch $\mathfrak{B} = \Phi/F = \int E_i\,dt/F$ und aus der Induktionswirkung bestimmt, so wie in Abschn. (7) geschildert. Gemessen wird in Voltsec/cm^2. Umgerechnet auf magnetische Einheiten:

$$1 \text{ Voltsec/cm}^2 = \mathrm{10}^8 \text{ Vemsec/cm}^2 = \mathrm{10}^8 \text{ Gauß},$$

da im magnetischen System die Einheit der Induktion (Kraftflußdichte $B = 1$, also eine Induktionslinie je cm^2) Gauß genannt wird. Somit $\mathfrak{B}_{pr} = \mathrm{10}^{-8}\,\mathfrak{B}_m$.

Die *Magnetisierung* $\mathfrak{J}$ ist nach (31, 32) IV, 13 b, definiert im technischen System durch $\mathfrak{J}_{pr} = \mathfrak{B} - \mu_0\,\mathfrak{H}$, im elektromagnetischen dagegen durch $\mathfrak{J}_m = (\mathfrak{B} - \mu_0\,\mathfrak{H})/4\,\pi$. Im ersteren System also ebenso wie $\mathfrak{B}$ gemessen in Voltsec/cm^2. Die Umrechnung ergibt nun:

$$1 \text{ Voltsec/cm}^2 = \mathrm{10}^8/4\,\pi \text{ Vemsec/cm}^2; \quad \mathfrak{J}_{pr} = 4\,\pi/\mathrm{10}^8\,\mathfrak{J}_m.$$

Das *magnetische Moment* $\mathfrak{M} = \mathfrak{J} \cdot$ Volumen nach (32c), IV, 13b; es wird technisch in Voltsec$\cdot$cm gemessen. Die Umrechnung ergibt wieder:

$$1 \text{ Voltsec} \cdot \text{cm} = \mathrm{10}^8/4\,\pi \text{ Vem sec} \cdot \text{cm}; \quad \mathfrak{M}_{pr} = 4\,\pi/\mathrm{10}^8\,\mathfrak{M}_m.$$

Die *magnetische Menge oder Polstärke.* Im magnetischen System ist nach (3), (4) IV, 13 b, die Zahl der von einem Pol m ausgehenden Kraftlinien, der Kraftlinienfluß $Z = \Phi_m = 4\,\pi\,m$; im technischen System dagegen $\Phi_{pr} = m$. Daher wird in letzterem m_{pr} direkt durch Φ_{pr} bestimmt und wie dieser in Voltsec gemessen. Umrechnung auf **Vem** gibt unter Berücksichtigung des Faktors 4π:

$$\text{1 Voltsec als Polstärkeneinheit} = 10^8/4\pi\ \mathbf{Vem \cdot sec}.$$

Der *Selbstinduktionskoeffizient* ist nach (7) definiert durch $L \equiv E_i \cdot dt/dI$ und wird technisch gemessen in Voltsec/Ampere $\equiv$ Henry. Die Umrechnung ergibt

$$\text{1 Henry} = 10^9\ \mathbf{Hem}; \quad \text{also}\quad L_{pr} = 10^{-9}\,L_m.$$

$\varkappa$) *Wirbelströme* (Induktion in körperlichen Leitern). Läßt man, wie bei dem bekannten Schulversuch mit dem „WALTEN-HOFENschen Pendel" (Abb. 98) eine massive Scheibe zwischen den Polen eines kräftigen Elektromagneten hin-durchschwingen, so wird die Be-wegung bei Einschalten des Stromes und Felderregung fast augenblick-lich zwischen den Polen zum Still-stand kommen. Die mit der Scheibe mitbewegten Elektronen des Lei-ters bilden einen beweglichen Strom, der ebenso abgelenkt wird wie der bewegliche stromführende Leitungs-draht. Im körperlichen Leiter sind jedoch die Elektronen nach allen Richtungen beweglich. Sie werden durch die Induktion zu geschlosse-nen Bahnen veranlaßt, deren Rich-

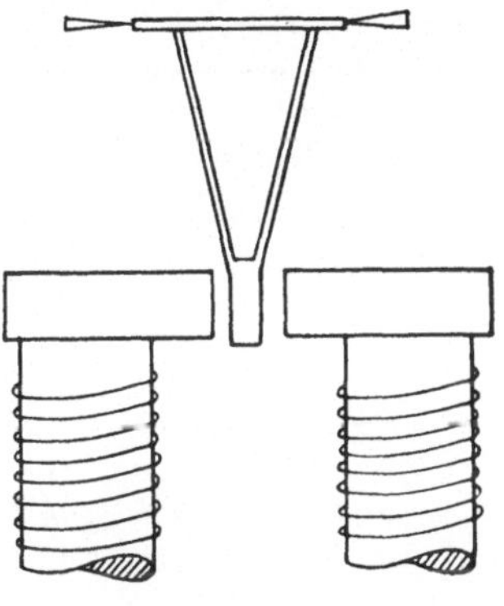

Abb. 98. **WALTENHOFEN**sches Pendel (Wirbelstrombremsung).

tung der LENZschen Regel entsprechend so beschaffen sein muß, daß die entstehenden „magnetischen Blätter" die Pendel-bewegung als Ursache der Erscheinung hemmen.

In allen körperlichen Leitern, die sich in Magnetfeldern bewegen oder die veränderlichen Feldern ausgesetzt sind, ent-stehen solche Wirbel- oder FOUCAULTsche Ströme. Z. B. auch in den Eisenkernen der Induktionsspulen; da sie ungünstige Rück-wirkungen auf den Primärstrom haben und unerwünscht Energie in Wärme umsetzen, so wird zu ihrer Unterdrückung der Kern nicht massiv, sondern als Drahtbündel hergestellt. Mannigfache Abarten der Erscheinung wurden als Schauversuche ausgebildet und wichtige technische Probleme, betreffend einerseits die Unter-drückung der wärmeerzeugenden Wirbelströme, anderseits deren Ausnützung, sind mit ihnen verknüpft.

Hierher gehört auch der „*Skin-*" oder „*Hauteffekt*". Er bewirkt, daß auch in geraden Stromleitern bei schnellem Wechsel der Stromrichtung durch eine Art Selbstinduktion die Strombahnen an die Drahtoberfläche gedrängt, in ihr die Stromdichte auf Kosten jener in der Drahtachse vergrößert wird. Es sei in Abb. 99 ein Stromfaden in der Drahtachse betrachtet. Er ist von einem koaxialen Magnetfeld umgeben, dessen Durchstoßpunkte mit der Papierebene in einem herausgegriffenen Querschnitt durch die Zeichen $\times$ und $\bigcirc$ markiert sind. Bei Stromänderung tritt Kraftfeldänderung ein, die ihrerseits Wirbelströme im Draht hervorruft. Wegen der LENZschen Regel muß deren Richtung in bezug auf die momentane Richtung von I stets so sein, daß I geschwächt wird, so wie in Abb. 99 dargestellt. Dabei wird allerdings der zentrale Stromfaden geschwächt, der Strom an

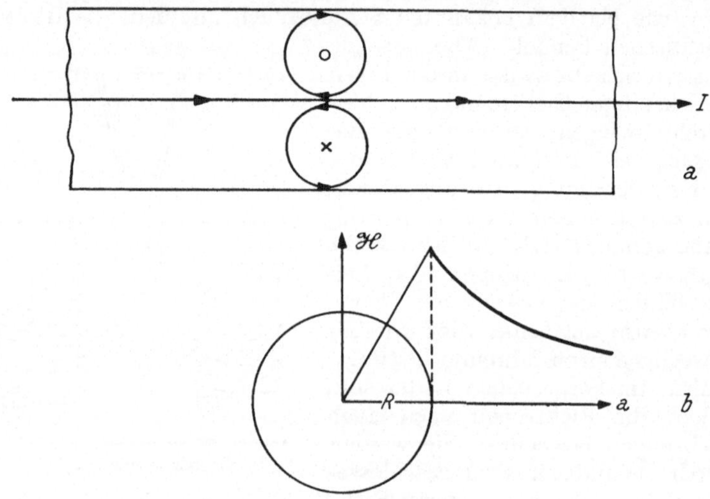

Abb. 99. Zum Skin-Effekt.

der Drahtoberfläche, wo die Umlaufsrichtung mit der momentanen Richtung von I gleichsinnig ist, jedoch verstärkt. So kommt es zu einer Stromverdrängung an die Drahtoberfläche.

Dazu ist zu bemerken, daß in einem herausgegriffenen Zeitmoment, das zum Momentanwert I gehörige Feld $\mathfrak{H}$ im Innen- und Außenraum des Stromleiters den in Abb. 99b dargestellten Verlauf hat. Es steigt von der Drahtachse bis zum Umfang auf seinen Höchstwert $k_2\, 2\, I/R$ und nimmt dann ab. Denn ein konzentrischer Kreis mit dem Radius $r < R$ umschließt die Strommenge $I \cdot \dfrac{\pi\, r^2}{\pi\, R^2}$; daher ist nach (37) IV, 13c: $\mathfrak{H}_r = k_2\, 2\, I\, \dfrac{r}{R^2}$. Das heißt, für $r < R$ nimmt $\mathfrak{H}$ proportional mit r zu; ab $r = R$ gilt das Gesetz (37).

c) *Das zweite Tripel der* MAXWELL*schen Gleichungen.* Das durch (I) in IV, 14a, formulierte Induktionsgesetz wurde in (4) in der etwas geänderten Form

$$U_{1,\,1} = \oint \mathfrak{E}_s\, ds = -\frac{k_2}{k_1}\frac{d}{dt}\int \mathfrak{B}_n\, df \tag{4}$$

angeschrieben und in Worten ausgesprochen: „Die elektrische Umlaufspannung längs dem Rand einer beliebigen Fläche ist gleich dem magnetischen Schwund durch diese Fläche." Nachgewiesen wurde das Gesetz, indem eine Drahtschleife um jene Fläche gelegt und der in ihr durch die induzierte EMK hervorgerufene Strom- oder Spannungsstoß bestimmt wurde. Die Randspannung $U_{1,1}$ ist nun vom Widerstand R der Leitung unabhängig; man kann sich also R bis ins unendliche wachsend denken, ohne daß an (4) etwas geändert wird. Es war MAXWELLS Annahme, daß der zur Beobachtung verwendete Stromleiter etwas für die Gesetzlichkeit der Erscheinung Unwesentliches ist, daß vielmehr diese von Null verschiedene Umlaufspannung auch ohne Leiter vorhanden und eine Eigenschaft des Feldes sein müsse. Als Feldeigenschaft muß die Gesetzlichkeit in Differentialgleichungen formuliert werden. Dies geschieht in genau der gleichen Art, wie in IV, 13 d, beim Übergang vom Integralsatz für die magnetische Umlaufspannung zum Differentialgesetz: Der Integralsatz (4) wird auf die Projektionen $dx\,dy$, $dy\,dz$, $dz\,dx$ einer elementaren rechteckigen Fläche angewendet. Man erhält dann sofort:

$$\frac{\partial \mathfrak{E}_z}{\partial y} - \frac{\partial \mathfrak{E}_y}{\partial z} = -\frac{k_2}{k_1}\frac{\partial \mathfrak{B}_x}{\partial t}, \qquad \frac{\partial \mathfrak{E}_x}{\partial z} - \frac{\partial \mathfrak{E}_z}{\partial x} = -\frac{k_2}{k_1}\frac{\partial \mathfrak{B}_y}{\partial t},$$

$$\frac{\partial \mathfrak{E}_y}{\partial x} - \frac{\partial \mathfrak{E}_x}{\partial y} = -\frac{k_2}{k_1}\frac{\partial \mathfrak{B}_z}{\partial t} \qquad\qquad (10\text{ a})$$

bzw.

$$\operatorname{rot}_x \mathfrak{E} = -\frac{k_2}{k_1}\frac{\partial \mathfrak{B}_x}{\partial t}, \qquad \operatorname{rot}_y \mathfrak{E} = -\frac{k_2}{k_1}\frac{\partial \mathfrak{B}_y}{\partial t},$$

$$\operatorname{rot}_z \mathfrak{E} = -\frac{k_2}{k_1}\frac{\partial \mathfrak{B}_z}{\partial t} \qquad\qquad (10\text{ b})$$

bzw. zusammengefaßt:

$$\operatorname{rot} \mathfrak{E} = -\frac{k_2}{k_1}\frac{\partial \mathfrak{B}}{\partial t} \qquad\qquad (10\text{ c})$$

als Ausdruck für das zweite Tripel der MAXWELLschen Gleichungen.

Im elektromagnetischen System ist $k_2/k_1 = 1$, im GAUSSschen $= 1/c$, im technischen $= 1$.

Differenziert man die drei Gleichungen (10a) der Reihe nach nach x, y, z und addiert sie, dann ergibt sich

$$\frac{k_2}{k_1}\frac{\partial}{\partial t}\left[\frac{\partial \mathfrak{B}_x}{\partial x} + \frac{\partial \mathfrak{B}_y}{\partial y} + \frac{\partial \mathfrak{B}_z}{\partial z}\right] = \frac{k_2}{k_1}\frac{\partial}{\partial t}\,[\operatorname{div}\mathfrak{B}] = 0$$

oder

$$\operatorname{div}\mathfrak{B} = \text{konst.}$$

Da es aber keine wahren Magnetismen gibt, muß diese Konstante

Null sein. Man erhält also zusätzlich zu der Aussage (10) noch die das Feld charakterisierende Feststellung

$$\operatorname{div} \mathfrak{B} = 0. \tag{11}$$

Das negative Vorzeichen in (10) bedeutet, wie schon an Hand der Abb. 91 in IV, 14 a, erörtert wurde, daß die elektrischen Kraftlinien dem Uhrzeiger dann entgegen laufen, wenn man dem schwindenden Magnetfeld entgegenblickt. Ist der Vektor $\mathfrak{B}$ von der Zeit unabhängig, dann reduzieren sich die Gleichungen (10) auf die für das elektrostatische Feld zuständigen:

$$\operatorname{rot} \mathfrak{E} = 0,$$

die die Wirbelfreiheit des elektrostatischen Quellenfeldes feststellen (vgl. IV, 6 (17), (18), (21), (22)]. Dafür müßte man zur Charakterisierung des Quellencharakters dieses Feldes die Beziehung [vgl. (12) in IV, 6] hinzufügen:

$$\operatorname{div} \mathfrak{D} = 4 \pi k_1 \varrho.$$

Zusammenfassend wird über die MAXWELLschen Gleichungen, ihre allgemeine Bedeutung als Grundlagen der Elektrodynamik und der Ausbreitung elektromagnetischer Energie noch in IV, 17, gesprochen werden.

15. Elektronentheorie des Magnetismus.

a) *Grundlagen*. Nach der Besprechung der Induktionserscheinungen ist es nun möglich, auf den Mechanismus des magnetischen Verhaltens der Materie wenigstens etwas näher einzugehen. Die einschlägigen Verhältnisse hängen innig mit der Elektronentheorie des Atom- und Molekülbaues zusammen und spielen daher eine wichtige Rolle in der theoretischen Chemie. Sie sind zum Teil recht schwierig und sollen im 5. Teilband unter dem Kennwort „Magnetochemie" ausführlicher abgehandelt werden. Hier muß ein Überblick genügen.

Wie in IV, 13 a, ausgeführt wurde, hat schon AMPÈRE (1825) die Existenz von „Molekularströmen" für den Para- und Ferromagnetismus und WEBER (1854) die Induktionswirkung auf solche Ströme für den Diamagnetismus verantwortlich gemacht. Es mußten aber noch etliche achtzig Jahre vergehen, bis es gelang, dieses phänomenologische Programm auf sichere experimentelle Grundlagen zu stellen und in quantitative Beziehung zum Feinbau der Materie zu bringen.

In IV, 2 b, wurde ein Überblick über den Aufbau der Atome und Moleküle gegeben. Um den schweren positiven Atomkern in geschlossenen Bahnen umlaufende Elektronen rechtfertigen den Ausdruck „Planetenmodell". Diese umlaufenden Elektronen, die Ladung durch den Querschnitt ihrer Bahn transportieren, sind die Verwirklichung der AMPÈREschen widerstandslosen „Molekularströme". Einen überzeugenden Beweis dafür liefern die rotationsmagnetischen Effekte, die von BARNETT (1914) und EINSTEIN-DE HAAS (1915) festgestellt wurden.

In einem nicht magnetisierten Stoff müssen die den kreisenden Elektronen zuzuordnenden magnetischen Blätter offenbar räumlich *ungeordnet* sein, d. h. die Achsen der Kreisströme sind unregelmäßig verteilt. Wird ein solcher unmagnetischer Stab in schnelle Rotation um seine Längsachse versetzt, dann wirkt dieses von außen aufgedrückte mechanische Drehmoment nach den Kreiselgesetzen (I, 27) so, daß die Elementarkreisel ihre Achsen dem hinzugekommenen Drehmoment parallel zu stellen suchen, ebenso wie sich die Achse des Kreiselkompasses der Drehachse der Erde parallel stellt. Das heißt, es tritt eine die Drehachsen *ordnende* Gewalt auf, der Stab wird durch die Rotation magnetisch. Dies ist das Prinzip des Versuches von BARNETT; dieser stellte fest: Blickt man in der Achsenrichtung auf ein Stabende, so muß, damit dieses ein Nordpol werde, die Drehung *im* Sinne des Uhrzeigers erfolgen. Das heißt nach Abb. 59 f, daß der Elementarstrom von bewegten *negativen* Ladungen getragen wird. Daß es sich um Elektronen handelt und nicht etwa um Atomionen folgt daraus, daß im letzteren Fall der Effekt wesentlich (um $\sim 10^5$) größer sein müßte.

Während beim BARNETT-Versuch nachgewiesen wird, daß wegen der Kreisel-Eigenschaften des Elektronenumlaufes Magnetismus durch Rotation erzeugt werden kann, wird beim Versuch von EINSTEIN-DE HAAS gezeigt, daß auch die Umkehrung zutrifft und durch Magnetisierung (Ordnen der Achsen der Elementarkreisel) Rotation als Rückwirkung auftritt.

In beiden Fällen war aber die beobachtete Wirkung nur *etwa halb so groß* als erwartet. Dieser außerordentlich wichtige Umstand findet seine Erklärung darin, daß bei den zu diesen Versuchen verwendeten ferromagnetischen Stoffen es *nicht* die Umlaufsbewegung des Elektrons auf seiner Planetenbahn ist (diese ist in ihrer Ebene gewissermaßen fixiert durch die starken zwischenatomaren Felder), die die Kreiselreaktion veranlaßt, sondern der „Spin" des Elektrons, das ist dessen Drehbewegung um sich selbst; auch diese gibt Kreiselreaktionen, deren Wirkung aber, wie die Theorie zeigt, nur halb so groß ist.

Schließlich seien noch die grundlegenden Versuche von

O. STERN und W. GERLACH (1921) erwähnt. Diesen gelang der Nachweis und die Bestimmung des magnetischen *Momentes von Einzelatomen*. Sie verwendeten die „Methode der Atomstrahlen", die schon auf einigen Gebieten der Mikrophysik wichtige und grundsätzliche Beobachtungen ermöglicht hat. In einem bis auf eine kleine Öffnung allseitig geschlossenen elektrisch geheizten Ofen (Abb. 100) wird der zu untersuchende elementare Stoff verdampft, so daß ein Strahl von verdampften Atomen die Öffnung verläßt, in ein Hochvakuum tritt, durch Blenden auf ein schmales Bündel ausgeblendet und dann untersucht wird. Die Strahldichte ist so gering, daß keine Zusammenstöße zwischen hintereinanderlaufenden Atomen stattfinden.

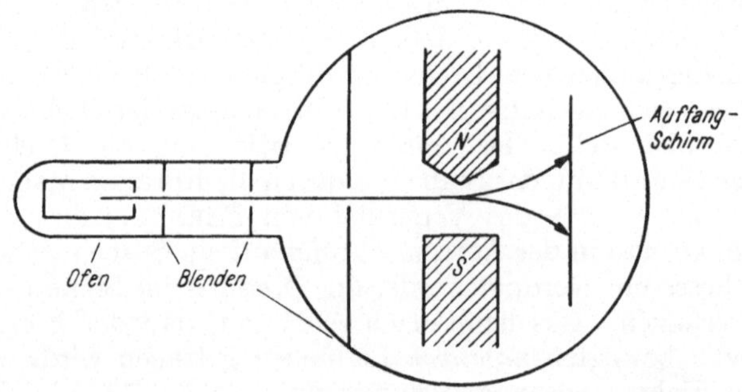

Abb. 100. Schema des STERN-GERLACH-Versuches über die magnetischen Eigenschaften von Atomstrahlen.

Die Versuche zeigten: 1. Daß die einzelnen Atome, obwohl elektrisch neutral, beim Durchlaufen des inhomogenen Magnetfeldes abgelenkt werden; somit müssen die Atome selbst, hier z. B. jene des Silbers, magnetische Eigenschaften haben. 2. Nach der Quantentheorie können sich solche Elementarmagnete nur in bestimmte Richtungen zum Magnetfeld einstellen; im einfachsten Fall nur parallel oder antiparallel. Es wurde gezeigt, daß dieser einfachste Fall bei Ag verwirklicht ist, indem sich der Atomstrahl, wie in der Abbildung angedeutet, in zwei Teile aufspaltet; die dem Feld gleichgerichteten werden in der Richtung wachsender, die antiparallelen in der Richtung abnehmender Feldstärke getrieben. 3. Quantitativ ergab sich für die Größe des magnetischen Momentes für Ag der theoretische Wert eines „BOHRschen Magneton" (vgl. w. u.).

Für die Rückführung der makroskopischen magnetischen Kenngrößen Permeabilität μ bzw. Suszeptibilität $\varkappa$ auf die maßgeblichen Eigenschaften der Elementarteilchen ist es vorteilhaft, die Begriffe „magnetische Molekularpolarisation" bzw. „molekulare Suszeptibilität" einzuführen. Dabei wird gerade so vorgegangen wie in dem analogen Fall der dielektrischen Polarisation (IV, 9 γ), wobei zunächst nur Dia- und Paramagnetismus herangezogen und der ganz anders gelagerte Fall des Ferromagnetismus zurückgestellt wird.

Makroskopisch wurde definiert:

In (31) IV, 13 b, die „Magnetisierung", d. i. magnetisches Moment der Volumseinheit

$$\mathfrak{J} = \frac{\mu - 1}{4\,\pi}\,\mathfrak{H} = \mathfrak{M}\,/\mathrm{Vol}. \tag{1}$$

In (32) IV, 13 b, die „Suszeptibilität" $\varkappa = \mathfrak{J}/\mathfrak{H} = \dfrac{\mu - 1}{4\,\pi}$ bzw. Permeabilität

$$\mu = 1 + 4\,\pi\,\varkappa. \tag{2}$$

Man denkt sich $\mathfrak{M}/\mathrm{Vol}$ additiv zusammengesetzt aus den Momentbeiträgen $\mathfrak{m}$ der einzelnen Materieteilchen, von denen sich $L\,\varrho/M$ im cm³ befinden ($L = 6{,}02 \cdot 10^{23} \ldots$ Loschmidts Zahl, $\varrho \ldots$ Dichte, $M \ldots$ Molekular- oder Atomgewicht); dann folgt

$$\mathfrak{M}/\mathrm{Volumen} = \frac{L\,\varrho}{M}\cdot \mathfrak{m}. \tag{3}$$

Die Erfahrung zeigte für dia- und paramagnetische Stoffe: dia: $\mu = 1 + 4\,\pi\,\varkappa < 1$; $\varkappa \ldots$ negativ, $\simeq 10^{-5}$; unabhängig von $\mathfrak{H}$; unabhängig von T. para: $\mu = 1 + 4\,\pi\varkappa > 1$; $\varkappa$ positiv, $\simeq 10^{-5}$; unabhängig von $\mathfrak{H}$; wachsend mit $1/T$. Der Umstand, daß μ so wenig von 1 verschieden ist, vereinfacht die Verhältnisse gegenüber jenen beim Dielektrikum; die „wirkende Feldstärke" $\mathfrak{H}_w$ kann gleich $\mathfrak{H}$ gesetzt werden, so wie dies beim gasförmigen Dielektrikum gestattet ist. Man setzt den Momentbeitrag $\mathfrak{m}$ mit $\mathfrak{H}$ proportional, da ja μ und $\varkappa$ sich als von $\mathfrak{H}$ unabhängig erwiesen:

$$\mathfrak{m} = \gamma\,\mathfrak{H} \quad \text{oder mit (3):} \quad \mathfrak{M}/\mathrm{Volumen} = \frac{L\,\varrho}{M}\,\gamma\,\mathfrak{H} \quad \text{oder mit (1)}$$

$$(\mu - 1)\,\frac{M}{\varrho} = 4\,\pi\,L\,\gamma. \tag{4}$$

In der Magnetik ist es üblich, für das Produkt $L\,\gamma$ eine eigene Bezeichnung einzuführen: $\chi_M \equiv L\,\gamma = L\,\mathfrak{m}/\mathfrak{H}$ wird „molare Suszeptibilität" genannt, da in (4) nach (2) $(\mu - 1)/4\,\pi = \varkappa$ gesetzt werden kann und somit $M\,\varkappa/\varrho = \chi_M$ die auf das Mol bezogene Suszeptibilität χ_M bedeutet. Somit wird:

die „magnetische Molekularpolarisation"

$$Q_M = (\mu - 1)\,\frac{M}{\varrho} = 4\,\pi\,\chi_M. \tag{5}$$

Man erhält also den zur Molekularrefraktion (II, 21) bzw. zur elektrischen Molekularpolarisation (IV, 9 γ) ganz analogen Ausdruck, wenn man bedenkt, daß jene für $n^2 \simeq 1$ bzw. $\varepsilon \simeq 1$ übergehen in

$$R_M = (n^2 - 1)\,\frac{M}{\varrho} = 4\,\pi\,L\,\tilde{\alpha}$$

bzw.

$$P_M = (\varepsilon - 1)\,\frac{M}{\varrho} = 4\,\pi\,L\left(\alpha + \frac{\mu_e^2}{3\,k\,T}\right). \tag{6}$$

In der Elektronentheorie der Dispersion wurde R_M auf die Elektronenpolarisierbarkeit $\tilde{\alpha}$ im Wechselfeld des Lichtes zurückgeführt; in der Elektronentheorie der Dielektrizität P_M auf das Zusammenwirken von Elektronenpolarisierbarkeit α im statischen Feld und der durch dieses bewirkten Ordnung etwa vorhandener permanenter elektrischer Dipolmomente μ_e. Die entsprechende Rückführung von Q_M bzw. χ_M auf das Verhalten der Elektronen im Magnetfeld ist nun hier vorzunehmen.

b) Elektronentheorie des diamagnetischen Verhaltens.

Der Mechanismus wird im Sinne WEBERS als Auswirkung der durch das Magnetfeld $\mathfrak{H}$ hervorgerufenen Induktion auf die durch kreisende Elektronen verwirklichten widerstandslosen Elementarströme aufgefaßt.

Nach (41) IV, 13 ist das magnetische Moment eines Kreisstromes gegeben durch:

$$\mathfrak{m}_K = \frac{1}{c}\,\mu\,F\,I, \tag{7}$$

wenn I elektrostatisch in **A**es, die magnetischen Größen elektromagnetisch gemessen werden und $F = \pi\,r^2$ die umkreiste Fläche ist. Die einem mit der Winkelgeschwindigkeit $\omega = d\varphi/dt$ ($= v/r$ im Falle einer Kreisbahn) umlaufenden Elektron mit der Ladung e entsprechende Stromstärke ist:

$$I = e \text{ mal Zahl der sekundlichen Umläufe} = e\,\omega/2\,\pi. \tag{8}$$

Somit ist das zugehörige magnetische Moment nach (7) mit $\mu = 1$

$$\mathfrak{m}_K = \frac{1}{c}\,r^2\pi\,\frac{e\,\omega}{2\,\pi} = \frac{e\,\omega\,r^2}{2\,c}. \tag{9}$$

Wird eine solche Elektronenbahn plötzlich von einem Kraftfeld $\mathfrak{H}$ durchstoßen, so wird die eingetretene Änderung des Kraftflusses nach der WEBERschen Auffassung eine zusätzliche Umlaufspannung E_i erzeugen, die je nach der schon vorhandenen Umlaufsrichtung die Winkelgeschwindigkeit ω des Elektrons um den Betrag ω_i vergrößern oder verkleinern wird. Solange das Elektron im Feld ist, wird die neue Geschwindigkeit in der widerstandslos durchlaufenen Bahn beibehalten. Erst wenn das Feld abgeschaltet wird, fällt durch den induktiven Gegenstoß ω wieder auf seinen alten Wert.

Der Effekt ist also temporär und zeigt keinerlei Remanenz; auch ist er temperaturunabhängig. Auch der Spin des Elektrons spielt dabei keine direkte Rolle. Nach der LENZschen Regel muß die Richtung von ω_i so sein, daß das entsprechende zusätzliche magnetische Moment dem Feld stets entgegengerichtet ist. Da alle Atome solche umlaufende Elektronen enthalten, zeigen alle diamagnetische Reaktion. Ob der Diamagnetismus aber beobachtet werden kann, hängt davon ab, daß er nicht durch andere (para- oder gar ferromagnetische) Effekte überdeckt wird.

Die WEBERsche Vorstellung führt quantitativ zum selben Ergebnis wie der tatsächlich obwaltende Mechanismus bei der Wechselwirkung

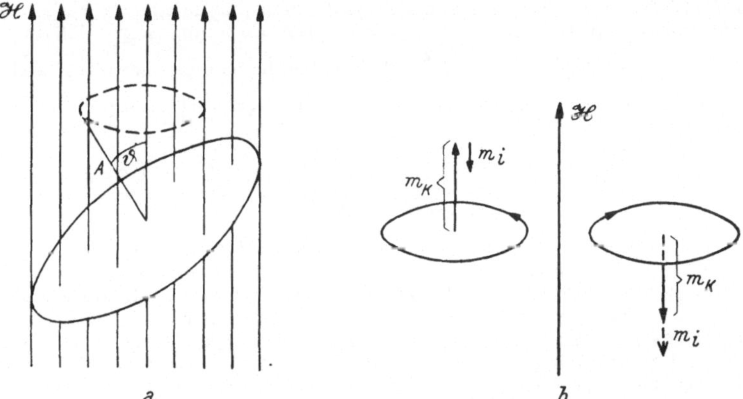

Abb. 101. Kreisendes Elektron im homogenen Magnetfeld.

zwischen induzierendem Feld und Strombahn. Wird nämlich wie in Abb. 101 a eine Elektronenbahn vom Feld $\mathfrak{H}$ durchstoßen, dann tritt eine sog. „Larmor-Präzession" ein. Dabei beschreibt, ähnlich wie bei der Präzessionsbewegung des „schweren Kreisels" im Erdfeld (I, 27) die Kreiselachse A, die hier der Richtung des magnetischen Moments $\mathfrak{m}_K$ entspricht, samt der Kreisfläche eine Drehbewegung um die Feldrichtung mit der „induzierten" Winkelgeschwindigkeit ω_i. Dieser Zusatzbewegung entspricht ein „induziertes Zusatzmoment" (zunächst in Richtung A)

$$\mathfrak{m}_i = -\frac{e^2\, r^2}{4\, m\, c^2}\, \mathfrak{H}, \tag{10}$$

wenn m die Elektronenmasse bedeutet.

Daß (10) das gleiche Zusatzmoment ist, wie wenn es sich um eine WEBERsche Induktionswirkung handelte, läßt sich am einfachen Fall der Abb. 101 b leicht plausibel machen. Ohne Feld muß die auf das Elektron wirkende Zentrifugalkraft $m\, r\, \omega^2$ der Zentralkraft K das Gleichgewicht halten. Mit Feld tritt nach (43) IV, 13 c eine Zusatzkraft $dK_i = \mathfrak{H}\, I\, dl/c$ je Längenelement dl der Bahn auf, die also für die ganze Bahn den Betrag $K_i = \mathfrak{H}\, I\, 2\, r\, \pi/c$ oder nach (8) $K_i = \mathfrak{H}\, e\, \omega\, r/c$ erreicht. Für den neuen Gleichgewichtszustand gilt nun:

Einerseits $\qquad K + K_i = m\, r\, \omega^2 + \mathfrak{H}\, e\, \omega\, r/c,$

anderseits $\quad K + K_i = m\,r\,(\omega - \omega_i)^2 = m\,r\,\omega^2 - 2\,m\,r\,\omega\,\omega_i + \dots$

Gleichsetzen beider Ausdrücke gibt die induzierte Zusatzgeschwindigkeit

$$\omega_i = -\,e\,\mathfrak{H}/2\,m\,c. \tag{11}$$

Und dieser entspricht nach (9) ein Zusatzmoment

$$\mathfrak{m}_i = -\,\frac{e\,r^2}{2\,c}\,\omega_i = -\,\frac{e^2\,r^2}{4\,m\,c^2}\,\mathfrak{H} \tag{12}$$

in Übereinstimmung mit (10).

Man hat nun noch zu berücksichtigen, daß im Atom im allgemeinen viele Elektronen auf Kreis- und Ellipsenbahnen (mit mittlerem Radius $\bar{r}$) vorhanden und beliebig orientiert sind. Die Rechnung zeigt, daß man dann r^2 zu ersetzen hat durch $\dfrac{2}{3}\sum\bar{r}^2$, wobei die Summe über alle Z Elektronen des Atoms zu erstrecken ist. Dies eingesetzt in (12) ergibt mit (5) schließlich:

$$Q_M \equiv (\mu - 1)\,\frac{M}{\varrho} = 4\,\pi\,\chi'_M = -\,4\,\pi\,L\,\frac{e^2}{6\,m\,c^2}\,\sum\bar{r}^2 =$$
$$= -\,4\,\pi\cdot 2{,}83\cdot 10^{+10}\,\sum\bar{r}^2. \tag{13}$$

c) Elektronentheorie des paramagnetischen Verhaltens.

Wie beim dielektrischen Verhalten der Materie einerseits die allen Atomen oder Molekülen gemeinsame Verschieblichkeit der Elektronenhülle im elektrischen Feld, anderseits die manchen Molekülen eigene elektrische Unsymmetrie, also ein permanentes Dipolmoment und dessen Einstellung im Feld berücksichtigt werden muß, um den Gesamtbeitrag zum induzierten Dipolmoment zu finden, so müssen hier neben der für alle Kreisströme möglichen diamagnetischen Induzierbarkeit ($\mathfrak{m}_i$) auch eventuell vorhandene permanente Momente $\mathfrak{m}_p$ in Betracht gezogen werden.

Im Sinne AMPÈRES kann der einschlägige Mechanismus als eine Richtwirkung des Feldes auf ungeordnete Elementarmagnete aufgefaßt werden. Nach klassischen Prinzipien hat LANGEVIN die statistische Winkelverteilung der Momentachsen berechnet, wenn einerseits ein aufgedrücktes Feld alle Achsen dem Feld parallel zu stellen sucht, anderseits dieser Ordnung die regellosen Temperaturstöße entgegenwirken. Das Ergebnis ist ganz analog jenem in der Dielektrizität. Der Anteil dieses Effektes an der molaren Suszeptibilität ist gegeben durch

$$\chi''_M = L\,\frac{\mathfrak{m}_p{}^2}{3\,k\,T} - L\,\frac{\mathfrak{m}_p{}^4}{45\,k^3\,T^3}\,\mathfrak{H}^2 + \dots \tag{14}$$

Vernachlässigen des 2. Gliedes und Einsetzen in (5) unter Berücksichtigung der übergelagerten diamagnetischen Wirkung (13) führt dann zu:

$$Q_M \equiv (\mu - 1)\,\frac{M}{\varrho} = 4\,\pi\,(\chi'_M + \chi''_M) =$$
$$= 4\,\pi\,L\left(-\,\frac{e^2}{6\,m\,c^2}\,\sum\bar{r}^2 + \frac{\mathfrak{m}_p{}^2}{3\,k\,T}\right), \tag{15}$$

Ein Ausdruck, der in voller Analogie zur elektrischen Molekularpolarisation (6) auch die magnetische Molekularpolarisation in einen von T unabhängigen, diamagnetischen, stets vorhandenen und einen mit $1/T$ wachsenden, paramagnetischen, fallweise auftretenden Anteil zerlegt.

Die vertiefte Behandlung dieses Gegenstandes (vgl. Bd. V) geht zwei Zielen nach: Dem magnetischen Verhalten der Atome und jenem der Moleküle. Im ersteren Fall muß untersucht werden, was sich an (15) ändert, wenn die Quantengesetze der Mikromechanik, die die Bahnen der Elektronen im Atom und die Einstellung des ganzen magnetischen Atoms im Magnetfeld regulieren, berücksichtigt werden und der Elektronendrall mit in Rechnung gestellt wird. Im zweiten Fall wird gefragt, wie sich Q_M (Molekül) aus den Q_A (Atom-)Werten zusammensetzt. Ersteres gehört zur Atomphysik, letzteres zur „Magnetochemie" im engeren Sinne.

Hier soll nur noch eine grundsätzliche Bemerkung über das elementarste Gebilde mit magnetischem Moment, über das sog. „BOHRsche Magneton" angeführt werden. Das Prototyp eines Elementarmagneten wird von einem um einen Kern kreisenden Elektron, also vom Wasserstoffatom geliefert. Dessen $\mathfrak{m}_p \equiv \mathfrak{m}_B$ ist zu bestimmen.

Aus der Wellenmechanik (I, 37) ist bekannt, daß die dem kreisenden Elektron zuzuordnende Materiewelle mit der Wellenlänge $\lambda = h/G = h/m\,v$ (PLANCKsches Wirkungsquantum durch Impuls) auf der Kreisbahn sich nicht selbst durch Interferenz auslöschen darf. Daher sind nur Bahnen möglich, deren Peripherie ein ganzzahliges Vielfaches n von λ ist. Somit:

$$2\,r\,\pi = n \cdot h/m\,v = n \cdot h/m\,\omega\,r \quad \text{oder} \quad \omega\,r^2 = n \cdot h/2\,\pi\,m.$$

Nach (9) ist das zugehörige magnetische Moment für die Grundbahn mit $n = 1$ daher:

BOHRsches Magneton: $\mathfrak{m}_B = e\,h/4\,\pi\,m\,c = 0{,}92 \cdot 10^{-20}$ Gauß $\cdot$ cm^3.   (16)

(16) stellt die natürliche Einheit des magnetischen Moments dar.

d) Der Ferromagnetismus. Wie in IV, 13 b/γ, beschrieben wurde, sind ferromagnetische Stoffe ausgezeichnet durch die Fähigkeit, außerordentlich große Werte von μ anzunehmen, Sättigungs- und Hysteresis-Erscheinungen zu zeigen und oberhalb einer kritischen Temperatur („CURIE-Punkt") diese besonderen Eigenschaften zu verlieren und paramagnetisch zu werden. Sicher ist, daß Ferromagnetismus keine Eigenschaft des Atoms ist, denn Atomstrahlversuche ergeben, daß z. B. das Eisenatom selbst wahrscheinlich überhaupt kein Moment hat. Vielmehr scheint es sich um eine Eigenschaft besonderer metallischer Bindung zu handeln. Sicher dürfte es auch sein, daß entsprechend der letzten Feststellung und nach den im Abschnitt a geschilderten Versuchen nicht das kreisende, sondern das kreiselnde Elektron mit seinem Spin Träger des Magnetismus ist.

Bei para- und diamagnetischen Stoffen ist ein Sättigungszustand unter normalen Verhältnissen nicht erreichbar; die verfügbaren erregenden Felder reichen hierzu nicht hin. Dementsprechend durfte man auch das „wirkende Feld" $\mathfrak{H}_w = \mathfrak{H}$ setzen. Die Annahme lag nahe, daß bei den ferromagnetischen Stoffen überaus starke innere Felder $\mathfrak{H}_i$ durch ihre Zusatzwirkung die Erreichung des Sättigungszustandes in das Gebiet normaler Temperaturen und Feldstärken rücken. Dies ist die Grundannahme in der phänomenologischen Theorie des Ferromagnetismus. Sie wird formuliert und führt nach Überlegungen ähnlich denen, die (14) ergaben, zum folgenden Zusammenhang zwischen Magnetisierung $\mathfrak{J}$ und Feldstärke $\mathfrak{H} + \mathfrak{H}_i$:

$$\mathfrak{J} = N\,\frac{\mathfrak{m}_p{}^2}{3\,k\,T}\,(\mathfrak{H} + \mathfrak{H}_i) - N\,\frac{\mathfrak{m}_p{}^4}{45\,k^3\,T^3}\,(\mathfrak{H} + \mathfrak{H}_i)^3 + \cdots$$

Nun hat man nachzusehen, welche Eigenschaften man dem inneren Feld $\mathfrak{H}_i$ zulegen muß, um die beobachteten Sättigungs- und Hysteresis-erscheinungen sowie deren Abhängigkeit von der Temperatur wiedergeben zu können. Für die Beantwortung der weiteren Frage, wie dieses so ermittelte innere Feld durch die stofflichen Eigenschaften bedingt ist, mag u. a. etwa das Beobachtungsergebnis an einheitlichen Kristallen den Leitgedanken abgeben. Von diesen wird man sich deshalb einen tieferen Einblick erhoffen dürfen, da die meisten ferromagnetischen Stoffe polykristallines Gefüge aufweisen und daher zu erwarten ist, daß alle Erscheinungen im einheitlichen Kristall am reinsten zu beobachten sein werden.

Pyrrhotit z. B., d. i. Fe_7S_8, gibt hexagonale Kristalle mit drei magnetisch ausgezeichneten Richtungen. In der Richtung der kristallographischen Hauptachse $\mathfrak{A}_1$ ist der Stoff nur sehr schwer magnetisierbar; z. B. ist erst etwa bei 150000 Gauß Erregerfeld Sättigung zu erreichen.

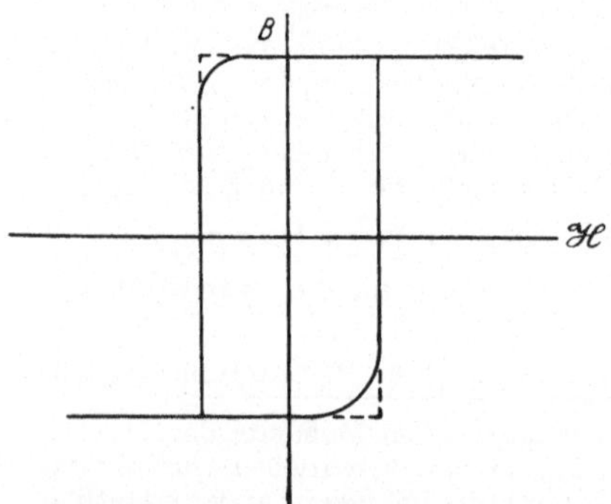

Abb. 102. Hysteresisschleife eines Einkristalls in der Richtung $\mathfrak{A}_3$ der leichtesten Magnetisierung.

In einer dazu senkrechten Richtung $\mathfrak{A}_3$ ist Sättigung bereits mit etwa 15 Gauß herstellbar, in der dritten, zu den beiden ersten normal gelegenen Richtung mit $\sim$ 7000 Gauß. In der Richtung $\mathfrak{A}_3$, der Achse leichtester Magnetisierung, nimmt die Hysteresiskurve die Form der Abb. 102 an: Ein Rechteck mit abgeschrägten Ecken. Je tiefer die Versuchstemperatur, um so schlanker und höher das Rechteck und um so geringer die Abschrägung der Ecken.

Diese sprunghaften Änderungen der Magnetisierung lassen sich kaum anders auffassen, als daß bei einer kritischen Feldstärke $\mathfrak{H}$ ein Umklappen aller jener Elementarmagnete in die Feldrichtung stattfindet, die entlang der Abschrägung noch nicht umgeklappt wurden. Sind alle parallel dem Feld gerichtet, dann ist der Sättigungszustand erreicht. Parallel dem Feld gerichtet kann aber, da Temperaturbewegung vorhanden sein muß, nur bedeuten, daß die Elementarbezirke Schwingungen um diese Richtung ausführen. Je höher die Temperatur, ein desto größerer Prozentsatz von ihnen wird entsprechend der MAXWELLschen Energieverteilung so große Amplituden besitzen, daß nun ein geringes *Gegen*feld hinreicht, sie in die neue Feldrichtung umschlagen zu machen: Je höher die Temperatur, um so stärker die Abschrägung.

Dieser Hinweis möge genügen, um darzutun, wie man sich auf Grund der Beobachtungen zum mindesten ein qualitatives Bild vom Bau der Ferromagnetika und der Entstehung des inneren Feldes machen kann. Denn daß die geordneten Elementarbezirke untereinander zusammenhalten ($\mathfrak{H}_i$!) und daß es eines Arbeitsaufwandes bedarf, sie umzuorientieren, ist begreiflich. Ebenso die Rolle der jeder Ordnung feindlichen Temperaturstöße. Ebenso aber auch die Einsicht, daß die Verhältnisse außerordentlich kompliziert werden, wenn man es mit dem normalen polykristallinen Gefüge der ferromagnetischen Stoffe zu tun hat.

Die Magnetisierung eines Ferromagnetikums würde sich also so abspielen, daß mit steigender äußerer Feldkraft einer nach dem anderen der in Abb. 74 dargestellten Elementarbezirke eines Kristallits (Mikrokristalls) umklappt. Wenn nicht gleich in die Feldrichtung selbst, so doch in eine dem Feld möglichst parallele und gleichzeitig mit der Mikrokristallstruktur verträgliche Richtung, von der aus die volle Parallelstellung allmählich erreicht wird. Dieses Umklappen läßt sich entsprechend der plötzlichen Zunahme des Kraftflusses durch die Induktionsspule mit geeigneten Verstärkeranordnungen akustisch oder mit Registrieroszillographen verfolgen (BARKHAUSEN-Effekt).

Das magnetische Verhalten der Materie gehört zu den schwierigsten, aber auch interessantesten und aufschlußreichsten Kapiteln der Stoffphysik. Aus der Elektrotechnik anderseits ist die weitgehende Verwendung der Ferromagnetika heute wohl kaum mehr wegzudenken.

16. Wechselstrom.

a) *Allgemeines.* In IV, 14, b/β, wurde die Herstellung einer zeitlich veränderlichen EMK beschrieben. Sie wurde durch gleichmäßige Rotation einer Leiterschleife im homogenen magnetischen Feld erhalten. Im vorliegenden Abschnitt sollen die Vorgänge in einem Stromkreis, dem eine zeitlich variable EMK aufgedrückt wird, kurz besprochen werden. Da es sich dabei um vorwiegend praktische Anwendungen handelt, sollen dem allgemeinen Gebrauch folgend, die nachstehenden Änderungen in der Darstellungsweise übernommen werden.

1. Alle Größen werden in praktischen Einheiten (Ampere, Coulomb, Volt, Joule, Ohm, Farad, Henry) gemessen.

2. Die Augenblickswerte für Strom und Spannung bzw. EMK werden mit kleinen Buchstaben i und u bzw. e, die „Scheitelwerte", also die Extremwerte, durch i_m, u_m, e_m, die sog. „Effektivwerte", durch große Buchstaben I, U, E, so wie sie bisher für Gleichstrom verwendet wurden, bezeichnet.

Jeder periodische Strom heißt Wechselstrom; der durchsichtigste und hier, wo es sich nur um die Darstellung des Grundsätzlichen handelt, allein behandelte Fall ist jener, bei dem die zeitliche Variation nach einem einfachen Sinus- oder Cosinus-Gesetz erfolgt („einwelliger Strom"):

$$e = e_m \sin \omega t \qquad \text{und} \quad i = i_m \sin (\omega t - \varphi) \qquad (1\,\mathrm{a})$$

oder

$$e = e_m \sin (\omega t + \varphi) \qquad \text{und} \quad i = i_m \sin \omega t. \qquad (1\,\mathrm{b})$$

$\omega = 2\,\pi\,\nu = 2\,\pi/\tau$ ist die „Kreisfrequenz", ν die Frequenz in Hertz, τ die Schwingungsdauer, φ die eventuelle Phasenverschiebung zwischen Strom- und Spannungskurve. Die zeitliche Veränderlichkeit sei, gemessen an der Ausbreitungsgeschwindigkeit des elektrischen Zustandes, noch so langsam, daß das ganze Leitersystem in jedem einzelnen Zeitmoment mit hinreichender Näherung als im *gleichen* Zustand befindlich angesehen werden kann („*quasistationäre Ströme*"; in den MAXWELLschen Gleichungen kann der „Verschiebungsstrom" vernachlässigt, $\partial\mathfrak{D}/\partial t = 0$ gesetzt werden).

Die Messung von Strom oder Spannung erfolgt in der Regel durch Instrumente, deren Schwingungsdauer groß ist gegen die Periode des Wechselstromes; die auf das Meßorgan wirkende Kraft muß dann unabhängig von der Stromrichtung sein, damit es zu einer Reaktion kommt. Wird diese Unabhängigkeit dadurch

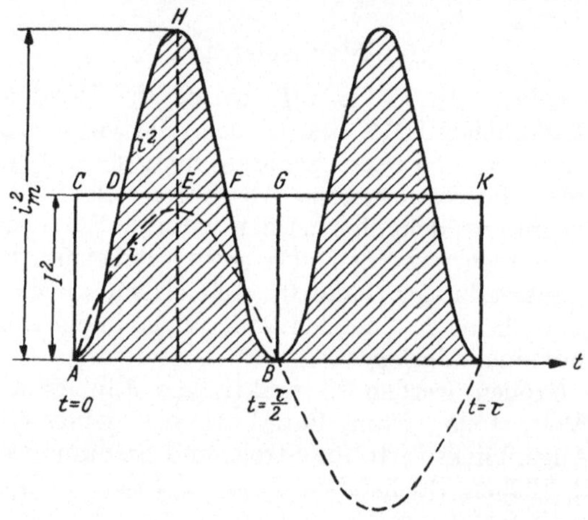

Abb. 103. Die Kurven für $i = i_m \sin \omega t$ und $i^2 = i_m^2 \sin^2 \omega t$.

erzielt, daß die Wirkung proportional i^2 ist, dann mißt das Instrument einen quadratischen Mittelwert:

$$I = \sqrt{\frac{1}{\tau}\int_0^\tau i^2\, dt} \quad \text{bzw.} \quad U = \sqrt{\frac{1}{\tau}\int_0^\tau u^2\, dt}. \tag{2}$$

Bei sinusförmigem Verlauf entsprechend (1) ergibt die Ausrechnung:

$$\frac{1}{\tau}\int_0^\tau i_m^2 \sin^2\omega t \cdot dt = \frac{1}{\tau}\int_0^\tau \frac{i_m^2}{2}\,(1 - \cos 2\,\omega\,t)\, dt =$$

$$= \frac{i_m^2}{2\,\tau}\int_0^\tau dt - \frac{i_m^2}{4\,\omega\,\tau}\int_0^\tau \cos 2\,\omega\,t \cdot d\,(2\,\omega\,t) =$$

$$= \frac{i_m^2}{2} - 0.$$

Man erhält also:

Effektivwerte: $I = i_m/\sqrt{2}$; $U = u_m/\sqrt{2}$ mit $1/\sqrt{2} = 0{,}707$.   (3)

In graphischer Darstellung (Abb. 103) kommt obiges Ergebnis folgendermaßen zustande: Die gestrichelte Kurve stellt i, die ausgezogene i^2 dar. Letztere ist entsprechend der schon oben angewandten Zerlegung:

$$i^2 = i_m{}^2 \sin^2 \omega\, t = \frac{i_m{}^2}{2}\,(1 - \cos 2\,\omega\, t) = I^2 - I^2 \cos 2\,\omega\, t$$

eine Cosinus-Kurve mit verdoppelter Frequenz $2\,\omega$ und um das Stück $I^2 = i_m{}^2/2$ nach oben verschoben; zur Zeit $t = 0$ hat sie, bezogen auf die um I^2 verschobene Gerade $\overline{CK}$ den Wert $-i_m{}^2/2$. Das Zeitintegral (2) ist durch die schraffierten Flächen dargestellt. Die Fläche AHB ist aber flächengleich mit dem über der gleichen Basis errichteten Rechteck $ACGB$, nämlich $I^2 \cdot \dfrac{\tau}{2} = i_m{}^2\,\dfrac{\tau}{4}$, das man erhält, wenn man die oberhalb $\overline{CG}$ ge-

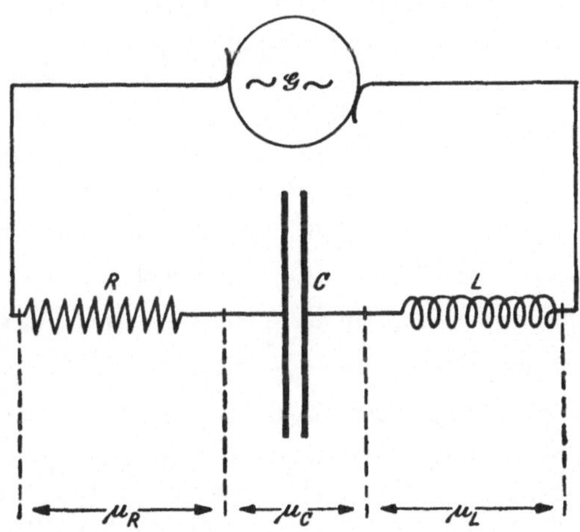

Abb. 104. Wechselstromkreis mit R, C, L in Serie.

legenen Flächenstücke DEH und EFH fortnimmt und seitlich als ACD und BFG ansetzt. Zuzüglich der Fläche in der zweiten Periodenhälfte erhält man $I^2{}_m\,\tau = i^2\,\tau/2$, also das Ergebnis (3).

b) *Wechselstrom-* (oder „*Schein-*“) *Widerstand* R_s, *Phasenverschiebung* φ, *Leistung* N. Gegeben sei (Abb. 104) eine Wechselstromquelle ($\sim G \sim \ldots$ Wechselstromgenerator), die der aus Ohmschem Widerstand R, Kapazität C, Selbstinduktion L in Serie bestehenden Leitung eine EMK e aufzudrücken vermag. Gefragt ist: Wie muß e beschaffen sein, damit in der Leitung ein Sinusstrom $i = i_m \sin \omega\, t$ fließen kann? Wegen der Serienschaltung setzt sich die nötige EMK additiv aus den an R, C, L liegenden Teilspannungen u_R, u_C, u_L zusammen zu $e = u_R + u_C + u_L$.

Ohm*scher Teil,* u_R: Wenn R selbstinduktionsfrei und kapazitätslos ist, gilt in jedem Zeitmoment das OHMsche Gesetz, daher:

$$u_R = i\,R = i_m\,R\,\sin\omega\,t. \tag{4}$$

Kapazitiver Teil, u_C: Im Kondensator werden bei wechselnder Spannung die gebundenen Elektronen des Dielektrikums dem Wechselfeld folgend durch den Feldquerschnitt hin und her geschoben. In jedem Augenblick gilt laut Kapazitätsdefinition: $C = Q/u_C$, also $Q = C\,u_C$, also $i = dQ/dt = C\,du_C/dt = i_m \sin\omega\,t$. Daher:

$$u_C = \frac{i_m}{C}\int \sin\omega\,t\cdot dt = \frac{i_m}{\omega\,C}\int \sin\omega\,t\cdot d\,(\omega\,t) = -\frac{i_m}{\omega\,C}\cos\omega\,t. \tag{5}$$

Induktiver Teil, u_L: Hat die Spule vernachlässigbaren OHMschen Widerstand R, dann benötigt man zur Aufrechterhaltung des Wechselstromes nur soviel Spannung u_L, als zur Kompensierung der durch den Strom hervorgerufenen gegenelektromotorischen Kraft $e_L = -L\,di/dt$ nötig ist. Somit:

$$u_L = -e_L = +L\,di/dt = \omega\,L\,i_m\cos\omega\,t. \tag{6}$$

Gesamtspannung: Aus (4), (5), (6) ergibt sich:

$$e = u_R + u_C + u_L = R\,i_m\sin\omega\,t + (\omega\,L - 1/\omega\,C)\,i_m\cos\omega\,t. \tag{7}$$

Durch Einführung der Größen e_m und φ mit Hilfe von

$$e_m\cos\varphi = R\,i_m \quad \text{und} \quad e_m\sin\varphi = (\omega\,L - 1/\omega\,C)\,i_m \tag{8}$$

formt man (7) in bekannter Weise um in $e = e_m\sin(\omega\,t + \varphi)$.

Das Ergebnis lautet also: Um in einer Leitung, die R, C, L in Serie enthält, einen Wechselstrom aufrechtzuerhalten, benötigt man *für den Strom $i = i_m\sin\omega\,t$ eine aufgedrückte EMK:*

$$e = e_m\sin(\omega\,t + \varphi), \tag{9a}$$

wobei nach (8)

$$e_m = i_m\sqrt{R^2 + (\omega\,L - 1/\omega\,C)^2} \tag{9b}$$

der sog. *„Scheinwiderstand“* gegeben ist durch

$$R_s = \sqrt{R^2 + (\omega\,L - 1/\omega\,C)^2} \tag{9c}$$

und die *„Phasendifferenz“* zwischen Strom und Spannung durch

$$\operatorname{tg}\varphi = (\omega\,L - 1/\omega\,C)/R. \tag{9d}$$

Natürlich läßt sich (9a) auch aussprechen: Drückt man einer Leitung die EMK $e = e_m\sin\omega\,t$ auf, dann fließt ein Strom $i = i_m\sin(\omega\,t - \varphi)$, wobei $i_m = e_m/R_s$, R_s und φ durch (9b), (9c), (9d) gegeben sind.

Für Gedächtnis und Überblick bequem ist die graphische Darstellung des Zusammenhanges zwischen R_s, R, $(\omega L - 1/\omega C)$ und φ. Man trägt den OHMschen Widerstand R als die eine Kathete eines rechtwinkeligen Dreieckes auf, $\omega L - 1/\omega C$ als die andere. Dann stellt nach (9c) die Hypothenuse den Scheinwiderstand R_s, der Dreieckswinkel φ nach (9d) die Phasenverschiebung dar. Aus gleich zu erläuternden Gründen bezeichnet man:

R_s als Scheinwiderstand $\qquad\qquad R \equiv R_w$ als Wirkwiderstand

$$R_b \equiv \omega L - 1/\omega C \text{ als Blindwiderstand.}$$

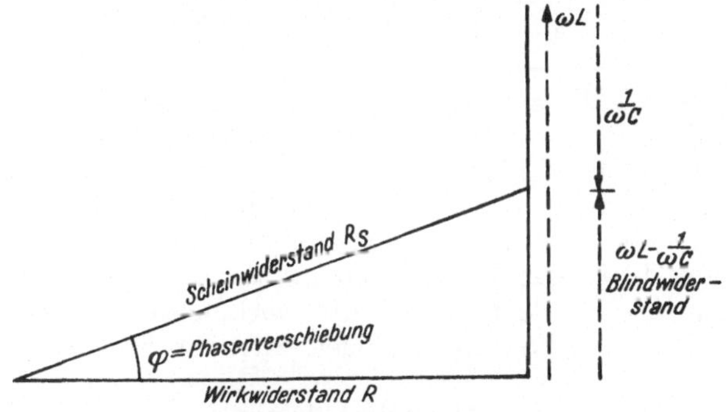

Abb. 105. Wechselstromdreieck.

Die Leistung N des Wechselstromes: In jedem Zeitmoment ist die Energie $dA = e\,i\,dt$; sie ist eine Funktion der Zeit und läßt sich nach (9a) in folgender Art darstellen:

$$dA = e\,i\,dt = e_m\,i_m \sin \omega t \sin (\omega t + \varphi)\,dt =$$
$$= e_m\,i_m\,[\sin^2 \omega t \cos \varphi + \sin \omega t \cos \omega t \sin \varphi]\,dt.$$

Die eckige Klammer werde, um einen formalen Einblick in die Verhältnisse zu vermitteln, umgeformt:

$$\sin^2 \omega t \cos \varphi = \frac{1}{2}\,[\cos \varphi - (1 - 2 \sin^2 \omega t) \cos \varphi] =$$
$$= \frac{1}{2} \cos \varphi - \frac{1}{2} \cos 2 \omega t \cdot \cos \varphi$$

$$\sin \omega t \cdot \cos \omega t \sin \varphi = \frac{1}{2} \sin 2 \omega t \sin \varphi.$$

Eingesetzt erhält man für die Augenblicksleistung $N_t = dA/dt$

$$N_t = \frac{e_m\,i_m}{2} \cos \varphi - \frac{e_m\,i_m}{2} \cos (2 \omega t + \varphi) =$$
$$= I\,E \cos \varphi - I\,E \cos (2 \omega t + \varphi). \qquad\qquad (10)$$

Die Augenblicksleistung als $f(t)$, die Leistungskurve, zerfällt also in zwei Teile: In den einen $E\,I \cos \varphi$, der von t unabhängig ist und eine ständige Energieentnahme aus der Stromquelle, also eine „effektive Leistung" darstellt; und in den zweiten Teil, der eine cos-Funktion der Zeit ist, der also mit dem cos positiv und negativ wird, somit eine „Energiependelung" mit doppelter Frequenz darstellt. Nach Ablauf einer Periode wiederholt sich alles. Integriert man also dA von $t = 0$ bis $t = \tau$ und dividiert durch τ, dann erhält man als mittlere Leistung des Wechselstromes nach (10)

$$N = \frac{1}{\tau} \int_0^\tau i\,e\,d\,t = \frac{i_m\,e_m}{2} \cos \varphi = I\,E \cos \varphi, \qquad (11)$$

da das Integral des zweiten Ausdruckes über eine Periode gleich Null wird. $\cos \varphi$ wird als „*Leistungsfaktor*" bezeichnet. Für $\varphi = 0$ wird N ein Maximum, nämlich $N = E\,I$. Ist $\varphi \neq 0$, dann ist für die Leistung nur die Komponente $I \cos \varphi$ des Stromes, der infolge der aufgedrückten Spannung E fließt, maßgeblich. Man nennt diese Komponente den „*Wirkstrom*" oder die Wattkomponente. Die dazu senkrechte wirkungslose Komponente $I \sin \varphi$ wird als „*Blindstrom*" oder wattlose Komponente bezeichnet.

Da analog gilt [vgl. (9b) und Abb. 105]:

Wirkspannung

$$E \cos \varphi = I\,R_s \cos \varphi = I\,R$$

Blindspannung

$$E \sin \varphi = I\,R_s \sin \varphi = I\,(\omega\,L - 1/\omega\,C), \qquad (12)$$

so wird, wie oben angegeben, $R = R_w$ als Wirkwiderstand, $(\omega\,L - 1/\omega\,C) = R_b$ als Blindwiderstand bezeichnet.

Diskussion der Beziehungen (9) (10) (11) *an einigen Beispielen;* der Leitung werde die EMK $e = e_m \sin \omega\,t$ aufgedrückt; der Strom sei $i = i_m \sin (\omega\,t - \varphi)$.

α) Es ist *nur* Oʜᴍ*scher Widerstand* vorhanden; L und C fehlen überhaupt, oder es ist $\omega\,L - 1/\omega\,C = 0$. Dann ist nach (9c) $R_s = R$, also $i_m = e_m/R$; nach (9d) ist $\mathrm{tg}\,\varphi = 0$, also $\varphi = 0$. EMK e und Strom i sind in „Phase". Der Leistungsfaktor: $\cos \varphi = 1$, daher $N = I\,E$. In der „Leistungskurve" treten nur positive Werte auf, da die Faktoren i und e stets gleichzeitig positiv bzw. negativ werden (Abb. 106 α).

β) Im *Leiterkreis ist nur Kapazität C* vorhanden, R und L seien vernachlässigbar. Dann ist nach (9c) $R_s = 1/\omega\,C$ der

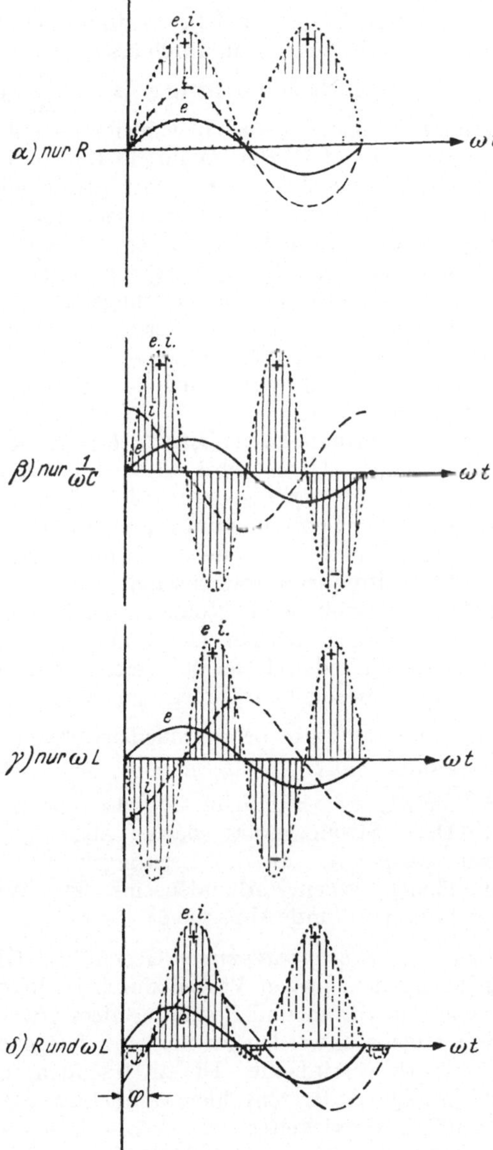

Abb. 106. $e = e_m \sin \omega t$; — — — $i = i_m \sin(\omega t - \varphi)$; . . . . . Leistungskurve.

,,kapazitive Widerstand", der mit abnehmender Frequenz wächst und für $\omega = 0$ unendlich wird in Übereinstimmung damit, daß der Kondensator für Gleichstrom undurchlässig ist. Es wird also

$$i_m = e_m \Big/ \frac{1}{\omega C} = \omega C \cdot e_m. \text{ Nach (9d) ist tg } \varphi = - \frac{1}{\omega C} \Big/ 0 = - \infty,$$

φ also in Winkelgraden gleich $- 90°$ bzw. gleich $- \pi/2$ im Bogenmaß. Somit $i = i_m \sin (\omega t + \pi/2)$. Während für $t = 0$ die EMK gleich Null ist, hat i den Wert $+ i_m$. Der Strom eilt also der Spannung um $\tau/4$ voraus. Der Leistungsfaktor: $\cos \varphi = 0$, daher wattloser Strom. In (10) ist das erste Glied stets Null, das zweite zu den Zeiten 0, $\tau/4$, $\tau/2$, $3\tau/4$, τ gleichfalls Null (vgl. Abb. 106 β). Die doppeltfrequente Leistungskurve umschließt gleich große $\pm$ Flächen; was im ersten Periodenviertel an Energie — es ist dies nach IV, 8 (5), (6) $C u_m^2/2$ — durch Aufladen des Kondensators hineingesteckt wird, wird im zweiten Viertel der Stromquelle wieder zugeführt.

γ) Der Leiterkreis enthält *nur Selbstinduktion L*; R und $1/\omega C$ seien vernachlässigbar. Dann wird $R_s = \omega L$, $i_m = e_m/\omega L$; $\text{tg } \varphi = + \omega L/0 = + \infty$; $\varphi = + \pi/2$; $i = i_m \sin (\omega t - \pi/2)$. Nun hinkt der Strom der Spannung um $\tau/4$ nach. Leistungsfaktor $\cos \varphi = 0$. Wieder ist in (10) das erste Glied stets Null, das zweite Glied mit der Doppelfrequenz abwechselnd positiv und negativ und gleiche Flächen umschließend. Nun ist es nach (8), IV, 14 b/ζ, die in der Spule aufgespeicherte elektromagnetische Energie $L i_m^2/2$, die in einem Periodenviertel der Leitung zufließt und im nächsten der Quelle wieder zurückgegeben wird (Abb. 106 γ).

δ) Der Leiterkreis enthalte bei vernachlässigbarer Kapazität OHM*schen Widerstand und Selbstinduktion*: $R_s = \sqrt{R^2 + \omega^2 L^2}$ $i_m = e_m/\sqrt{R^2 + \omega^2 L^2}$; $\text{tg } \varphi = \omega L/R$, φ also positiv; $i = i_m \sin (\omega t - \varphi)$. Der Strom hinkt nach, aber um $\varphi < \pi/2$. Leistungsfaktor $\cos \varphi < 1$. In der Leistungskurve überwiegen die positiven Flächen wegen Vorhandenseins eines Wirkstromes $I \cos \varphi = E/R$ [vgl. (12) und Abb. 106 δ].

c) *Umspanner (Transformatoren).* Gegenüber Gleichstrom bietet Wechselstrom den großen Vorteil durch leicht durchführbare Umformung von Strom und Spannung dem jeweiligen Verwendungszweck angepaßt werden zu können. Die nachfolgende Darstellung ist stark vereinfacht. Die zu lösenden technischen Probleme sind infolge Auftretens hier vernachlässigter Begleitumstände wesentlich verwickelter.

Abb. 107 zeigt schematisch einen Umspanner: Ein zur Vermeidung von Streuung des magnetischen Kraftflusses in sich

geschlossener Eisenring (Lamellen, zur Verringerung der Wirbelströme), trägt zwei Wicklungen; eine (I) mit wenigen Windungen
eines dicken, die zweite (II) mit vielen Windungen eines dünnen
Drahtes. Es seien die Induktionskoeffizienten:

Spule I   Spule II   Spule I, II

$$L_{11} = \hat{\mu}\, w_1^2\, F/l \qquad L_{22} = \hat{\mu}\, w_2^2\, F/l \qquad L_{1,\,2} = \hat{\mu}\, w_1\, w_2\, F/l,$$

daher

$$\frac{L_{12}}{L_{11}} = \frac{w_2}{w_1}; \qquad \frac{L_{12}}{L_{22}} = \frac{w_1}{w_2}; \qquad L_{12} = \sqrt{L_{11} \cdot L_{22}}.$$

In beiden Spulen sei der Ohmsche Widerstand R gegenüber
dem induktiven Widerstand ωL
vernachlässigbar. Der Spule I
werde die EMK: $e = e_m \sin \omega t$
aufgedrückt.

Spule II offen: In I fließt
entsprechend den Anweisungen
(9) der Strom

$$i = \frac{e_m}{\omega L_{11}} \sin (\omega t - \pi/2) =$$

$$= -\frac{e_m}{\omega L_{11}} \cos \omega t.$$

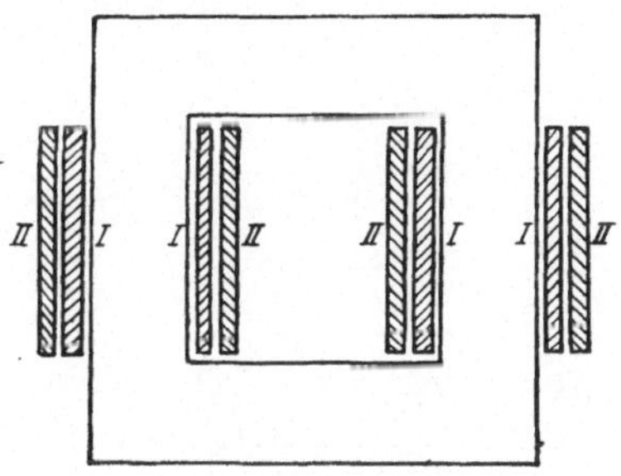

Abb. 107. Prinzip des Wechselstrom-
transformators.

Wegen $\varphi = \pi/2$ und $\cos \varphi = 0$ ist der Strom wattlos (keine
Joulesche Wärme, solange $R = 0$ ist).

Spule II geschlossen: Die in II erregte EMK

$$e' = -L_{12}\frac{di}{dt} = -e_m \frac{\omega L_{12}}{\omega L_{11}} \sin \omega t = -\frac{L_{12}}{L_{11}} e$$

wird einen Strom i' hervorrufen, der nach (9) gegeben ist durch

$$i' = \frac{e'_m}{\omega L_{22}} \sin (\omega t - \pi/2) = -\frac{L_{12}}{L_{11}} e_m \frac{1}{\omega L_{22}} \sin (\omega t - \pi/2) =$$

$$= -\frac{L_{12}}{L_{22}} i.$$

In dieser schematischen Darstellung erhält man also:

Sekundärstrom in II: $\qquad i' = -\dfrac{L_{12}}{L_{22}} i = -\dfrac{w_1}{w_2} i$

Sekundärspannung in II: $e' = -\dfrac{L_{12}}{L_{11}} e = -\dfrac{w_2}{w_1} e$

$\left.\begin{array}{c} \\ \\ \end{array}\right\} e'\, i' = e\, i$

Innerhalb der Realisierbarkeit der gemachten Vernachlässi-
gungen (kein R, keine $\mathfrak{H}$-Streuung, $\hat{\mu} = $ konst., keine Hysterese
usw.) wird also Strom und Spannung um 180° versetzt und im

Wert transformiert, und zwar wegen der Konstanz von $i\,e$ *verlustlos* transformiert.

Ist I Primärspule, also $w_2 \gg w_1$, dann ist $e' \gg e$, $i' \ll i$.

Ist II Primärspule, also $w_2 \ll w_1$, dann ist $e' \ll e$, $i' \gg i$. Das „Übersetzungsverhältnis" w_1/w_2 läßt sich innerhalb weiter Grenzen ändern.

Zur Herstellung hoher Wechselspannung mit einfachen Laboratoriumsmitteln dient das bekannte „Induktorium". Der induzierende Strom ist periodisch unterbrochener („zerhackter")

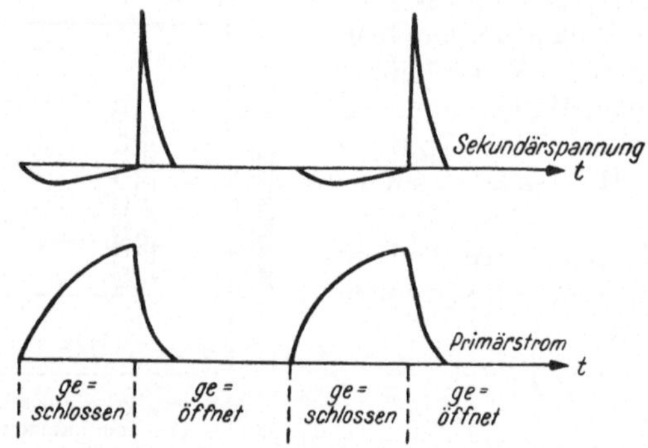

Abb. 108. Primärstrom und Sekundärspannung beim Induktorium.

Gleichstrom mit einigen Volt Spannung. Er fließt durch die Primärspule mit wenigen dicken Windungen, deren Kern aus einem Bündel Eisendraht besteht. Über die Primär- ist die aus vielen Windungen dünnen Drahtes bestehende Sekundärspule geschoben. Ein dem Unterbrecher parallelgeschalteter Kondensator verringert die Ausbildung funkenziehender Spannungen, die bei der Stromöffnung infolge Selbstinduktion in der Primärspule entstehen.

Man erhält im allgemeinen keinen sinusförmigen Verlauf von Strom und Spannung, vielmehr Verhältnisse, wie sie dem Typus nach durch Abb. 108 angedeutet sind. Beim Schließen des Primärstromes steigt i wegen der durch Selbstinduktion entstehenden gegenelektromotorischen Kraft entsprechend der Darstellung in IV, 14, b/ε nur allmählich auf einen Höchstwert; auch beim Öffnen sinkt der Strom nicht momentan auf Null. Demzufolge nimmt auch die Sekundärspannung $e' = -L_{12}\,di/dt$ einen recht unregelmäßigen Verlauf, gekennzeichnet meist durch eine Spannungsspitze im Augenblick des Unterbrechens. Die

Induktivitäten, die Art der Stromunterbrechung u. a. haben beträchtlichen' Einfluß auf die Gestalt von Strom- und Spannungsverlauf und sind für die einzelnen Induktorien charakteristisch.

d) *Resonanz im Wechselstromkreis.* Die abwechslungsreiche Vielfalt der Wechselstromerscheinungen beruht in erster Linie auf der Phasenverschiebung zwischen Strom und Spannung, die durch kapazitiven ($1/\omega C$) und induktiven (ωL) Widerstand hervorgerufen wird. In den Formeln (9) äußert sich dies u. a. durch das Auftreten einer *Differenz* $\omega L - 1/\omega C$ als maßgebliche Größe für Widerstand R_s und Phase φ. Eine Differenz, die durch Abstimmung von ω, L, C aufeinander beliebig klein oder Null gemacht werden kann, wenn erfüllt wird die

$$\text{„Resonanzbedingung“:}\quad \omega L = 1/\omega C \quad \text{oder} \quad \omega = \sqrt{1/L\,C}. \tag{13}$$

Zwei Extremfälle seien erörtert:

Spannungsresonanz (Abb. 109a): Die Leitung enthalte bei vernachlässigbarem OHMschem Widerstand R induktiven (ωL) und kapazitiven Widerstand ($1/\omega C$) in Serie. Wie in Abschnitt (b) schon besprochen wurde, müssen, damit ein Strom $i = i_m \sin \omega t$ durch beide in jedem Augenblick in der *gleichen* Richtung fließen kann, die Teilspannungen die Werte haben:

$$u_L = i_m\, \omega\, L \sin (\omega t + \pi/2) \quad \text{und} \quad u_C = i_m \frac{1}{w\,C} \sin (\omega t - \pi/2).$$

u_L und u_C sind um $180°$ gegeneinander versetzt, also genau entgegengerichtet. Sie sind, wenn (13) erfüllt ist, stets gleich groß, also $u_L = - u_C$ mit den Scheitelwerten $i_m\, \omega\, L = i_m/\omega\, C$, die bei hinreichender Größe von ωL bzw. $1/\omega C$ beträchtliche Werte annehmen können. Trotzdem ist die aufgedrückte Gesamtspannung im gleichen Maße vernachlässigbar wie der OHMsche Widerstand; für $R = 0$ also Null, weil $u = u_L + u_C = 0$ wird. Obwohl also die Enden der Leitung keinen Spannungsunterschied aufweisen, bildet sich gegen die Stelle zwischen L und C eine „Überspannung“ durch Resonanz aus und schwingt mit der Frequenz ω und den oben angegebenen Scheitelwerten.

Stromresonanz (Abb. 109 b): Kapazität C und Selbstinduktion L seien parallelgeschaltet und abgestimmt auf $\omega L = 1/\omega C$. Solange der Zustand als quasistationär angesehen werden kann — dies bedeutet (IV, 17), daß die zu ω gehörige Wellenlänge $\lambda = 2\pi c/\omega$ groß ist gegen die Dimensionierung der Leitung — muß bezüglich des Stromes für jeden Zeitmoment die KIRCHHOFFsche Verzweigungsregel gelten: $i = i_C + i_L$. Wird die EMK $e = e_m \sin \omega t$ aufgedrückt, so gilt dann nach (9)

$$i = i_C + i_L = e_m\,\omega\,C\,\sin(\omega\,t - \pi/2) + e_m\,\frac{1}{\omega L}\,\sin(\omega\,t + \pi/2) =$$

$$= e_m\left(-\frac{1}{\omega L} + \omega\,C\right)\cos\omega\,t = 0.$$

Jetzt sind es die Ströme, die bei gleichgerichteter Spannung um 180° gegeneinander versetzt sind. Fließt der Strom etwa im C-Zweig nach rechts, dann fließt er im L-Zweig mit gleicher

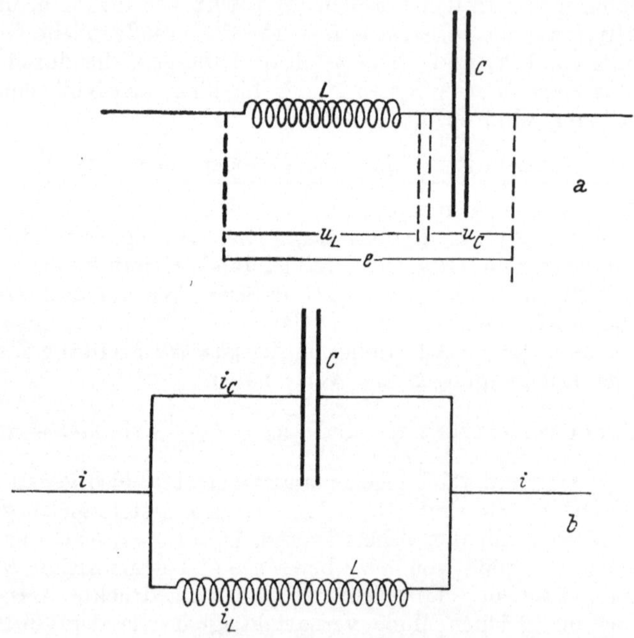

Abb. 109. a) Spannungs-, b) Stromresonanz.

Stärke (weil $e_m\,\omega\,C = e_m/\omega L$) nach links. Oder anders ausgedrückt: Im ganzen durch Verzweigung entstandenen Leiterkreis fließt i von 0 bis $\tau/2$ im Uhrzeigersinn, von $\tau/2$ bis τ entgegengesetzt. Der Strom „schwingt an den Zuleitungen vorbei". Entsteht ($R = 0$) keine JOULEsche Wärme, dann bedarf es auch keiner Energiezufuhr. Die Energie pendelt zwischen gleich großen Werten der Kondensatorenergie $C\,e_m^2/2$ und der Spulenenergie $L\,i_m^2/2$ ($= L\,e_m^2\,\omega^2\,C^2/2 = C\,e_m^2/2$) hin und her.

　　e) *Elektrischer Schwingungskreis.* Im Anschluß an die langsamen Schwingungen bei Stromresonanz — dabei ist ω durch die Frequenz (meist 50 Schwingungen je Sekunde) des Wechselstromes *vorgegeben* — seien die schnellen Schwingungen eines „freien Schwingungskreises" besprochen. Ein überaus wichtiges, aber so umfangreiches Kapitel der technischen Physik, daß ein auch nur oberflächliches Eingehen den Rahmen dieser Darstellung überschreiten würde. Nur das Grundsätzliche kann besprochen werden.

Schon THOMSON und KIRCHHOFF (1857) hatten die Erwartung ausgesprochen und durchgerechnet, daß die Entladung eines Kondensators oszillatorisch erfolge. Es sei (Abb. 110) C eine Kapazität, die durch Betätigung des Schalters entweder an eine

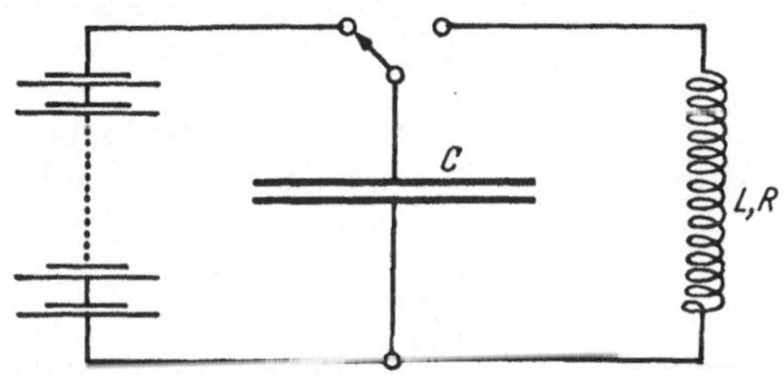

Abb. 110. Geschlossener Schwingungskreis, enthaltend R, C, L.

Spannungsquelle gelegt und geladen oder über eine induktive Spule mit Widerstand R und Induktivität L entladen werden kann. Der rechte Teil der Abbildung ist dann der Schwingungskreis. Gesucht ist das Zeitgesetz der Entladung.

In einem bestimmten Zeitmoment sei der Kondensator noch auf der Spannung e, die an den Enden der Entladungsleitung liegt; ferner ist durch den zeitlich variierenden Entladungsstrom eine gegenelektromotorische Kraft $e' = -L\, di/dt$ entstanden. Die Summe beider Spannungen $e + e'$ hat für den OHMschen Strom $i\,R$ aufzukommen; also $e + e' = i\,R$. Nun ist

$$i = \frac{dQ}{dt} = -C\,\frac{de}{dt},$$

da der Strom positiv ist, wenn die Kondensatorspannung abnimmt. Man erhält also

$$\text{für } e' = -L\,\frac{di}{dt} = +L\,C\,\frac{d^2e}{dt^2}, \qquad \text{für } i\,R = -R\,\frac{de}{dt}.$$

Setzt man in $e + e' = i\,R$ ein, so erhält man:

$$\frac{d^2e}{dt^2} + \frac{R}{L}\,\frac{de}{dt} + \frac{1}{L\,C}\,e = 0$$

oder weil $Q = -e\,C$

$$\frac{d^2 Q}{dt^2} + \frac{R}{L}\frac{dQ}{dt} + \frac{1}{LC}Q = 0,$$

oder weil $i = \dfrac{dQ}{dt}$, nach Einsetzen und Differenzieren

$$\frac{d^2 i}{dt^2} + \frac{R}{L}\frac{di}{dt} + \frac{1}{LC}i = 0.$$

Für e, i, Q erhält man somit ein und dieselbe Differentialgleichung, die mit den

$$\text{Abkürzungen} \quad \alpha \equiv R/L, \quad k^2 \equiv 1/LC$$

z. B. die Form

$$\frac{d^2 Q}{dt^2} + \alpha\frac{dQ}{dt} + k^2 Q = 0$$

annimmt. Es ist dies, wie aus der Mechanik bekannt (I, 29), die Differentialgleichung der gedämpften Pendelschwingung.

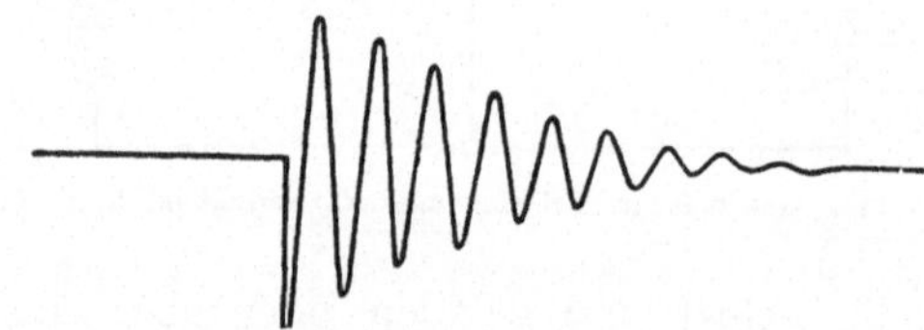

Abb. 111. Oszillatorische Entladung eines Kondensators durch eine R und L enthaltende Leitung.

Die Lösung kann von dort übernommen werden. Sie lautet für den Fall geringer Dämpfung ($\alpha^2/4 < k^2$, bzw. $R^2/4 L^2 < 1/LC$)

$$Q = A\, e^{-\frac{\alpha}{2} t}\, \sin(\beta t + \varepsilon) \quad \text{mit} \quad \beta \equiv \sqrt{k^2 - \alpha^2/4}.$$

Ist $\alpha^2/4$ neben k^2 zu vernachlässigen, dann ergibt sich

$$Q = A\, e^{-\frac{R}{2L} t}\, \sin\left(\frac{2\pi}{\tau} t + \varepsilon\right) \quad \text{mit} \quad \tau = 2\pi\sqrt{LC}$$

bzw.

$$\omega = \frac{2\pi}{\tau} = 1/\sqrt{LC}.$$

Strom und Spannung folgen demselben zeitlichen Verlauf, der einer Sinus-Schwingung mit abnehmender Amplitude entspricht (Abb. 111). Der die Dämpfung verursachende Energieverbrauch ist bei diesem „geschlossenen" (nicht strahlenden) Schwingungskreis die erzeugte Stromwärme (die von R abhängige „Wirkleistung").

An Stelle des in Abb. 110 schematisch angedeuteten Umschalters mit Handbetrieb verwendete man später eine Funkenstrecke F

als automatischen Schalter (Abb. 112). Eine Spannungsquelle (etwa eine Influenzmaschine) lädt die Kapazität C auf, bis die anwachsende Spannung hinreicht, die Funkenstrecke F zu durchschlagen. Dann setzt die Entladung ein; durch Beobachtung des Funkens im rotierenden Spiegel konnte FEDDERSEN (1859) den oszillatorischen Charakter derselben nachweisen. Sie dauert an, bis wegen abnehmender Spannung der Funken erlischt. Dann folgt wieder Aufladung, Entladung usw. Die Dämpfung ist wegen des hohen Widerstandes der Funkenstrecke groß.

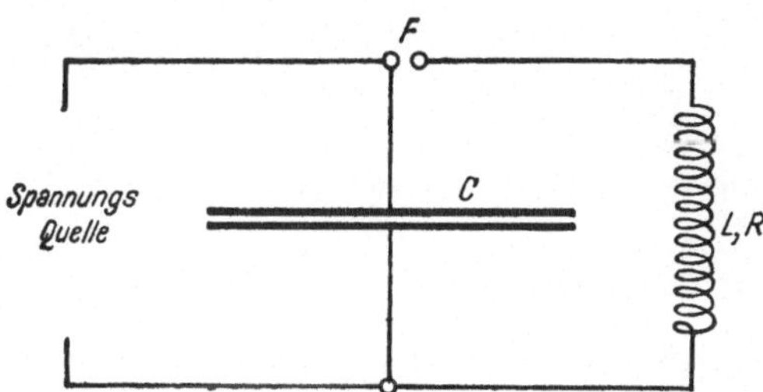

Abb. 112. Schwingungskreis mit Funkenstrecke.

Dies war die klassische Methode der Erzeugung schneller Schwingungen. Durch Verkleinerung von L und C vergrößert man die Frequenz $\nu = 1/2\pi \sqrt{LC}$. Schließlich verwendete HEINRICH HERTZ (1888) in seinen berühmten Versuchen als nun „offenen" und strahlenden Schwingungs„kreis" nur mehr ein lineares Gebilde mit Funkenstrecke (Abb. 113) und erreichte Frequenzen bis $5 \cdot 10^8 \, \text{sec}^{-1}$. Diese Schwingungen, denen eine Wellenlänge $\lambda \sim 3 \cdot 10^{10}/5 \cdot 10^8 \sim 60$ cm entspricht, können *nicht mehr als quasistationär* angesehen werden. Der elektrische Zustand ist in einem gegebenen Augenblick nicht mehr am ganzen System der nahezu gleiche. Z. B. ist die Spannungsverteilung etwa die in Abb. 113 durch die strichlierte Linie angegebene. Die elektrischen Kraftlinien streuen in jedem Augenblick weit in die Umgebung, bedeuten für diese einen „Verschiebungsstrom" $\partial\mathfrak{D}/\partial t$ und erregen Magnetfelder. Verkettung der sich gegenseitig induzierenden Felder bewirkt Abstrahlung von Energie. Dies ist Gegenstand des nächsten Abschnittes.

Für technische Zwecke mit ihrem großen Energiebedarf werden diese klassischen „Sender" im steigenden Maße durch die Elektronenröhre verdrängt.

Abschließend sei nochmals auf die enge Analogie zwischen mechanischer und elektromagnetischer Schwingung aufmerksam gemacht. Es entsprechen einander die Differentialgleichungen:

$$m \frac{d^2 s}{dt^2} + \mu \frac{ds}{dt} + f s = 0 \quad \text{und} \quad L \frac{d^2 Q}{dt^2} + R \frac{dQ}{dt} + \frac{1}{C} Q = 0,$$

wenn in ersterer f die Federkraft im HOOKEschen Gesetz $K = -f s$ $\Big($ elektrisch: $e = -\dfrac{1}{C} Q\Big)$ und $\mu\, v$ die Reibungskraft (elektrisch: $- R\,i$) bedeutet. Die Lösungen lauten:

$$s = A\, e^{-\frac{\mu}{2 m} t} \sin (\omega\, t + \varepsilon) \quad \text{und} \quad Q = A\, e^{-\frac{R}{2 L} t} \sin (\omega\, t + \varepsilon)$$

mit

$$\omega = \sqrt{\frac{f}{m} - \frac{\mu^2}{4\, m^2}} \simeq \sqrt{\frac{f}{m}} \qquad \omega = \sqrt{\frac{1}{L\,C} - \frac{R^2}{4\,L^2}} \simeq \sqrt{\frac{1}{L\,C}}$$

kinetische Energie: $\dfrac{1}{2}\, m\, v^2$ magnetische Energie: $\dfrac{1}{2}\, L\, i^2$

potentielle Energie: $\dfrac{1}{2}\, f\, s^2$ elektrische Energie: $\dfrac{1}{2}\, \dfrac{1}{C}\, Q^2.$

Somit entsprechen im einzelnen einander die Größen:

bei der mechanischen Schwingung: s, $v = ds/dt$, m, f, K, μ;

bei der elektrischen Schwingung: Q, $i = dQ/dt$, L, $1/C$, e, R.

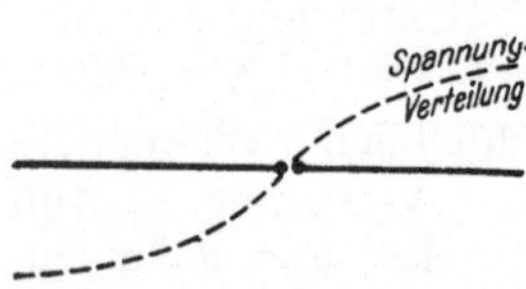

Abb. 113. HERTZscher „Dipol-Oszillator" mit ungefährer Moment-verteilung der Spannung.

So wie beim Federpendel die Trägheit der Masse den Körper über die Ruhelage, wo der Antrieb K aufhört und das Neuspannen der Feder beginnt, hinaustreibt und ihm (abgesehen von Reibungsverlusten) wieder so lange potentielle Energie verschafft, bis die kinetische $m\, v^2/2$ aufgezehrt ist, so fließt der Strom wegen der „Trägheit des Magnetfeldes" weiter, auch wenn der Kondensator schon entladen und der „Antrieb" e Null geworden ist, und ladet den Kondensator neu auf, bis, abgesehen von Verlusten durch JOULEsche Wärme, die magnetische Energie $L i^2/2$ sich ganz in Kondensatorenergie $\dfrac{1}{C}\, Q^2/2$ verwandelt hat. Dann kehrt sich in beiden Fällen der Vorgang um.

17. Die Maxwellsche Theorie.

a) *Beschreibung des elektromagnetischen Feldes.* In IV, 13 d und 14 c wurden die beiden Tripel der MAXWELLschen Gleichungen abgeleitet, indem von den Erfahrungssätzen über die „magnetische Umlaufspannung" (38) IV, 13:

$$\oint \mathfrak{H}_s\, ds = k_2\, 4\, \pi\, I = k_2\, 4\, \pi\, \frac{dQ}{dt} \tag{1}$$

„elektrische Umlaufspannung" (4) IV, 14a:

$$\oint E_s\, ds = -\frac{k_2}{k_1}\frac{d\Phi}{dt} \tag{2}$$

die bei zeitlicher Änderung der elektrischen bzw. magnetischen „Durchflutung" entstehen, ausgegangen und das differentiale

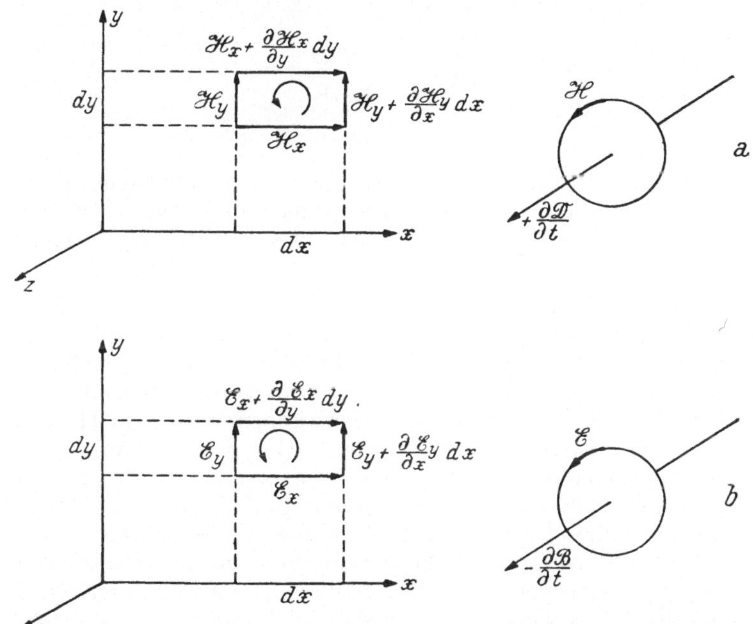

Abb. 114. a) Zu rot$_z$ $\mathfrak{H} \sim \delta\mathfrak{D}/\delta t$ des ersten, b) zu rot$_z$ $\mathfrak{E} \sim -\delta\mathfrak{B}/\delta t$ des zweiten Maxwell-schen Tripels.

Feldgesetz aufgestellt wurde. Dabei wurde so, wie dies zur Erinnerung in Abb. 114 am Beispiel der xy-Ebene angedeutet ist, jene Umlaufspannung berechnet, die zu umfahrenen Flächenelementen $dx \cdot dy,\ dy \cdot dz,\ dz \cdot dx$ von solcher Kleinheit gehört, daß die Durchflutung als räumlich konstant, die Feldänderungen beim Fortschreiten um $dx,\ dy,\ dz$ als linear $\left(\text{z. B. } \mathfrak{H}_x' = \mathfrak{H}_x + {}\right.$ $\left. + \frac{\partial \mathfrak{H}_x}{\partial y}\, dy\right)$ angesehen werden können. Überdies — und dies bildet den Kern und das eigentlich Neue der Maxwellschen Theorie — wurde (1) dadurch erweitert, daß außer reellen

Strömen I auch „Verschiebungsströme" zugelassen werden, die jede ungeschlossene Strombahn zu einer geschlossenen machen, indem die zeitliche Änderung der Durchflutung mit elektrischen Kraftlinien $(\partial\mathfrak{D}/\partial t)$ einem Strom in bezug auf die erregte Umlaufspannung äquivalent gesetzt wurde. So ergaben sich die Beziehungen

$$\text{I} \quad \text{Maxwellsches Tripel:} \quad \operatorname{rot} \mathfrak{H} = k_2\, 4\,\pi\, \mathfrak{j} + \frac{k_2}{k_1}\,\frac{\partial\mathfrak{D}}{dt},$$

$$\text{II} \qquad\qquad „ \qquad , \qquad \operatorname{rot} \mathfrak{E} = \qquad -\frac{k_2}{k_1}\,\frac{\partial\mathfrak{B}}{\partial t},$$

$$\text{III} \qquad\qquad\qquad\qquad \operatorname{div} \mathfrak{B} = 0,$$

$$\text{IV} \qquad\qquad\qquad\qquad \operatorname{div} \mathfrak{D} = 4\,\pi\, k_1\, \varrho.$$

Diese vier Beziehungen sollen für alle ruhenden Systeme erfüllt sein. Sie enthalten keine Materialkonstanten und sprechen lediglich universelle Eigenschaften des elektromagnetischen Feldes aus:

I ist die Differentialform des durch den „Verschiebungsstrom" erweiterten Biot-Savartschen Gesetzes, II ist die Differentialform des Faradayschen Induktionsgesetzes, III beinhaltet, daß es keine wahren magnetischen Ladungen gibt, IV die Tatsache, daß neben dem elektrischen Wirbelfeld II auch ein Quellenfeld mit der „Ergiebigkeit" $4\,\pi\, k_1\, \varrho$ infolge Auftretens wahrer Raumladungen vorhanden sein kann. In diesen *vier* Gleichungen sind die *fünf* Vektoren $\mathfrak{H}$, $\mathfrak{E}$, $\mathfrak{B}$, $\mathfrak{D}$ und Stromdichte $\mathfrak{j}$ miteinander verknüpft. Um das Problem zu einem bestimmten zu machen und die Verbindung mit den materiellen Eigenschaften zu erzielen, welch letzteres erst den vier Gleichungen physikalischen Inhalt gibt, müssen Zusatzannahmen gemacht werden. Es sind dies:

$$\text{V} \quad \mathfrak{B} = \hat{\mu}\, \mathfrak{H},$$

$$\text{VI} \quad \mathfrak{D} = \hat{\varepsilon}\, \mathfrak{E},$$

$$\text{VII} \quad \mathfrak{j} = \varkappa\, \mathfrak{E},$$

wobei $\varkappa$ hier wieder die elektrische spezifische Leitfähigkeit bedeutet $(I = \varkappa\, f\, U/l;\ \mathfrak{j} = I/f = \varkappa\, U/l = \varkappa\, \mathfrak{E})$. In V, VI, VII treten die Materialkonstanten Permeabilität $\hat{\mu}$, Dielektrizitätskonstante $\hat{\varepsilon}$ und $\varkappa$ erstmalig in das Gleichungssystem; von der Richtigkeit dieser Zusatzannahmen — sie erweisen sich in der Tat, wegen ihrer nur makroskopischen Erfassung der materiellen Diskontinuität, als verbesserungsbedürftig — hängt jedoch die Richtigkeit von I — IV *nicht* ab. Als letzte Aussage über das

Feld sei jene über die Dichte der elektromagnetischen Feldenergie hinzugefügt, die nach (7) IV, 8 und (8) IV, 13 bestimmt ist durch:

$$\text{VIII} \quad E' = \frac{1}{k_1 \, 8 \, \pi} \left(\hat{\varepsilon} \, \mathfrak{E}^2 + \hat{\mu} \, \mathfrak{H}^2 \right).$$

Diese acht Beziehungen umfassen alles, was man über das elektrische und magnetische Feld aussagen kann. Es wäre zweifellos konsequent und in systematischer Hinsicht befriedigender, wenn man sie, wie in der Mechanik die NEWTONschen Axiome, gleichfalls axiomatisch an die Spitze der Elektrizitätslehre stellen, sie als nicht weiter zu beweisende Ausdrücke der Erfahrung hinnehmen und aus ihnen alles andere auf logischem Weg entwickeln würde. Doch wäre dieses Verfahren so wie in der Thermodynamik, wo gleichfalls die an die Spitze gehörenden Hauptsätze das Ziel der didaktischen Entwicklung bilden, zu unanschaulich und ist wohl erst auf einer höheren Stufe der Ausbildung durchführbar.

Rückschauend sei aber kurz aufgezeigt, wie sich die MAXWELLsche Theorie für die einzelnen Teilgebiete spezialisieren läßt:

A. *Der statische Fall, Elektro- und Magnetostatik:* Die Zeit spielt überhaupt keine Rolle; also $\partial \mathfrak{B}/\partial t = 0$ und $\partial \mathfrak{D}/\partial t = 0$; Elektrizität in Ruhe, also $\mathfrak{i} = 0$. I bis IV reduzieren sich auf:

$$\text{I} \ldots \operatorname{rot} \mathfrak{H} = 0; \quad \text{II} \ldots \operatorname{rot} \mathfrak{E} = 0; \quad \text{III} \ldots \operatorname{div} \mathfrak{B} = 0;$$

$$\text{IV} \ldots \operatorname{div} \mathfrak{D} = 4 \, \pi \, k_1 \, \varrho.$$

Eine Koppelung zwischen $\mathfrak{H}$ und $\mathfrak{D}$ bzw. $\mathfrak{E}$ und $\mathfrak{B}$ besteht nicht mehr. Das Gleichungssystem zerfällt in die beiden voneinander unabhängigen Systeme für das magnetostatische (I, III) und elektrostatische (II, IV) Feld. Ersteres ist quellenfrei (III) und wirbelfrei (I), solange man sich auf den Außenraum beschränkt; letzteres ist ein wirbelfreies (II) Quellenfeld (IV).

B. *Stationäre Verhältnisse* (Stromfeld): $\mathfrak{D}$ und $\mathfrak{B}$ sind zeitlich konstant, dagegen $\mathfrak{i}$ dann, wenn Leiter mit $\varkappa \neq 0$ vorhanden sind, nicht mehr Null. Also $\partial \mathfrak{D}/\partial t = 0$; $\partial \mathfrak{B}/\partial t = 0$; $\mathfrak{i} \neq 0$. Das MAXWELLsche System reduziert sich auf:

$$\text{I} \ldots \operatorname{rot} \mathfrak{H} = k_2 \, 4 \, \pi \, \mathfrak{i}; \quad \text{II} \ldots \operatorname{rot} \mathfrak{E} = 0; \quad \text{III} \ldots \operatorname{div} \mathfrak{B} = 0;$$

$$\text{IV} \ldots \operatorname{div} \mathfrak{D} = 4 \, \pi \, k_1 \, \varrho.$$

Nun sind elektrische und magnetische Erscheinungen gekoppelt (Faktor k_2 tritt auf!); strömende Elektrizität erzeugt ein magnetisches Wirbelfeld (I), das nach wie vor quellenfrei ist (III). Das elektrische Feld ist noch immer ein wirbelfreies (II) Quellenfeld (IV). Aus I gelangt man durch Integration zum Durchflutungsgesetz (1).

C. *Quasistationäre Verhältnisse* (Induktion): Die zeitlichen Veränderungen erfolgen so langsam, daß in (I) $\partial\mathfrak{D}/\partial t$ zwar nicht Null ist, aber wegen der enormen Größe der in j steckenden Leitfähigkeit $\varkappa$ metallischer Leiter neben j vernachlässigt werden kann. $\partial\mathfrak{B}/\partial t$ dagegen ist nicht mehr zu vernachlässigen, da schon geringe Änderungen von $\mathfrak{B}$, wieder wegen der hohen metallischen Leitfähigkeit, starke Induktionsströme hervorrufen. Das MAXWELLsche System lautet nun:

$$\text{I} \ldots \operatorname{rot} \mathfrak{H} = k_2\, 4\,\pi\, \mathrm{j}; \quad \text{II} \ldots \operatorname{rot} \mathfrak{E} = -\frac{k_2}{k_1}\frac{\partial\mathfrak{B}}{\partial t};$$

$$\text{III} \ldots \operatorname{div} \mathfrak{B} = 0; \qquad \text{IV} \ldots \operatorname{div} \mathfrak{D} = 4\,\pi\, k_1\, \varrho.$$

Nun besteht doppelte Koppelung (durch I und II) zwischen elektrischem und magnetischem Geschehen. $\mathfrak{H}$ ist noch immer ein quellenfreies (III) Wirbelfeld (I), bei $\mathfrak{E}$ überlagert sich jedoch über das von wahren Ladungen herrührende wirbelfreie Quellenfeld (IV) ein von der FARADAYschen Induktion (II) herrührendes quellenfreies Wirbelfeld. Durch Integration von II erhält man das Durchflutungsgesetz (2).

D. *Nichtstationäre Verhältnisse* (schnelle Schwingungen, Wellen). In keinem der bisher besprochenen Spezialfälle A bis C hat sich das für die MAXWELLsche Theorie kennzeichnende hypothetische Zusatzglied $\partial\mathfrak{D}/\partial t$ (in I) bemerkbar gemacht. Keine Erfahrung auf diesem zu A, B, C gehörigen großen Erscheinungsgebiet kann daher gegen oder für die Richtigkeit dieser MAXWELLschen Annahme sprechen. Solche Experimente sind einzig und allein auf dem Gebiet der nichtstationären Vorgänge zu erwarten, die schnell genug (großes $\partial\mathfrak{D}$, kleines ∂t) verlaufen, damit der sog. „Verschiebungsstrom" (der aber im Vakuum natürlich gar kein „Strom" ist, sondern nur mehr eine Durchflutung) sich hinreichend bemerkbar machen kann. Dies wird offenbar am deutlichsten zum Ausdruck kommen unter Verhältnissen, bei denen in (1) j verschwindet, also bei Vorgängen in vollkommenen Isolatoren. Die Behandlung eines solchen Sonderfalles ist Gegenstand des folgenden Abschnittes.

b) *Elektromagnetische Störung im homogenen isotropen Isolator (Wellen).* Es sei folgender vereinfachter Fall betrachtet: Das Medium sei ein vollkommener isotroper Isolator, also $\varkappa = 0$ und $\mathrm{j} = 0$; Raumladungen seien nicht vorhanden, also $\varrho = 0$. Die Feldkräfte $\mathfrak{E}$ und $\mathfrak{H}$ seien nur in der z-Richtung variabel, ihre Komponenten seien $\mathfrak{E}_x = \mathfrak{E}\cos\alpha$, $\mathfrak{E}_y = \mathfrak{E}\sin\alpha$, $\mathfrak{H}_x = \mathfrak{H}\cos\beta$, $\mathfrak{H}_y = \mathfrak{H}\sin\beta$, so daß die Richtungen von $\mathfrak{E}$ und $\mathfrak{H}$ einen Winkel $\alpha - \beta$ miteinander einschließen. Da in der x- und y-Richtung keine Variation der Feldkomponenten vorhanden sein soll, vereinfachen sich die Beziehungen I bis IV und lauten ausgeschrieben folgendermaßen:

$$\mathrm{I}_1 \qquad \mathrm{rot}_x\,\mathfrak{H} = \frac{\partial\mathfrak{H}z}{\partial y} - \frac{\partial\mathfrak{H}y}{\partial z} \rightarrow - \frac{\partial\mathfrak{H}y}{\partial z} = \frac{k_2}{k_1}\,\hat{\varepsilon}\,\frac{\partial\mathfrak{E}x}{\partial t},$$

$$\mathrm{I}_2 \qquad \mathrm{rot}_y\,\mathfrak{H} = \frac{\partial\mathfrak{H}x}{\partial z} - \frac{\partial\mathfrak{H}z}{\partial x} \rightarrow + \frac{\partial\mathfrak{H}x}{\partial z} = \frac{k_2}{k_1}\,\hat{\varepsilon}\,\frac{\partial\mathfrak{E}y}{\partial t},$$

$$\mathrm{I}_3 \qquad \mathrm{rot}_z\,\mathfrak{H} = \frac{\partial\mathfrak{H}y}{\partial x} - \frac{\partial\mathfrak{H}x}{\partial y} \rightarrow \quad 0 \quad = \frac{k_2}{k_1}\,\hat{\varepsilon}\,\frac{\partial\mathfrak{E}z}{\partial t},$$

$$\mathrm{II}_1 \qquad \mathrm{rot}_x\,\mathfrak{E} = \frac{\partial\mathfrak{E}z}{\partial y} - \frac{\partial\mathfrak{E}y}{\partial z} \rightarrow - \frac{\partial\mathfrak{E}y}{\partial z} = - \frac{k_2}{k_1}\,\hat{\mu}\,\frac{\partial\mathfrak{H}x}{\partial t},$$

$$\mathrm{II}_2 \qquad \mathrm{rot}_y\,\mathfrak{E} = \frac{\partial\mathfrak{E}x}{\partial z} - \frac{\partial\mathfrak{E}z}{\partial x} \rightarrow + \frac{\partial\mathfrak{E}x}{\partial z} = - \frac{k_2}{k_1}\,\hat{\mu}\,\frac{\partial\mathfrak{H}y}{\partial t},$$

$$\mathrm{II}_3 \qquad \mathrm{rot}_z\,\mathfrak{E} = \frac{\partial\mathfrak{E}y}{\partial x} - \frac{\partial\mathfrak{E}x}{\partial y} \rightarrow \quad 0 \quad = - \frac{k_2}{k_1}\,\hat{\mu}\,\frac{\partial\mathfrak{H}z}{\partial t},$$

$$\mathrm{III} \qquad \mathrm{div}\,\mathfrak{B} = \frac{\partial\mathfrak{B}x}{\partial x} + \frac{\partial\mathfrak{B}y}{\partial y} + \frac{\partial\mathfrak{B}z}{\partial z} \rightarrow \frac{\partial\mathfrak{B}z}{\partial z} = \hat{\mu}\,\frac{\partial\mathfrak{H}z}{\partial z} = 0,$$

$$\mathrm{IV} \qquad \mathrm{div}\,\mathfrak{D} = \frac{\partial\mathfrak{D}x}{\partial x} + \frac{\partial\mathfrak{D}y}{\partial y} + \frac{\partial\mathfrak{D}z}{\partial z} \rightarrow \frac{\partial\mathfrak{D}z}{\partial z} = \hat{\varepsilon}\,\frac{\partial\mathfrak{E}z}{\partial z} = 0.$$

Es ist nun leicht, dieses System von Differentialgleichungen in ein anderes umzuformen derart, daß dieses nur Differentialgleichungen mit nur je einem der Vektoren enthält. Wenn man z. B. I_1 nach t und II_2 nach z differenziert, erhält man:

$$\left.\begin{aligned} -\frac{\partial}{\partial t}\left(\frac{\partial\mathfrak{H}y}{\partial z}\right) &= -\frac{\partial}{\partial z}\left(\frac{\partial\mathfrak{H}y}{\partial t}\right) = \frac{k_2}{k_1}\,\hat{\varepsilon}\,\frac{\partial^2\mathfrak{E}x}{\partial t^2} \\ -\frac{k_2}{k_1}\,\hat{\mu}\,\frac{\partial}{\partial z}\left(\frac{\partial\mathfrak{H}y}{\partial t}\right) &= \frac{\partial^2\mathfrak{E}x}{\partial z^2} \end{aligned}\right\} \quad \text{daher:} \quad \frac{\partial^2\mathfrak{E}x}{\partial z^2} = \frac{k_2^2}{k_1^2}\,\hat{\mu}\,\hat{\varepsilon}\,\frac{\partial^2\mathfrak{E}x}{\partial t^2}.$$

Ganz analog verfährt man beim Eliminieren von $\mathfrak{E}_x$, $\mathfrak{E}_y$, $\mathfrak{H}_z$ und erhält statt des früheren das folgende System:

$$\left.\begin{aligned} \frac{\partial^2\mathfrak{E}x}{\partial z^2} &= \frac{1}{c^2}\,\frac{\partial^2\mathfrak{E}x}{\partial t^2} & \frac{\partial^2\mathfrak{H}x}{\partial z^2} &= \frac{1}{c^2}\,\frac{\partial^2\mathfrak{H}x}{\partial t^2} \\ \frac{\partial^2\mathfrak{E}y}{\partial z^2} &= \frac{1}{c^2}\,\frac{\partial^2\mathfrak{E}y}{\partial t^2} & \frac{\partial^2\mathfrak{H}y}{\partial z^2} &= \frac{1}{c^2}\,\frac{\partial^2\mathfrak{H}y}{\partial t^2} \end{aligned}\right\} \quad \text{mit } c^2 = \frac{k_1^2}{k_2^2}\,\frac{1}{\hat{\mu}\,\hat{\varepsilon}}.$$

Aus der Wellenlehre I, 32 e, weiß man, daß dies Differentialgleichungen von Wellen sind, die die Störung mit der Geschwindigkeit

$$c = \frac{k_1}{k_2}\,\frac{1}{\sqrt{\hat{\mu}\,\hat{\varepsilon}}} \tag{3}$$

fortleiten.

Im elektromagnetischen System ist

$$k_1 = 1, \ k_2 = 1; \ \mu_0 = 1, \ \hat{\mu} = \mu; \ \varepsilon_0 = 1/c_0{}^2; \ \hat{\varepsilon} = \varepsilon/c_0{}^2.$$

Im GAUSSschen System ist

$$k_1 = 1, \ k_2 = 1/c; \ \mu_0 = 1, \ \hat{\mu} = \mu; \ \varepsilon_0 = 1; \ \hat{\varepsilon} = \varepsilon.$$

Im technischen System ist

$$k_1 = k_2 = 1/4\,\pi; \ \hat{\mu} = \mu_0\,\mu; \ \hat{\varepsilon} = \varepsilon_0\,\varepsilon; \ \sqrt{\varepsilon_0\,\mu_0} = 1/c_0.$$

Für alle drei Systeme ergibt sich also, wie es sein muß, die MAXWELLsche Beziehung

$$c = \frac{c_0}{\sqrt{\varepsilon\,\mu}}; \quad c_0 \ldots \text{Lichtgeschwindigkeit im Vakuum.} \quad (4)$$

Es sei nun weiter angenommen, die bisher als beliebig vorausgesetzte Störung habe einfach periodischen Charakter; d. h., daß sich also ein bestimmter Wert der Feldstärken $\mathfrak{E}$ und $\mathfrak{H}$ an der Stelle $x = 0$ nach Verlauf einer bestimmten Zeit (Periode) immer wieder einstellt, bzw. daß $\mathfrak{E}$ und $\mathfrak{H}$ nach einem sin- oder cos-Gesetz zeitlich variieren. Dann weiß man, daß die Lösungen obiger Differentialgleichungen von der Form

$$\mathfrak{E}_x = A \sin\left(\omega\,t - \frac{\omega}{c}\,z\right) \qquad \mathfrak{E}_y = B \sin\left(\omega\,t - \frac{\omega}{c}\,z\right) \quad (5)$$

sind. Da nach II_1 und II_2 Beziehungen zwischen $\mathfrak{H}_y$ und $\mathfrak{E}_x$ bzw. $\mathfrak{H}_x$ und $\mathfrak{E}_y$ bestehen, müssen die Lösungen für $\mathfrak{H}_x$ und $\mathfrak{H}_y$ die Form haben

$$\left.\begin{aligned}
\mathfrak{H}_x &= -\,B\,\sqrt{\frac{\hat{\varepsilon}}{\hat{\mu}}}\,\sin\left(\omega\,t - \frac{\omega}{c}\,z\right)\\[2ex]
\mathfrak{H}_y &= A\,\sqrt{\frac{\hat{\varepsilon}}{\hat{\mu}}}\,\sin\left(\omega\,t - \frac{\omega}{c}\,z\right)
\end{aligned}\right\} \quad (6)$$

wie man sich leicht durch Ausrechnung von $\dfrac{\partial \mathfrak{H}_x}{\partial t} = +\dfrac{k_2}{k_1}\dfrac{1}{\hat{\mu}}\dfrac{\partial \mathfrak{E}_y}{\partial z}$ und Integration über t überzeugt.

Die Lösungen (5) und (6) gestatten die folgenden Aussagen über die sich mit Phasengeschwindigkeit c (4) ausbreitende ebene Welle:

Erstens: Es handelt sich um *Transversalwellen*; denn die Ausbreitung erfolgt in der z-Richtung, während die Zustandsänderung ($\mathfrak{E}_x$, $\mathfrak{E}_y$, $\mathfrak{H}_x$, $\mathfrak{H}_y$) sich in der xy-Ebene abspielt.

Zweitens: Bei dieser *fortschreitenden* Welle schwingen $\mathfrak{E}$ und $\mathfrak{H}$ insofern *in* Phase, als beide gleichzeitig und an derselben Stelle z durch das Maximum bzw. durch Null gehen.

Drittens: Die Vektoren $\mathfrak{E}$ und $\mathfrak{H}$ stehen senkrecht zueinander. Denn es ist, wie man einerseits aus (5) und (6) entnimmt $\mathfrak{E}_x\,\mathfrak{H}_x +$ $+ \mathfrak{E}_y\,\mathfrak{H}_y = 0$ anderseits ist $\mathfrak{E}_x\,\mathfrak{H}_x + \mathfrak{E}_y\,\mathfrak{H}_y = \mathfrak{E}\,\mathfrak{H}\,(\cos\alpha\cos\beta +$ $+ \sin\alpha\sin\beta) = \mathfrak{E}\,\mathfrak{H}\cos(\alpha - \beta)$, wenn α und β die Richtungskosinusse, $\alpha - \beta$ der von $\mathfrak{E}$ und $\mathfrak{H}$ eingeschlossene· Winkel ist; daher $\cos(\alpha - \beta) = 0$; $\alpha - \beta = 90°$.

Viertens: Die *Energiedichten* berechnen sich aus (4) und (5, 6) zu:

$$E'_{el} = \frac{1}{8\,\pi\,k_1}\,\hat{\varepsilon}\,\mathfrak{E}^2 = \frac{1}{8\,\pi\,k_1}\,\hat{\varepsilon}\,(\mathfrak{E}_x{}^2 + \mathfrak{E}_y{}^2) =$$

$$= \frac{1}{8\,\pi\,k_1}\,\varepsilon\,(A^2 + B^2)\,\sin^2\left(\omega\,t - \frac{\omega}{c}\,z\right),$$

$$E'_{magn} = \frac{1}{8\,\pi\,k_1}\,\hat{\mu}\,\mathfrak{H}^2 = \frac{1}{8\,\pi\,k_1}\,\hat{\mu}\,(\mathfrak{H}_x{}^2 \mid \mathfrak{H}_y{}^2) - \tag{7}$$

$$= \frac{1}{8\,\pi\,k_1}\,\hat{\varepsilon}\,(A^2 + B^2)\,\sin^2\left(\omega\,t - \frac{\omega}{c}\,z\right).$$

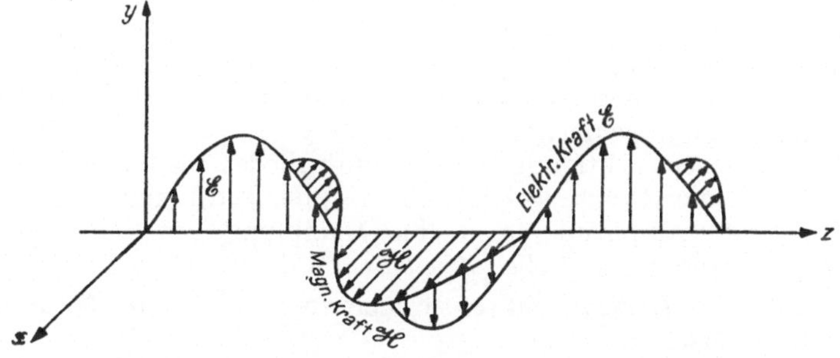

Abb. 115. Die elektromagnetische linear polarisierte Planwelle.

Elektrisches und magnetisches Feld haben somit bei dieser Welle die *gleiche* Energiedichte.

Fünftens: Wenn die Welle mit der Geschwindigkeit c fortschreitet, so fließt in einer Sekunde durch 1 cm² der Energiestrom („Strahlungs- oder POYNTINGscher Vektor")

$$\text{Energiestrom}\quad \mathfrak{S} = c\,(E'_{el} + E'_{magn}) = 2\,c\,E'_{el} =$$

$$= \frac{1}{4\,\pi\,k_1}\,c\,\hat{\varepsilon}\,\mathfrak{E}^2 = \frac{1}{4\,\pi\,k_2}\,\mathfrak{E}\,\mathfrak{H}. \tag{8}$$

Denn wegen der in (7) abgeleiteten Gleichheit von E'_{el} und E'_{magn} ist $\hat{\varepsilon}\,\mathfrak{E}^2 = \hat{\mu}\,\mathfrak{H}^2$ und daher $c\,\hat{\varepsilon}\,\mathfrak{E} = c\,\sqrt{\hat{\varepsilon}\,\hat{\mu}}\cdot\mathfrak{H}$; nach (3) ist aber $c\,\sqrt{\hat{\varepsilon}\,\hat{\mu}} = k_1/k_2$; dies eingesetzt ergibt (8).

Dreht man das Koordinatensystem so, daß $\mathfrak{E}$ in die y-Richtung fällt ($\mathfrak{E}_y = \mathfrak{E}$; $\mathfrak{E}_x = 0$) und die nach obigem zu ihr senkrechte magnetische Feldstärke $\mathfrak{H}$ demnach in die x-Richtung ($\mathfrak{H}_x = \mathfrak{H}$; $\mathfrak{H}_y = 0$), dann entspricht Abb. 115 der Darstellung von $\mathfrak{E} = B \sin(\omega t - \omega \cdot z/c)$, $\mathfrak{H} = - B' \sin(\omega t - \omega z/c)$.

Diese Ergebnisse führten MAXWELL zur „elektromagnetischen Theorie des Lichtes", also zur Behauptung, daß Licht- und Wärmestrahlen (andere waren damals nicht bekannt) elektromagnetische Transversalwellen seien. Die Ausbreitungsgeschwindigkeit ist nach (4)

im Vakuum: Im Isolator:

$$\varepsilon = \mu = 1 \qquad\qquad \varepsilon > 1;\ \mu \simeq 1 \quad (\text{vgl. Z. } 94\,\text{b}/\alpha,\ \text{Tabelle } 10);$$

$$c = c_0 \qquad\qquad c = c_0/\sqrt{\varepsilon};\ c_0/c = n = \sqrt{\varepsilon}.$$

Es ergaben sich somit drei Forderungen: *Erstens* sollen alle Isolatoren die Fähigkeit besitzen, Träger elektromagnetischer Wellen zu sein; für das optische Gebiet bedeutet dies, daß alle Isolatoren durchsichtig sein müssen. In Leitern dagegen müßte die Welle absorbiert werden; denn dann trifft die bei der Ableitung von (3) gemachte Voraussetzung: $\mathfrak{j} = 0$ nicht mehr zu und die Berücksichtigung dieses Zusatzgliedes im ersten Tripel liefert, wie die Rechnung zeigt, eine mit der Entfernung z schnell abklingende Amplitude, also eine Dämpfung der Schwingung bzw. Absorption der Welle. *Zweitens* soll der Brechungsexponent gleich $\sqrt{\varepsilon}$ sein. *Drittens* sollte er sich ebenso wie ε als reine Materialkonstante erweisen.

Keine dieser Erwartungen erwies sich als restlos erfüllt, wenn sie auch im großen und ganzen das Richtige zu treffen schienen. Es gibt undurchsichtige Isolatoren (z. B. Hartgummi, Paraffin) und durchsichtige Leiter (z. B. Elektrolyte). Für Gase ist zwar, wie BOLTZMANN experimentell nachwies (vgl. IV, 9, Tabelle 6) die Beziehung $n = \sqrt{\varepsilon}$ gültig. Für Wasser aber ist $n \sim 1,33$, $\varepsilon \sim 81$! Und endlich ist der Brechungsexponent keineswegs eine reine Materialkonstante, zeigt vielmehr Frequenzabhängigkeit, also Dispersion.

Heute weiß man, daß diese Nichtübereinstimmung auf der zu summarischen Behandlung der Materie beruht, die sie in den Zusatzannahmen V, VI, VII erfuhr. So ist, was aber eine geringere Rolle spielt, μ in ferromagnetischen Stoffen eine verwickelte Funktion von $\mathfrak{H}$. Aber auch ε ist, wie in IV, 9 γ ausgeführt wurde, im ruhenden Feld von Faktoren bestimmt, die sich im Wechselfeld (vgl. II, 21) ganz anders äußern, so daß eine direkte Vergleichbarkeit zwischen ε und n nicht besteht. Ähnlich verhalten sich die schwerfälligen Ionen des Elektrolyten im Wechselfeld anders als die leichtbeweglichen freien Elektronen des Metalles. Die Berücksichtigung dieser Verhältnisse, das nähere Eingehen auf die Wechselwirkung des Feldes mit den diskontinuierlich verteilten Ladungsträgern der Materie hat später in der LORENTZschen Elektronentheorie (vgl. auch IV, 2a) die Unstimmigkeiten zu verstehen und quantitativ zu erfassen gelehrt.

Damals aber bildeten die Widersprüche zwischen Erwartung und Erfahrung zunächst ein ernstliches Hindernis für die Anerkennung der MAXWELLschen Theorie über den elektromagnetischen Charakter der Lichtwelle. Es war daher von größter Bedeutung — übrigens nicht nur in rein theoretischer Hinsicht, sondern auch in technischer —, daß es HEINRICH HERTZ in den Jahren 1888/89 gelang, elektrische Wellen herzustellen, deren Wellenlänge (~ 60 cm) einerseits im Verhältnis zu jenen der optischen Wellen ($\sim 10^{-8}$ cm) lang genug war, um gegen die Diskontinuität der Materie unempfindlich zu sein, anderseits klein genug, um das Experimentieren mit den Hilfsmitteln des Laboratoriums zu ermöglichen. An solchen „Meterwellen" konnte HERTZ zeigen, daß sie die gleichen Welleneigenschaften wie das Licht haben: Sie erwiesen sich als transversal, konnten reflektiert, gebrochen, gebeugt, polarisiert und zur Interferenz gebracht werden. Ihnen gegenüber war der Brechungsexponent des Wassers frequenzunabhängig und gleich ~ 9, also in der Tat $= \sqrt{\varepsilon} = \sqrt{81}$. Für solche Wellen sind alle Isolatoren, auch Hartgummi und Paraffin „durchsichtig" und zeigen weder Dispersion noch Absorption.

Mit diesen klassischen Versuchen hat HERTZ der MAXWELLschen Theorie zum Siege verholfen. Damit war eines der machtvollsten Werkzeuge des menschlichen Geistes in den Dienst von Wissenschaft und Technik gestellt.

c) Relativitätstheorie und elektromagnetisches Feld. Ebenso wie bei mechanischen Erscheinungsformen des Naturgeschehens sind auch bei elektromagnetischen die Beobachtungen *innerhalb* eines gleichförmig bewegten Systems von dessen Geschwindigkeit unabhängig, während Beobachtungen aus dem System heraus nur Schlüsse auf dessen *Relativ*geschwindigkeit zulassen. Und dies, trotzdem als Träger des Feldes der Raum *zwischen* den bewegten Körpern anzusehen ist. — So sind selbst in dem für die eventuelle Beobachtbarkeit günstigsten Fall, daß die mit 30 km/s um die Sonne umlaufende Erde als „Fahrzeug" dient, alle Versuche, einen Einfluß der Orientierung (parallel oder senkrecht zur Bewegungsrichtung) auf die elektromagnetische Erscheinung nachzuweisen, negativ ausgefallen. Weder ändert sich die Energie eines Kondensators, noch der Widerstand eines Leiters, noch die Ausbreitungsgeschwindigkeit c_0 des Feldes mit dieser Orientierung; wobei Versuchsgenauigkeiten erreicht wurden, die noch die 9. bis 10. Dezimale erfassen.

Diese Unabhängigkeit der Lichtgeschwindigkeit c_0 (MICHELSON-Versuch, II, 25) wurde bereits in I, 5 der Ableitung der LORENTZ-Transformationen zugrunde gelegt, die in der „speziellen Relativitätstheorie" an die Stelle der GALILEIschen treten mußten, da diese der beobachteten Invarianz von c_0 nicht gerecht wurden. Für die Grundgleichungen der Mechanik ergaben sich daraus Abänderungen, die zwar grundsätzlich wesentlich, im Erscheinungsgebiet der klassischen Mechanik jedoch praktisch kaum fühlbar sind.

Zum Unterschied von den NEWTONschen Axiomen ist die Form der MAXWELLschen Grundgleichungen der Elektrodynamik zwar nicht gegen die GALILEI-, wohl aber gegen die LORENTZ-Transformation invariant; natürlich, sie setzen ja die Konstanz von c_0 voraus. Die spezielle Relativitätstheorie ändert also nichts an ihrem Inhalt; in formaler Hinsicht lehrt sie aber u. a. die Standpunktsabhängigkeit des Urteils über den elektrischen und magnetischen Charakter des Feldes quantitativ zu erfassen.

Daß eine solche vorhanden sein muß, macht man sich auch ohne Rechnung leicht klar: Ruhen in einem System S' eine elektrische Ladung q' und ein Beobachter B' relativ zu einander, dann stellt B' das Vorhandensein eines elektrostatischen COULOMB'schen Feldes fest. Bewegt sich ein System S mit seinem Beobachter B relativ gegen S' und q' mit der gleichförmigen Geschwindigkeit u in der x-Richtung, dann bedeutet für B nun q eine Ladung, die mit der Geschwindigkeit u an ihm vorbeigleitet, bedeutet also einen *Strom* $q \cdot u$ in der x-Richtung, der von einem Magnetfeld in der yz-Ebene umgeben ist.

Die quantitative Formulierung dieses Sachverhaltes, die die Beobachtungen des B auf jene des B' (und umgekehrt) umzurechnen gestattet, liefert die Anwendung der LORENTZ-Transformation (I, 5). Es sei nur der einfachste Fall behandelt, der des reinen Vakuumfeldes mit $j = 0$, und der Kürze wegen die GAUSSsche Schreibweise verwendet. ($k_2/k_1 = 1/c_0;\ \hat{\mu} = \hat{\varepsilon} = \mu_0 = \varepsilon_0 = 1.$)

Man erhält zunächst:

Im System S' bei mitbewegtem B':

$$\operatorname{rot}\mathfrak{H}' = \frac{1}{c_0}\frac{\partial\mathfrak{E}'}{\partial t'}\,; \qquad \operatorname{rot}\mathfrak{E}' = -\frac{1}{c_0}\frac{\partial\mathfrak{H}'}{\partial t'}.$$

Im System S bei nicht mitbewegtem B:

$$\operatorname{rot}\mathfrak{H} = \frac{1}{c_0}\frac{\partial\mathfrak{E}}{\partial t}\,; \qquad \operatorname{rot}\mathfrak{E} = -\frac{1}{c_0}\frac{\partial\mathfrak{H}}{\partial t}.$$

Also in beiden Fällen den identisch gleichen Zusammenhang zwischen $\mathfrak{H}$, $\mathfrak{E}$ und den Raum-Zeit-Koordinaten. Dabei ist, wie die Anwendung der Transformation ergibt, der Zusammenhang zwischen den Komponenten von $\mathfrak{E}$ bzw. $\mathfrak{H}$ und $\mathfrak{E}'$ bzw. $\mathfrak{H}'$ mit der Abkürzung $\beta \equiv \sqrt{1 - u^2/c_0^2}$ dargestellt durch:

$$\mathfrak{E}_x = \mathfrak{E}_x', \qquad\qquad\qquad \mathfrak{H}_x = \mathfrak{H}_x',$$

$$\mathfrak{E}_y = \frac{1}{\beta}\left(\mathfrak{E}_y' + \frac{u}{c_0}\,\mathfrak{H}_z'\right), \qquad \mathfrak{H}_y = \frac{1}{\beta}\left(\mathfrak{H}_y' - \frac{u}{c_0}\,\mathfrak{E}_z'\right),$$

$$\mathfrak{E}_z = \frac{1}{\beta}\left(\mathfrak{E}_z' - \frac{u}{c_0}\,\mathfrak{H}_y'\right), \qquad \mathfrak{H}_z = \frac{1}{\beta}\left(\mathfrak{H}_z' + \frac{u}{c_0}\,\mathfrak{E}_y'\right).$$

Ist also etwa in S' für B' ein rein elektrostatisches Feld vorhanden (d. h. $\mathfrak{H}_x' = \mathfrak{H}_y' = \mathfrak{H}_z' = 0$), so trifft dies für B nicht mehr zu; er beobachtet neben einem

elektrostatischen Feld: $\mathfrak{E}_x = \mathfrak{E}_x'$; $\quad\mathfrak{E}_y = \frac{1}{\beta}\,\mathfrak{E}_y'$; $\mathfrak{E}_z = \frac{1}{\beta}\,\mathfrak{E}_z'$,

ein magnetisches Feld:

$$\mathfrak{H}_x = 0; \quad \mathfrak{H}_y = -\frac{1}{\beta}\frac{u}{c_0}\,\mathfrak{E}_z'; \quad \mathfrak{H}_z = \frac{1}{\beta}\frac{u}{c_0}\,\mathfrak{E}_y'.$$

Die Aussage über den Feldcharakter wird somit relativ, standpunktsabhängig. Von einem elektrischen Feld bzw. einem magnetischen Feld einzeln oder an und für sich kann nicht geredet werden; denn die Komponenten transformieren sich ineinander. Dementsprechend werden in der relativistischen Elektrodynamik die klassisch selbständigen Größentripel (Vektoren) $\mathfrak{E}_x$, $\mathfrak{E}_y$, $\mathfrak{E}_z$ bzw. $\mathfrak{H}_x$, $\mathfrak{H}_y$, $\mathfrak{H}_z$ als *gleichberechtigte* Komponenten eines übergeordneten Begriffs, des „Feldtensors", aufgefaßt und mathematisch behandelt.

Spielen sich die von B und B' beobachteten Vorgänge nicht im Vakuum, sondern in Körpern mit den Materialkonstanten μ, ε ab, wird ganz gleichartig vorgegangen; die Ergebnisse betreffend die „Elektrodynamik in bewegten Medien" sind aber etwas verwickelter.

Ausgewählte Kapitel aus der Physik. Nach Vorlesungen an der Technischen Hochschule in Graz. Von Prof. Dr. **K. W. F. Kohlrausch.** In fünf Teilen.

I. Teil: **Mechanik.** Mit 60 Abbildungen. V, 105 Seiten. 1947.
In Österreich S 16.—, im Ausland sfr. 6.60

II. Teil: **Optik.** Mit 73 Abbildungen. VI, 146 Seiten. 1947.
In Österreich S 20.—, im Ausland sfr. 9.60

III. Teil: **Wärme.** Mit 35 Abbildungen. VI, 127 Seiten. 1947.
In Österreich S 18.—, im Ausland sfr. 9.—

IV. Teil: **Elektrizität.** Mit 115 Abbildungen. VIII, 261 Seiten. 1948. In Österreich S 36.—, im Ausland sfr. 16.—

V. Teil: **Aufbau der Materie.** Erscheint im Winter 1948/49

Ergänzungen zur Experimentalphysik. Einführende exakte Behandlung physikalischer Aufgaben, Fragen und Probleme. Von Dr. **H. Greinacher,** o. Professor der Physik an der Universität Bern. Zweite, vermehrte Auflage. Mit 82 Abbildungen. X, 186 Seiten. 1948. In Österreich S 26.—, im Ausland sfr. 12.—

Grundlagen der allgemeinen Mineralogie und Kristallchemie. Von Prof. Dr. **F. Machatschki,** Wien. Mit 151 Abbildungen. VII, 209 Seiten. 1946.
In Österreich S 24.—, im Ausland sfr. 12.—

Vorräte und Verteilung der mineralischen Rohstoffe. Ein Buch zur Unterrichtung für jedermann. Von Prof. Dr. **F. Machatschki,** Wien. Mit 6 Abbildungen. VIII, 191 Seiten. 1948. In Österreich S 36.—, im Ausland sfr. 16.—

Kristalle und Gesteine. Ein Lehrbuch der Kristallkunde und allgemeinen Mineralogie. Von Prof. Dr. **P. Eskola,** Helsinki. Mit 461 Abbildungen. VIII, 397 Seiten. 1946.
In Österreich S 81.—, geb. S 87.—
Im Ausland sfr. 48.—, geb. sfr. 50.—

Acta Physica Austriaca. Unter Mitwirkung der Österreichischen Akademie der Wissenschaften herausgegeben von **K. W. F. Kohlrausch,** Graz, und **H. Thirring,** Wien. Schriftleitung: **P. Urban,** Graz. Erscheint zwanglos in einzeln berechneten Heften wechselnden Umfanges, die zu Bänden von 300 bis 400 Seiten vereinigt werden.

Natur und Erkenntnis. Die Welt in der Konstruktion des heutigen Physikers. Von Prof. Dr. **A. March,** Innsbruck. Mit 18 Abbildungen. VIII, 239 Seiten. 1948.

In Österreich S 36.—, im Ausland sfr. 18.—

Laufzeittheorie der Elektronenröhren. Von Doz. Dr. **H. König,** Wien.

Erster Teil: **Ein- und Mehrkreissysteme.** Mit 72 Abbildungen. XII, 210 Seiten. 1948.

In Österreich S 78.—, im Ausland sfr. 36.—

Zweiter Teil: **Kathodeneigenschaften, Vierpole.** Mit 48 Abbildungen. IV, 144 Seiten. 1948.

In Österreich S 60.—, im Ausland sfr. 28.—

100 Übungen aus der Mechanik. Von Dr. **E. Pawelka,** Wien. Zusammengefaßte und erweiterte 1. und 2. Auflage von „Übungen aus der Mechanik", I. und II. Band. Mit 154 Abbildungen. IV, 187 Seiten. 1948.

In Österreich S 24.—, im Ausland sfr. 11.—

Lehrbuch der Technischen Mechanik starrer Systeme. Zum Vorlesungsgebrauch und zum Selbststudium. Von Prof. Dr. **K. Wolf,** Wien. Dritte, unveränderte Auflage. Mit 250 Abbildungen. IX, 370 Seiten. 1947.

In Österreich S 48.—, im Ausland sfr. 30.—